普通高等教育"十三五"规划教材
"十三五"江苏省高等学校重点教材

# 机 械 设 计

主　编　门艳忠
副主编　刘秀莲　李晓贞
参　编　王树磊　刘　羽　黄秀琴
　　　　高军伟　尹大庆

科学出版社
北 京

# 内 容 简 介

本书是依据教育部制定的高等工科院校"机械设计课程教学基本要求",以培养"创新型应用人才"为指导思想,以学生就业所需的专业知识和操作技能为着眼点,结合应用型本科院校的人才培养目标及教学的特点编写而成。本书在编写过程中有机融入最新的实例以及操作性较强的案例,并对案例进行有效的分析,突出了教材的新颖性和设计的实用性。全书共5篇14章,包括机械设计概述、机械零件设计中的强度与耐磨性、螺纹连接和螺旋传动、键连接及其他连接、带传动、链传动、齿轮传动、蜗杆传动设计、轴的设计、滑动轴承、滚动轴承、联轴器和离合器、弹簧及机械的发展和创新设计等。各章包含教学目标、教学要求、引入案例、正文、综合应用实例、本章小结、习题等内容。

本书可作为高等学校机械类及近机类各专业的教材,也可供相关专业师生和工程技术人员参考使用。

**图书在版编目(CIP)数据**

机械设计/门艳忠主编. —北京:科学出版社,2018.9

普通高等教育"十三五"规划教材·"十三五"江苏省高等学校重点教材(编号:2017-2-110)

ISBN 978-7-03-059773-1

Ⅰ. ①机… Ⅱ. ①门… Ⅲ. ①机械设计-高等学校-教材 Ⅳ. ①TH122

中国版本图书馆 CIP 数据核字(2018)第 262459 号

责任编辑:张丽花 邓 静 王晓丽 / 责任校对:郭瑞芝
责任印制:霍 兵 / 封面设计:迷底书装

**科 学 出 版 社** 出版
北京东黄城根北街 16 号
邮政编码:100717
http://www.sciencep.com

**石家庄继文印刷有限公司** 印刷
科学出版社发行 各地新华书店经销
*
2018 年 9 月第 一 版 开本:787×1092 1/16
2018 年 9 月第一次印刷 印张:20
字数:480 000

**定价:59.00 元**
(如有印装质量问题,我社负责调换)

# 前　言

　　本书是"十三五"江苏省高等学校重点教材,也是在满足高等学校机械类专业机械设计课程教学基本要求的前提下,以培养"创新型应用人才"为指导思想,以学生就业所需的专业知识和操作技能为着眼点,在适度基础知识与理论体系覆盖下,着重讲解应用型人才培养所需的内容和关键点,在编写过程中有机融入最新的实例以及操作性较强的案例,并对实例进行有效的分析,以工程应用实例来导出全章的知识点。

　　本书是作者结合多年的教学经验和科研实践,同时认真汲取了其他高等学校机械类专业机械设计课程近几年教学改革的经验,认真组织教学内容,并参考了许多最新资料,采用最新国家标准及规范编写而成的。编写过程中以培养学生工程实践能力、综合机械设计能力和创新能力为核心,加强了课程内容在逻辑和结构上的联系与综合,力求简单、实用,重点突出,避免单纯知识传授等。本书突出创新能力和创新思维的培养,形成一个以培养学生工程实践能力和创新能力为目标的机械设计课程体系。

　　本书利用现代教育技术和互联网信息技术,通过书中对应重难点知识的二维码,关联相关动画、视频资源,便于教学使用。

　　全书由从事多年机械设计和机械原理课程教学的高校教师共同编写,由门艳忠担任主编,刘秀莲、李晓贞担任副主编。全书编写人员有:常州工学院门艳忠(绪论、第 1、6、8、9、12 章),刘羽(第 5 章),黄秀琴(第 10 章),李晓贞(第 14 章),王树磊(第 13 章);黑龙江科技大学刘秀莲(第 2、4、7 章);黑龙江农业工程职业学院高军伟(第 11 章);东北农业大学尹大庆(第 3 章)。全书由门艳忠负责统稿工作。

　　由于作者水平有限,书中若有一些疏漏之处,恳请同行专家和读者指正。

作　者

2018 年 9 月

# 目　　录

## 第一篇　机械设计总论

## 第二篇　连接件设计

## 第三篇　机械传动设计

## 第四篇　轴系零部件及弹簧设计

## 第五篇　机械创新设计

# 第一篇 机械设计总论

## 绪 论

**引入案例**

早在 2008 年，中国自主设计研制的"神舟七号"载人飞船(图 1)整体水平就达到或优于国际上第三代(即国际上最新一代)载人飞船的水平，并具有自身特色。"神舟七号"飞船由轨道舱、返回舱和推进舱三舱构成，可同时容纳三名航天员，是目前世界上可利用空间最大的飞船。

图 1　长征二号 F 运载火箭搭载"神舟七号"飞船转运现场

"神舟七号"飞船返回舱返回后,轨道舱仍留在轨道上数个月,继续进行空间科学探测和技术实验。通过"神舟七号"飞船的发射和飞行试验,中国已突破航天员出舱活动的重大关键技术,为下一步空间站的建设奠定了技术基础。

机械设计是为了满足机器的某些特定功能要求而进行的创造过程,即应用新的原理或新的概念,开发创造出新的产品,或对现有机器的局部进行创造性的改革。设计能满足人们生产、生活的需要,具有市场竞争力的产品是机械设计的核心。

人类在生产实践过程中,创造出各种各样的机械设备,如金属切削机床、运输机、电动机、包装机、汽车和计算机等。人们利用这些机器,不仅可以减轻体力劳动,还可以提高生产效率。机器装备水平和自动化程度已成为反映当今社会生产力发展水平的重要标志。在现代化建设中,人们对机械的自动化、智能化要求越来越高,越来越迫切,这就对机械设计工作者提出了更新、更高的要求。随着国民经济的进一步发展,本课程在现代化建设中的地位和作用将显得更加重要。

### 1. 机器的组成

机械是机器和机构的总称。机器和机构都是人为制造的构件组合体,并且都是能传递运动和动力的一种机械运动的装置。不同之处是机器能用来变换或传递能量、物料和信息等。

生产和生活中的各种机械设备,尽管它们的用途和性能千差万别,但它们的基本构成都包括原动机、传动装置、执行机构和控制系统四部分。其中原动机、传动装置、执行机构是机械中的主体。

原动机是机械设备完成其工作任务的动力来源,包括电动机、内燃机、液压马达和气动机等,其中最常用的是各类电动机。电动机可以把电能转化成机械能,内燃机可把燃气的热能转换成机械能。

传动装置是按执行机构作业的特定要求,把原动机的运动和动力传递给执行机构。常用的各种减速器和变速装置,如齿轮减速器、蜗杆减速器和无级变速器等,均可作为传动装置。

执行机构也是工作部分,具有直接完成机器的功能,如起重机和挖掘机中的起重吊运机构与挖掘机构。

控制系统用来处理机器各组成部分之间以及与外部其他机器之间的工作协调关系。控制部分的形式很多,可以是机械,也可以是电器、液力及计算机等。以内燃机为例,主体机构是曲柄滑块机构,进气、排气是通过凸轮机构实现的,属于控制部分。

### 2. 本课程的性质和任务

机械设计是以一般通用零部件的设计计算为核心的一门设计性、综合性和实践性都很强的技术基础课。在这门课程中,将综合理论力学、材料力学、机械制图、机械原理、金属工艺学、工程材料及热处理、公差及测量技术基础等多门课程的知识来解决一般通用机械零部件的设计问题,同时也为专业课的学习打下基础,它把基础课和专业课有机地结合起来,在教学中起着承前启后的重要作用,体现技术基础课的特有性质。机械设计是机械类和近机类专业中的一门主干课程。

本课程的任务如下。

(1)培养正确的设计思想,包括设计时应考虑节约能源、合理利用我国资源、减少环境污染、坚持可持续发展的原则。

(2)掌握通用零部件的设计方法和一般规律,具有确定机械系统方案、设计机械传动装置和简单机械的能力。

(3) 掌握一定的设计技能，包括计算能力、绘图能力和运用标准、规范、手册、图册及查阅有关技术资料的能力。

(4) 了解机械设计发展的最新动态。

### 3. 本课程的研究对象及研究内容

本课程是研究普通条件下，一般参数的通用零部件的设计理论与设计方法。通用零部件不包括高温、高压、高速，尺寸过大、过小，以及有特殊要求的零部件，这些零部件和其他专用零件将在专业课中研究。通用零部件实际是指各种机器都经常使用的零部件，常用的有齿轮、蜗杆、轴、轴承和联轴器等。机械零件中除通用零部件外还有专用零部件，如发动机中的曲轴、汽轮机中的叶片。曲轴只在发动机中使用，叶片只在汽轮机中使用，这些专用零部件都不是本课程研究的对象。

本课程的研究内容是从承载能力出发，考虑结构、工艺、维护等方面来解决通用零件的设计问题，包括如何确定零件尺寸，如何选择材料、精度、表面质量及绘制零件图等。

### 4. 学习本课程应注意的问题

本课程的研究对象和性质决定了本课程的特点，即内容本身的繁杂性，主要体现本门课程具有"三性""四多"的特点。"三性"是指综合性、实践性、设计性；"四多"是指公式多、系数多、图表多、关系多等。因此，本课程的学习方法与以前的基础课有所不同，归纳如下。

(1) 抓住课程体系，掌握机械零部件设计的共性问题及一般思路。机械设计是以设计零件为线索，标准件以选择型号为主，然后进行适当的校核。在学习每一个零件时，都要了解零件的工作原理、失效形式、材料选择、工作能力计算及结构设计，内容虽然很多，但都是为达到一个目的，就是设计零件。

(2) 理论联系实际。机械设计是实践性、技术性较强的课程，其研究的对象是各种机械设备中的机械零部件，与工程实际联系紧密，因此在学习时应利用各种机会深入生产车间、实验室，注意观察实物和模型，增加对常用机构和通用机械零部件的感性认识。了解机械的工作条件和要求，做到理论知识与实践有机结合。

(3) 要综合运用先修课程的知识解决机械设计问题。机械设计是一门综合性较强的课程，在设计零件过程中要用到多门先修课的知识，例如，在轴的设计这一部分中，当对轴进行强度、刚度校核时，就要运用工程力学的知识，因此在学习本课程时，必须及时复习先修课的有关内容，做到融会贯通、综合运用。

(4) 要理解系数引入的意义。机械设计中，由于实际影响因素很复杂，而这些因素一般用系数来反映，所以公式中系数很多，要充分理解系数的物理意义、影响系数的因素及如何取值。

(5) 培养解决工程实际问题的能力。设计参数、经验公式和经验数据多因素、多方案的分析和选择，是解决工程实际问题中经常遇到的问题，也是学生在学习本课程中的难点。因此，在学习本课程时一定要尽快适应这种情况，按解决工程实际问题的思维方法，提高机械设计能力，特别是机械系统方案的设计能力和结构设计能力。

总之，学习本门课程要有一个适应、转变的过程。

# 第1章　机械设计概述

## 引入案例

机械设计是从市场需求出发，通过构思、计划和决策，确定机械产品的功能、原理方案、技术参数和结构等，并把设想变为现实的技术实践过程。

机械设计的特点主要表现在以下几个方面。

(1)在设计中认知过程的渐变性。设计过程是一个由抽象到具体、由粗到精、逐步细化、反复修改、不断完善、精益求精的过程。

(2)认知设计过程中以市场需求为导向的必要性。产品设计与制造是为了满足市场需求，因此，用户的满意程度是衡量产品优劣的主要指标。注重市场调查和预测，明确市场需求，确定新产品开发计划。

(3)认知设计过程中设计管理的复杂性。对整个产品开发过程从需求分析、概念设计直到最终设计完成进行组织、协调和控制，并能对每一个阶段所需设备、工具、人员等进行调配、组织和管理。同时，产品开发创新程度、设计方法、可利用资源、组织结构、人员素质、开发经验、信息技术、协作与合作、异地设计等方面的影响，使得设计过程管理既重要又复杂。

(4)认知设计过程中增强社会环境意识、建立可持续发展观念的必要性。产品开发过程中，对涉及的社会环境问题、资源的合理利用问题等要给以足够的重视。设计应能给社会环境带来效益而不是对社会环境造成不良影响，应能合理利用自然资源而不是浪费自然资源。

由设计过程的特点可看出，机械设计中值得重视的问题是：设计过程中的创新和优化问题，市场需求和产品成本问题，可持续发展问题等。

# 1.1　机械设计的要求

## 1.1.1　机械设计的基本要求

(1) 实现预定的功能，满足使用要求。功能是指用户提出的需要满足使用上的特性和能力，是机械设计的最基本出发点。在机械设计过程中，设计者所设计的机械首先应实现功能的要求。为此，必须正确地选择机械的工作原理、机构的类型、拟订机械传动系统方案，并且所选的机构类型和拟定的机械传动系统方案，能满足运动和动力性能的要求。

(2) 可靠性和安全性的要求。机械的可靠性是指机械在规定的使用条件下、在规定的时间内完成规定功能的能力。安全可靠是机械的必备条件，为了满足这一要求，必须从机械系统的整体设计、零部件的结构设计、材料及热处理的选择、加工工艺的制定等方面加以保证。

(3) 市场需要和经济性的要求。在产品设计中，自始至终都应把产品设计、销售及制造三方面作为一个整体考虑。只有设计与市场信息密切配合，在市场、设计、生产中寻求最佳关系，才能以最快的速度回收投资，获得满意的经济效益。

(4) 机械零部件结构设计的要求。机械设计的最终结果都是以一定的结构形式表现出来的，且各种计算都要以一定的结构为基础。所以，设计机械时，往往要事先选定某种结构形式，再通过各种计算得出结构尺寸，将这些结构尺寸和确定的几何形状绘制成零件工作图，最后按设计的工作图制造、装配成部件乃至整台机器，以满足机械的使用要求。

(5) 操作使用方便的要求。机器的工作和人的操作密切相关。在设计机器时必须注意操作要轻便省力、操作机构要适应人的生理条件、机器的噪声要小、有害介质的泄漏要少等。

(6) 工艺性及标准化、系列化、通用化的要求。机械及其零部件应具有良好的工艺性，即要考虑零件的制造方便，加工精度及表面粗糙度适当，易于装拆。设计时，零件、部件和机器参数应尽可能标准化、通用化、系列化，以提高设计质量，降低制造成本，并且使设计者将主要精力用在关键零件的设计上。

## 1.1.2　机械零件设计的基本要求

### 1. 强度要求

机械零件应满足强度要求，即防止它在工作中发生整体断裂或产生过大的塑性变形或出现疲劳点蚀。机械零件的强度要求是最基本的要求。

提高机械零件的强度是机械零件设计的核心之一，为此可以采用以下几项措施。

(1) 采用强度高的材料。

(2) 使零件的危险截面具有足够的尺寸。

(3) 用热处理方法提高材料的力学性能。

(4) 提高运动零件的制造精度，以降低工作时的动载荷。

(5) 合理布置各零件在机器中的相互位置，减小作用在零件上的载荷等。

### 2. 刚度要求

机械零件应满足刚度要求，即防止它在工作中产生的弹性变形超过允许的限度。通常只是当零件过大的弹性变形会影响机器的工作性能时，才需要满足刚度要求。一般对机床主轴、导轨等零件需要进行强度和刚度计算。

提高机械零件的刚度可以采用以下几项措施。

(1)增大零件的截面尺寸。

(2)缩短零件的支承跨距。

(3)采用多点支撑结构等。

### 3. 结构工艺性要求

机械零件应有良好的工艺性，即在一定的生产条件下，以最小的劳动量、花最少的加工费用制成能满足使用要求的零件，并能以最简单的方法在机器中进行装拆与维修。因此，零件的结构工艺性应从毛坯制造、机械加工过程及装配等几个生产环节加以综合考虑。

### 4. 经济性要求

经济性是机械产品的重要指标之一。从产品设计到产品制造应始终贯彻经济原则。设计中在满足零件使用要求的前提下，可以从以下几个方面考虑零件的经济性。

(1)先进的设计理论和方法，采用现代化设计手段，提高设计质量和效率，缩短设计周期，降低设计费用。

(2)尽可能选用一般材料，以减少材料费用，同时应降低材料消耗，如多用无切削或少切削加工，减少加工余量等。

(3)零件结构应简单，尽量采用标准零件，选用允许的最大公差和最低精度。

(4)提高机器效率，节约能源，如尽可能减少运动件、创造优良润滑条件等，包装与运输费用也应注意考虑。

### 5. 减轻重量的要求

机械零件设计应力求减轻重量，这样可以节约材料，对运动零件来说可以减小惯性，改善机器的动力性能，减小作用于构件上的惯性载荷。减轻机械零件重量的措施如下。

(1)从零件上应力较小处挖去部分材料，以改善零件受力的均匀性，提高材料的利用率。

(2)采用轻型薄壁的冲压件或焊接件来代替铸、锻零件。

(3)采用与工作载荷相反方向的预载荷。

(4)减小零件上的工作载荷等。

机械零件的强度、刚度是从设计上保证它能够可靠工作的基础，而零件可靠地工作是保证机器正常工作的基础。零件具有良好的结构工艺性和较轻的重量是机器具有良好经济性的基础。在实际设计中，经常会遇到基本要求不能同时得到满足的情况，这时应根据具体情况，合理地做出选择，保证主要的要求能够得到满足。

# 1.2　机械设计的一般程序

我国设计人员早在 20 世纪 60 年代就总结出全面考虑实验、研究、设计、制造、安装、使用、维护的"七事一贯制"设计方法。机械设计不可能有固定不变的程序，因为设计本身就是一个富有创造性的工作，同时也是一个尽可能多地利用已有成功经验的工作。机械设计的过程是复杂的，它涉及多方面的工作，如市场需求、技术预测、人机工程等，再加上机械的种类繁多，性能差异巨大，所以机械设计的过程并没有一个通用的固定程序，需要根据具体情况进行相应的处理。本书就设计机器的技术过程进行讨论，以比较典型的机器设计为例，介绍机械设计的一般程序。

一台新机器从着手设计到制造出来，主要经过以下六个阶段。

### 1. 制订设计工作计划

根据社会、市场的需求确定所设计机器的功能范围和性能指标；根据现有的技术、资料及研究成果研究其实现的可能性，明确设计中要解决的关键问题；拟定设计工作计划和任务书。

### 2. 方案设计

按设计任务书的要求，了解并分析同类机器的设计、生产和使用情况以及制造厂的生产技术水平，研究实现机器功能的可能性，提出可能实现机器功能的多种方案。每个方案应该包括原动机、传动机构和工作机构，对较为复杂的机器还应包括控制系统。然后，在考虑机器的使用要求、现有技术水平和经济性的基础上，综合运用各方面的知识与经验对各个方案进行分析。通过分析确定原动机、选定传动机构、确定工作机构的工作原理及工作参数，绘制工作原理图，完成机器的方案设计。

在方案设计的过程中，应注意相关学科与技术中新成果的应用，如先进制造技术、现代控制技术、新材料等，这些新技术的发展使得以往不能实现的方案变为可能，这些都为方案设计的创新奠定了基础。

### 3. 技术设计

对已选定的设计方案进行运动学和动力学的分析，确定机构和零件的功能参数，必要时进行模拟试验、现场测试、修改参数；计算零件的工作能力，确定机器的主要结构尺寸；绘制总装配图、部件装配图和零件工作图。技术设计主要包括以下几项内容。

(1)运动学设计。根据设计方案和工作机构的工作参数，确定原动机的动力参数，如功率和转速，进行机构设计，确定各构件的尺寸和运动参数。

(2)动力学计算。根据运动学设计的结果，分析、计算出作用在零件上的载荷。

(3)零件设计。根据零件的失效形式，建立相应的设计准则，通过计算、类比或模型试验的方法确定零部件的基本尺寸。

(4)总装配草图的设计。根据零部件的基本尺寸和机构的结构关系，设计总装配草图。在综合考虑零件的装配、调整、润滑、加工工艺等的基础上，完成所有零件的结构与尺寸设计。在确定零件的结构、尺寸和零件间的相互位置关系后，可以较精确地计算出作用在零件上的载荷，分析影响零件工作能力的因素。在此基础上应对主要零件进行校核计算，如对轴进行精确的强度计算，对轴承进行寿命计算等。根据计算结果反复地修改零件的结构尺寸，直到满足设计要求。

(5)总装配图与零件工作图的设计。根据总装配草图确定的零件结构尺寸，完成总装配图与零件工作图的设计。

### 4. 施工设计

根据技术设计的结果，考虑零件的工作能力和结构工艺性，确定配合件之间的公差。视情况与要求，编写设计计算说明书、使用说明书、标准件明细表、外购件明细表、验收条件等。

### 5. 试制、试验、鉴定

所设计的机器能否实现预期的功能、满足所提出的要求，其可靠性、经济性如何等，都必须通过试制样机的试验来加以验证。再经过鉴定，以科学的评价确定是否可以投产或进行必要的改进设计。

### 6. 定型产品设计

经过试验和鉴定，对设计进行必要的修改后，可进行小批量的试生产。经过实际条件下的使用，根据取得的数据和使用的反馈意见，再进一步修改设计，即定型产品的设计，然后正式投产。

实际上整个机械设计的各个阶段是互相联系的，在某个阶段发现问题后，必须返回到前面的有关阶段进行设计的修改，直至问题得到解决。有时，可能整个方案都要推倒重来。因此，整个机械设计过程是一个不断修改、不断完善以致逐步接近最佳结果的过程。

# 1.3　机械零件的主要失效形式与设计准则

机械零件因某种原因不能正常工作或丧失了工作能力，称为失效。零件出现失效将直接影响机器的正常工作，因此研究机械零件的失效并分析产生失效的原因对机械零件设计具有重要意义。

## 1.3.1　机械零件的主要失效形式

### 1. 整体断裂

零件在载荷作用下，危险截面上的应力大于材料的极限应力而引起的断裂称为整体断裂，如螺栓破断、齿轮断齿、轴断裂等。整体断裂分为静强度断裂和疲劳断裂。静强度断裂是由于静应力过大产生的，疲劳断裂是由于变应力的反复作用产生的。机械零件整体断裂中 80%属于疲劳断裂。断裂是严重的失效，有时会导致严重的人身事故和设备事故。

### 2. 过大的变形

机械零件受载时将产生弹性变形。当弹性变形量超过许用范围时将使零件或机械不能正常工作。弹性变形量过大，将破坏零件之间的相互位置及配合关系，有时还会引起附加动载荷及振动，如机床主轴的过大弯曲变形不仅产生振动，而且造成工件加工质量的降低。

塑性材料制作的零件，在过大载荷作用下会产生塑性变形，这不仅使零件尺寸和形状发生改变，而且使零件丧失工作能力。

### 3. 表面破坏

表面破坏是发生在机械零件工作表面上的一种失效。运动的工作表面一旦出现某种表面失效，都将破坏表面精度，改变表面尺寸和形貌，使运动性能降低、摩擦加大、能耗增加，严重时导致零件完全不能工作。根据失效机理的不同，表面破坏可分为以下几种情况。

(1)点蚀。如滚动轴承、齿轮等点、线接触的零件，在高接触应力（接触部分受载后产生弹性变形，接触表面产生的压力)及一定工作循环次数下可能在局部表面上形成小块的，甚至是片状的麻点或凹坑，进而导致零件失效，这种失效称为点蚀。

(2)胶合。金属表面接触时实际上只有少数凸起的峰顶在接触，因受压力大而产生弹塑性变形，使摩擦表面的吸附膜破裂。同时，因摩擦而产生高温，造成基体金属的"焊接"现象。当摩擦表面相对滑动时，切向力将黏着点切开呈撕脱状态。被撕脱的金属层在摩擦表面上形成表面凸起，严重时会造成运动副咬死。这种由于黏着作用使材料由一个表面转移到另一个表面的失效称为胶合。

(3) 磨粒磨损。不论是摩擦表面的硬凸峰，还是外界掺入的硬质颗粒，在摩擦过程中都会对摩擦表面起切削或辗破作用，引起表面材料的脱落，这种失效称为磨粒磨损。

(4) 腐蚀磨损。在摩擦过程中摩擦表面与周围介质发生化学反应或电化学反应的磨损，即腐蚀与磨损同时起作用的磨损称为腐蚀磨损。

**4. 破坏正常工作条件引起的失效**

有些零件只有在一定的工作条件下才能正常工作，若破坏了这些必备条件则将发生不同类型的失效。例如，V 带传动中当传递的有效圆周力大于最大摩擦力时产生的打滑失效，受横向工作载荷的普通螺栓连接的松动失效等。

## 1.3.2　机械零件的设计准则

在设计零件时所依据的准则是与零件的失效形式紧密地联系在一起的。对于一个具体零件，要根据其主要失效形式采用相应的设计准则。现将一些主要准则分述如下。

**1. 强度准则**

强度准则是针对零件的整体断裂失效(包括静应力作用产生的静强度断裂和变应力作用产生的疲劳断裂)、塑性变形失效和点蚀失效。对于这几种失效，强度准则要求零件的应力分别不超过材料的强度极限、零件的疲劳极限、材料的屈服极限和材料的接触疲劳极限。强度准则的一般表达式(应力小于等于许用应力)为

$$\sigma \leqslant \frac{\sigma_{\lim}}{S} \tag{1-1}$$

式中，$\sigma$ 为零件的应力；$\sigma_{\lim}$ 为极限应力；$S$ 为安全系数，补偿各种不确定因素和分析不准确对强度的影响。

**2. 刚度准则**

刚度是零件抵抗弹性变形的能力。刚度准则是针对零件的过大弹性变形失效，它要求零件在载荷作用下产生的弹性变形量不超过机器工作性能允许的值。有些零件，如机床主轴、电动机轴等，其基本尺寸是由刚度条件确定的。对重要的零件要验算刚度是否足够。刚度准则的一般表达式(广义的弹性变形量小于等于许用变形量)为

$$y \leqslant [y], \quad \theta \leqslant [\theta], \quad \phi \leqslant [\phi] \tag{1-2}$$

式中，$y$、$\theta$、$\phi$ 分别为零件的挠度、偏转角和扭转角；$[y]$、$[\theta]$、$[\phi]$ 分别为允许的挠度、偏转角和扭转角。

**3. 寿命准则**

影响零件寿命的主要失效形式有腐蚀、磨损及疲劳，它们产生的机理及发展规律完全不同。迄今为止，关于腐蚀与磨损的寿命计算尚无法进行。关于疲劳寿命计算，通常是求出使用寿命时的疲劳极限来作为计算的依据，这在本书后续的有关章节中进行介绍。

**4. 耐磨性准则**

耐磨性准则是针对零件的表面失效，它要求零件在正常条件下工作的时间能达到零件的寿命。腐蚀和磨损是影响零件耐磨性的两个主要因素。目前，关于材料耐腐蚀和耐磨损的计算尚无实用有效的方法。因此，在工程上对零件的耐磨性只能进行条件性计算。

一是验算压强使其不超过许用值，以防压强过大使零件工作表面油膜破坏而产生过快磨损，其验算式为

$$p \leqslant [p] \tag{1-3}$$

二是验算滑动速度 $v$ 比较大的摩擦表面，还要防止摩擦表面温升过高使油膜破坏，导致磨损加剧，严重时产生胶合。因此，要限制单位接触面上单位时间产生的摩擦功不要过大。如果摩擦系数 $f$ 为常数，可验算值 $pv$ 不超过许用值，即

$$pv \leqslant [pv] \tag{1-4}$$

式中，$p$ 为表面上的压强；$[p]$ 为材料的许用压强；$v$ 为工作表面线速度；$[pv]$ 为 $pv$ 的许用值。

### 5. 振动稳定性准则

振动稳定性准则主要是针对高速机器中零件出现的振动、振动的稳定性和共振，它要求零件的振动应控制在允许的范围内，而且是稳定的，对于强迫振动应使零件的固有频率与激振频率错开。高速机械中存在着许多激振源，如齿轮的啮合、滚动轴承的运转、滑动轴承中的油膜振荡、柔性轴的偏心转动等。设计高速机械的运动零件除满足强度准则外，还要满足振动准则。对于强迫振动，振动准则的表达式为

$$f_n < 0.85f \quad 或 \quad f_n > 1.15f \tag{1-5}$$

式中，$f$ 为零件的固有频率；$f_n$ 为激振频率。

# 1.4　机械零件的设计方法与基本原则

机械零件的设计大体上包括两方面工作：一是根据设计准则或经验类比的方法，确定零件的主要尺寸；二是根据确定的主要尺寸，在综合考虑零件的定位、装配、调整、润滑和加工工艺等的基础上，设计零件的结构。

## 1.4.1　机械零件的设计方法

### 1. 理论设计

根据理论和试验数据进行的设计，称为理论设计。以强度准则为例，由材料力学可知式 (1-1) 为

$$\sigma = \frac{F}{A} \leqslant \frac{\sigma_{\lim}}{S} = [\sigma] \tag{1-6}$$

式中，$F$ 为作用于零件上的广义外载荷，如径向力、轴向力、弯曲力矩、扭转力矩等；$A$ 为零件的广义截面积，如横截面积、抗弯截面系数、抗扭截面系数等；$\sigma_{\lim}$ 为零件材料的极限应力；$S$ 为安全系数；$[\sigma]$ 为许用应力。

根据式 (1-6) 可进行两方面的设计工作：一是已知外载荷与极限应力，设计计算确定零件的主要尺寸，即 $A \geqslant \dfrac{SF}{\sigma_{\lim}}$；二是已知零件的主要尺寸，进行校核计算，即 $\sigma = \dfrac{F}{A} \leqslant [\sigma]$。

### 2. 经验设计

根据设计者的工作经验或经验关系式用类比的方法进行设计，称为经验设计。这种方法适用于设计那些结构形状变化不大且已定型的零件，如机器的机架、箱体等结构件的各结构要素。

### 3. 模型实验设计

根据零部件或机器的初步设计结果，按比例做成模型或样机进行试验，通过试验对初步设计结果进行检验与评价，从而进行逐步的修改、调整和完善，这种设计方法称为模型试验

设计。此方法适合于尺寸巨大、结构复杂、难以理论分析的重要零部件或机器的设计。

**4. 现代设计方法**

随着科学的发展，以及新材料、新工艺、新技术的不断出现，产品的更新换代周期日益缩短，促使机械设计方法和技术现代化，以适应新产品的加速开发。在这种形势下，传统的机械设计方法已不能完全适应需要，从而产生和发展了以动态、优化、计算机化为核心的现代设计方法，如有限元分析、优化设计、可靠性设计、计算机辅助设计、摩擦学设计。除此之外，还有一些新的设计方法，如虚拟设计、概念设计、模块化设计、反求工程设计、面向产品生命周期设计、绿色设计等。这些设计方法使得机械设计学科发生了很大的变化。现仅对可靠性设计、优化设计、计算机辅助设计作简单的介绍。

(1)可靠性设计。机械零件的可靠性设计又称概率设计，它是将概率论和数理统计理论运用到机械设计中，并将可靠度指标引进机械设计的一种方法。其任务是针对设计对象的失效和防止失效问题，建立设计计算理论和方法，通过设计，解决产品的不可靠性问题，使之具有固有的可靠性。在可靠性设计中，传统的"强度"概念就从零件发生"破坏"或"不破坏"这两个极端，转变为"出现破坏的概率"。对零件安全工作能力的评价则表示为"达到预期寿命要求的概率"。机械强度的可靠性设计主要有两方面的工作：一是确定设计变量(如载荷、零件尺寸和材料力学性能等)的统计分布；二是建立失效的数学模型和理论，进行可靠性设计和计算。

(2)优化设计。优化设计方法是根据最优化原理和方法并综合各方面的因素，以人机配合的方式或用"自动探索"的方式，借助计算机进行半自动或自动设计，寻求在现有工程条件下最优化设计方案的一种现代设计方法。

优化设计方法建立在最优化数学理论和现代计算技术的基础之上，首先建立优化设计的数学模型，即设计方案的设计变量、目标函数、约束条件，然后选用合适的优化方法，编制相应的优化设计程序，运用计算机自动确定最优设计参数。

优化设计方案中的设计变量是指在优化过程中经过调整或逼近，最后达到最优值的独立参数。目标函数是反映各个设计变量相互关系的数学表达式。约束条件是设计变量间或设计变量本身所受限制条件的数学表达式。

(3)计算机辅助设计。随着计算机技术的发展，在设计过程中出现了由计算机辅助设计计算和绘图的技术——计算机辅助设计(Computer Aided Design，CAD)。计算机辅助设计就是在设计中应用计算机进行设计和信息处理。它包括分析计算和自动绘图两部分功能。CAD 系统应支持设计过程的各个阶段，即从方案设计入手，使设计对象模型化；依据提供的设计技术参数进行总体设计和总图设计；通过对结构的静态和动态性能分析，最后确定设计参数。在此基础上，完成详细设计和技术设计。因此，CAD 设计应包括二维工程绘图、三维几何造型、有限元分析等方面的技术。

虽然理论上 CAD 的功能是参与设计的全过程的，但由于一般使用者认为，通常的设计中制图工作量占的比例(50%~60%)较大，因此在应用中，CAD 的重点实际上是放在制图自动化方面。目前国际上已有比较成熟的二维和三维 CAD 绘图软件，最常用的如国外的 AutoCAD、UG、Solid Edge 等。近几年来，我国也研制或开发了许多具有自主版权的二维和三维 CAD 支持软件及其应用软件，并得到了较好的推广应用，已能满足我国企业"甩掉图板"的要求。

## 1.4.2　机械零件的设计步骤

机械零件的设计过程主要分为以下几个步骤。

(1)根据机器的原理方案设计结果,确定零件的类型。

(2)根据机器的运动学与动力学设计结果,计算作用在零件上的名义载荷,分析零件的工作情况,确定零件的计算载荷。

(3)分析零件工作时可能出现的失效形式,选择适当的零件材料,确定零件的设计准则,通过设计计算确定出零件的基本尺寸。

(4)按照等强度原则,进行零件的结构设计。设计零件的结构时,一定要考虑工艺性及标准化等原则的要求。

(5)必要时进行详细的校核计算,确保重要零件的设计可靠性。

(6)绘制零件的工作图,在工作图上除标注详细的零件尺寸外,还需要对零件的配合尺寸等标注尺寸公差及必要的几何公差、表面粗糙度及技术条件等。

(7)编写零件的设计计算说明书。

## 1.4.3　机械零件设计的基本原则

机械零件的种类繁多,不同行业对机器和机械零件的要求也各不相同,但机械零件设计中材料的选择原则和标准化的原则是相同的。

**1. 材料的选择原则**

在掌握材料的力学性能和零件使用要求的基础上,一般要考虑以下几方面的问题。

(1)强度问题。零件承受载荷的状态和应力特性是首先要考虑的问题。在静载荷作用下工作的零件,可以选择脆性材料;在冲击载荷作用下工作的零件,主要采用韧度较高的塑性材料。对于承受弯曲和扭转应力的零件,由于应力在横截面上分布不均匀,可以采用复合热处理,如调质和表面硬化,使零件的表面与心部具有不同的金相组织,提高零件的疲劳强度。当零件承受变应力时,应选择耐疲劳的材料,如组织均匀、韧度较高、夹杂物少的钢材,其疲劳强度都高。

(2)刚度问题。影响零件刚度的唯一力学性能指标是材料的弹性模量,而各种材料的弹性模量相差不大。因此,改变材料对提高零件的刚度作用并不大,而结构形状对零件的刚度有明显的影响,设计中通过改变零件的结构形状来调整零件的刚度。

(3)磨损问题。一般很难简单地说明磨损问题,因为零件表面的磨损是一个非常复杂的过程。本书将在以后的章节中,针对具体零件的磨损介绍材料的选用。一般可将一定条件下摩擦系数小且稳定的耐磨性、跑合性好的材料称为减磨材料。如钢-青铜、钢-轴承合金组成的摩擦副就具有较好的减磨性能。

(4)制造工艺性问题。当零件在机床上的加工量很大时,应考虑材料的可切削性能,减小刀具磨损,提高生产效率和加工精度。当零件的结构复杂且尺寸较大时,宜采用铸造或焊接件,这就要求材料的铸造性和焊接性能满足要求。采用冷拉工艺制造的零件要考虑材料的延伸率和冷作硬化对材料力学性能的影响。

(5)材料的经济性问题。根据零件的生产量和使用要求,综合考虑材料本身的价格、材料的加工费用、材料的利用率等来选择材料。有时可将零件设计成组合结构,用两种材料制造,如大尺寸蜗轮的轮毂和齿圈、滑动轴承的轴瓦和轴承衬等,这样可以节省贵重材料。

**2. 标准化的原则**

(1)标准化的内容。标准化工作包括三方面的内容，即标准化、系列化和通用化。标准化是指对机械零件种类、尺寸、结构要素、材料性质、检验方法、设计方法、公差配合和制图规范等制定出相应的标准，供设计、制造时共同遵照使用。系列化是指产品按大小分档，进行尺寸优选，或成系列地开发新品种，用较少的品种规格来满足多种尺寸和性能指标的要求，如圆柱齿轮减速器系列。通用化是指同类机型的主要零部件最大限度地相互通用或互换。可见通用化是广义标准化的一部分，因此它既包括已标准化的项目的内容，也包括未标准化的项目的内容。机械产品的系列化、零部件的通用化和标准化，简称为机械产品的"三化"。

(2)标准化的意义。机械产品"三化"的重要意义主要表现在：①可减少设计工作量，缩短设计周期和降低设计费用，使设计人员将主要精力用于创新，用于多方案优化设计，更有效地提高产品的设计质量，开发更多的新产品；②便于专业化工厂批量生产，以提高标准件(如滚动轴承、螺栓等)的质量，最大限度地降低生产成本，提高经济效益；③便于维修时互换零件。

"三化"是一项重要的设计指标和必须贯彻执行的技术经济法规。设计人员务必在思想上和工作上予以重视。

(3)我国标准的分类。我国现行标准中，有国家标准(GB)、行业标准(如 JB、YB 等)和企业标准。为有利于国际技术交流和进、出口贸易，特别是在我国加入世界贸易组织之后，现有标准已尽可能靠拢、符合国际标准化组织(ISO)标准。

(4)机械设计中的互换性。上述机械产品"三化"的重要意义之一是便于互换零件，这就对设计整机和制造零件的公差与配合提出了严格的要求。相关内容将在"互换性与测量技术"(也称"公差与技术测量")课程中阐述。

# 本 章 小 结

本章主要介绍了机械设计的基本要求和机械设计的一般程序。机械零件的失效分析和计算准则是每一个零件设计的核心内容，而计算模型的建立是一个很重要的能力。这些问题在以后各种零件的设计中都要遇到，在此先进行简单介绍，随着课程的逐步展开和深入，应该对这些内容有具体的体会。

# 习 题

1. 典型的机械设计主要有四个阶段：明确任务、方案设计、技术设计和施工设计。各阶段的主要任务和设计结果是什么？
2. 对机械零部件有哪些要求？
3. 什么是机械零件失效？试举出几种常见的机械零件失效形式。
4. 什么是机械零件的设计准则？常用的机械零件设计准则有哪些？
5. 机械零件设计的基本原则是什么？

# 第2章 机械零件设计中的强度与耐磨性

**教学目标**

(1) 了解应力的基本类型及特征参数。
(2) 掌握疲劳曲线和极限应力图及影响机械零件疲劳强度的主要因素。
(3) 掌握稳定变应力时的疲劳强度计算。
(4) 了解摩擦的种类及其基本性质、磨损类型及减少磨损的主要措施。
(5) 了解常用润滑剂、添加剂的种类和润滑方法。

**教学要求**

| 能力目标 | 知识要点 | 权重/% | 自测分数 |
|---|---|---|---|
| 了解应力的种类及其主要特征参数 | 应力的种类,主要特征参数,应力循环特性及静强度计算方法 | 5 | |
| 掌握零件的疲劳曲线和极限应力图及影响零件疲劳强度的主要因素 | 疲劳破坏的主要特征,零部件的疲劳曲线和极限应力图及影响疲劳强度的主要因素 | 25 | |
| 掌握稳定变应力时零部件的疲劳强度计算 | 稳定变应力及复合应力状态下的疲劳强度计算 | 25 | |
| 了解摩擦的种类、磨损类型及减少磨损的主要措施 | 摩擦的分类及影响因素,磨损类型,磨损过程及减少磨损的措施 | 20 | |
| 了解常用润滑剂、添加剂的种类和润滑方法 | 润滑剂的种类,润滑油的主要物理指标,影响润滑油黏度的主要因素,润滑脂的种类及评定参数,添加剂的作用和常用润滑方法 | 25 | |

## 引入案例

弹簧在工作中,最大应力多发生在弹簧材料的表层,所以弹簧的表面质量对疲劳强度的影响很大。弹簧材料在轧制、拉拔和卷制过程中造成的裂纹、疵点和伤痕等缺陷往往是造成弹簧疲劳断裂的原因。材料表面粗糙度越小,应力集中越小,疲劳强度也越高。另外,弹簧在腐蚀介质中工作时,由于表面产生点蚀或表面晶界被腐蚀而成为疲劳源,在交变应力作用下就会逐步扩展而导致断裂。

图 2.1 为压缩螺旋弹簧受切应力时,疲劳失效的典型断面图。从断面可以看出,疲劳破坏是表面裂纹(图中箭头所指)形成的疲劳源而造成的。

实践表明,对弹簧材料表面进行磨削、强压、抛丸、滚压和镀铬等处理,可以大大提高弹簧的疲劳强度。

断面

图 2.1 弹簧疲劳失效的典型断面图

# 2.1　机械零件的载荷与应力

## 2.1.1　载荷与应力的分类

### 1. 载荷的分类

机械零件的载荷是指零件工作时所受的外力、弯矩或转矩。载荷的大小、作用位置和方向不随时间变化或缓慢变化的载荷为静载荷，如锅炉压力。而随时间变化的载荷为变载荷，如汽车减振弹簧和自行车的链条工作时所受载荷。

机械零件所受的载荷还可分为名义载荷、工作载荷和计算载荷。名义载荷是指在理想的平稳工作条件下作用在零件上的载荷。工作载荷是指机器正常工作时所受的实际载荷。在实际工作中，零件会受到各种附加载荷的作用，所以工作载荷难以确定。考虑这些因素的影响，引入了载荷系数 $K$，名义载荷与载荷系数的乘积称为计算载荷。

### 2. 应力种类

在载荷作用下，机械零部件的表面(或剖面)上将产生应力，据应力随时间变化的特性不同，应力分为静应力和变应力。变应力中，根据应力变化的周期、平均应力和应力幅的变化规律，变应力又分为稳定循环的变应力(三者均不变)和不稳定循环的变应力(三者之一不为常数)。稳定循环的变应力又分为对称循环变应力、脉动循环变应力和非对称循环变应力三种基本类型。其变化规律如图 2.2 所示。不稳定循环的变应力又分为规律性不稳定变应力和随机变应力。

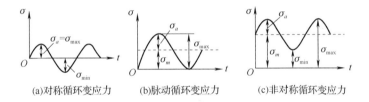

(a)对称循环变应力　　　(b)脉动循环变应力　　　(c)非对称循环变应力

图 2.2　稳定循环的变应力的种类

另外，应力还可分为名义应力和计算应力。名义应力是由名义载荷产生的应力 $\sigma(\tau)$，而计算应力是由计算载荷产生的应力 $\sigma_{ca}(\tau_{ca})$。

应力还有体积应力和表面应力之分。产生并分布于零件体内各处的应力称为体积应力，弯曲应力、拉应力、压应力、扭转切应力都属于体积应力。产生并分布于两个零件接触表面(实际是表层)的应力称为表面应力，面接触时的挤压应力和点、线接触时的接触应力属于表面应力。

## 2.1.2　稳定循环变应力的基本参数

如图 2.2 所示，$\sigma_{\max}$ 为最大应力，$\sigma_{\min}$ 为最小应力，$\sigma_m$ 为平均应力，$\sigma_a$ 为应力幅。由图可知它们的关系为

平均应力
$$\sigma_m = \frac{\sigma_{\max} + \sigma_{\min}}{2} \tag{2-1}$$

应力幅
$$\sigma_a = \frac{\sigma_{\max} - \sigma_{\min}}{2} \tag{2-2}$$

应力循环中的最小应力与最大应力之比，可用来表示变应力中应力变化的情况，通常称

为变应力的循环特性，用 $\gamma$ 表示，即 $\gamma = \dfrac{\sigma_{\min}}{\sigma_{\max}}$，因此

$$\gamma = \begin{cases} -1, & \text{对称循环变应力，} \ \sigma_{\max} = \sigma_{\min} = \sigma_a, \ \sigma_m = 0 \\[2mm] 0, & \text{脉动循环变应力，} \ \sigma_{\min} = 0, \ \sigma_m = \sigma_a = \dfrac{\sigma_{\max}}{2} \\[2mm] +1, & \text{静应力，} \ \sigma_{\max} = \sigma_{\min} = \text{常数} \\[2mm] -1 < \gamma < +1, & \text{非对称循环变应力，} \ \sigma_{\max} = \sigma_m + \sigma_a, \ \sigma_{\min} = \sigma_m - \sigma_a \end{cases}$$

静应力只能由静载荷产生，而变应力可能由变载荷产生，也可能由静载荷产生。

## 2.2　静应力时机械零件的强度计算

在静应力下工作的零件，其失效形式将是断裂或塑性变形，因此需要计算静强度。其设计计算的依据是材料力学的相关理论。一般工作期内应力变化次数<$10^3$($10^4$)时，可按静应力强度计算。

### 2.2.1　塑性材料零件的强度计算

塑性材料的极限应力为材料的屈服极限 $\sigma_s$ 或 $\tau_s$。

单向应力状态下的塑性材料零件的强度条件为

$$\begin{cases} \sigma_{ea} \leqslant [\sigma] = \sigma_s / [s]_\sigma \\[2mm] \tau_{ca} \leqslant [\tau] = \tau_s / [s]_\tau \end{cases} \tag{2-3}$$

或

$$\begin{cases} s_\sigma = \dfrac{\sigma_s}{\sigma_{ca}} \geqslant [s]_\sigma \\[4mm] s_\tau = \dfrac{\tau_s}{\tau_{ca}} \geqslant [s]_\tau \end{cases} \tag{2-4}$$

式中，$\sigma_s$、$\tau_s$ 为材料的屈服极限，可查阅《机械设计手册》；$s_\sigma$、$s_\tau$ 为计算安全系数；$[s]_\sigma$、$[s]_\tau$ 为许用安全系数，详见《机械设计手册》。

复合应力状态下塑性材料零件的强度条件如下。

按第三或第四强度理论对弯扭复合应力进行强度计算。

设单向正应力和切应力分别为 $\sigma$ 和 $\tau$，有

第三强度理论(最大剪应力理论)：

$$\sigma_{ca} = \sqrt{\sigma^2 + 4\tau^2} \leqslant [\sigma] = \sigma_s / [s] \tag{2-5}$$

第四强度理论(最大变形能理论)：

$$\sigma_{ca} = \sqrt{\sigma^2 + 3\tau^2} \leqslant [\sigma] = \sigma_s / [s] \tag{2-6}$$

或

$$\begin{cases} s_{ca} = \dfrac{\sigma_s}{\sqrt{\sigma^2 + \left(\dfrac{\sigma_s}{\tau_s}\right)^2 \tau^2}} \leqslant [s] \\[6mm] s_{ca} = \dfrac{s_\sigma s_\tau}{\sqrt{s_\sigma^2 + s_\tau^2}} \leqslant [s] \end{cases} \tag{2-7}$$

式中，$s_\sigma$、$s_\tau$ 分别为单向正应力和切应力时的安全系数，可由式(2-4)求得。

## 2.2.2　脆性材料与低塑性材料

脆性材料的失效形式是断裂，极限应力为材料的强度极限 $\sigma_B$ 或 $\tau_B$。

单向应力状态下的脆性材料零件的强度条件为

$$\begin{cases} \sigma_{ca} \leqslant [\sigma] = \dfrac{\sigma_B}{[s]_\sigma} & \text{或} \quad s_\sigma = \dfrac{\sigma_B}{\sigma_{ca}} \geqslant [s]_\sigma \\[3mm] \tau_{ca} \leqslant [\tau] = \dfrac{\tau_B}{[s]_\tau} & \text{或} \quad s_\tau = \dfrac{\tau_B}{\tau_{ca}} \geqslant [s]_\sigma \end{cases} \tag{2-8}$$

复合应力状态下的脆性材料零件的强度条件为

按第一强度条件(最大主应力理论)：

$$\begin{cases} \sigma_{ca} = \dfrac{1}{2}\left(\sigma + \sqrt{\sigma^2 + 4\tau^2}\right) \leqslant [\sigma] = \dfrac{\sigma_B}{[s]} \\[3mm] s_{ca} = \dfrac{2\sigma_B}{\sigma + \sqrt{\sigma^2 + 4\tau^2}} \geqslant [s] \end{cases} \tag{2-9}$$

**注意**：低塑性材料(低温回火的高强度钢)——强度计算应计入应力集中的影响。

脆性材料(铸铁)——强度计算不考虑应力集中。

# 2.3　机械零件的疲劳强度

在变应力作用下机械零件的损坏，与静应力作用下的损坏有本质的区别。静应力作用下机械零件的损坏原因是在危险截面中产生过大的塑性变形或最终断裂。而在变应力作用下，机械零件的主要失效形式是疲劳断裂。

## 2.3.1　疲劳断裂特征

在变应力下工作的零件，其疲劳断裂过程分为两个阶段：第一阶段是零件表面上应力较大处的材料发生剪切滑移，产生初始裂纹，形成疲劳源，疲劳源可以有一个或数个；第二阶段是裂纹端部在切应力下发生反复的塑性变形，使裂纹扩大直至发生疲劳断裂。机械零件在浇铸、工件加工及热处理时，内部的夹渣、微孔、晶界以及表面划伤、裂纹、腐蚀等都有可能产生初始裂纹，所以，零件的疲劳过程通常是从第二阶段开始的，应力集中促使表面裂纹产生和发展。

疲劳断裂具有以下特征：①疲劳断裂时零件受到的最大应力远小于材料的强度极限，甚至低于屈服极限；②不论是脆性材料，还是塑性材料，断口通常没有显著的塑性变形，表现为突然脆性断裂；③疲劳破坏是一个损伤累积的过程，初期零件表层形成微裂纹，随应力循环次数的增大裂纹扩展，扩展到断截面不足以承受外载时，发生断裂。疲劳断口分为明显的两个区域：疲劳区和脆性断裂区(图 2.3)。断裂前，裂纹两边相互摩擦形成光滑的疲劳区，突然断裂时产生粗糙的断裂区。

疲劳破坏是零件的损伤积累到一定程度时发生的，因此它不仅与变应力的大小和应力循环特性有

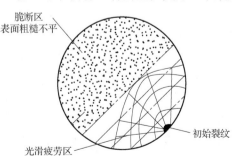

图 2.3　疲劳断裂截面

关，而且与零件的工作应力循环次数有关。此外，疲劳破坏还与零件表面是否容易产生初始裂纹有关。

因此，变应力下，零件的极限应力既不能取材料的强度极限也不能取屈服极限，应为疲劳极限。

### 2.3.2　疲劳曲线和疲劳极限应力图

**1. 疲劳曲线**

对任一给定的应力循环特性 $\gamma$，当应力循环 $N$ 次时，材料不发生疲劳破坏的最大应力称为疲劳极限，以 $\sigma_{\gamma N}$ 表示。材料的疲劳极限通过试件的疲劳试验来确定。把表示疲劳极限（$\sigma_{rN}$）

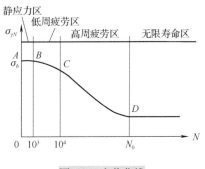

图 2.4　疲劳曲线

和应力循环次数（$N$）的关系曲线称为疲劳曲线或 $\sigma$-$N$ 曲线，如图 2.4 所示。

在有限寿命区内，应力循环次数约为 $10^3$ 以前，使材料试件发生破坏的最大应力值基本不变，可看作静应力强度的状况。曲线的 $BC$ 段为低周疲劳区，该区域内随着循环次数的增加，使材料发生疲劳破坏的最大应力将不断下降，此阶段的疲劳破坏已伴随着材料的塑性变形。但对绝大多数零件来说，当其承受变应力作用时，其应力循环次数总是大于 $10^4$ 的，属高周疲劳破坏。当应力循环次数高于某一值（$N_0$）后，疲劳曲线呈现为水平直线，为无限寿命区。$N_0$ 称为应力循环基数，它随材料不同而不同。通常，对于 HBS ≤ 350 的钢，$N_0 \approx 1 \times 10^7$；对于 HBS > 350 的钢，$N_0 \approx 25 \times 10^7$。而对于有色金属和高硬度合金，无论 $N$ 值多大，疲劳曲线也不存在水平部分。

有限寿命区应力循环次数和疲劳极限之间的关系可用下列方程表示：

$$\sigma_{\gamma N}^m N = \sigma_{\gamma}^m N_0 = C \tag{2-10}$$

式中，$C$ 为试验常数；$m$ 为与材料性能和应力状态有关的特性系数，如对受弯钢制零件，$m=9$；$\sigma_{\gamma}$ 为相应于应力循环基数 $N_0$ 的疲劳极限，称为材料的疲劳极限。

由式（2-10）可求得对应于循环次数 $N$ 的弯曲疲劳极限，即

$$\sigma_{\gamma N} = \sigma_{\gamma} \sqrt[m]{\frac{N_0}{N}} = \sigma_{\gamma} K_N \tag{2-11}$$

式中，$K_N = \sqrt[m]{\dfrac{N_0}{N}}$，称为寿命系数，当 $N \geqslant N_0$ 时，取 $K_N = 1$。

**2. 疲劳极限应力图**

对任何材料（标准试件）而言，对不同的应力循环特性下有不同的疲劳极限，以 $\sigma_m$ 为横坐标、$\sigma_a$ 为纵坐标，即可得材料在不同应力循环特性下的疲劳极限。按试验的结果，这一疲劳特性曲线为二次曲线。在工程应用中，常将其以直线来近似替代，如图 2.5 所示。

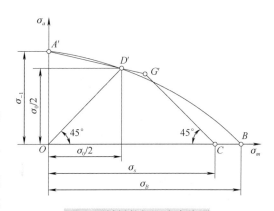

图 2.5　材料的极限应力线图

当进行材料疲劳试验时，先求出对称循环及脉动循环时的疲劳极限 $\sigma_{-1}$ 及 $\sigma_0$。由于对称循环变应力的平均应力 $\sigma_m = 0$，应力幅等于最大应力，所以对称循环疲劳极限在图 2.5 中以纵坐标轴上 $A'$ 点来表示。脉动循环变应力的平均应力及应力幅均为 $\sigma_m = \sigma_a = \dfrac{\sigma_0}{2}$，所以脉动循环疲劳极限以由原点 $O$ 所作 45° 射线上的 $D'$ 点来表示。连接 $A'$、$D'$ 得直线 $A'D'$。由于这条直线与不同应力比时进行试验所求得的疲劳极限应力曲线（曲线 $A'D'B$）非常接近，故用此直线代替曲线是可以的，所以直线 $A'D'$ 上任何一点都代表了一定应力比时的疲劳极限。横轴上任一点都代表应力幅等于零的应力，即静应力。取 $C$ 点坐标值等于材料的屈服极限 $\sigma_s$，并自 $C$ 点作一直线与直线 $CO$ 成 45° 的夹角，交 $A'D'$ 的延长线于 $G'$，则 $CG'$ 上任何一点均代表 $\sigma_{\max} = \sigma'_m + \sigma'_a = \sigma_s$ 的变应力状况。

零件材料的极限应力曲线即为折线 $A'G'C$。零件的工作应力点位于 $A'G'C$ 折线以内时，其最大应力既不超过疲劳极限，又不超过屈服极限。$A'G'C$ 以内为疲劳和塑性安全区；$A'G'C$ 以外为疲劳和塑性失效区；工作应力点离折线越远，安全程度越高；若正好处于折线上，则表示工作应力状况正好达到极限状态。

### 2.3.3　影响机械零件疲劳强度的主要因素和零件极限应力图

**1. 影响机械零件疲劳强度的主要因素**

由于实际机械零件与标准试件之间在绝对尺寸、表面状态、应力集中、环境介质等方面往往有差异，这些因素的综合影响，使零件的疲劳极限不同于材料的疲劳极限，其中尤以应力集中、零件尺寸和表面状态三项因素对机械零件的疲劳强度影响最大。

**1）应力集中的影响**

零件受载时，在几何形状突变处（圆角、凹槽、孔等）要产生应力集中，对应力集中的敏感程度与零件的材料有关，一般材料强度越高，硬度越高，对应力集中越敏感，如合金钢材料比普通碳素钢对应力集中更敏感。

$$\begin{cases} k_\sigma = 1 + q_\sigma(\alpha_\sigma - 1) \\ k_\tau = 1 + q_\tau(\alpha_\tau - 1) \end{cases} \tag{2-12}$$

式中，$\alpha_\sigma$、$\alpha_\tau$ 为考虑零件几何形状的理论应力集中系数；$q_\sigma$、$q_\tau$ 为材料对应力集中的敏感性系数。

若在同一截面处同时有几个应力集中源，则应采用其中最大的有效应力集中系数。

**2）零件尺寸的影响**

零件尺寸越大，材料的晶粒较粗，出现缺陷的概率越大，而机械加工后表面冷作硬化层相对较薄，所以对零件疲劳强度的不良影响越显著。

**3）表面状态的影响**

（1）表面质量系数 $\beta_\sigma(\beta_\tau)$ 即零件加工的表面质量（主要指表面粗糙度）对疲劳强度的影响。由于钢材的 $\sigma_B$ 越高，表面越粗糙，$\beta_\sigma(\beta_\tau)$ 越低，因此，高强度合金钢制零件为使疲劳强度有所提高，其表面应有较高的表面质量。

（2）表面强化系数 $\beta_q$ 即考虑不同的强化处理方法对零件疲劳强度的影响。常用的强化处理方法有高频表面淬火、渗氮、渗碳、表面化学热处理、抛光、喷丸、滚压等冷作工艺。

**4）综合影响系数 $K_\sigma(K_\tau)$**

由试验可知，零件尺寸和表面状态只对应力幅 $\sigma_a$ 有影响，而对平均应力 $\sigma_m$ 无影响。因

此，弯曲疲劳强度的综合影响系数可由下式计算

$$K_{\sigma} = \left( \frac{k_{\sigma}}{\varepsilon_{\sigma}} + \frac{1}{\beta_{\sigma}} - 1 \right) \cdot \frac{1}{\beta_q} \qquad (2\text{-}13)$$

或

$$K_{\tau} = \left( \frac{k_{\tau}}{\varepsilon_{\tau}} + \frac{1}{\beta_{\tau}} - 1 \right) \cdot \frac{1}{\beta_q} \qquad (2\text{-}14)$$

弯曲疲劳强度的综合影响系数 $K_{\sigma}$ 表示材料极限应力幅与零件极限应力幅的比值，即

$$K_{\sigma} = \frac{\sigma'_a(标准试件的极限应力幅)}{\sigma'_{ae}(零件的极限应力幅)} \xRightarrow{对称循环} \frac{\sigma_{-1}(标准试件对称循环的疲劳极限)}{\sigma_{-1e}(零件试件对称循环的疲劳极限)}$$

### 2. 零件的极限应力图

由于弯曲疲劳强度的综合影响系数 $K_{\sigma}$ 只对零件工作时的应力幅 $\sigma_a$ 有影响，而对平均应

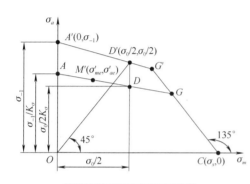

图 2.6 零件的极限应力图

力 $\sigma_m$ 无影响，所以在材料的极限应力图 $A'D'G'C$ 上几个特殊点以坐标计入 $K_{\sigma}$ 影响，就可得到零件极限应力图上的几个特殊点。其中，零件对称循环疲劳极限点为 $A(0, \sigma_{-1} / K_{\sigma})$，零件脉动循环疲劳极限点为 $D(\sigma_0 / 2, \sigma_0 / 2K_{\sigma})$，而 $G'C$ 是静强度极限，其不受综合影响系数 $K_{\sigma}$ 的影响，所以该段不必修正。因此连接 $AD$ 并延长交 $CG$ 于 $G$ 点，则折线 $AGC$ 即零件的简化极限应力图，如图 2.6 所示。

由已知两点 $A(0, \sigma_{-1} / K_{\sigma})$，$D(\sigma_e / 2, \sigma_0 / 2K_{\sigma})$ 求得直线 $AG$ 方程为

$$\sigma_{-1e} = \frac{\sigma_{-1}}{K_{\sigma}} = \sigma'_{ae} + \psi_{\sigma e} \cdot \sigma'_{me} \qquad (2\text{-}15)$$

或

$$\sigma_{-1} = K_{\sigma}\sigma'_{ae} + \psi_{\sigma} \cdot \sigma'_{me} \qquad (2\text{-}16)$$

式中，$\sigma'_{ae}$ 为零件受循环弯曲应力时的极限应力幅；$\sigma'_{me}$ 为零件受循环弯曲应力时的平均应力；$\psi_{\sigma}$ 为标准试件中的材料常数。

$$\psi_{\sigma} = \frac{2\sigma_{-1} - \sigma_0}{\sigma_0} \qquad (2\text{-}17)$$

一般碳钢 $\psi_{\sigma} \approx 0.1 \sim 0.2$，合金钢 $\psi_{\sigma} = 0.2 \sim 0.3$。$\psi_{\sigma e}$ 为零件的材料常数：

$$\psi_{\sigma e} = \frac{\psi_{\sigma}}{K_{\sigma}} = \frac{1}{K_{\sigma}} \cdot \frac{2\sigma_{-1} - \sigma_0}{\sigma_0} \qquad (2\text{-}18)$$

直线 $CG$ 方程为

$$\sigma'_{ae} + \sigma'_{me} = \sigma_s \qquad (2\text{-}19)$$

切应力状态时同样可得

$$\begin{cases} \tau_{-1e} = \dfrac{\tau_{-1}}{K_{\tau}}\tau'_{ae} + \psi_{\tau e} \cdot \tau'_{me}, & \psi_{\tau} = 0.5\psi_{\sigma} \\[2mm] \tau_{-1} = K_{\tau}\tau'_{ae} + \psi_{\tau} \cdot \tau'_{me} \end{cases} \qquad (2\text{-}20)$$

$$\tau'_{ae} + \tau'_{me} = \tau_s \qquad (2\text{-}21)$$

### 2.3.4　单向稳定变应力时的疲劳强度计算

机械零件的疲劳强度计算时，首先求出机械零件危险剖面的最大工作应力 $\sigma_{max}$ 和最小工作应力 $\sigma_{min}$，据此求出工作平均应力 $\sigma_m$ 和工作平均应力幅 $\sigma_a$，在零件极限应力图上标出其工作点 $(\sigma_m, \sigma_a)$，然后在零件极限应力图 $AGC$ 上确定相应的极限应力点 $(\sigma'_{me}, \sigma'_{ae})$，由允许的极限应力与工作应力可求得零件的安全系数。然而，如何确定与零件工作应力点相对应的极限应力点，这与零件工作应力的可能变化规律有关，即与零件的应力状态有关。

根据零件载荷的变化规律以及零件间相互约束情况的不同，可能发生的典型的应力变化规律一般有下述三种情况。

(1) 变应力的应力比保持不变，即 $\gamma = C$（大多数转轴中的应力状态）。

$$\gamma = \sigma_{min/max} = C$$

因为 $\dfrac{\sigma_a}{\sigma_m} = \dfrac{(\sigma_{max} - \sigma_{lim})/2}{(\sigma_{max} + \sigma_{lim})/2} = \dfrac{1-\gamma}{1+\gamma} = $ 常数，所以，在图 2.7 中，过坐标原点与工作应力点 $M$ 或 $N$ 作连线交极限应力曲线 $AGC$ 于 $M'_1$ 和 $N'_1$ 点，由于直线上任一点的应力循环特性均相同，$M'_1$ 和 $N'_1$ 点即所求的极限应力点。

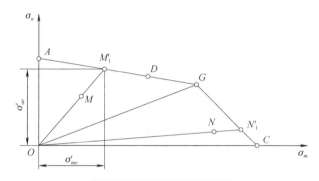

图 2.7　$\gamma = C$ 时的极限应力

当工作应力点位于 $OAG$ 内时，极限应力为疲劳极限，此时应按疲劳强度计算，零件的极限应力（疲劳极限）$\sigma'_{max}(\sigma_{lim})$ 为

$$\sigma_{lim} = \sigma'_{max} = \sigma'_{ae} + \sigma'_{me}$$

联解 $OM$ 及 $AG$ 两直线的方程，可求出 $M'_1$ 点的坐标值 $\sigma'_{ae}$ 及 $\sigma'_{me}$，则对应 $M$ 点的零件的疲劳极限为

$$\sigma_{lim} = \sigma'_{max} = \sigma'_{ae} + \sigma'_{me} = \frac{\sigma_{-1}(\sigma_m + \sigma_a)}{k_\sigma \sigma_a + \psi_\sigma \sigma_m} = \frac{\sigma_{-1}\sigma_{max}}{k_\sigma \sigma_a + \psi_\sigma \sigma_m} \tag{2-22}$$

强度条件为

$$S_{ca} = \frac{\sigma_{lim}}{\sigma_{max}} = \frac{\sigma'_{max}}{\sigma_{max}} = \frac{\sigma_{-1}}{k_\sigma \sigma_a + \psi_\sigma \sigma_m} \geqslant [S] \tag{2-23}$$

工作应力点位于 $OGC$ 内（$N$ 点）时，其极限应力为屈服极限 $\sigma_s$，此时应按静强度计算。

强度条件为

$$S_{ca} = \frac{\sigma_{lim}}{\sigma_{max}} = \frac{\sigma_s}{\sigma_{max}} = \frac{\sigma_s}{\sigma_m + \sigma_a} \geqslant [S] \tag{2-24}$$

(2)变应力的平均应力保持不变，即 $\sigma_m = C$（振动中的受载弹簧的应力状态）。

即需要在极限应力图上找一个其平均应力与工作应力相同的极限应力如图 2.8 所示，过工作应力点 $M(N)$ 作与纵轴平行的线交 $AGC$ 于 $M_2'(N_2')$ 点，即极限应力点。此线上任何一点所代表的循环应力都具有相同的平均值。

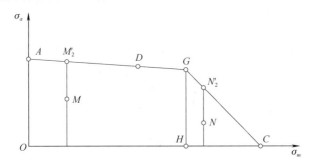

图 2.8    $\sigma_m = C$ 时的极限应力

当工作应力点位于 $OAGH$ 区域时，其极限应力为疲劳极限。联解 $MM_2'$ 及 $AG$ 两直线方程，可得 $M$ 点的疲劳极限为

$$\sigma_{\text{lim}} = \sigma_{\text{max}}' = \sigma_{me}' + \sigma_{ae}' = \frac{\sigma_{-1} - \psi_\sigma \sigma_m}{k_\sigma} + \sigma_m = \frac{\sigma_{-1} + (k_\sigma - \psi_\sigma)\sigma_m}{k_\sigma} \tag{2-25}$$

强度条件为

$$S_{ca} = \frac{\sigma_{\text{lim}}}{\sigma_{\text{max}}} = \frac{\sigma_{\text{max}}'}{\sigma_{\text{max}}} = \frac{\sigma_{-1} + (k_\sigma - \psi_\sigma)\sigma_m}{k_\sigma(\sigma_m + \sigma_a)} \geqslant [S] \tag{2-26}$$

当工作应力点位于 $GHC$ 区域内时，其极限应力为屈服极限，也只进行静强度计算（式(2-24)）。

(3)变应力的最小应力保持不变，即 $\sigma_{\min} = C$ 的情况（受轴向变载荷的紧螺栓连接中螺栓的应力状态）。

此时，需要找一个最小应力与工作应力的最小应力相同的极限应力。

因为，$\sigma_{\min} = \sigma_m - \sigma_a = C$。所以，过工作应力点 $M(N)$ 作与横坐标成 45° 的直线，则这直线任一点的最小应力 $\sigma_{\min} = \sigma_m - \sigma_a$ 均相同，此时，直线与极限应力线图交点 $M_3'(N_3')$ 即所求极限应力点，如图 2.9 所示。

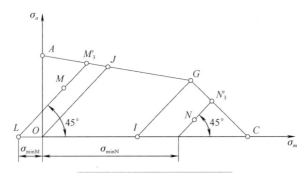

图 2.9    $\sigma_{\min} = C$ 时的极限应力

当工作应力点位于 $OJGI$ 区域内时，其极限应力为疲劳极限，按疲劳强度计算。联解 $MM_3'$ 及 $AG$ 两直线方程，可得 $M$ 点的疲劳极限为

$$\sigma_{\lim} = \sigma'_{\max} = \sigma'_{ae} + \sigma'_{me} = \frac{2\sigma_{-1} + (k_{\sigma} - \psi_{\sigma})\sigma_{\min}}{k_{\sigma} + \psi_{\sigma}} \tag{2-27}$$

强度条件为

$$S_{ca} = \frac{\sigma_{\lim}}{\sigma_{\max}} = \frac{\sigma'_{\max}}{\sigma_{\max}} = \frac{2\sigma_{-1} + (k_{\sigma} - \psi_{\sigma})\sigma_{\min}}{(k_{\sigma} + \psi_{\sigma})(\sigma_m + \sigma_a)} = \frac{2\sigma_{-1} + (k_{\sigma} - \psi_{\sigma})\sigma_{\min}}{(k_{\sigma} + \psi_{\sigma})(2\sigma_a + \sigma_{\min})} \geqslant [S] \tag{2-28}$$

当工作应力点位于 $IGC$ 区域内时，其极限应力为屈服极限，应进行静强度计算。

静强度条件为

$$S_{ca} = \frac{\sigma_{\lim}}{\sigma_{\max}} = \frac{\sigma_s}{\sigma_m + \sigma_a} = \frac{\sigma_s}{\sigma_{\min} + 2\sigma_a} \geqslant [S] \tag{2-29}$$

当工作应力位于 $OAJ$ 区域内时， $\sigma_{\min}$ 为负值，工程中罕见，故不作考虑。

**注意：**

① 若零件所受应力变化规律不能肯定，一般采用 $\gamma = C$ 的情况计算。

② 上述计算均为按无限寿命进行零件设计，当按有限寿命要求设计零件，即应力循环次数 $10^3(10^4) < N < N_0$ 时，上述公式中的极限应力应为有限寿命的疲劳极限 $\sigma_{\gamma N} = \sqrt[m]{\dfrac{N_0}{N}}\sigma_{\gamma}$ ，即应以 $\sigma_{-1N}$ 代替 $\sigma_{-1}$ ，以 $\sigma_{ON}$ 代替 $\sigma_0$ 。

③ 不知道工作应力点所在区域时，应同时考虑可能出现的两种情况。

④ 对切应力 $\tau$ 上述公式同样适用，只需将 $\sigma$ 改为 $\tau$ 即可。

### 2.3.5　提高机械零件疲劳强度的措施

为提高机械零件的疲劳强度，在设计时可采用下列措施。

(1)尽可能降低零件上的应力集中，这是提高零件疲劳强度的首要措施。为降低应力集中，应尽量减少零件结构形状和尺寸的突变或使其变化尽可能地平滑和均匀。有效应力集中、尺寸因素、表面质量与状态是影响应力集中的主要因素。越是高强度材料，对应力集中的敏感性越强，就更应采取降低应力集中的措施。

(2)选用疲劳强度高的材料，采用能提高疲劳强度的热处理方法和强化工艺，如表面淬火、渗碳淬火、氮化、碳氮共渗、表面滚压、表面喷丸、表面捶击等。

(3)提高零件的表面质量。

(4)尽可能减小或消除零件表面可能发生的初始裂纹的尺寸。对于重要的零件，在设计图纸上应规定出严格的检验方法及要求。

# 2.4　机械零件的接触强度

机械中各零件之间力的传递，总是通过两零件的相互接触来实现的。当零件受载时是在较大的体积内产生应力，这种应力状态下的零件强度称为整体强度。但齿轮、滚动轴承等机械零部件，在受载前各零件的接触是点或线接触，受载后由于接触部分的局部弹性变形而形成面接触，通常此面积甚小而表层产生的局部应力却很大，这种应力称为接触应力。这时零件的强度称为接触强度。其是通过很小的接触面积传递载荷的，因此它们的承载能力不仅取决于整体强度，还取决于表面的接触强度。

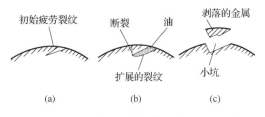

初始疲劳裂纹　　断裂　　油　　　剥落的金属

扩展的裂纹　　　　　小坑

(a)　　　　　(b)　　　　　(c)

图 2.10　疲劳点蚀

机械零件的接触应力通常是随时间做周期性变化的，在载荷反复作用下，首先在表层内 15～25μm 处产生初始疲劳裂纹，然后裂纹逐渐扩展(如有润滑油，则被挤进裂纹中产生高压，使裂纹加快扩展)，最终使表层金属呈小片状剥落下来，而在零件表面形成一些小坑，这种现象称为疲劳点蚀(图 2.10)。零件发生疲劳点蚀后，减小了两零件的接触面积，损坏了零件的光滑表面，因而也降低了承载能力，并引起振动和噪声。疲劳点蚀是齿轮、滚动轴承等零部件的主要失效形式。

对于图 2.11 所示的两圆柱体接触，由弹性力学的分析可知，当两个轴线平行的圆柱体相互接触并受压时，其接触面积为一狭长矩形，最大接触应力发生在接触区中线上，其值为

$$\sigma_H = \sqrt{\dfrac{F_n}{\pi b} \cdot \dfrac{\dfrac{1}{\rho_1} \pm \dfrac{1}{\rho_2}}{\dfrac{1-\mu_1^2}{E_1} + \dfrac{1-\mu_2^2}{E_2}}} \qquad (2\text{-}30)$$

式中，$\sigma_H$ 为最大接触应力或赫兹应力；$F_n$ 为作用于圆柱体上的载荷；"+"用于外接触，"–"用于内接触；$b$ 为接触线长度；$\rho_1$、$\rho_2$ 分别为零件 1 和零件 2 初始接触线处的曲率半径，通常，令 $\dfrac{1}{\rho_\Sigma} = \dfrac{1}{\rho_1} \pm \dfrac{1}{\rho_2}$ 为综合曲率，而 $\rho_\Sigma = \dfrac{\rho_1 \rho_2}{\rho_1 \pm \rho_2}$ 称为综合曲率半径，其中正号用于外接触，负号用于内接触；$\mu_1$、$\mu_2$ 分别为零件 1 和零件 2 材料的泊松比；$E_1$、$E_2$ 分别为零件 1 和零件 2 材料的弹性模量。

式(2-30)称为赫兹(Hertz)公式。

接触疲劳强度的判定条件为

$$\sigma_H \leqslant [\sigma_H] \qquad (2\text{-}31)$$

$$[\sigma_H] = \dfrac{\sigma_{\lim}}{S_H} \qquad (2\text{-}32)$$

式中，$[\sigma_H]$ 为材料的许用接触应力；$\sigma_{\lim}$ 为材料的接触疲劳极限；$S_H$ 为接触疲劳安全系数。

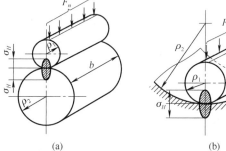

(a)　　　　　　　(b)

图 2.11　两圆柱体的接触应力

# 2.5　摩擦、磨损与润滑概述

各类机器在工作时，其各零件相对运动的接触部分都存在着摩擦，摩擦是机器运转过程中不可避免的物理现象。摩擦不仅消耗能量，而且使零件发生磨损，甚至导致零件失效。据统计，世界上 1/3～1/2 的能源消耗在摩擦上，而各种机械零件因磨损失效的也占全部失效零件的 1/2 以上。磨损是摩擦的结果，润滑则是减少摩擦和磨损的有力措施，这三者是相互联系不可分割的。

## 2.5.1　摩擦

摩擦是指两接触的物体在接触表面间相对运动或有相对运动趋势时产生阻碍其发生相对运动的现象。摩擦分两大类：一类是在物质的内部发生的阻碍分子之间相对运动的内摩擦；另一类是发生在相对运动或有相对运动趋势的两物体表面间产生相互阻碍作用的外摩擦。仅有相对运动趋势时的摩擦称为静摩擦；相对滑动进行中的摩擦称为动摩擦。据运动形式的不同，动摩擦又分为滑动摩擦和滚动摩擦。

按摩擦表面的润滑情况，将滑动摩擦分为以下四种状态(图 2.12)。

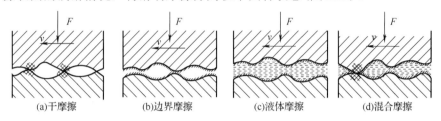

图 2.12　摩擦状态

### 1.　干摩擦(图 2.12(a))

两摩擦表面间不加任何润滑剂时，即出现固体表面间直接接触的摩擦，工程上称为干摩擦。此时，必有大量的摩擦功损耗和严重的磨损。在滑动轴承中则表现为强烈的升温，甚至把轴瓦烧毁。所以，在滑动轴承中不允许出现干摩擦。

### 2.　边界摩擦(图 2.12(b))

两摩擦表面间有润滑油存在，由于润滑油与金属表面的吸附作用，因而在金属表面上形成极薄的边界油膜。边界油膜的厚度小于 $0.02\mu m$，不足以将两金属表面分隔开，所以相互运动时，两金属表面微观的高峰部分仍将互相搓削，这种状态称为边界摩擦。一般而言，金属表层覆盖一层边界油膜后，虽不能绝对消除表面的磨损，却可以起到减轻磨损的作用。这种状态的摩擦系数 $f\approx0.1\sim0.3$。

### 3.　液体摩擦(图 2.12(c))

若两摩擦表面间有充足的润滑油，而且能满足一定的条件，则在两摩擦面间可形成厚度达几十微米的压力油膜。它能将相对运动着的两金属表面分隔开。此时，只有液体之间的摩擦，称为液体摩擦，又称为液体润滑。换言之，形成的压力油膜可以将重物托起，使其浮在油膜之上。由于两摩擦表面被油隔开而不直接接触，摩擦系数很小($f\approx0.001\sim0.01$)，所以显著地减少了摩擦和磨损。

综上所述，液体摩擦是最理想的情况。前述汽轮机等长期且高速旋转的机器，应该确保其轴承在液体润滑条件下工作。

### 4.　混合摩擦(图 2.12(d))

在一般机器中，摩擦表面多处于干摩擦、边界摩擦和液体摩擦的混合状态，称为混合摩擦(或称为非液体摩擦)。

由于液体摩擦、边界摩擦、混合摩擦都必须在一定的润滑条件下才能实现，因此这三种摩擦又分别称为液体润滑、边界润滑和混合润滑。

### 2.5.2 磨损

由于摩擦而导致零件表面材料的逐渐丧失或迁移的现象，称为磨损。磨损会降低机器的效率和可靠性，甚至促使机器提前报废。因此，在设计时应预先考虑如何避免或减轻磨损，以确保机器达到设计寿命。

**1. 磨损的过程**

磨损的过程可分为磨合磨损、稳定磨损、剧烈磨损三个阶段，如图2.13所示。

磨合磨损阶段包括摩擦表面轮廓峰的形状变化和表面材料被加工硬化两个过程。其在一定载荷作用下形成一个稳定的表面粗糙度，且在以

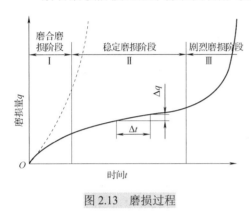

图 2.13　磨损过程

后过程中，此粗糙度不会继续改变，所占时间比率较小；稳定磨损阶段是零件在平稳而缓慢的速度下磨损，此阶段是经磨合的摩擦表面经过加工硬化形成了稳定的表面粗糙度，摩擦条件保持相对稳定，磨损较缓，该段时间长短反映零件的寿命；剧烈磨损阶段是因为经过了稳定磨损阶段后，零件表面遭到破坏，运动副间隙增大而引起的动载荷和振动，产生噪声和温升，此阶段磨损速度急剧上升直至零件失效。

设计机器时，要求缩短磨合期、延长稳定期、推迟剧烈磨损期。

**2. 磨损的分类**

按照磨损的机理以及零件表面磨损状态的不同，一般工况下把磨损分为磨粒磨损、黏着磨损、疲劳磨损、腐蚀磨损等。

**1) 磨粒磨损**

摩擦表面上的硬质突出物或从外部进入摩擦表面的硬质颗粒，对摩擦表面起到切削或刮擦作用，从而引起表层材料脱落的现象，称为磨粒磨损。这种磨损是最常见的一种磨损形式，应设法减轻这种磨损。为减轻磨粒磨损，除注意满足润滑条件外，还应合理地选择摩擦副的材料，降低表面粗糙度值以及加装防护密封装置等。

**2) 黏着磨损**

当摩擦副受到较大正压力作用时，由于表面不平，其顶峰接触点受到高压力作用而产生弹、塑性变形，附在摩擦表面的吸附膜破裂、温升后使基体金属的峰顶塑性面牢固地黏着并熔焊在一起，形成冷焊结点。在两摩擦表面相对滑动时，材料便从一个表面转移到另一个表面，成为表面凸起，促使摩擦表面进一步磨损。这种由于黏着作用引起的磨损，称为黏着磨损。

黏着磨损按程度不同可分为五级：轻微磨损、涂抹、擦伤、撕脱、咬死。如气缸套与活塞环、曲轴与轴瓦、轮齿啮合表面等，皆可能出现不同黏着程度的磨损。涂抹、擦伤、撕脱又称为胶合，往往发生于高速、重载的场合。

合理地选择配对材料（如选择异种金属），采用表面处理（如表面热处理、喷镀、化学处理等），限制摩擦表面的温度，控制压强及采用含有油性极压添加剂的润滑剂等，都可减轻黏着磨损。

**3) 疲劳磨损（点蚀）**

两摩擦表面为点或线接触时，由于局部的弹性变形形成了小的接触区。这些小的接触区

形成的摩擦副如果受变化接触应力的作用，则在其反复作用下，表层将产生裂纹。随着裂纹的扩展与相互连接，表层金属脱落，形成许多月牙形的浅坑，这种现象称为疲劳磨损，也称点蚀。

合理地选择材料及材料的硬度(硬度高则抗疲劳磨损能力强)，选择黏度高的润滑油，加入极压添加剂及减小摩擦面的粗糙度值等，可以提高抗疲劳磨损的能力。

**4) 腐蚀磨损**

在摩擦过程中，摩擦面与周围介质发生化学或电化学反应而产生物质损失的现象，称为腐蚀磨损。腐蚀磨损可分为氧化磨损、特殊介质腐蚀磨损、气蚀磨损等。腐蚀也可以在没有摩擦的条件下形成，这种情况常发生于钢铁类零件，如化工管道、泵类零件、柴油机缸套等。

应该指出的是，实际上大多数磨损是以上述四种磨损形式的复合形式出现的。

**3. 减小磨损的主要方法**

(1) 润滑是减小摩擦、减小磨损最有效的方法。合理选择润滑剂及添加剂，适当选用高黏度的润滑油、在润滑油中使用极压添加剂或采用固体润滑剂，可以提高耐疲劳磨损的能力。

(2) 合理选择摩擦副材料。由于相同金属比异种金属、单相金属比多相金属黏着倾向大，脆性材料比塑性材料抗黏着能力高，所以选择异种金属、多相金属、脆性材料有利于提高抗黏着磨损的能力。采用硬度高和韧性好的材料有益于抵抗磨粒磨损、疲劳磨损和摩擦化学磨损。提高表面的光洁程度，使表面尽量光滑，同样可以提高耐疲劳磨损的能力。

(3) 进行表面处理。对摩擦表面进行热处理(表面淬火等)、化学处理(表面渗碳、氮化等)、喷涂、镀层等也可提高摩擦表面的耐磨性。

(4) 注意控制摩擦副的工作条件。对于一定硬度的金属材料，其磨损量随着压强的增大而增加，因此设计时一定要控制最大许用压强。另外，表面温度过高易使油膜破坏，发生黏着，还易加速摩擦化学磨损的进程，所以应限制摩擦表面的温升。

## 2.5.3　润滑

在摩擦副间加入润滑剂，以降低摩擦、减轻磨损，这种措施称为润滑。润滑的主要作用是：①减小摩擦系数，提高机械效率；②减轻磨损，延长机械的使用寿命。同时润滑还可起到冷却、防尘以及吸振等作用。

**1. 润滑剂及主要性能**

润滑剂分液体、单固体、固体和气体润滑剂等。

常用的润滑剂有润滑油和润滑脂。

**1) 润滑油**

润滑油是目前使用最多的润滑剂，主要有矿物油、合成油、动植物油等，其中应用最广的为矿物油。

润滑油最重要的一项物理性能指标为黏度，它是选择润滑油的主要依据。黏度的大小表示了液体流动时其内摩擦阻力的大小，黏度越大，内摩擦阻力就越大，液体的流动性就越差。黏度可用动力黏度、运动黏度、条件黏度(恩氏黏度)等表示。

(1) 动力黏度 $\eta$。牛顿在 1687 年提出了黏性液的摩擦定律，即在流体中任意点处的剪切应力 $\tau$ 均与该处流体的速度的梯度成正比，即

$$\tau = \eta \frac{\partial_u}{\partial_y} \tag{2-33}$$

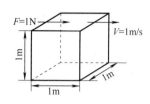

图 2.14　润滑油的动力黏度

式中，$\eta$ 为流体的动力黏度。

　　长、宽、高各为 1m 的液体，如果使上、下平面发生 1m/s 的相对滑动速度，所需施加的力 $F$ 为 1N 时，该液体的黏度为 $1N \cdot s/m^2$ 或 $1Pa \cdot s$，如图 2.14 所示。

　　物理单位：$1dyn \cdot s/cm^2 = 1P$（泊），$\dfrac{1}{100}P$ 称为 cP（厘泊）。

　　换算关系：$1Pa \cdot s = 10P = 1000cP$。

　　(2)运动黏度 $v$：动力黏度 $\eta$ 与同温度下该液体的密度 $\rho$ 的比值。

$$v = \eta / \rho \tag{2-34}$$

物理单位：$1cm^2/s = 1St$（斯），$1St/100 = 1cSt$（厘斯）。

换算关系为：$1m^2/s = 10^4St = 10^6cSt$，$1cSt = 1mm^2/s$。

润滑油的牌号是以润滑油的运动黏度的平均值且以厘斯为单位表示的。

　　润滑油的黏度并不是不变的，它随着温度的升高而降低，这对于运行着的轴承来说，必须加以注意。描述黏度随温度变化情况的线图称为黏温图，如图 2.15 所示。

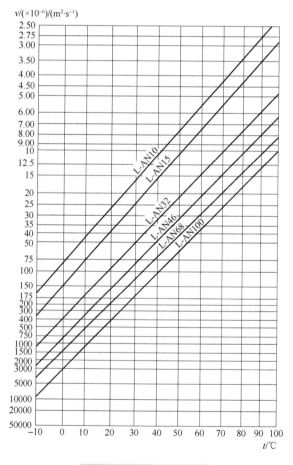

图 2.15　润滑油的黏温图

　　润滑油的黏度还随着压力的升高而增大，但压力不太高时（如小于 10MPa），变化极微，可略而不计。

选用润滑油时，要考虑速度、载荷和工作情况。对于载荷大、温度高的轴承宜选黏度大的油，对于载荷小、速度高的轴承宜选黏度较小的油。

**2) 润滑脂**

润滑脂是由润滑油和各种稠化剂(如钙、钠、铝、锂等金属皂)混合稠化而成的。润滑脂密封简单，无需经常添加，不易流失，所以在垂直的摩擦表面上也可以应用。润滑脂对载荷和速度的变化有较大的适应范围，受温度的影响不大，但摩擦损耗较大，机械效率较低，故不宜用于高速，且润滑脂易变质，不如润滑油稳定。

润滑脂的主要性能指标如下。

(1)针入度：表示润滑脂稀稠度的指标，是润滑脂的一项主要指标，润滑脂牌号即其针入度的等级，牌号越小，针入度等级越高。

(2)滴点：反映润滑脂的耐高温性能，润滑脂的工作温度应低于滴点 20～30℃。

(3)安全性：反映润滑脂在储存和使用过程中维持润滑性能的能力，包括抗水性、抗氧化性和机械安定性。

按皂基不同分为钙基润滑脂、钠基润滑脂、锂基润滑脂，此外，还有复合基润滑脂及特种润滑脂。目前使用最多的是钙基润滑脂，它有耐水性，常用于 60℃以下的各种机械设备中轴承的润滑。钠基润滑脂可用于 115～145℃，但不耐水。锂基润滑脂性能优良，耐水，在-20～150℃范围内广泛适用，可以代替钙基润滑脂和钠基润滑脂。

**3) 固体润滑剂**

用固体粉末代替润滑油膜，称为固体润滑剂。

常用的固体润滑剂有石墨、二硫化钼($MoS_2$)、氮化硼、蜡、聚氟乙烯、酚醛树脂、金属及金属化合物等。一般用固体润滑剂有石墨、二硫化钼、聚氯乙烯树脂等多种品种。一般在超出润滑油使用范围之外才考虑使用，如在高温介质中，或在低速重载条件下。

**4) 气体润滑剂**

气体润滑剂包括空气、氢气、氦气、水蒸气及液体金属蒸气。

**2. 润滑剂的选择**

润滑剂的选择原则：在低速、重载、高温和间隙大的情况下，应选用黏度较大的润滑油；高速、轻载、低温和间隙小的情况下应选用黏度较小的润滑油。润滑脂主要用于速度低、载荷大，不需经常加油、使用要求不高或灰尘较多的场合。气体、固体润滑剂主要用于高温、高压、防止污染等一般润滑剂不能适用的场合。

**3. 润滑方法和润滑装置**

机器的润滑方法有分散润滑和集中润滑。

**1) 油润滑装置**

油润滑装置包括手工给油润滑装置、滴油润滑装置、油浴润滑装置、飞溅润滑装置、油绳和油垫润滑装置、油环和油链润滑装置、喷油润滑装置、油雾润滑装置。

**2) 脂润滑装置**

脂润滑装置包括手工润滑装置、滴下润滑装置、集中润滑装置。

**4. 添加剂**

为了提高油的品质和性能，常在润滑油或润滑脂中加入一些分量虽小但对润滑剂性能改善其巨大作用的物质，这些物质称为添加剂。添加剂的作用越来越大，在润滑脂、合成油中不加添加剂，则润滑很差或没有润滑作用。

添加剂的作用：提高油性、极压性，延长使用寿命，改善物理性能。

# 本 章 小 结

本章主要介绍了应力的种类及基本参数，零件的疲劳曲线和极限应力图以及影响零件疲劳强度的主要因素；稳定变应力时零部件的疲劳强度计算方法；摩擦的分类及影响因素，磨损类型，磨损过程及减少磨损的措施以及润滑剂的种类及其主要物理指标，添加剂的作用和常用润滑方法。

# 习 题

**一、选择题**

1. 零件的截面形状一定，当截面尺寸增大时，其疲劳极限值将随之_____。
   A. 增高        B. 不变        C. 降低

2. 两零件的材料和几何尺寸都不相同，以曲面接触受载时，两者的接触应力值_____。
   A. 相等        B. 不相等        C. 是否相等与材料和集合尺寸有关

3. 对于受循环变应力作用的零件，影响疲劳破坏的主要应力成分是_____。
   A. 最大应力        B. 最小应力        C. 平均应力        D. 应力幅

4. 零件表面经淬火、氮化、喷丸及滚子碾压等处理后，其疲劳强度_____。
   A. 提高        B. 不变        C. 降低        D. 高低不能确定

5. 两摩擦表面被一层液体隔开，摩擦性质取决于液体内分子间黏性阻力的摩擦状态称为_____。
   A. 流体摩擦        B. 干摩擦        C. 混合摩擦        D. 边界摩擦

6. 当温度升高时，润滑油的黏度_____。
   A. 随之升高        B. 随之降低
   C. 保持不变        D. 升高还是降低或不变视润滑油性质而定

**二、简答题**

1. 弯曲疲劳极限的综合影响系数的含义是什么？它与哪些因素有关？它对零件的疲劳强度和静强度各有什么影响？

2. 零件的极限应力图与材料试件的极限应力图有何区别？在相同的应力变化规律下，零件和材料试件的失效形式是否相同？为什么？

3. 试说明承受循环变应力的机械零件，在什么条件下可按静强度条件计算？在什么条件下需按疲劳强度条件计算？

4. 影响机械零件疲劳强度的主要因素有哪些？提高机械零件疲劳强度的措施有哪些？

**三、计算题**

一零件由 45 钢制成，材料的力学性能为：$\sigma_s = 360\text{MPa}$，$\sigma_{-1} = 300\text{MPa}$，$\psi_\sigma = 0.2$。已知零件上的最大工作应力 $\sigma_{max} = 190\text{MPa}$，最小工作应力 $\sigma_{min} = 110\text{MPa}$，应力变化规律为 $\sigma_m =$ 常数，弯曲疲劳极限的综合影响系数 $K_\sigma = 2.0$，试确定该零件的计算安全系数。

# 第二篇  连接件设计

## 第3章  螺纹连接与螺旋传动

### 教学目标

(1) 掌握螺纹的类型、主要参数、特性及其应用。

(2) 掌握螺纹连接及螺纹连接件的基本类型、结构特点及其应用场合。

(3) 掌握预紧和防松的目的、控制预紧力的方法、防松的原理及其方法。

(4) 掌握螺栓组连接结构设计原则、螺栓组连接的受力分析方法。

(5) 掌握单个螺栓连接强度计算的理论、方法及提高螺栓连接强度的措施。

(6) 了解螺旋传动性能，了解螺旋传动的设计过程。

### 教学要求

| 能力目标 | 知识要点 | 权重/% | 自测分数 |
|---|---|---|---|
| 掌握螺纹的类型、应用及其主要参数 | 螺纹的形成、分类(牙型、作用)、旋向，螺纹的主要参数：大径、小径、中径、螺距、导程、升角、牙型角 | 15 | |
| 掌握螺纹连接及螺纹连接件的基本类型、结构特点及其应用场合；预紧和防松的目的、控制预紧力的方法、防松的原理及其方法 | 螺纹连接的主要类型：螺栓连接、双头螺柱连接、螺钉连接、紧定螺钉连接，螺纹连接件的类型及结构特点，预紧和防松的目的，预紧力的控制方法，防松的原理及其方法 | 25 | |
| 掌握螺栓连接结构设计原则，螺栓组连接的受力分析方法，单个螺栓连接强度计算的理论与方法 | 螺栓组连接受力分析的目的及结构设计原则，承受不同载荷时螺栓组连接的受力分析方法，螺栓连接的失效形式，在不同性质载荷作用下松紧螺栓的受力分析，提高螺栓连接强度的措施 | 50 | |
| 了解螺旋传动的组成、结构、材料、应用及其设计 | 了解螺旋传动的组成、分类，滑动螺旋传动的结构和材料及其设计计算 | 10 | |

### 引入案例

　　一辆汽车是由各种不同的零件、部件和总成件，经由螺纹连接件或采用铆接、焊接成的一个整体。螺纹连接件由于安装、拆卸方便，形式多样，可以灵活运用，因此被广泛应用。根据统计，一辆普通的汽车，有上千件螺纹连接。例如，汽油发动机上断电-分电器活动触点，当每次调整完它与固定触点的间隙之后，都要用紧定螺钉对其固定，防止它松动后影响点火正时的准确性；发动机气门摇臂的锁紧螺母，在每次将某缸气门间隙调整完毕之后，就要用该相应气门摇臂上的锁紧螺母进行锁紧，以防气门间隙发生变化，影响发动机的正常工作；汽油发动机辛烷值调整装置、柴油发动机喷油时刻调整装置等，在每次调整结束之后，都是用紧定螺钉将其定位。汽车发动机图见图 3.1。

图 3.1　汽车发动机

# 3.1　概　　述

连接是将两个或两个以上的零件连成一体的结构。由于结构、制造、安装和检修的需要，很多产品都是由许多个零部件组成的，因此连接是必不可少的。同时，实践证明，机器的损坏常发生在连接部位。因此，要求机械设计人员必须熟悉各种机器中常用的连接方法及相关连接零件的结构、类型、性能与适用环境，掌握其设计理论或选用方法。

机械连接有两大类：一类是机器工作时，被连接的零(部)件之间可以有相对运动的连接，称为机械动连接，如机械原理课程中讨论的各种运动副(转动副、移动副等)；另一类则是在机器工作时，被连接的零(部)件之间不允许产生相对运动的连接，称为机械静连接(螺纹连接、键连接、销连接)，本章中除了特别注明为动连接外，所用到的连接均指机械静连接。

机械静连接又分为可拆连接和不可拆连接。可拆连接是不需毁坏连接中的任一零件就可拆开的连接，故可多次装拆而不影响其使用性能。常见的可拆连接有螺纹连接、键连接(包括花键连接、无键连接)及销连接等，其中尤以螺纹连接和键连接应用最广。不可拆连接是必须毁坏连接中的某一部分才能拆开的连接。常见的不可拆连接有铆钉连接、焊接、胶接等。通常采用不可拆连接多是考虑制造及经济上的原因；采用可拆连接多是结构、安装、运输、维修等方面的原因；不可拆连接的制造成本通常较可拆连接低廉。在具体选择连接的类型时，还必须考虑到连接的加工条件和被连接零件的材料、形状及尺寸等因素。例如，板件与板件的连接，多选用螺纹连接、焊接、铆接或胶接；杆件与杆件的连接，多选用螺纹连接或焊接；轴与轮毂的连接则常选用键连接、花键连接或过盈连接等。有时亦可综合使用两种连接，如胶-焊连接、胶-铆连接以及键与过盈配合同时采用的连接等。轴与轴的连接则采用联轴器或离合器，在第 12 章讨论，这里不再赘述。

螺旋传动是利用具有内、外螺纹的两构件直接接触并保持相对运动的一种空间副，称为螺旋副。螺旋传动工作平稳、连续，承载能力大，自锁性好，多用来实现回转运动与直线运动的相互转化。

本章将着重讨论螺纹连接和螺旋传动，并对其他常用连接作简要介绍。

# 3.2　螺　纹　连　接

在生产实践中，螺纹连接是一种应用十分普遍的连接方式，它是通过螺纹连接件把需要相对固定在一起的零件连接起来，多用于板件与板件之间的连接。螺纹连接是一种可拆连接，其结构简单、连接可靠、装拆方便，且多数螺纹连接件已标准化，生产率高，因而应用广泛。

## 3.2.1　螺纹

### 1. 螺纹的形成

如图 3.2(a) 所示，将一倾斜角为 $\psi$ 的直线绕在圆柱体上便形成一条螺旋线。若取一平面图形〔图 3.2(b)〕使其沿着螺旋运动，运动时始终保持此平面图形通过圆柱体的轴线，就得到螺纹。

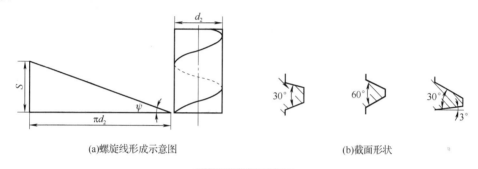

(a)螺旋线形成示意图　　　　　　　　(b)截面形状

图 3.2　螺纹的形成

### 2. 螺纹的分类

螺纹有外螺纹和内螺纹之分，具有内、外螺纹的零件组成螺纹副。根据牙型，分为三角形、梯形、矩形和锯齿形螺纹等。按螺纹的螺旋旋向可分为左旋及右旋螺纹，常用的为右旋螺纹。按螺纹的螺旋线数分为单线、双线和多线螺纹，连接螺纹一般为单线螺纹。螺纹又分为米制和英制(螺距以每英寸牙数表示)两类。我国除管螺纹外，一般都采用米制螺纹。

除矩形螺纹外，其他类型螺纹都已经标准化。凡牙型、大径及螺距等符合国家标准的螺纹称为标准螺纹。标准螺纹中牙型角为 60° 的三角形米制圆柱螺纹称为普通螺纹。标准螺纹的基本尺寸可查阅有关标准或《机械设计手册》。常用螺纹的类型、特点和应用，见表 3-1。

表 3-1　常用螺纹的类型、特点和应用

| 螺纹类型 | | 图例 | 特点和应用 |
| --- | --- | --- | --- |
| 连接螺纹 | 三角形螺纹（普通螺纹） | | 牙型为等边三角形，牙型角 $\alpha=60°$，同一公称直径的普通螺纹，按螺距大小的不同分为粗牙和细牙。细牙螺纹螺距小、升角小、自锁性较好，强度高。但不耐磨，易滑扣；一般连接都用粗牙螺纹，细牙螺纹常用于细小零件、薄壁管件或受冲击、振动和变载荷的场合 |
| | 圆柱管螺纹 | | 牙型为等腰三角形，牙型角 $\alpha=55°$，管螺纹为英制细牙螺纹，公称直径为管子的内径。圆柱管螺纹用于水、煤气、润滑和电缆管路系统中 |

| 螺纹类型 | | 图例 | 特点和应用 |
|---|---|---|---|
| 连接螺纹 | 圆锥管螺纹 | 55° γ | 牙型为等腰三角形，牙型角 $\alpha=55°$，圆锥管螺纹多用于高温、高压或密封性要求高的管路系统中 |
| 传动螺纹 | 矩形螺纹 | | 牙型为正方形，牙型角 $\alpha=0°$。其传动效率较其他螺纹都高，但牙根强度弱，螺纹磨损后难以补偿，使传动精度降低，目前已逐渐被梯形螺纹所代替 |
| | 梯形螺纹 | 30° | 牙型为等腰梯形，牙型角 $\alpha=30°$。与矩形螺纹相比，传动效率略低，但其工艺性好，牙根强度高，对中性好。磨损后还可以调整间隙；它是最常用的传动螺纹 |
| | 锯齿形螺纹 | 3° 30° | 牙型为不等腰梯形，其工作面牙型半角 $\beta=3°$，其非工作面牙型半角为30°。它兼有矩形螺纹传动效率高和梯形螺纹牙根强度高的特点，但它只能用于单向受力的螺纹连接或螺旋传动中 |

### 3. 螺纹的主要参数

现以圆柱普通外螺纹为例说明螺纹的主要几何参数(图 3.3)。

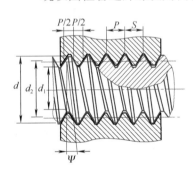

图 3.3　螺纹的主要参数

(1)外径 $d$：与外螺纹牙顶或内螺纹牙底相重合的假想圆柱面直径，亦称螺纹的公称直径，通常以公称直径表示螺纹的大小。

(2)内径 $d_1$：与外螺纹牙底或内螺纹牙顶相重合的假想圆柱面直径，一般在螺栓强度计算中用作危险剖面的计算直径。

(3)中径 $d_2$：在螺纹轴向剖面内，牙厚与牙间宽相等处的假想圆柱面的直径，近似等于螺纹的平均直径 $d_2 \approx 0.5(d+d_1)$，中径是确定螺纹几何参数和配合性质的直径。

(4)头数 $n$：螺纹螺旋线数目。只有一根螺旋线的螺纹称为单线螺纹，有两根以上等距螺旋线形成的螺纹称为多线螺纹。一般为便于制造，取头数 $n \leqslant 4$。单线螺纹常用于连接，多线螺纹常用于传动。

(5)螺距 $P$：相邻两牙在中径圆柱面的母线上对应两点间的轴向距离。

(6)导程 $S$：同一条螺旋线相邻两牙在中径圆柱面的母线上两点间的轴向距离。导程、头数与螺距之间的关系为 $S=np$。

(7)螺旋升角 $\psi$：螺旋线的切线与垂直于螺纹轴线的半面的夹角。在螺纹不同直径处，螺纹升角各不相同。通常按螺纹中径 $d_2$ 处计算，即

$$\psi = \arctan \frac{S}{\pi d_2} = \arctan \frac{nP}{\pi d_2}$$

(8)牙型角 $\alpha$：螺纹轴向平面内螺纹牙型两侧边的夹角。

(9)牙侧角 $\beta$：螺纹牙型的侧边与螺纹轴线的垂直平面的夹角。

各种螺纹的主要几何尺寸可查阅有关标准，除管螺纹的公称直径近似等于管子的内径外，其余各种螺纹的公称直径均为螺纹外径。

## 3.2.2　螺纹连接的类型及螺纹连接件

### 1. 螺纹连接的主要类型

**1) 螺栓连接**

(1) 普通螺栓连接。被连接件不太厚，螺杆带钉头，螺杆穿过被连接件上的通孔与螺母配合使用。装配后孔与杆间有间隙，并在工作中保持不变。普通螺栓连接结构简单，装拆方便，可多次装拆，应用较广，如图 3.4(a) 所示。

(2) 铰制孔螺栓连接。孔和螺栓杆多采用基孔制过渡配合(H7/m6、H7/n6)，能精确固定被连接件的相对位置，并能承受横向载荷，也可作定位用，但孔的加工精度要求较高，如图 3.4(b) 所示。

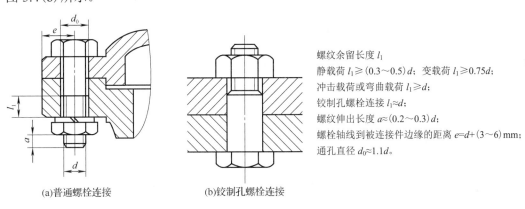

螺纹余留长度 $l_1$
静载荷 $l_1 \geqslant (0.3 \sim 0.5)d$；变载荷 $l_1 \geqslant 0.75d$；
冲击载荷或弯曲载荷 $l_1 \geqslant d$；
铰制孔螺栓连接 $l_1 \approx d$；
螺纹伸出长度 $a \approx (0.2 \sim 0.3)d$；
螺栓轴线到被连接件边缘的距离 $e = d + (3 \sim 6)$mm；
通孔直径 $d_0 \approx 1.1d$。

(a)普通螺栓连接　　　　(b)铰制孔螺栓连接

图 3.4　螺栓连接

**2) 双头螺柱连接**

这种连接适用于结构上不能采用螺栓连接的场合，例如，被连接件之一较厚不宜制成通孔，且需要经常拆卸时，通常采用双头螺柱连接。拆卸时只需拆螺母，而不必将双头螺柱从被连接件中拧出，如图 3.5(a) 所示。

**3) 螺钉连接**

这种连接适用于被连接件之一较厚的场合，其特点是螺钉直接拧入被连接件之一的螺纹孔中，不用螺母。但如果经常拆卸容易使螺纹孔磨损，因此多用于不需经常装拆且受载较小的场合，如图 3.5(b) 所示。

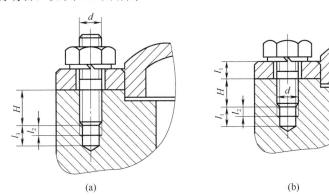

拧入深度 H，螺孔零件材料为：
钢或青铜 $H \approx d$；
铸铁 $H = (1.25 \sim 1.5)d$；
铝合金 $H = (1.5 \sim 2.5)d$；
内螺纹余留长度 $l_2 \approx (2 \sim 2.5)P$；
钻孔余量 $l_3 \approx l_2 + (0.5 \sim 1)d$。

(a)　　　　　　　　　　(b)

图 3.5　双头螺柱和螺钉连接

**4) 紧定螺钉连接**

紧定螺钉连接是利用拧入零件螺纹孔中的螺钉末端顶住另一零件表面或旋入零件相应的缺口中以固定零件的相对位置,如图 3.6 所示,并可传递不大的轴向力或扭矩。

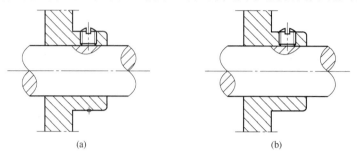

(a) 　　　　　　　　　　　　　　　　(b)

图 3.6　紧定螺钉连接

**5) 特殊连接**

(1) 地脚螺栓连接。地脚螺栓连接如图 3.7 所示,机座或机架固定在地基上,需要特殊结构的螺栓,即地脚螺栓,其头部为钩形结构,预埋在水泥地基中,连接时将地脚螺栓露出的螺杆置于机座或机架的地脚螺栓孔中,然后再用螺母固定。

(2) 吊环螺钉连接。吊环螺钉连接如图 3.8 所示,通常用于机器的大型顶盖或外壳的吊装。例如,减速器的上箱体,为了吊装方便,可用吊环螺钉连接。

地脚螺栓和吊环螺钉都是标准件,设计时具体尺寸可查阅《机械设计手册》。

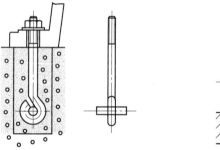

图 3.7　地脚螺钉连接　　　　　　　　图 3.8　吊环螺栓连接

**2. 标准螺纹连接件**

螺纹连接件的类型很多,在机械制造中常见的螺纹连接件有螺栓、双头螺柱、螺钉、螺母、垫圈等,这类零件的结构形式和尺寸都已经标准化了,设计时可根据标准选用。它们的结构特点和应用示于表 3-2。

表 3-2　螺纹连接件的类型及特点

| 类型 | 图例 | 结构特点和应用 |
|---|---|---|
| 六角头螺栓 | | 种类很多,应用最广,精度分为 A、B、C 三级,通用机械制造中多用 C 级(左图)。螺栓杆部可制出一段螺纹或全螺纹,螺纹可用粗牙或细牙(A、B 级) |

续表

| 类型 | 图例 | 结构特点和应用 |
|------|------|----------------|
| 双头螺柱 | | 螺柱两端都制有螺纹,两端螺纹可相同或不同,螺柱可带退刀槽或制成腰杆,也可制成全螺纹的螺柱。螺柱的一端常用于旋入螺纹孔中,旋入后不拆卸,另一端则用于安装螺母以固定其他零件 |
| 螺钉 | | 螺钉头部形状有圆头、扁圆头、六角头、圆柱头和沉头等。头部上有一字形槽、十字形槽和内六角孔等形式。十字槽螺钉头部强度高、对中性好,便于自动装配。内六角孔螺钉能承受较大的扳手力矩,连接强度高,可代替六角头螺栓,用于要求结构紧凑的场合 |
| 紧定螺钉 | | 紧定螺钉的末端形状,常用的有锥端、平端和圆柱端。锥端适用于被紧定零件的表面硬度较低或不经常拆卸的场合;平端接触面积大,不伤零件表面,常用于紧定硬度较大的平面或经常拆卸的场合;圆柱端压入轴上的凹槽中,适用于紧定管形轴上的零件位置 |
| 自攻螺钉 | | 螺钉头部形状有圆头、六角头、圆柱头、沉头等。头部起子槽有一字槽、十字槽等形式。末端形状有锥端和平端两种。多用于连接金属薄板、轻合金或塑料零件。在被连接件上可不预先制出螺纹,在连接时利用螺钉直接攻出螺纹。螺钉材料一般用渗碳钢,热处理后表面硬度不低于 45HRC。自攻螺钉的螺纹与普通螺纹相比,在相同的大径时,自攻螺纹的螺距大而小径则稍小,已标准化 |
| 六角螺母 | | 根据螺母厚度不同,分为标准的和薄的两种。薄螺母常用于受剪力的螺栓上或空间尺寸受限制的场合。螺母的制造精度和螺栓相同,分为 A、B、C 三级,分别与相同级别的螺栓配用 |

续表

| 类型 | 图例 | 结构特点和应用 |
|---|---|---|
| 圆螺母 | 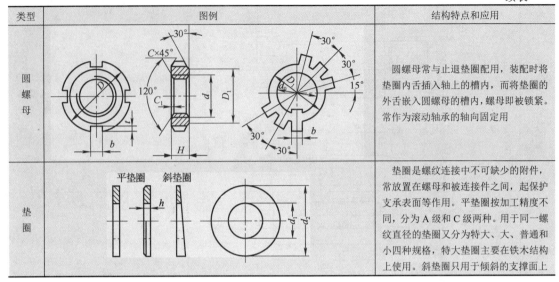 | 圆螺母常与止退垫圈配用，装配时将垫圈内舌插入轴上的槽内，而将垫圈的外舌嵌入圆螺母的槽内，螺母即被锁紧。常作为滚动轴承的轴向固定用 |
| 垫圈 | | 垫圈是螺纹连接中不可缺少的附件，常放置在螺母和被连接件之间，起保护支承表面等作用。平垫圈按加工精度不同，分为 A 级和 C 级两种。用于同一螺纹直径的垫圈又分为特大、大、普通和小四种规格，特大垫圈主要在铁木结构上使用。斜垫圈只用于倾斜的支撑面上 |

### 3.2.3　螺纹连接的预紧和防松

#### 1. 螺纹连接的预紧

绝大多数的螺栓连接在装配时都必须拧紧，以提高连接的可靠性、紧密性和防松能力，也利于提高螺栓连接的疲劳强度和承载能力。螺栓在承受工作载荷之前，即在安装时就受到一个由于拧紧螺母而产生的拉力，此力称为预紧力 $F'$，对于较重要的有强度要求的螺栓连接，预紧力和拧紧力矩的大小应能控制。下面分析计算拧紧力矩 $T_t$ 与预紧力 $F'$ 之间的关系，如图 3.9 所示，施加到扳手上的力为 $F$，扳手长为 $L$，则施加的力矩为 $F \cdot L$，此力矩需克服螺纹副之间的摩擦阻力矩或称螺纹力矩 $T_1$，同时还要克服螺母支撑面的摩擦力矩 $T_2$，即

$$T_t = F \cdot L, \quad T_t = T_1 + T_2 \tag{3-1}$$

螺纹力矩为

$$T_1 = F_t \cdot \frac{d_2}{2} = F' \cdot \tan(\psi + \rho_v) \frac{d_2}{2}$$

螺母与支撑面间的摩擦力矩为

$$T_2 = 力 \cdot 力臂 = \int \mu \cdot p \cdot \mathrm{d}A \cdot \rho$$

式中，$p = \dfrac{F'}{\dfrac{\pi}{4}\left(D_1^2 - d_0^2\right)}$；$\mathrm{d}A = 2\pi\rho\mathrm{d}\rho$，代入上式，积分得

$$T_2 = F' \cdot \mu \cdot \frac{1}{3} \frac{D_1^3 - d_0^3}{D_1^2 - d_0^2}$$

式中，$\mu$ 为螺母与被连接件支撑面间的摩擦系数；$D_1$ 为螺母内接圆直径，mm；$d_0$ 为螺栓孔直径，见图 3.9(d)，mm；$d_2$ 为螺纹中径，mm；$p$ 为压强，MPa；$\rho$ 为支撑面摩擦半径，mm。

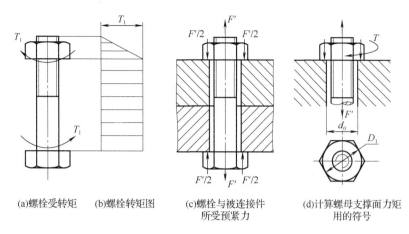

(a)螺栓受转矩　　(b)螺栓转矩图　　(c)螺栓与被连接件　　(d)计算螺母支撑面力矩
　　　　　　　　　　　　　　　　　　　所受预紧力　　　　　　用的符号

图 3.9　拧紧时零件的受力

将 $T_1$、$T_2$ 代入式(3-1)，得出拧紧力矩 $T_t$ 的计算式：

$$T_t = T_1 + T_2 = F' \cdot \tan(\psi + \rho_v)\frac{d_2}{2} + F'\mu\frac{1}{3}\frac{D_1^3 - d_0^3}{D_1^2 - d_0^2}$$

$$= F'd\frac{1}{2}\left[\frac{d_2}{d}\tan(\psi + \rho_v) + \frac{2}{3}\frac{\mu}{d}\frac{D_1^3 - d_0^3}{D_1^2 - d_0^2}\right] = F'dK_t \tag{3-2}$$

式中，$K_t$ 为拧紧力矩系数，为 0.1～0.3，通常取平均值为 0.2，代入式(3-2)得出近似公式为

$$T_t \approx 0.2F'd \tag{3-3}$$

式中，$\psi$ 为螺旋升角，(°)；$\rho_v$ 为当量摩擦角，(°)；$d$ 为螺纹外径，mm。

**【应用实例 3.1】**　工程中使用的扳手力臂 $L=15d$，$d$ 为螺纹外径，施加到扳手上的扳动力 $F=400$N，则拧紧螺母时螺栓将受多大的预紧力 $F'$？

**解**　施加到扳手上的力矩为

$$T_t = F \times L = 15Fd$$

由式(3-3)得

$$T_t \approx 0.2F'd$$

联立以上两式得

$$15Fd \approx 0.2F'd$$

从而求出预紧力为

$$F' \approx \frac{15F}{0.2} = 75F = 75 \times 400\text{N} = 30\text{kN}$$

从应用实例 3.1 可以看出，拧紧螺母时，螺栓受到的预紧力 $F'$ 大约是扳动力的 75 倍。拧紧力矩越大，螺栓所受的预紧力就越大。如果预紧力过大，螺栓就容易过载拉断，直径小的螺栓更容易产生这种情况。因此，对于需要预紧的重要螺栓连接，不宜选用小于 M12 的螺栓。必须使用时，应严格控制其拧紧力矩。

控制拧紧力矩的方法可用测力矩扳手或定力矩扳手。测力矩扳手(图 3.10)根据扳手上的弹性元件 1 在拧紧力矩作用下所产生的弹性变形量来指示拧紧力矩的大小。定力矩扳手具有拧紧力矩超过预定值时自动打滑的特性，如图 3.11 所示，当拧紧力矩超过预定值时，弹簧 3 被压缩，扳手卡盘 1 与圆柱销 2 之间打滑，即使继续转动手柄，卡盘也不再转动。预定拧紧

力矩的大小可利用螺钉 4 调整弹簧压紧力来加以控制。采用测力矩扳手或定力矩扳手控制预紧力的方法，操作简单，但准确性较差(因拧紧力矩受摩擦系数波动的影响较大)。为此，对于大型连接，可利用液力来拉伸螺栓，或加热使螺栓伸长到需要的变形量，再把螺母拧到与被连接件相贴合。

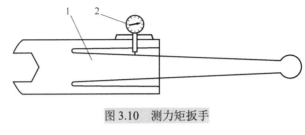

图 3.10  测力矩扳手

1-弹性元件；2-指示表

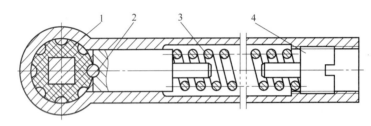

图 3.11  定力矩扳手

1-扳手卡盘；2-圆柱销；3-弹簧；4-调整螺钉

### 2. 螺纹连接的防松

在静载荷作用下，连接螺纹都能满足自锁条件，即螺纹升角 $\psi$ 小于等于当量摩擦角 $\rho_v$。此外，螺母、螺栓头部等支撑面上的摩擦力也有防松作用。但在冲击、振动或变载荷的作用下，螺旋副间的摩擦力可能减小或瞬时消失。这种现象多次重复后，就会使连接松脱。在高温或温度变化较大的情况下，螺纹连接件和被连接件的材料发生蠕变与应力松弛，也会使连接中的预紧力和摩擦力逐渐减小，最终将导致连接松动。

螺纹连接一旦出现松脱，轻者会影响机器的正常运转，重者会造成严重事故。因此，为了防止连接松脱，保证连接安全可靠，设计时必须采取有效的防松措施。

防松的根本问题在于防止螺旋副在受载时发生相对转动。按防松原理分类，可分为摩擦防松、机械防松(也称直接锁住)及破坏螺纹副关系三种方法。工程上常用的摩擦防松有弹簧垫圈、对顶螺母、自锁螺母等，简单方便，但不可靠。工程上常用的机械防松有开口销、止动垫及串联钢丝绳等，比摩擦防松可靠。以上两种方法用于可拆连接的防松，在工程上广泛应用。不可拆连接的防松，工程上可用焊、粘、铆的方法，破坏了螺纹副之间的运动关系。常用的防松方法见表 3-3。

表 3-3　常用防松方法举例

| 防松方法 | 防松原理、特点 | 防松实例 | | |
|---|---|---|---|---|
| 摩擦防松 | 使螺纹副中有不随连接载荷而变的压力，因此始终有摩擦力矩防止相对转动。压力可由螺纹副纵向或横向压紧而产生。<br>结构简单，使用方便，但由于摩擦力受到限制，因此在冲击、振动时防松效果受到影响，常用于一般不重要的连接 | 弹簧垫圈<br><br>利用拧紧螺母时，垫圈被压平后的弹性力使螺纹副纵向压紧 | 对顶螺母<br><br>两螺母对顶拧紧，旋合部分的螺杆受拉而螺母受压，从而使螺纹副纵向压紧 | 金属锁紧螺母<br><br>利用螺母末端椭圆口的弹性变形箍紧螺栓，横向压紧螺纹 |
| 机械防松 | 利用便于更换的金属元件约束螺旋副。<br>使用方便，防松安全可靠 | 槽形螺母拧紧后用开口销插入螺母槽与螺栓尾部的小孔中，并将销尾部掰开，阻止螺母与螺杆的相对运动 | 将垫片折边约束螺母，而自身又折边被约束在被连接件上，使螺母不能转动 | 正确<br>错误<br><br>利用钢丝使一组螺栓头部互相制约，当有松动趋势时，金属丝更加拉紧 |
| 破坏螺纹副关系 | 把螺纹副转变为非运动副，从而排除相对转动的可能，属于不可拆连接 | 点焊 | 冲点 | 胶接：在螺纹副间涂黏合剂，拧紧螺母后黏合剂能自动固化，防松效果好 |

### 3.2.4　螺栓组连接的结构设计和受力分析

工程中螺栓多为成组使用,因此,须研究螺栓组的结构设计和受力分析,它是单个螺栓连接强度计算的基础和前提条件。螺栓组连接设计的基本程序是:选择布局、确定数目、受力分析、求出直径。

**1.　螺栓组连接的结构设计**

螺栓组连接的结构设计原则如下。

(1)螺栓布局要尽量对称分布,螺栓组中心与连接接合面的形心重合,从而保证连接接合面受力比较均匀。连接接合面的几何形状通常都设计成轴对称的简单几何形状,如圆形、环形、矩形、三角形等。对于圆形构件布置螺栓时,螺栓数目尽可能取偶数,这样有利于零件加工(分度、画线、钻孔)。

(2)螺栓的布置应使各螺栓的受力合理。当螺栓组承受转矩或倾覆力矩时,应使螺栓的位置尽量靠近连接结合面的边缘,以减小螺栓的受力,如图 3.12 所示。

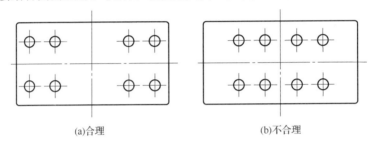

(a)合理　　　　　　　　　　(b)不合理

图 3.12　承受转矩或倾覆力矩时的螺栓布置

(3)一组螺栓的规格(直径、长度、材料)应一致,有利于加工和美观。

(4)螺栓的排列应有合理的间距和边距(表 3-4),并应留有扳手空间以利于用扳手装拆,尺寸可查阅《机械设计手册》。

表 3-4　螺栓间距 $t_0$

|  | 工作压力/MPa | | | | | |
|---|---|---|---|---|---|---|
|  | ≤1.6 | >1.6～4 | >4～10 | >10～16 | >16～20 | >20～30 |
|  | $t_0$ | | | | | |
|  | 7d | 5.5d | 4.5d | 4d | 3.5d | 3d |

注:d 为螺纹公称直径。

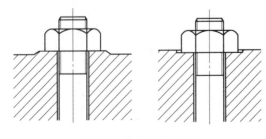

图 3.13　凸台与沉头座

(5)装配时,对于紧螺栓连接,应使每个螺栓预紧程度(预紧力)尽量一致。

(6)工艺上保证被连接件、螺母和螺栓头部的支撑面平整,并与螺栓轴线相垂直。在铸、锻件等的粗糙表面上安装螺栓时,应制成凸台或沉头座(图 3.13)等。

螺栓组的结构设计,除综合考虑以上各点外,还要根据连接的工作条件合理地选择螺栓组的防松措施。

**2. 螺栓组连接的受力分析**

螺栓连接的受载形式很多，它所传递的载荷主要有两类：一类为外载荷沿螺栓轴线方向，称为轴向载荷；另一类为外载荷垂直于螺栓轴线方向，称为横向载荷。

螺栓组受力分析的目的在于根据连接所受的载荷和螺栓的布置与结构求出受力最大的螺栓及其所受载荷。然后按相应的单个螺栓的强度计算公式设计螺栓的直径或对螺栓进行强度校核。

假设：①被连接件为刚性体；②各个螺栓的材料、直径、长度与 $F'$ 相同；③螺栓的应变在弹性范围内。

根据以上假设，进一步讨论当作用于一组螺栓的外载荷是轴向力、横向力、扭矩和翻倒力矩时，一组螺栓中受力最大的螺栓及其所受的力。

**1) 螺栓组连接受轴向载荷 $F_Q$**

如图 3.14 所示，作用于螺栓组几何形心的载荷为 $F_Q$，有 $z$ 个螺栓，每个螺栓所受的工作拉力为

$$F = \frac{F_Q}{z} \tag{3-4}$$

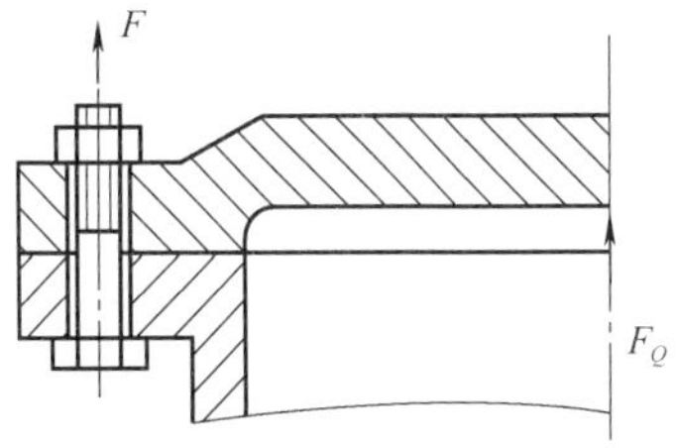

**2) 螺栓组连接受横向载荷 $F_R$**

受横向载荷 $F_R$ 作用的螺栓组连接，载荷的作用线通过螺栓组的对称中心并与螺栓轴线垂直，如图 3.15 所示。如果采用受拉螺栓连接，则螺栓受拉力而不受剪切力；如果采用铰制孔用螺栓连接，则螺栓承受剪切力。

图 3.14　螺栓组连接受轴向载荷

（1）采用受拉螺栓（普通螺栓）。如图 3.15(a)所示，此时的螺栓在安装时每个螺栓受预紧力 $F'$ 作用，而被连接件受夹紧力（正压力）作用，预紧力产生的摩擦力与外载荷平衡，即

$$F' \cdot z \cdot \mu_S \cdot m \geqslant K_f \cdot F_R$$

$$F' \geqslant \frac{K_f \cdot F_R}{z \cdot \mu_S \cdot m} \tag{3-5}$$

式中，$\mu_S$ 为接合面摩擦系数，见表 3-5；$K_f$ 为可靠系数，一般取 1.1～1.5；$m$ 为接合面数。

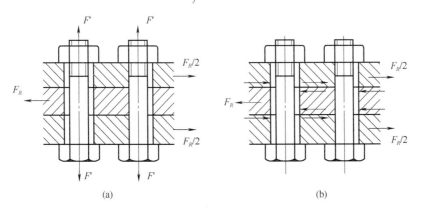

图 3.15　螺栓组连接受横向载荷

表 3-5　连接接合面间的摩擦系数

| 被连接件 | 接合面的表面状态 | 摩擦系数 $f$ |
|---|---|---|
| 钢或铸铁零件 | 干燥的加工表面 | 0.10～0.16 |
| | 有油的加工表面 | 0.06～0.10 |
| 钢结构件 | 轧制表面，钢丝刷清理浮锈 | 0.30～0.35 |
| | 涂富锌底漆 | 0.35～0.40 |
| | 喷砂处理 | 0.45～0.55 |
| 铸铁对砖料、混凝土或木材 | 干燥表面 | 0.40～0.45 |

（2）采用受剪螺栓（铰制孔用螺栓）。如图 3.15（b）所示，螺栓杆与被连接件的孔壁直接接触，连接是靠螺栓与被连接件的相互剪切和挤压作用来传递载荷的，其剪切力和挤压力为

$$F_S = \frac{F_R}{z} \tag{3-6}$$

### 3）螺栓组连接受扭矩 $T$ 作用

如图 3.16（a）所示，扭矩 $T$ 作用在连接的接合面内，在转矩 $T$ 的作用下，底板将绕通过螺栓组对称中心 $O$ 并与接合面垂直的轴线转动。为防止底板转动，可用普通螺栓连接，也可用铰制孔螺栓连接。它们的传力方式与受横向载荷的螺栓组连接相同。

（1）采用受拉螺栓（普通螺栓）。如图 3.16（b）所示，此时靠摩擦传力，即扭矩与底板的摩擦力矩平衡。假设各螺栓的预紧力相同，各螺栓连接处的摩擦力集中作用在螺栓中心处并与各螺栓的轴线到螺栓组对称中心 $O$ 的连线垂直。由底板平衡条件可得

$$F' \cdot \mu_S \cdot r_1 + F' \cdot \mu_S \cdot r_2 + \cdots + F' \cdot \mu_S \cdot r_z \geq K_f \cdot T$$

$$F' \geq \frac{K_f \cdot T}{\mu_S (r_1 + r_2 + \cdots + r_z)}$$

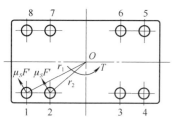

(a)连接受扭转力矩 $T$

或写成

$$F' \geq \frac{K_f \cdot T}{\mu_S \sum\limits_{i=1}^{z} r_i} \tag{3-7}$$

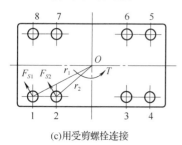

(b)用受拉螺栓连接

（2）采用受剪螺栓（铰制孔用螺栓）。此时靠剪切传力，如图 3.16（c）所示，各螺栓所受的剪力与各螺栓的轴线到螺栓组对称中心 $O$ 的连线垂直。底板受力为扭矩 $T$ 和螺栓给螺栓孔的反力矩，列出底板的受力平衡式得

$$T = F_{S1} r_1 + F_{S2} r_2 + \cdots + F_{Sz} r_z \tag{3-8}$$

但 $F_{S1}, F_{S2}, \cdots, F_{Sz}$ 不知，且不等，可由变形协调条件解得。各螺栓剪切变形量与其中心到底板旋转中心 $O$ 的距离成正比；又因螺栓材料、直径、长度相同，剪切刚度也相同，所以剪切力也与距离成正比（胡克定律），即

$$\frac{F_{S1}}{r_1} = \frac{F_{S2}}{r_2} = \cdots = \frac{F_{Sz}}{r_z}$$

将 $F_{S2}, F_{S3}, \cdots, F_{Sz}$ 都写成 $F_{S1}$ 的函数，即

(c)用受剪螺栓连接

图 3.16　螺栓组连接受扭矩作用

$$F_{S2} = F_{S1} \frac{r_2}{r_1}, F_{S3} = F_{S1} \frac{r_3}{r_1}, \cdots, F_{Sz} = F_{S1} \frac{r_z}{r_1}$$

将以上各式代入式(3-8)得

$$T = \frac{F_{S1}}{r_1}(r_1^2 + r_2^2 + \cdots + r_z^2)$$

又因为 $F_{S1} = F_{S4} = F_{S5} = F_{S8} = F_{\max}$，因此也可写成通式，即一组螺栓中受力最大螺栓所受的力为

$$F_{S_{\max}} = \frac{Tr_{\max}}{\sum\limits_{i=1}^{z} r_i^2} \tag{3-9}$$

**4) 螺栓组连接受翻倒力矩 $M$ 作用**

如图 3.17 所示，此时，因为翻倒力矩 $M$ 的方向与螺栓的轴线平行，因此螺栓只能受拉而不能受剪切。为了接近实际并简化计算，又进行了重新假设：被连接件为弹性体，因此翻倒轴线为 $O\text{-}O$，而不是底板的右侧边。

底板受翻倒力矩 $M$ 作用，还受左边螺栓对螺栓孔的反作用和右边地基对底板的作用，则底板受力平衡式为

$$M = F_1 \cdot l_1 + F_2 \cdot l_2 + \cdots + F_z \cdot l_z \tag{3-10}$$

根据螺栓的变形协调条件，各螺栓的拉伸变形量与其中心到底板翻转轴线的距离成正比，又因螺栓材料、直径、长度相同，拉伸刚度也相同，所以左边螺栓所受工作拉力和右边地基上螺栓处所受的压力，都与这个距离成正比，即

$$\frac{F_1}{l_1} = \frac{F_2}{l_2} = \cdots = \frac{F_z}{l_z}$$

为了减少未知数，将各个螺栓受的力都写成受力最大螺栓受的力 $F_1$ 的函数，即

$$F_2 = F_1 \frac{l_2}{l_1}$$

$$F_3 = F_1 \frac{l_3}{l_1}$$

$$F_z = F_1 \frac{l_z}{l_1}$$

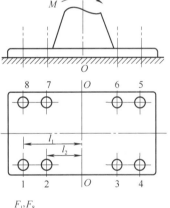
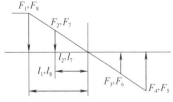

代入式(3-10)得

$$M = F_1 \cdot l_1 + F_1 \cdot \frac{l_2^2}{l_1} + \cdots + F_1 \cdot \frac{l_z^2}{l_1}$$

则

$$F_{\max} = \frac{Ml_{\max}}{\sum\limits_{i=1}^{z} l_i^2} \tag{3-11}$$

图 3.17　螺栓组连接受倾覆力矩

## 3.2.5　单个螺栓连接的强度计算

对单个螺栓而言，当传递轴向载荷时，螺栓受的是轴向拉力，故称受拉螺栓。当传递横向载荷时，一种是采用普通螺栓连接，靠螺栓连接的预紧力使被连接件结合面间产生的摩擦力来传递横向载荷，此时螺栓受的是预紧力，仍为轴向拉力。另一种是采用铰制孔螺栓连接，

螺杆与铰制孔间是过渡配合，工作时靠螺栓受剪，杆壁与孔相互挤压来传递横向载荷，此时螺栓受剪，故称受剪螺栓。

受轴向力(包括预紧力)的螺栓，其主要失效形式为螺栓杆的塑性变形或断裂，因而其设计准则是保证螺栓的静力或疲劳拉伸强度。受横向载荷作用的螺栓连接，当采用铰制孔螺栓时，其主要失效形式为螺栓杆和孔壁间压馈或螺栓杆被剪断，则其设计准则是保证连接的挤压强度和螺栓的剪切强度，其中连接的挤压强度对连接的可靠性起决定性作用。

螺栓连接的强度计算，应根据连接的类型、连接的装配情况(预紧或不预紧)、载荷状态等条件，确定螺栓的受力；然后按相应的强度条件计算螺栓危险截面的直径或校核其强度。螺栓的其他部分(螺纹牙、螺栓头、光杆)和螺母、垫圈的结构尺寸，是根据等强度条件及使用经验规定的，通常都不需要进行强度计算，可按螺栓螺纹的公称直径由标准中选定。

螺栓连接的强度计算方法，对双头螺柱连接和螺钉连接同样适用。

### 1. 受拉螺栓连接的强度计算

#### 1)受拉松连接螺栓强度计算

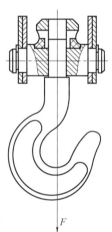

如图 3.18 所示的起重吊钩：螺栓不拧紧，因此不受预紧力。当吊起重物时，相当于杆件纯拉伸，强度条件为

$$\frac{F}{\frac{\pi}{4}d_1^2} \leqslant [\sigma] \tag{3-12}$$

设计式为

$$d_1 \geqslant \sqrt{\frac{4F}{\pi[\sigma]}} \tag{3-13}$$

式中，$[\sigma]$ 为许用拉应力，见表 3-5。

设计出的直径应按螺纹标准取值，并标出螺纹的公称直径(外径)。

图 3.18　松连接的起重吊钩

#### 2)受拉紧连接螺栓强度计算

(1)仅受预紧力 $F'$ 的紧连接螺栓。如图 3.19 所示，仅受预紧力 $F'$ 的紧连接螺栓是指一组螺栓，当外载荷为横向力 $F_R$ 或扭矩 $T$ 时，设计成受拉螺栓，靠摩擦传力的情况。

对螺栓螺纹部分进行受力分析，因为螺栓受预紧力 $F'$ 作用，所以螺栓受拉；同时拧紧螺母时，螺纹副之间有摩擦阻力矩，因此螺栓还受扭矩作用，即螺纹力矩为

$$T_1 = F' \tan(\psi + \rho_v)\frac{d_2}{2}$$

螺栓螺纹部分所受拉应力为

$$\sigma = \frac{F'}{\frac{\pi}{4}d_1^2}$$

对 M10～M64 普通螺纹的钢制螺栓剪应力：

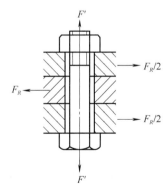

图 3.19　只受预紧力的紧螺栓连接

$$\tau = \frac{T_1}{W_t} = \frac{F' \cdot \tan(\psi + \rho_v)\dfrac{d_2}{2}}{\dfrac{F'}{\dfrac{\pi}{16}d_1^3}} \approx 0.5\sigma$$

式中，$\psi$ 为螺旋升角，(°)；$\rho_v$ 为当量摩擦角，(°)；

由于螺栓材料是塑性的，故可根据第四强度理论求出合成应力

$$\sigma_{合成} = \sqrt{\sigma^2 + 3\tau^2} = \sqrt{\sigma^2 + 3(0.5\sigma)^2} \approx 1.3\sigma$$

校核式：
$$\sigma = \frac{1.3F'}{\dfrac{\pi}{4}d_1^2} \leqslant [\sigma] \tag{3-14}$$

设计式：
$$d_1 \geqslant \sqrt{\frac{1.3F'}{\dfrac{\pi}{4}[\sigma]}} \tag{3-15}$$

式中，许用应力 $[\sigma]$ 见表 3-6。

表 3-6　受拉螺栓连接的许用应力

| 连接 | 载荷 | 许用应力 | | | | | |
|---|---|---|---|---|---|---|---|
| 松连接 | | $[\sigma] = \dfrac{\sigma_s}{1.2 \sim 1.6}$ | | | | | |
| 紧连接 | 静载荷 | $[\sigma] = \dfrac{\sigma_s}{S}$ | | | | | |
| | | 安全系数取值如下： | | | | | |
| | | 材料 | 不控制预紧力 | | | 控制预紧力 | |
| | | | M6～M16 | M16～M30 | M30～M60 | 1.2～1.5 | |
| | | 碳素钢 | 5～4 | 4～2.5 | 2.5～2 | | |
| | | 合金钢 | 5.7～5 | 5～3.4 | 3.4～3 | | |
| | 变载荷 | 按最大应力 $[\sigma] = \dfrac{\sigma_s}{S}$ | 不控制预紧力时的 $S$ | | | 控制预紧力时的 $S$ | |
| | | | | M6～M16 | M16～M30 | 1.2～1.5 | |
| | | | 碳素钢 | 12.5～8.5 | 8.5 | | |
| | | | 合金钢 | 10～6.8 | 6.8 | | |
| | | 按循环应力幅 $[\sigma_a] = \dfrac{\sigma_{a\lim}}{[S_a]} = \dfrac{\varepsilon k_m k_u}{k_\sigma}\sigma_{-1}$ | | | | | |
| | | $\varepsilon$ 为尺寸系数，按下表取值； | | | | | |

| $d$/mm | 12 | 16 | 20 | 24 | 28 | 32 | 36 | 42 | 48 | 56 | 64 |
|---|---|---|---|---|---|---|---|---|---|---|---|
| $\varepsilon$ | 1 | 0.87 | 0.81 | 0.76 | 0.71 | 0.68 | 0.65 | 0.62 | 0.60 | 0.57 | 0.54 |

$k_m$ 为螺纹制造工艺系数；碾制 $k_m = 1.25$；

$k_u$ 为各圈螺纹牙受力分配不均匀系数：受压螺母 $k_u = 1$，部分受拉或全部受拉的螺母 $k_u = 1.5 \sim 1.6$；

$[S_a]$ 为安全系数，取 2.5～4；

$k_\sigma$ 为螺纹应力集中系数，按下表取值。

| 螺栓材料 $\sigma_B$ / MPa | 400 | 600 | 800 | 1000 |
|---|---|---|---|---|
| $k_\sigma$ | 3.0 | 3.9 | 4.8 | 5.2 |

由此，仅受预紧力 $F'$ 的紧螺栓连接将其所受拉力 $F'$ 增大 30% 当作纯拉伸来计算。

(2) 既受预紧力 $F'$ 又受工作拉力 $F$ 作用的紧连接螺栓。既受预紧力 $F'$ 又受工作拉力 $F$ 作用的紧连接螺栓，其总拉力不等于预紧力 $F'$ 加工作拉力 $F$，即 $F_0 \neq F' + F$。通过分析可知：

总拉力 $F_0$ 与预紧力 $F'$、工作拉力 $F$、螺栓刚度 $c_1$ 和被连接件刚度 $c_2$ 有关，属于静力不定问题，可利用静力平衡条件及变形协调条件求得。由螺栓和被连接件的受力与变形(图3.20)可进一步分析。

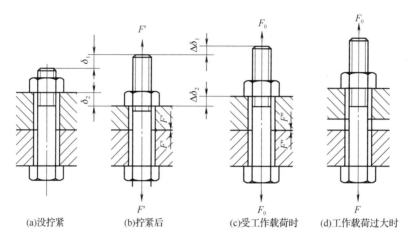

(a)没拧紧    (b)拧紧后    (c)受工作载荷时    (d)工作载荷过大时

图3.20 螺栓和被连接件的受力与变形

图3.20(a)是螺母刚好拧到与被连接件接触的临界状态，此时，因螺栓与被连接件均未受力，所以两者都不产生任何变形。

图3.20(b)是连接已经拧紧，但还未承受工作载荷的情况。这时，螺栓受预紧力 $F'$(拉力)作用，其伸长变形量为 $\delta_1 = F'/c_1$；被连接件受预紧力 $F'$(压缩力)作用，其压缩变形量为 $\delta_2 = F'/c_2$。图3.21为螺栓和被连接件的力与变形的关系图。

图3.20(c)是连接受工作载荷后的情况。这时，螺栓所受拉力增大到 $F_0$，拉力增量为 $F_0 - F'$，伸长增量为 $\Delta\delta_1$；与此同时，被连接件随着螺栓伸长而放松，此时被连接件的压力减小为残余预紧力 $F''$，压力减量为 $F' - F''$，压缩减小量为 $\Delta\delta_2$。

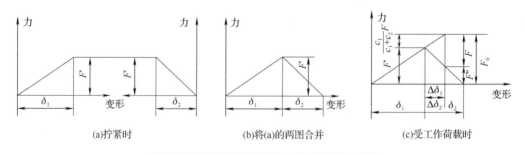

(a)拧紧时    (b)将(a)的两图合并    (c)受工作荷载时

图3.21 螺栓和被连接件的力与变形的关系

根据螺栓的静力平衡条件，螺栓的总拉力 $F_0$ 为工作载荷 $F$ 与被连接件给它的残余预紧力 $F''$ 之和，即

$$F_0 = F + F'' \tag{3-16}$$

又根据螺栓与被连接件的变形协调条件，螺栓的伸长增量 $\Delta\delta_1$ 必然等于被连接件的压缩减量 $\Delta\delta_2$，即

$$\Delta\delta_1 = \Delta\delta_2 \tag{3-17}$$

将 $\Delta\delta_1 = (F_0 - F')/c_1 = (F + F'' - F')/c_1$ 和 $\Delta\delta_2 = (F' - F'')/c_2$ 代入式(3-17)得 $(F_0 - F')/c_1 =$

$(F'-F'')/c_2$，即 $(F+F''-F')/c_1=(F'-F'')/c_2$，则

$$F''=F'-\frac{c_2}{c_1+c_2}F \tag{3-18}$$

$$F'=F''+\frac{c_2}{c_1+c_2}F \tag{3-19}$$

$$F_0=F''+F=\left(F'-\frac{c_2}{c_1+c_2}F\right)+F=F'+\frac{c_1}{c_1+c_2}F \tag{3-20}$$

式 (3-20) 表明，螺栓的总拉力等于预紧力加上工作载荷的一部分。

当 $c_2\gg c_1$ 时，$F_0\approx F'$；当 $c_1\gg c_2$ 时，$F_0\approx F'+F$。

式 (3-20) 中，$c_1/(c_1+c_2)$ 为螺栓的相对刚度，与材料、结构、垫片、尺寸及工作载荷作用位置等因素有关，可通过计算或试验求出。当被连接件为钢铁时，一般可根据垫片材料按表 3-7 查取。

表 3-7　螺栓的相对刚度系数

| 被连接钢板间垫片材料 | 金属(或无垫片) | 皮革 | 铜皮石棉 | 橡胶 |
|---|---|---|---|---|
| $c_1/(c_1+c_2)$ | 0.2~0.3 | 0.7 | 0.8 | 0.9 |

如果螺栓所受的工作拉力过大，如图 3.20(d) 所示，出现缝隙是不允许的，因此应使残余预紧力 $F''>0$。残余预紧力 $F''$ 可以参考表 3-8 的经验数据进行选择。

表 3-8　残余预紧力 $F''$ 推荐值

| 连接情况 | 强固连接 | | 紧密连接 | 地脚螺栓连接 |
|---|---|---|---|---|
| | 工作拉力无变化 | 工作拉力有变化 | | |
| 残余预紧力 $F''$ | $(0.2\sim0.6)F$ | $(0.6\sim1.0)F$ | $(1.5\sim1.8)F$ | $\geqslant F$ |

此时螺栓的强度条件应该是 $\sigma=\dfrac{F_0}{\pi d_1^2/4}$，考虑到螺栓工作时，个别螺栓可能松动，因此需要补充拧紧，拧紧力矩为 $F_0\tan(\psi+\rho_v)d_2/2$，由此产生的切应力为

$$\tau=\frac{F_0\tan(\psi+\rho_v)d_2/2}{\pi d_1^3/16}$$

拉应力为

$$\sigma=\frac{F_0}{\pi d_1^2/4}$$

参照式 (3-16) 的推导，得出此时的强度条件为

$$\frac{1.3F_0}{\pi d_1^2/4}\leqslant[\sigma] \tag{3-21}$$

式 (3-21) 适用于螺栓承受静载的情况，许用应力见表 3-9。该式也适用于变载，但是，变载情况下需要验算应力幅，即 $\sigma_a\leqslant[\sigma_a]$。

如果工作载荷在 0 和 $F$ 之间变化，螺栓的拉力将在预紧力 $F'$ 和总拉力 $F_0$ 之间变化，如图 3.22 所示，则螺栓的应力幅为

$$\sigma_a=\frac{(F_0-F')/2}{\pi d_1^2/4}=\frac{\left(\dfrac{c_1}{c_1+c_2}F\right)\Big/2}{\pi d_1^2/4}=\frac{c_1}{c_1+c_2}\frac{2F}{\pi d_1^2}$$

则强度条件为

$$\sigma_a = \frac{c_1}{c_1 + c_2} \frac{2F}{\pi d_1^2} \leq [\sigma_a] \tag{3-22}$$

式中，$[\sigma_a]$为许用应力幅，见表3-9。

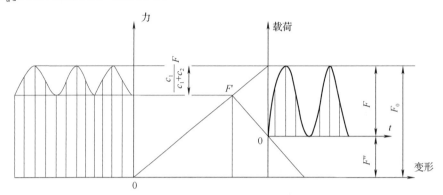

图 3.22 变载荷下螺栓拉力的变化

表 3-9 受剪螺栓连接的许用应力

| 载荷 | 许用应力 |
|------|---------|
| 静载荷 | 许用切应力　$[\tau] = \dfrac{\sigma_s}{2.5}$ |
| | 许用挤压应力　钢：$[\sigma]_p = \dfrac{\sigma_s}{[S_p]} = \dfrac{\sigma_s}{1 \sim 1.25}$；铸铁：$[\sigma]_p = \dfrac{\sigma_B}{[S_p]} = \dfrac{\sigma_B}{2 \sim 2.25}$ |
| 变载荷 | 许用切应力　$[\tau] = \dfrac{\sigma_s}{3 \sim 3.5}$ |
| | 许用挤压应力　钢：$[\sigma]_p = \dfrac{\sigma_s}{[S_p]} = \dfrac{\sigma_s}{1.6 \sim 2}$；铸铁：$[\sigma]_p = \dfrac{\sigma_B}{[S_p]} = \dfrac{\sigma_B}{2.5 \sim 3.5}$ |

### 2. 受剪螺栓连接

受剪螺栓连接所采用的螺栓是铰制孔螺栓，或称受剪螺栓，螺栓的主要失效形式是剪切破坏和挤压破坏，被连接件的主要失效形式是挤压破坏，如图 3.23 所示。工作载荷为横向载荷，拧紧时的预紧力和摩擦力可忽略。这种连接应分别按挤压和剪切强度条件计算。

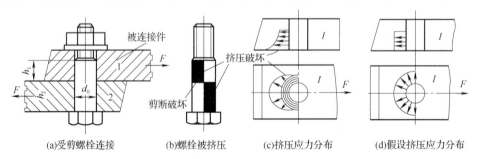

(a)受剪螺栓连接　　(b)螺栓被挤压　　(c)挤压应力分布　　(d)假设挤压应力分布

图 3.23 受剪螺栓连接

挤压强度条件为

$$\sigma = \frac{F_s}{dh} \leq [\sigma]_p \tag{3-23}$$

剪切强度条件为

$$\tau = \frac{F_S}{(\pi d^2 / 4)m} \leqslant [\tau] \tag{3-24}$$

式中，$F_S$ 为每个螺栓受的剪切力，N；$D$ 为螺栓抗剪面的直径，mm；$h$ 为计算对象的受压高度，mm；$[\sigma]_p$ 为计算对象的许用挤压应力，MPa，见表 3-9；$m$ 为剪切面数；$[\tau]$ 为螺栓的许用切应力，MPa，见表 3-9。

### 3.2.6　螺纹连接件的材料选择

国家标准规定螺纹连接件按材料的力学性能分出等级（简示于表 3-10、表 3-11，详见 GB/T 3098.1—2010 和 GB/T 3098.2—2015）。螺栓、螺柱、螺钉的性能等级分为十级，自 4.6 至 12.9。小数点前的数字代表材料的抗拉强度极限的 1/100（$\sigma_b/100$），小数点后的数字代表材料的屈服极限（$\sigma_s$）与抗拉强度极限（$\sigma_b$）之比值（屈强比）的 10 倍（$10\sigma_s/\sigma_b$）。例如，性能等级 5.8，其中 5 表示材料的抗拉强度极限为 500MPa，8 表示屈服极限与抗拉强度极限之比为 0.8。螺母的性能等级分为七级，从 04 到 12。数字粗略表示螺母保证（能承受的）最小应力 $\sigma_{\min}$ 的 1/100（$\sigma_{\min}/100$）。选用时，须注意所用螺母的性能等级应不低于与其相配螺栓的性能等级。

表 3-10　螺栓、螺钉和螺柱的性能等级（摘自 GB/T 3098.1—2010）

| 性能等级 | 4.6 | 4.8 | 5.6 | 5.8 | 6.8 | 8.8 | | 9.8 | 10.9 | 12.9 |
| --- | --- | --- | --- | --- | --- | --- | --- | --- | --- | --- |
| | | | | | | ≤M16 | ≥M16 | | | |
| 最小抗拉强度极限 $\sigma_b$/MPa | 400 | | 500 | | 600 | 800 | | 900 | 1000 | 1200 |
| 屈服极限 $\sigma_s$/MPa | 240 | — | 300 | — | — | — | | — | — | — |
| 最低硬度 HBW$_{\min}$ | 114 | 124 | 147 | 152 | 181 | 245 | 250 | 286 | 316 | 380 |
| 推荐材料、热处理 | Q215、10、15 | Q235 | Q235、35 | 15、25 | 35、45 | 低碳合金钢，中碳钢，淬火并回火 | | 中碳钢，低、中碳合金钢，合金钢，淬火并回火 | 合金钢，淬火并回火 | |

注：① 螺母材料可与螺栓材料相同或稍差，硬度则略低。
　　② 规定性能等级的螺栓、螺母在图样中只标出性能等级，不应标出材料牌号。

表 3-11　螺母的性能等级（摘自 GB/T 3098.2—2015）

| 性能等级（标记） | 04 | 05 | 5 | 6 | 8 | 10 | 12 |
| --- | --- | --- | --- | --- | --- | --- | --- |
| 螺母保证最小应力 $\sigma_{\min}$/MPa | 510（$d≥16～39$） | 520（$d≥3～4$，右同） | 600 | 800 | 900 | 1040 | 1150 |
| 推荐材料 | 易切削钢，低碳钢 | | 低碳钢或中碳钢 | 中碳钢 | | 中碳钢、低、中碳合金钢，淬火并回火 | |
| 相配螺栓的性能等级 | 4.6，4.8（$d>$M16） | 4.6，4.8（$d≤16$）；5.6，5.6，5.8 | 6.8 | 8.8 | 8.8（M16<$d≤$M39）9.8（$d≤$M16） | 10.9 | 12.9 |

注：① 均指粗牙螺纹螺母。
　　② 性能等级为 10、12 的硬度最大值为 36HRC。

### 3.2.7　提高螺栓连接强度的措施

影响螺栓连接强度的因素很多，但螺栓连接的强度主要取决于螺栓的强度，提高螺栓疲劳强度可采取如下措施。

### 1. 改善螺纹牙间载荷分布不均匀状况

采用普通结构的螺母时，载荷在旋合螺纹各圈间的分布是不均匀的，螺栓杆因受拉而螺距增大，螺母受压则螺距减小，这种螺距变化差主要靠旋合各圈螺纹牙的变形来补偿，使得从螺母支撑面算起的第一圈螺纹受力与变形为最大，以后各圈递减，如图 3.24 所示。理论分析和实验证明，旋合圈数越多，其载荷分配不均匀现象就越显著，到第 8~10 圈以后，螺纹牙几乎不受力。

解决办法：降低螺母的刚性，使之容易变形；增加螺母与螺杆的变形协调性，以缓和矛盾。

(1)悬置螺母。如图 3.25(a)所示，此结构减小了螺母的刚度，使螺母的螺纹牙随螺杆的螺纹牙也受拉，与螺栓变形协调，使载荷分布均匀，可提高螺栓疲劳强度40%左右。

(2)内斜螺母。如图 3.25(b)所示，减小螺母受力大的螺纹牙的刚度，把力分移到受力小的螺纹牙上，载荷上移、接触圈减少，可提高螺栓疲劳强度20%左右。

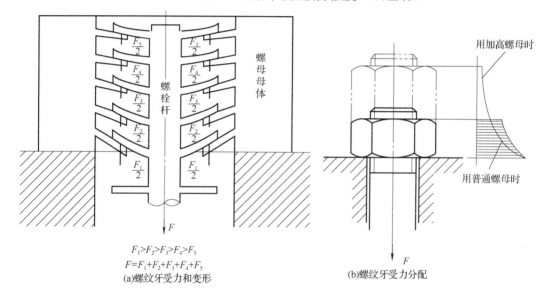

$F_1 > F_2 > F_3 > F_4 > F_5$
$F = F_1 + F_2 + F_3 + F_4 + F_5$
(a)螺纹牙受力和变形

(b)螺纹牙受力分配

图 3.24 螺纹牙的受力和变形

(3)环槽螺母。如图 3.25(c)所示，减小了螺母下部的刚度，使螺母接近支撑面处受拉且富于弹性，可提高螺栓疲劳强度30%左右。

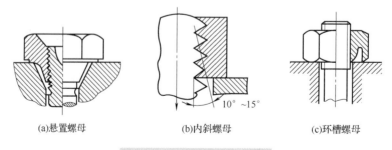

(a)悬置螺母          (b)内斜螺母          (c)环槽螺母

图 3.25 几种均载螺母的结构

(4) 内斜螺母与环槽螺母结合而制造的新型螺母。综合了两者的优点，可提高螺栓疲劳强度 40%左右。

(5) 螺栓与螺母采用不同材料匹配。通常螺母用弹性模量低且较软的材料，如钢螺栓配有色金属螺母，能改善螺纹牙受力分配，可提高螺栓疲劳强度 40%左右。

### 2. 减小应力幅 $\sigma_a$

当螺栓所受的轴向工作载荷变化时，将引起螺栓的总拉力和应力变化。在螺栓的最大应力一定时，应力幅越小，螺栓的疲劳强度越高。如图 3.26 所示，在工作载荷和剩余预紧力不变的情况下，减小螺栓的刚度或增大被连接件的刚度(预紧力相应增大)都能达到减小应力幅的目的。

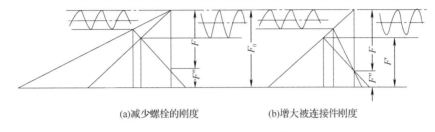

(a)减少螺栓的刚度　　　　　(b)增大被连接件刚度

图 3.26　减小应力幅的措施

工程上减小螺栓刚度 $c_1$ 可采用的措施有：采用细长杆的螺栓、柔性螺栓(即部分减小螺杆直径或中空螺栓)；在螺母下边放弹性元件等，如图 3.27 所示，相当于起到柔性螺栓的效果，可达到减小螺栓刚度 $c_1$ 的目的。

工程上增大被连接件刚度 $c_2$ 可采用高硬度垫片，如图 3.28 所示。

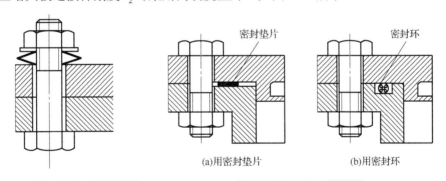

(a)用密封垫片　　　　　(b)用密封环

图 3.27　弹性元件置于螺母下　　　图 3.28　采用高硬度垫片

### 3. 减小应力集中

在螺纹牙根、螺纹收尾、螺栓头部与螺栓杆交接处，都有应力集中，应力集中是影响螺栓疲劳强度的主要因素之一。适当增大螺纹牙根圆角半径，在螺栓头部与螺栓杆交接处采用较大的过渡圆角，切制卸载槽或采用卸载过渡以及使螺纹收尾处平缓过渡等都是减小应力集中的有效方法。

### 4. 减小附加应力

螺纹牙根部对弯曲很敏感，故附加弯曲应力是螺栓断裂的重要因素。为避免或减小附加弯曲应力，其结构措施见图 3.29，并在工艺上注意保证使螺纹孔轴线与连接各支撑面垂直。

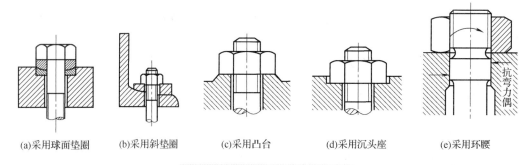

(a)采用球面垫圈　　(b)采用斜垫圈　　(c)采用凸台　　(d)采用沉头座　　(e)采用环腰

图 3.29　减免弯曲应力的方法示例

### 5. 采用合理的制造工艺

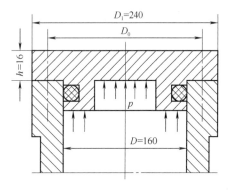

图 3.30　钢制液压缸

制造工艺对螺栓的疲劳强度有重要影响，采用滚压法制造螺栓，由于冷作硬化作用，表层存在残余压应力，金属流线合理，与车制螺纹相比，疲劳强度可提高 30%～40%。如果热处理后再进行滚压螺纹，效果更佳，螺栓的疲劳强度可提高 70%～100%，此法具有优质、高产、低消耗等功能。

【应用实例 3.2】　图 3.30 为一钢制液压缸，油压 $p$ =4MPa，缸径 $D$ =160mm，为保证气密性要求，螺柱间距不得大于 100mm。试计算其缸盖的螺柱连接和螺柱分布圆直径 $D_0$。

**解**　设计计算步骤如下。

| 计算与说明 | 主要结果 |
|---|---|
| 1. 假设用 8 个双头螺柱<br>对于压力容器取剩余预紧力<br><br>$$F'' = 1.8F$$<br><br>压力容器的总工作载荷<br><br>$$F = \frac{\pi D^2}{4} p = \frac{\pi \times 160^2}{4} \times 4 = 80384 \text{(N)}$$<br><br>每个螺柱上的工作载荷<br><br>$$F = \frac{F_\Sigma}{Z} = \frac{80384}{8} = 10048 \text{(N)}$$<br><br>每个螺柱所受总拉力<br><br>$$F_0 = F'' + F = 1.8 \times 10048 + 10048 = 28134 \text{(N)}$$ | $F_0 = 28134 \text{N}$ |
| 2. 取螺柱材料为 45 钢，$\sigma_s = 360 \text{MPa}$，安全系数 $S=3$，则许用应力<br><br>$$[\sigma] = \frac{360}{3} = 120 \text{(MPa)}$$<br><br>计算螺柱的直径<br><br>$$d_1 = \sqrt{\frac{4 \times 1.3 F_0}{\pi [\sigma]}} = \sqrt{\frac{4 \times 1.3 \times 28134}{\pi \times 120}} = 19.70 \text{(mm)}$$ | M24<br>$d_1 = 20.752 \text{mm}$ |
| 3. 根据《机械设计手册》选 M24，其 $d_1 = 20.752 \text{mm} > 19.70 \text{mm}$<br>根据图示取<br><br>$$D_0 = \frac{D + D_1}{2} = \frac{160 + 240}{2} = 200 \text{(mm)}$$<br><br>设螺柱间距为 $t$，则 $8t = \pi D_0$。<br><br>$$t = \frac{\pi D_0}{8} = \frac{\pi \times 200}{8} = 78.54 \text{mm} < 100 \text{mm}$$ | $D_0 = 200 \text{mm}$ |

【应用实例3.3】　　设计图 3.31 所示的轴承座螺栓组连接，轴承座及底板材料皆为铸铁。载荷 $P$ 作用在通过接合面纵向对称轴线并垂直于接合面的平面内。

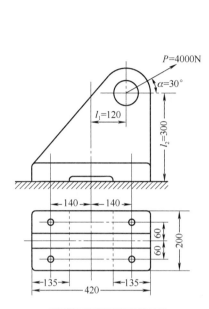

图 3.31　轴承座螺栓组

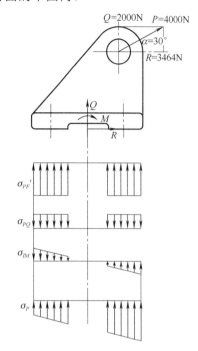

图 3.32　螺栓组载荷及接合面上挤压应力

**解**　设计计算步骤如下。

| 计算与说明 | 主要结果 |
| --- | --- |
| 采用普通螺栓连接，螺栓数目 $Z=4$，对称布置，各部分尺寸见图 3.31。<br>1. 分析螺栓组连接的载荷<br>外力 $P$ 是倾斜的，可分解为互相垂直的二分力，并移到接合面上螺栓组的形心处，得<br>横向载荷　$R = P\cos\alpha = 4000 \times \cos30° = 3464(\text{N})$<br>轴向载荷　$Q = P\sin\alpha = 4000 \times \sin30° = 2000(\text{N})$<br>倾覆力矩　$M = Rl_2 - Ql_1 = 3464 \times 300 - 2000 \times 120 = 799200(\text{N}\cdot\text{mm})$ | $R=3464\text{N}$<br>$Q=2000\text{N}$<br>$M=799200\text{N}\cdot\text{mm}$ |
| 2. 计算受力最大的螺栓承受的工作载荷 $F$<br>使每个螺栓所受的工作载荷均等，其值为<br>$$F_1 = Q/Z = 2000/4 = 500(\text{N})$$<br>由于 $M$ 的作用使对称轴线左边二螺栓处的工作拉力增大，右边二螺栓处工作拉力减小，其值为<br>$$F_2 = \frac{Ml}{4l^2} = \frac{799200 \times 140}{4 \times 140^2} = 1427(\text{N})$$<br>横向力 $R$ 不直接引起轴向工作载荷。<br>显然，轴线左边二螺栓所受轴向工作拉力最大，均为<br>$$F = F_1 + F_2 = 500 + 1427 = 1927(\text{N})$$ | $F=1927\text{N}$ |
| 3. 确定每个螺栓所需要的预紧力 $F'$<br>预紧力 $F'$ 的大小应能保证接合面在横向载荷 $R$ 的作用下不产生相对滑动。<br>　预紧力 $F'$ 使接合面间产生正压力；$Q$ 使压力减小，可以认为 $M$ 对接合面上总的压力无影响，因为 $M$ 使左边的压力减小，右边的压力以同样大小增大。<br>　因此，可得保证接合面不滑动的条件为<br>$$f\left(zF' - \frac{c_2}{c_1+c_2}Q\right) \geqslant K_f R$$ | |

| 计算与说明 | 主要结果 |
|---|---|

由表 3-5 取接合面上的摩擦系数 $f$=0.13；考虑到铸铁的弹性模量略小于钢，故由《机械设计手册》

查取螺栓相对刚度 $\dfrac{c_1}{c_1+c_2}=0.3$；取可靠性系数 $K_f=1.2$。则每个螺栓所需的预紧力

$$F'=\frac{1}{z}\left(\frac{K_f R}{f}+\frac{c_2}{c_1+c_2}Q\right)=\frac{1}{4}\left[\frac{1.2\times3464}{0.13}+(1-0.3)\times2000\right]=8344(\text{N})$$

取 $F'=8500\text{N}$

主要结果：$F'=8500\text{N}$

4. 检查接合面上的挤压应力：左端边缘是否会出现间隙、右端是否会被压坏

接合面上由 $F'$、$Q$、$M$ 形成的挤压应力分布如图 3.32 所示，其中

$$\sigma_{pF'}=\frac{4F'}{A}=\frac{4\times8500}{2\times135\times200}=0.630(\text{MPa})$$

$$\sigma_{pQ}=\frac{\dfrac{c_1}{c_1+c_2}Q}{A}=\frac{(1-0.3)\times2000}{2\times135\times200}=0.026(\text{MPa})$$

$$\sigma_{pM}=\frac{M}{W}=\frac{799200}{\dfrac{200(420^3-150^3)}{12}\times\dfrac{2}{420}}=0.142(\text{MPa})$$

接合面左端的挤压应力最小，为

$$\sigma_{p\min}=\sigma_{pF'}-\sigma_{pQ}-\sigma_{pM}=0.630-0.026-0.142$$
$$=0.462>0$$

故接合面左端边缘不会出现间隙。

若不满足 $\sigma_{p\min}>0$（或规定数值），则应加大预紧力 $F'$。

接合面右端的挤压应力最大，为

$$\sigma_{p\max}=\sigma_{pF'}-\sigma_{pQ}+\sigma_{pM}=0.630-0.026+0.142=0.746(\text{MPa})$$

由《机械设计手册》查得铸铁的 $\sigma_B=100\text{MPa}$，由《机械设计手册》查得 $[\sigma]_p=0.5\sigma_B=$
$0.5\times100=50(\text{MPa})$，故有

$$\sigma_{p\max}<[\sigma]_p$$

接合面不会被压坏。

如果出现 $\sigma_{p\max}>[\sigma]_p$ 的情况，则应改变螺栓组布置，或改变被连接件材料

主要结果：$\sigma_{p\max}=0.746\text{MPa}$

$\sigma_{p\max}<[\sigma]$

5. 求螺栓直径 $d$

由式(3-20)，螺栓的总拉力为

$$F_0=F'+\frac{c_1}{c_1+c_2}F=8500+0.3\times1927=9078(\text{N})$$

选用 4.8 级螺栓，其 $\sigma_S=320\text{MPa}$。

根据表 3-9，考虑到螺栓的预紧力不一定经严格控制，故其安全系数与螺栓直径有关，初估直径
为 6～16mm，取 $S$=3.5，得螺栓的许用应力为

$$[\sigma]=\frac{\sigma_S}{S}=\frac{320}{3.5}=91(\text{MPa})$$

由式(3-15)得

$$d_1=\sqrt{\frac{4\times1.3F_0}{\pi[\sigma]}}=\sqrt{\frac{4\times1.3\times9078}{\pi\times91}}=12.850(\text{mm})$$

查普通螺纹标准《机械设计手册》，M16 螺栓的 $d_1$=13.853mm；M14 螺栓的 $d_1$=11.835mm；故选 M16
螺栓。

与原估直径相符，故不必修改 $[\sigma]$

主要结果：$d_1=12.850\text{mm}$

# 3.3<sup>*</sup> 螺 旋 传 动

## 3.3.1 螺旋传动的类型、特点及应用

机械传动系统是处于动力机和执行机构的中间装置，是大多数机器的主要组成部分。一般，以传递动力为主的传动称为动力传动，以传递运动为主的传动称为运动传动。传动类型

的选择关系到整个机器运动方案设计和工作性能参数。技术经济指标是确定传动方案的主要因素，只有对各种传动方案的技术经济指标作细致的综合分析和对比，才能较合理地选择好传动的类型。

学习这一部分内容时，应该注意螺旋传动与前面的螺纹连接的差别。虽然它们都由带螺纹的零件组成，但两者工作情况完全不同，从而在要求上也有很大差别。对螺旋传动来讲，由于要传递运动，主要要求保证螺旋副有较高的传动效率和磨损寿命。从这一基本点出发，理解它的结构设计、材料和设计计算方法的特点以及与螺纹连接的差别，虽然滚动螺旋传动和静压螺旋传动在精密机械中已有广泛的应用，但限于篇幅，在本节只对它们作简单的介绍，而把重点放在最基本的滑动螺旋传动的设计和计算上。

### 1. 按螺旋传动用途分类

(1)传力螺旋。它以传递动力为主。要求以较小的转矩产生较大的轴向推力，用以克服工件阻力。如各种起重或加压装置的螺旋。这种传力螺旋主要是承受很大的轴向力，一般为间歇性工作，每次的工作时间较短，工作速度也不高，而且通常需有自锁能力。

(2)传导螺旋。它以传递运动为主，有时也承受较大的轴向载荷，如机床进给机构的螺旋丝杠等。传导螺旋主要在较长的时间内连续工作，工作速度较高，因此，要求具有较高的传动精度。

(3)调整螺旋。它用以调整、固定零件的相对位置，如机床、仪器及测试装置中的微调机构的螺旋。调整螺旋不经常转动，一般在空载下调整。

### 2. 根据螺纹副的摩擦情况分类

其可分为滑动螺旋、滚动螺旋和静压螺旋。静压螺旋实际上是采用静压流体润滑的滑动螺旋。滑动螺旋构造简单、加工方便、易于自锁，但摩擦大、效率低（一般为 30%~40%）、磨损快，低速时可能爬行，定位精度和轴向刚度较差。滚动螺旋和静压螺旋没有这些缺点，前者效率在 90% 以上，后者效率可达 99%；但构造较复杂，加工不便。静压螺旋还需要供油系统。本节主要介绍滑动螺旋的设计计算方法。

### 3. 螺旋传动的特点及应用

螺旋传动是利用螺杆和螺母组成的螺旋副来实现传动要求的。它主要用以将回转运动变为直线运动，同时传递运动和动力。螺旋传动的运动转变方式如图 3.33 所示。

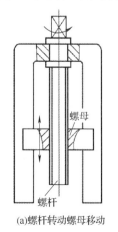
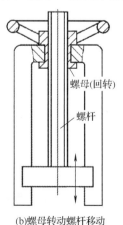
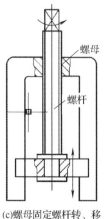
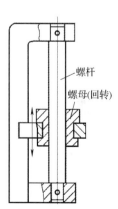

(a)螺杆转动螺母移动　　(b)螺母转动螺杆移动　　(c)螺母固定螺杆转、移　　(d)螺杆固定螺母转、移

图 3.33　螺旋传动的运动转变方式

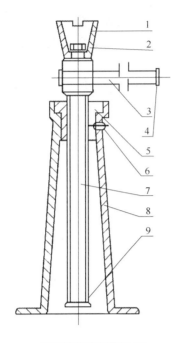

**图 3.34　螺旋起重器**

1-托环；2-螺钉；3-手柄；4-挡环；5-螺母；
6-紧定螺钉；7-螺杆；8-底座；9-挡环

螺旋传动也可用以调整零件的相互位置,有时兼有几种作用。螺旋传动应用很广,如螺旋起重器(图 3.34)、螺旋丝杠、螺旋压力机等。

### 3.3.2　螺旋传动的设计计算

滑动螺旋工作时,主要承受转矩及轴向力(拉力或压力)的作用,同时在螺杆和螺母的旋合螺纹间有较大的相对滑动。其失效形式主要是螺纹磨损。因此,滑动螺旋的基本尺寸(即螺杆直径与螺母高度),通常是根据耐磨性条件确定的。对于受力较大的传力螺旋,还应校核螺杆危险截面以及螺母螺纹牙的强度,以防止发生塑性变形或断裂;对于要求自锁的螺杆应校核其自锁性;对于精密的传导螺旋应校核螺杆的刚度(螺杆的直径应根据刚度条件确定),以免受力后由于螺距的变化引起传动精度降低;对于长径比很大的受压螺杆,应校核其稳定性,以防止螺杆受压后失稳;对于高速的长螺杆还应校核其临界转速,以防止产生过度的横向振动等。在设计时,应根据螺旋传动的类型、工作条件及其失效形式等,选择不同的设计准则,而不必逐项进行校核。

下面主要介绍耐磨性计算和几项常用的校核计算方法。

#### 1. 螺旋传动的效率与自锁

根据机械原理知识可知,螺旋传动的效率可表示为

$$\eta = \frac{\tan\psi}{\tan(\psi + \varphi_v)} \tag{3-25}$$

螺纹副自锁条件可表示为

$$\psi \leqslant \varphi_v = \arctan\frac{f}{\cos\beta} = \arctan f_v \tag{3-26}$$

式中,$\psi$ 为螺纹升角；$\varphi_v$ 为螺纹副的当量摩擦角；$f$ 为螺纹副的摩擦系数；$f_v$ 为螺纹副的当量摩擦系数；$\beta$ 为螺纹牙型的牙型斜角。

螺旋传动螺纹副的摩擦系数见表 3-12。

**表 3-12　螺旋传动螺纹副的摩擦系数(定期润滑)**

| 螺纹副材料 | 钢对青铜 | 钢对耐磨铸铁 | 钢对灰铸铁 | 铜对钢 | 淬火钢对青铜 |
|---|---|---|---|---|---|
| 摩擦系数 $f$ | 0.08~0.10 | 0.10~0.12 | 0.12~0.15 | 0.11~0.17 | 0.06~0.08 |

注：大值用于起动时。

#### 2. 滑动螺旋副的结构与材料

##### 1)滑动螺旋的结构

螺旋传动的结构主要是指螺杆、螺母的固定和支承的结构形式。螺旋传动的工作刚度和精度等与支承结构有直接关系,当螺杆短而粗且垂直布置时,如起重及加压装置的传力螺旋,可以利用螺母本身作为支承,如图 3.34 所示。此时螺母应有挡环 4 以承受轴向力和轴向定位,紧定螺钉 6 是为了螺母的轴向固定以承受转矩。当螺杆细长且水平布置时,如机床的传导螺

旋(丝杠)等，应在螺杆两端或中间附加支承，以提高螺杆的工作刚度。螺杆的支承结构和轴的支承结构基本相同，请参看第 6 章有关内容。此外，对于轴向尺寸较大的螺杆，应采用对接的组合结构代替整体结构，以减少制造工艺上的困难。

螺母结构有整体螺母(图 3.35)、组合螺母(图 3.36)和剖分螺母(图 3.37)等形式。整体螺母结构简单，但由于磨损产生的轴向间隙不能补偿，只适合精度较低的螺旋。对于经常双向传动的传导螺旋，为了消除轴向间隙和补偿螺纹磨损，避免反向传动时空行程，一般采用组合螺母或剖分螺母。

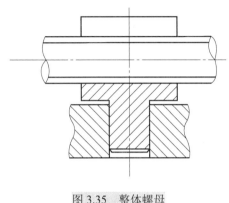

图 3.35　整体螺母

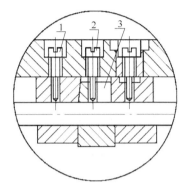

图 3.36　组合螺母

1-固定螺钉；2-调整螺钉；3-调整楔块

滑动螺旋采用的螺纹类型有矩形、梯形、锯齿形，其中梯形、锯齿形应用较多。

**2)滑动螺旋的材料**

螺杆材料要有足够的强度和耐磨性，以及良好的加工性。不经热处理的螺杆一般可用 Q235、40WMn、45 钢、50 钢，重要的需热处理的螺杆可用 65Mn、40Cr 或 20CrMnTi 钢。精密传动螺杆可用 9Mn2V、CrWMn、38CrMoAl 钢等。

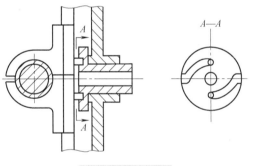

图 3.37　剖分螺母

螺母材料除要有足够的强度外，还要求在与螺杆材料配合时摩擦系数小和耐磨。常用的材料是铸锡青铜 ZCuSn10P1、ZCuSn5Pb5Zn5；重载低速时用高强度铸造铝青铜 ZCuAl10Fe3 或铸造黄铜 ZCuZn25Al6Fe3Mn3；重载时可用 35 钢或球墨铸铁；低速轻载时也可用耐磨铸铁。尺寸大的螺母可用钢或铸铁作外套，内部浇注青铜。高速螺母可浇注锡锑或铅锑轴承合金(即巴氏合金)。

**3. 滑动螺旋副的耐磨性计算**

磨损多发生在螺母，把螺纹牙展直后相当于一根悬臂梁(图 3.38)。耐磨性的计算在于限制螺纹副的压强 $p$。设轴向力为 $F$，相旋合螺纹圈数 $u = \dfrac{H}{P}$，此处 $H$ 是螺母旋合长度，$P$ 为螺距，则验算式为

$$p = \frac{F}{A} = \frac{F}{\pi d_2 h u} = \frac{FP}{\pi d_2 hH} \leqslant [p] \tag{3-27}$$

式中，$d_2$ 为螺纹中径；$h$ 为螺纹工作高度，梯形和矩形螺纹 $h=0.5P$；锯齿形螺纹 $h=0.75P$；$[p]$

为许用压强，见表 3-13。

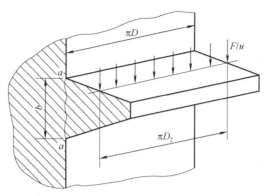

图 3.38　螺母螺纹圈的受力

表 3-13　滑动螺旋传动的许用压强[p]

| 螺纹副材料 | 滑动速度/(m/min) | 许用压强/MPa | 螺纹副材料 | 滑动速度/(m/min) | 许用压强/MPa |
|---|---|---|---|---|---|
| 钢对青铜 | 低速 | 18～25 | 钢对灰铸铁 | < 2.4 | 13～18 |
| | <3.0 | 11～18 | | 6～12 | 4～7 |
| | 6～12 | 7～10 | 钢对钢 | 低速 | 7.5～13 |
| | >15 | 1～2 | 淬火钢对青铜 | 6～12 | 10～13 |
| 钢对耐磨铸铁 | 6～12 | 6～8 | | | |

注：$\varphi < 2.5$ 或人力驱动时，[p]可提高 20%；螺母为两半式时，[p]降低 15%～20%。

为了设计方便，可引用系数 $\varphi = \dfrac{H}{d_2}$ 以消去 $H$ 得

$$d_2 \geqslant \sqrt{\frac{FP}{\pi h \varphi [p]}} \tag{3-28}$$

对于矩形和梯形螺纹，$h = 0.5P$，则

$$d_2 \geqslant 0.8 \sqrt{\frac{FP}{\varphi [p]}} \tag{3-29}$$

对于工作面牙侧角为 3° 的锯齿形螺纹，$h = 0.75P$，则

$$d_2 \geqslant 0.65 \sqrt{\frac{FP}{\varphi [p]}} \tag{3-30}$$

当螺母为整体式、磨损后间隙不能调整时，取 $\varphi = 1.2 \sim 2.5$；螺母为两半式、间隙能够调整，或螺母兼作支承而受力较大时，可取 $\varphi = 2.5 \sim 3.5$；传动精度较高，要求寿命较长时，允许取 $\varphi = 4$。

由于旋合各圈螺纹牙受力不均，$u$ 不宜大于 10。

### 4. 滑动螺旋副的强度计算

**1) 螺纹牙强度计算**

螺纹牙的剪切和弯曲破坏多发生在螺母。螺纹牙的剪切和弯曲强度条件分别为

$$\tau = \frac{F}{\pi D b u} \leqslant [\tau] \tag{3-31}$$

$$\sigma_b = \frac{6Fl}{\pi Db^2 u} \leqslant [\sigma_b] \tag{3-32}$$

式中，$D$ 为螺母螺纹大径；$b$ 为螺纹牙底宽度，梯形螺纹 $b=0.634P$，矩形螺纹 $b=0.5P$，锯齿形螺纹 $b=0.736P$；$l$ 为弯曲力臂，$l = \dfrac{D - D_2}{2}$；$[\tau]$ 和 $[\sigma_b]$ 为螺纹牙的许用剪切应力和弯曲应力，见表 3-14。

表 3-14　滑动螺旋副材料的许用应力

| 螺旋副材料 | | 许用应力/MPa | | |
| --- | --- | --- | --- | --- |
| | | $[\sigma]$ | $[\sigma_b]$ | $[\tau]$ |
| 螺杆 | 钢 | $\sigma_s /(3{\sim}5)$ | | |
| 螺母 | 青铜 | | $40{\sim}60$ | $30{\sim}40$ |
| | 铸铁 | | $45{\sim}55$ | $40$ |
| | 钢 | | $(1.0{\sim}1.2)[\sigma]$ | $0.6[\sigma]$ |

**2）螺杆强度计算**

螺杆受有压力（或拉力）$F$ 和转矩 $T$，根据第四强度理论，其强度条件为

$$\sigma_{ca} = \sqrt{\left(\frac{4F}{\pi d_1^2}\right)^2 + 3\left(\frac{T}{0.2 d_1^3}\right)^2} \leqslant [\sigma] \tag{3-33}$$

式中，$F$ 为螺杆所受轴向压力（或拉力）；$T$ 为螺杆所受转矩，$T = F\tan(\psi + \rho_v)d_2 / 2$；$[\sigma]$ 为螺杆材料的许用应力，见表 3-14。

**5. 受压螺杆的稳定性计算**

螺杆受压时的稳定性验算式为

$$\frac{F_{cr}}{F} \geqslant 2.5 \sim 4 \tag{3-34}$$

$$F_{cr} = \frac{\pi^2 EI}{(\beta l)^2} \tag{3-35}$$

式中，$F_{cr}$ 为螺杆的稳定临界载荷，根据螺杆的柔度 $\lambda$ 值确定。$\lambda = \beta l / i$，其中 $i$ 为螺杆危险截面的惯性半径；$E$ 为螺杆材料的弹性模量；$I$ 为螺杆危险截面的轴惯性矩，$I = \pi d_1^4 / 64$；$\beta$ 为长度系数，与两端支座形式有关（表 3-15）。

表 3-15　螺杆的长度系数 $\beta$

| 端部支承情况 | 长度系数 $\beta$ | 端部支承情况 | 长度系数 $\beta$ |
| --- | --- | --- | --- |
| 两端固定 | 0.50 | 两端不完全固定 | 0.75 |
| 一端固定，一端不完全固定 | 0.60 | 两端铰支 | 1.00 |
| 一端铰支，一端不完全固定 | 0.70 | 一端固定，一端自由 | 2.00 |

**6. 螺杆的刚度计算**

对于传递精确运动的滑动丝杠副，工作中只允许有很小的螺距误差。但由于丝杠在轴向力和扭矩的作用下将产生变形，而引起螺距变化，从而影响到滑动丝杠副的传动精度。为了使滑动丝杠的变形很小或把螺距的变化限制在允许的范围内，则必须要求丝杠具有足够的刚度。因此，在设计传递精确运动的滑动丝杠副时应进行丝杠的刚度计算。

滑动丝杠副受力变形后所引起的螺距误差，一般由如下两部分组成。

（1）丝杠在轴向载荷 $F$ 作用下，所产生的螺距变形量为 $\delta_F$，其计算公式为

$$\delta_F = \frac{4FP}{\pi E d_1^2} \tag{3-36}$$

式中，$F$ 为丝杠承受的轴向力，N；$P$ 为丝杠螺纹的螺距，mm；$E$ 为丝杠的弹性模量，MPa；$d_1$ 为丝杠的小径，mm。

（2）转矩 $T$ 产生每个螺距的变形为

$$\delta_T = \frac{16TP^2}{\pi^2 G d_1^4} \tag{3-37}$$

式中，$T$ 为转矩，N·mm；$P$ 为丝杠螺纹的螺距，mm；$G$ 为丝杠的剪切弹性模量，MPa；$d_1$ 为丝杠的小径，mm。

每个螺纹螺距总变形：

$$\delta = \delta_F + \delta_T \tag{3-38}$$

单位长度变形量：

$$[\Delta] = \delta / P \tag{3-39}$$

### 3.3.3 其他螺旋传动

#### 1. 滚动螺旋传动

滚动螺旋可分为滚子螺旋和滚珠螺旋两类。由于滚子螺旋的制造工艺复杂，所以应用较少，下面简要介绍滚珠螺旋传动。滚珠螺旋传动的结构如图 3.39 所示。当螺杆或螺母回转时，滚珠依次沿螺纹滚动。借助导向装置将滚珠导入返回轨道，然后再进入工作轨道。如此往复循环，使滚珠形成一个闭合循环回路。滚珠螺旋传动分外循环传动和内循环传动；前者导路为一导管，后者导路为每圈螺纹有一反向器，滚珠在本圈内运动。外循环加工方便，但径向尺寸较大。螺母螺纹以 3～5 圈为宜，过多受力不均，并不能提高承载能力。滚珠螺旋传动具有传动效率高、起动力矩小、传动灵敏平稳、工作寿命长等优点。目前在机车、汽车、航空等制造业应用很广。缺点是制造工艺复杂、成本高。

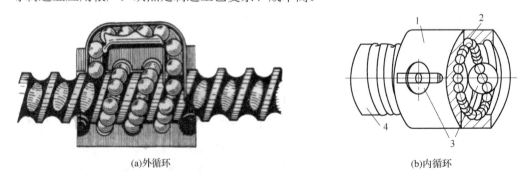

(a)外循环　　　　　　　　　　　　　　　(b)内循环

图 3.39　滚动螺旋传动

1-螺母；2-滚珠；3-反向器；4-螺杆

#### 2. 静压螺旋传动

如图 3.40(a)所示，压力油经节流器进入内螺纹牙两侧的油腔，然后经回油通路流回油箱。当螺杆不受力时，处于中间位置，而牙两侧的间隙和油腔压力相等。当螺杆受轴向力 $F_a$ 而左移时，间隙 $h_1$ 减小，$h_2$ 增大，使牙左侧压力大于右侧，从而产生一平衡 $F_a$ 的液压力。在图 3.40(b)

中，如果每一螺纹牙侧开三个油腔。当螺杆受径向力 $F_r$ 而下移时，油腔 $A$ 侧的间隙减小，压力增高，$B$ 和 $C$ 侧的间隙增大，压力降低，从而产生一平衡 $F_r$ 的液压力。

当螺杆受弯曲力矩时，也具有平衡能力。

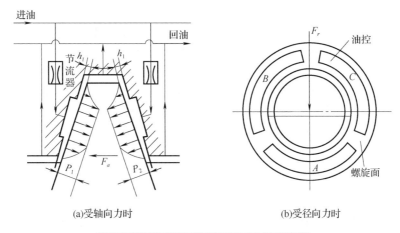

(a)受轴向力时　　　　　　　　　　　　(b)受径向力时

图 3.40　静压螺旋传动的工作原理示意图

### 3.3.4　螺旋传动的工程应用

滑动螺旋受轴向拉(压)力和摩擦转矩，产生拉(压)应力和扭转切应力的联合作用。如螺旋起重器的螺杆受到轴向压力 $F$ 和转矩 $T$ 的联合作用。其中：$T = T_1 + T_2$（$T_1$ 为螺旋副的摩擦力矩，$T_2$ 为承受重物的托杯与螺杆支承面的摩擦力矩）。由于螺旋副之间有较大的滑动摩擦，因此磨损是其主要失效原因之一，应根据耐磨性计算来确定螺杆的直径、螺距等基本参数。

对受力较大的传力螺旋，还应对螺杆及螺母进行强度计算。针对长径比很大的螺杆容易产生侧向弯曲失效和起重螺旋等的自锁性要求，应校核受压螺杆的稳定性，核验自锁性能等。

## 本 章 小 结

本章主要介绍了螺纹及螺纹连接的基本知识，重点分析了螺栓组连接的设计计算方法(包括单个螺栓连接的预紧、强度计算、螺栓组结构设计、受力分析)、阐述了提高连接强度的措施等方面的内容，同时也介绍了其他连接的基本类型和特点以及滑动螺旋传动的设计计算方法。

## 习　　题

### 一、选择题

1. 若要提高受轴向变载荷作用的紧螺栓的疲劳强度，则可_____。

  A. 在被连接件间加橡胶垫片　　　　　B. 增大螺栓长度

  C. 采用精制螺栓　　　　　　　　　　D. 加防松装置

2. 对于受轴向变载荷作用的紧螺栓连接，若轴向工作载荷 $F$ 在 $0 \sim 1000\mathrm{N}$ 循环变化，则该连接螺栓所受拉应力的类型为_____。

  A. 非对称循环变应力　　　　　　　　B. 脉动循环变应力

C. 对称循环变应力

3. 在螺栓连接设计中，若被连接件为铸件，则有时在螺栓孔处制作沉头座孔或凸台，其目的是_____。

A. 避免螺栓受附加弯曲应力作用　　　B. 便于安装

C. 为安置防松装置　　　　　　　　　D. 为避免螺栓受拉力过大

4. 当螺纹公称直径、牙型角、螺纹线数相同时，细牙螺纹的自锁性能比粗牙螺纹的自锁性能_____。

A. 好　　　　　　B. 差　　　　　　C. 相同　　　　　　D. 不一定

5. 用于连接的螺纹牙型为三角形，这是因为三角形螺纹_____。

A. 牙根强度高，自锁性能好　　　　　B. 传动效率高

C. 防振性能好　　　　　　　　　　　D. 自锁性能差

6. 用于薄壁零件连接的螺纹，应采用_____。

A. 三角形细牙螺纹　　　　　　　　　B. 梯形螺纹

C. 锯齿形螺纹　　　　　　　　　　　D. 多线的三角形粗牙螺纹

7. 当铰制孔螺栓组连接承受横向载荷或旋转力矩时，该螺栓组中的螺栓_____。

A. 必受剪切力作用　　　　　　　　　B. 必受拉力作用

C. 同时受到剪切与拉伸作用　　　　　D. 既可能受剪切，也可能受挤压作用

8. 采用普通螺栓连接的凸缘联轴器，在传递转矩时，_____。

A. 螺栓的横截面受剪切作用　　　　　B. 螺栓与螺栓孔配合面受挤压作用

C. 螺栓同时受剪切与挤压作用　　　　D. 螺栓受拉伸与扭转作用

9. 在下列四种具有相同公称直径和螺距，并采用相同配对材料的传动螺旋副中，传动效率最高的是_____。

A. 单线矩形螺旋副　　　　　　　　　B. 单线梯形螺旋副

C. 双线矩形螺旋副　　　　　　　　　D. 双线梯形螺旋副

**二、简答题**

1. 螺纹连接有哪些基本类型？各有何特点？各适用于什么场合？

2. 为什么螺纹连接常需要防松？按防松原理，螺纹连接的防松方法可分为哪几类？试举例说明。

3. 有一刚性凸缘联轴器，用材料为 Q235 的普通螺栓连接以传递转矩 $T$。现欲提高其传递的转矩，但限于结构不能增加螺栓的直径和数目，试提出三种能提高该联轴器传递的转矩的方法。

4. 提高螺栓连接强度的措施有哪些？这些措施中哪些主要是针对静强度？哪些主要是针对疲劳强度？

5. 为什么对于重要的螺栓连接要控制螺栓的预紧力 $F'$？控制预紧力的方法有哪几种？

6. 为什么铆钉和被铆件的材料一般应相同或成分接近？

7. 铆接有何优缺点？

8. 焊接接头的基本形式有哪几种？

9. 当被焊接件较厚时，为了保证焊透可采取哪些措施？

10. 过盈连接的工作原理是怎样的？

### 三、分析计算题

1. 如图 3.41 所示为一圆盘锯，锯片直径 $D=500\mathrm{mm}$，用螺母将其夹紧在压板中间。已知锯片外圆上的工作阻力 $F_t=400\mathrm{N}$，压板和锯片间的摩擦系数 $f=0.15$，压板的平均直径 $D_0=150\mathrm{mm}$，可靠性系数 $K_f=1.2$，轴材料的许用拉伸应力 $[\sigma]=60\mathrm{MPa}$。试计算轴端所需的螺纹直径。（提示：此题中有两个接合面，压板的压紧力就是螺纹连接的预紧力。）

附： M10 $d_1=8.376\mathrm{mm}$　M12 $d_1=10.106\mathrm{mm}$　M16 $d_1=13.835\mathrm{mm}$　M20 $d_1=17.294\mathrm{mm}$

2. 如图 3.42 所示为一支架与机座用 4 个普通螺栓连接，所受外载荷分别为横向载荷 $R=5000\mathrm{N}$，轴向载荷 $Q=16000\mathrm{N}$。已知螺栓的相对刚度 $c_1/(c_1+c_2)=0.25$，接合面间摩擦系数 $f=0.15$，可靠性系数 $K_f=1.2$，螺栓材料的力学性能级别为 8.8 级，最小屈服极限 $\sigma_{smin}=640\mathrm{MPa}$，许用安全系数 $[S]=2$，试计算该螺栓小径 $d_1$ 的值。

3. 如图 3.43 所示为一钢板用 4 个普通螺栓与立柱连接，钢板悬臂端作用一载荷 $P=20000\mathrm{N}$，接合面间摩擦系数 $f=0.16$，可靠性系数 $K_f=1.2$，螺栓材料的许用拉伸应力 $[\sigma]=120\mathrm{MPa}$，试计算该螺栓组螺栓的小径 $d_1$。

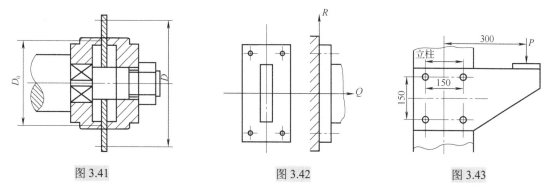

图 3.41　　　　　　　　　图 3.42　　　　　　　　　图 3.43

4. 有一受预紧力 $F'$ 和轴向工作载荷 $F=1000\mathrm{N}$ 作用的紧螺栓连接，已知预紧力 $F'=1000\mathrm{N}$，螺栓的刚度 $c_1$ 与被连接件的刚度 $c_2$ 等。试计算该螺栓所受的总拉力 $F_0$，剩余预紧力 $F''$。在预紧力 $F'$ 不变的条件下，若保证被连接件间不出现缝隙，该螺栓的最大轴向工作载荷 $F_{max}$ 为多少？

# 第4章 键连接及其他连接

 引入案例

　　盘式制动器(disk brake)是一种靠圆盘间的摩擦力实现制动的制动器。全盘式制动器由定圆盘1和动圆盘2组成(图 4.1)。定圆盘通过导向平键或花键连接于固定壳体4内,而动圆盘用导向平键或花键装在制动轴3上,并随制动轴3一起旋转。当受到轴向力时,定圆盘1和动圆盘2相互压紧而制动。这种制动器结构紧凑,摩擦面积大,制动力矩大,但散热条件差。为增大制动力矩或小径向尺寸,可增多盘数和在圆盘表面覆盖一层石棉等摩擦材料。

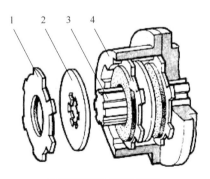

图 4.1　全盘式制动器

1-定圆盘;2-动圆盘;3-制动轴;4-固定壳体

# 4.1 键 连 接

## 4.1.1 键连接的功用、主要类型和应用特点

键是一种标准件，通常用于连接轴和轴上旋转零件与摆动零件，起周向固定零件的作用，以传递运动或转矩，有的还可用作轴上零件移动的导向装置。

键连接的主要类型有平键连接、半圆键连接、楔键连接、切向键连接四种。其中平键连接和半圆键连接为松键连接，楔键连接和切向键连接为紧键连接。

**1. 平键连接**

平键的两侧面是工作面，见图 4.2(a)，上表面与轮毂上的键槽底部之间留有间隙。工作时，靠键与键槽侧面的挤压来传递扭矩。

平键连接的优点是结构简单，对中性好，装拆、维护方便，因而得到广泛应用。缺点是不能承受轴向力。

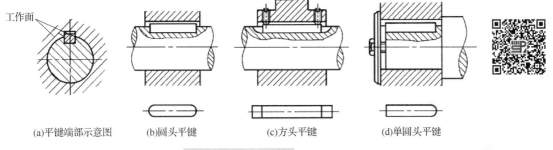

(a)平键端部示意图　　(b)圆头平键　　(c)方头平键　　(d)单圆头平键

图 4.2　普通平键连接

根据用途的不同，平键分为普通平键、薄型平键、导向平键和滑键四种。普通平键和薄型平键用于静连接，导向平键和滑键用于动连接。

**1) 普通平键和薄型平键**

普通平键按构造分，有圆头(A 型)、方头(B 型)及单圆头(C 型)三种 [图 4.2(b)、(c)、(d)]。A 型键：轴上的键槽用指形铣刀加工 [图 4.3(a)]，轮毂上的键槽用插削、拉削或线切割等方法加工；键在键槽中固定良好，但是键的工作长度小于它的总长度，所以圆头部分并未被充分利用；轴上键槽端部产生应力集中。B 型键：轴上的键槽用盘形铣刀加工[图 4.3(b)]，避免了 A 型键的缺点，必要时用螺钉紧固。C 型键：常用于轴端与轮毂连接，装配时简单方便。

薄型平键与普通平键的主要区别是键的高度为普通平键的 60%～70%，也分圆头、方头和单圆头三种形式，但传递转矩的能力较低，常用于薄壁结构、空心轴及一些径向尺寸受限制的场合。

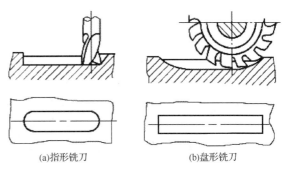

(a)指形铣刀　　　　(b)盘形铣刀

图 4.3　轴上键槽的加工

### 2) 导向键和滑键

当被连接的毂类零件在工作过程中必须在轴上作轴向移动时(如变速器中的滑移齿轮)，则须采用导向平键或滑键。导向平键(图 4.4)是一种较长的平键，用螺钉固定在轴上的键槽中，为了便于拆卸，键上制有起键螺孔，以便拧入螺钉使键退出键槽。轴上的传动零件则可沿键作轴向滑移。当零件需滑移的距离较大时，因所需导向平键的长度过大，制造困难，故宜采用滑键(图 4.5)。滑键固定在轮毂上，轮毂带动滑键在轴上的键槽中作轴向滑移。因此，当采用滑键时，只需在轴上铣出较长的键槽，而键可以做得较短。

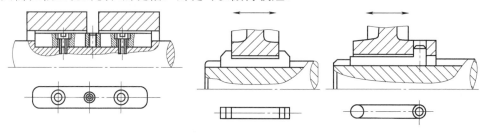

图 4.4  导向平键连接          图 4.5  滑键连接

### 2. 半圆键连接

半圆键连接如图 4.6 所示。轴上键槽用尺寸与半圆键相同的半圆键槽铣刀铣出，因而键在槽中能绕其几何中心摆动以适应轮毂中键槽的斜度。半圆键工作时，靠其侧面来传递转矩。这种键连接的优点是工艺性较好，装配方便，尤其适用于锥形轴端与轮毂的连接。缺点是轴上键槽较深，对轴的强度削弱较大，故一般只用于轻载静连接中。

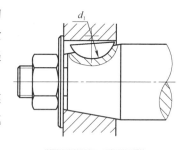

图 4.6  半圆键连接

### 3. 楔键连接

楔键连接如图 4.7 所示。键的上下两面是工作面 [图 4.7(a)]，键的上表面和与它相配合的轮毂键槽底面均具有 1∶100 的斜度。装配后，键被楔紧在轴和轮毂的键槽中。工作时，靠键的楔紧作用来传递转矩，同时还可以承受单向的轴向载荷，对轮毂起到单向的轴向固定作用。

楔键的侧面与键槽侧面间有很小的间隙，当转矩过载而导致轴与轮毂发生相对转动时，键的侧面能像平键那样参与工作。因此，楔键连接在传递有冲击和振动的较大转矩时，仍能保证连接的可靠性。楔键连接的缺点是键楔紧后，轴和轮毂的配合产生偏心与偏斜。因此主要用于毂类零件的定心精度要求不高和低转速的场合。

楔键分为普通楔键和钩头楔键两种，普通楔键有圆头、方头和单圆头三种形式。装配时，圆头楔键要先放入轴上键槽中，然后打紧轮毂 [图 4.7(b)]；方头、单圆头和钩头楔键则在轮毂装好后才将键放入键槽并打紧 [图 4.7(c)、(d)]；钩头楔键的钩头供拆卸用，安装在轴端时，应注意加装防护罩。

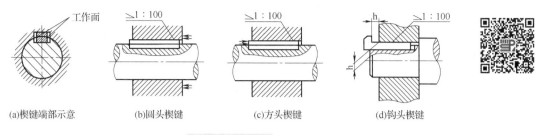

(a)楔键端部示意　(b)圆头楔键　(c)方头楔键　(d)钩头楔键

图 4.7　楔键连接

#### 4. 切向键连接

切向键由两个斜度为 1∶100 的普通楔键组成，如图 4.8 所示。装配时两个楔键分别从轮毂一端打入，使其两个斜面相对，共同楔紧在轴与轮毂的键槽内。其上、下两面为工作面，其中一个工作面在通过轴心线的平面内，工作时工作面上的挤压力沿轴的切线作用。因此，切向键的工作原理是靠工作面的挤压来传递转矩。一个切向键只能传递单向转矩，若要传递双向转矩，必须用两个切向键，并错开 120°～130°反向安装。切向键主要用于轴径大于 100mm、对中性要求不高且载荷较大的重型机械中。

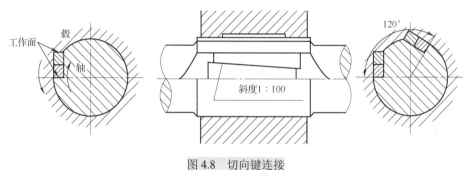

图 4.8　切向键连接

### 4.1.2　键的选择和键连接的强度计算

#### 1. 键的材料

键的材料采用强度极限 $\sigma_b$ 不小于 600MPa 的碳素钢，通常用 45 钢。当轮毂用非铁金属或非金属材料时，键可用 20 钢或 Q235 钢。

#### 2. 键的类型选择和尺寸选择

选键连接的类型时，应考虑的因素包括：载荷的类型；所需传递转矩的大小；对于轴毂对中性的要求；键在轴上的位置(在轴的端部还是中部)；连接于轴上的带毂零件是否需要沿轴向滑移及滑移距离的长短；键是否要具有轴向固定零件的作用或承受轴向力等。

键的主要尺寸为其截面尺寸(一般以键宽 $b$×键高 $h$ 表示)与长度 $L$。键的截面尺寸 $b×h$ 按轴的直径 $d$ 由标准中选定。键的长度 $L$ 一般可按轮毂的长度而定，即键长一般略短于轮毂的长度；而导向平键则按轮毂的长度及其滑动距离而定。所选定的键长应符合标准规定的长度系列。普通平键和普通楔键的主要尺寸见表 4-1。

表 4-1　普通平键和普通楔键的主要尺寸　　　　　　　　单位：mm

| 轴的直径 $d$ | 6～8 | >8～10 | >10～12 | >12～17 | >17～22 | >22～30 | >30～38 | >38～44 |
|---|---|---|---|---|---|---|---|---|
| 键宽 $b$×键高 $h$ | 2×2 | 3×3 | 4×4 | 5×5 | 6×6 | 8×7 | 10×8 | 12×8 |
| 轴的直径 $d$ | >44～50 | >50～58 | >58～65 | >65～75 | >75～85 | >85～95 | >95～110 | >110～130 |
| 键宽 $b$×键高 $h$ | 14×9 | 16×10 | 18×11 | 20×12 | 22×14 | 25×14 | 28×16 | 32×18 |
| 键的长度 $L$ 系列 | 6、8、10、12、14、16、18、20、22、25、28、32、36、40、45、50、56、63、70、80、90、100、110、125、140、180、200、220、250、… | | | | | | | |

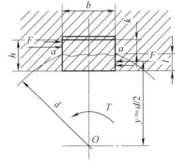

图 4.9　平键连接受力分析

### 3. 键连接的强度计算

在键的材料、类型及尺寸选取之后，还应该进行键连接的强度校核计算。平键连接传递转矩时的受力分析如图 4.9 所示。平键连接的失效形式有：较弱零件工作面压馈(静连接)、磨损(动连接)、键的剪断(除非严重过载，一般极少出现)。因此，对于普通平键只需进行挤压强度计算；而对于导向平键或滑键通常只进行耐磨性计算。

假定载荷在键的工作面上均匀分布，普通平键连接的强度条件为

$$\sigma_p = \frac{2T \times 10^3}{kld} \leqslant [\sigma_p] \tag{4-1}$$

导向平键连接和滑键连接的强度条件为

$$p = \frac{2T \times 10^3}{kld} \leqslant [p] \tag{4-2}$$

式中，$T$ 为传递的转矩($T = F\dfrac{d}{2}$)，N·m；$k$ 为键与轮毂槽的接触高度，$k = 0.5h$，此处 $h$ 为键的高度，mm；$l$ 为键的工作长度，mm，圆头平键 $l = L-b$，平头平键 $l = L$，单圆头平键 $l = L-b/2$，此处 $L$ 为键的公称长度，mm；$b$ 为键的宽度，mm；$d$ 为轴的直径，mm；$[\sigma_p]$ 为键、轴、轮毂三者中最弱材料的许用挤压应力，MPa，见表 4-2；$[p]$ 为键、轴、轮毂三者中最弱材料的许用压力，MPa，见表 4-2。

表 4-2　键连接的许用挤压应力和许用压力　　　　　　　单位：MPa

| 许用挤压应力、许用压力 | 工作方式 | 键或轴、毂的材料 | 载荷性质 | | |
|---|---|---|---|---|---|
| | | | 静载荷 | 轻微冲击 | 冲击 |
| $[\sigma_p]$ | 静连接 | 钢 | 120～150 | 100～120 | 60～90 |
| | | 铸铁 | 70～80 | 50～60 | 30～45 |
| $[p]$ | 动连接 | 钢 | 50 | 40 | 30 |

半圆键连接的受力情况如图 4.10 所示，因其只用于静连接，故主要失效形式是工作面的压馈。通常按工作面的挤压应力进行强度校核计算，强度条件同式(4-1)。所应注意的是：半圆键的接触高度 $k$ 应根据键的尺寸从标准中查取；半圆键的工作长度 $l$ 近似地取其等于键的公称长度 $L$。

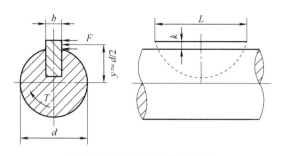

图 4.10 半圆键连接受力分析

楔键和切向键的主要失效形式都是工作面的压馈，故应校核工作面的挤压强度。

在进行强度校核后，如果强度不够，可采用双键。这时应考虑键的合理布置。两个平键最好布置在沿周向相隔 180°；两个半圆键应布置在轴的同一条母线上；两个楔键则应布置在沿周向相隔 90°～120°。考虑到两键上载荷分配的不均匀性，在强度校核中只按 1.5 个键计算。如果轮毂允许适当加长，也可相应地增加键的长度，以提高单键连接的承载能力。但由于传递转矩时键上载荷沿其长度分布不均，故键的长度不宜过大。当键的长度大于 $2.25d$ 时，其多出的长度实际上可认为并不承受载荷，故一般采用的键长不宜超过 $1.6d$～$1.8d$。

# 4.2 花 键 连 接

花键连接是由周向均布多个键齿的花键轴与带有相应键齿槽的轮毂孔相配合而成的，如图 4.11 所示。花键齿侧面为工作面，适用于动连接和静连接。

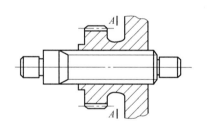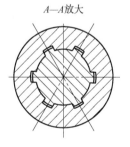

图 4.11 花键连接

## 4.2.1 花键连接的特点、类型和应用

### 1. 花键连接的特点

花键连接的特点主要有花键齿较多、工作面积大、承载能力较强；键均匀分布，各键齿受力较均匀；齿轴一体且齿槽浅、齿根应力集中小，强度高且对轴的强度削弱减少；轴上零件对中性好；导向性较好；可采用滚齿技术加工花键，但是加工需专用设备、制造成本高。花键连接主要用于定心精度高、载荷大或经常滑移的连接。花键连接的齿数、尺寸、配合等均应按标准选取。

### 2. 花键类型

按齿形不同分为矩形花键连接(图 4.12)和渐开线花键连接(图 4.13)。

### 1) 矩形花键

矩形花键的基本尺寸包括键数、小径、大径及键宽等，如图 4.12 所示。

（1）键数 $N$：花键轴的齿数或花键孔的键槽数，矩形花键的键数为偶数，常用范围 4～20。

（2）小径 $d$ 和大径 $D$：花键配合时的最小、最大直径。

（3）键宽 $B$：键或槽的基本尺寸。

在矩形花键的标准中，按齿高不同分成两个系列，即轻系列和中系列。轻系列的承载能力较低，多用于静连接，而中系列多用于中等载荷的连接。

矩形花键采用小径定心方式，即外花键和内花键的小径作为配合表面。其特点是定心精度高，定心的稳定性好，可以利用磨削的方法消除热处理产生的变形。矩形花键连接广泛应用于飞机、汽车、拖拉机、机床等。

**2）渐开线花键**

渐开线花键的齿廓是渐开线，分度圆压力角有 30° 及 45° 两种，见图 4.13。齿高分别为 0.5$m$ 和 0.4$m$，$m$ 为模数。图中，$d_i$ 为渐开线花键的分度圆直径。

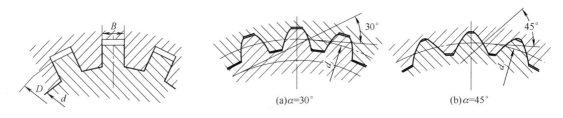

图 4.12　矩形花键连接　　　　　　图 4.13　渐开线花键连接

渐开线花键的特点是渐开线花键的制造工艺与齿轮完全相同，加工工艺成熟，制造精度高，花键齿根强度高，应力集中小，易于定心，用于载荷较大、轴径也大且定心精度高时的连接。与压力角 30° 的渐开线花键相比，压力角 45° 的渐开线花键多用于轻载、小直径和薄壁零件的静连接。

国标规定渐开线花键采用齿形定心方式。当传递载荷时花键齿上的径向力能够起到自动定心作用，有利于各齿均匀受力。

## 4.2.2　花键连接的设计计算

花键材料采用 $\sigma_b \geqslant 600\text{MPa}$ 的高强度钢，滑动花键要经淬火或化学处理，以便有足够的硬度与耐磨性。

花键连接的强度计算，一般先确定花键连接的类型和花键尺寸，然后验算花键连接的强度。花键连接的受力分析如图 4.14 所示。其主要失效形式为：键齿面的压馈(静连接)和键齿面的磨损(动连接)。所以对静连接一般进行挤压强度计算，对动连接进行耐磨性计算。

假设工作载荷沿键的工作长度均匀分布，且各齿面上压力的合力 $F$ 作用在平均半径 $d_m$ 处，则强度条件为

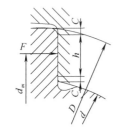

图 4.14　花键连接受力分析

静连接　　　　　$$\sigma_p = \frac{2T \times 10^3}{\psi z h l d_m} \leqslant [\sigma_p]$$　　　　(4-3)

动连接　　　　　$$p = \frac{2T \times 10^3}{\psi z h l d_m} \leqslant [p]$$　　　　(4-4)

式中，$T$ 为传递的转矩 $\left(T = z F \dfrac{d_m}{2}\right)$，$\text{N·m}$；$\psi$ 为载荷分配不均系数，与齿数有关，一般取

$\psi = 0.7 \sim 0.8$，齿数多时取偏小值；$z$ 为花键的齿数；$l$ 为键齿工作长度，mm；$h$ 为键齿侧面的工作高度，矩形花键，$h = \dfrac{D-d}{2} - 2C$，$D$ 为外花键大径，$d$ 为内花键小径，$C$ 为倒角尺寸，mm；渐开线花键，$\alpha = 30°$，$h = m$；$\alpha = 45°$，$h = 0.8m$，$m$ 为模数；$d_m$ 为花键的平均直径，矩形花键，$d_m = \dfrac{D+d}{2}$；渐开线花键，$d_m = d_i$，$d_i$ 为分度圆直径，mm；$[\sigma_p]$ 为花键连接的许用挤压应力，MPa，见表 4-3；$[p]$ 为花键连接的许用压力，MPa，见表 4-3。

表 4-3　花键连接的许用挤压应力和许用压力　　　　　　　单位：MPa

| | 工作方式 | 使用和制造情况 | 齿面未经热处理 | 齿面经热处理 |
|---|---|---|---|---|
| 许用挤压应力 $[\sigma_p]$ | 静连接 | 不良 | 35～50 | 40～70 |
| | | 中等 | 60～100 | 100～140 |
| | | 良好 | 80～120 | 120～200 |
| 许用压力 $[p]$ | 空载下移动的动连接 | 不良 | 15～20 | 20～35 |
| | | 中等 | 20～30 | 30～60 |
| | | 良好 | 25～40 | 40～70 |
| | 在载荷下移动的动连接 | 不良 | — | 3～10 |
| | | 中等 | — | 5～15 |
| | | 良好 | — | 10～20 |

注：① 使用和制造情况不良是指受变载荷、双向冲击载荷、振动频率高和振幅大、润滑不良(对动连接)、材料硬度不高或精度不高等；
　　② 相同情况下，$[\sigma_p]$ 或 $[p]$ 的较小值用于工作时间长和较重要的场合。

# 4.3　销　连　接

销连接的作用主要是：用于确定零件之间的相互位置，一般称为定位销，见图 4.15(a)、(b)；可传递不大的载荷，一般称为连接销，见图 4.15(c)；作为安全保护装置中的过载剪断元件，一般称为安全销，见图 4.15(d)。

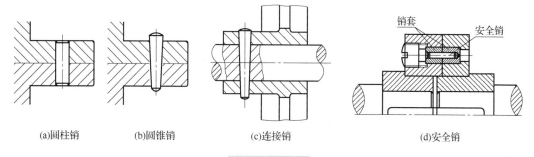

(a)圆柱销　　　　(b)圆锥销　　　　　　(c)连接销　　　　　　　　(d)安全销

图 4.15　销连接

销的材料应为 35 钢、45 钢，开口销为低碳钢。

销连接的类型按外形分主要有圆柱销、圆锥销(包括带螺纹圆锥销、开尾圆锥销)、特殊形式销(槽销、弹簧销、开口销)，它们均已标准化。

圆柱销见图 4.15(a)，靠销和孔过盈配合固定在孔中，圆柱销直径偏差有四种：u8、m16、h8 和 h11。经多次拆装以后会降低定位精度。

圆锥销见图 4.15(b)，锥度 1：50，受横向载荷时可自锁。多次拆装不影响精度。对于受冲击、振动的场合采用开尾圆锥销连接，如图 4.16 所示。对于盲孔可采用端部带螺纹的圆锥销，如图 4.17 所示。

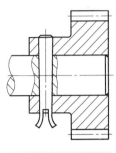
图 4.16　开尾圆锥销

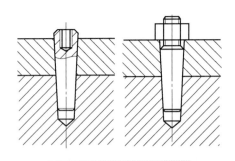
图 4.17　用于盲孔的圆锥销

图 4.18 (a) 为槽销，槽销上有三条纵向沟槽，槽销压入销孔后，它的凹槽即产生收缩变形，借助材料的弹性而固定在销孔中。多用于传递载荷，对于受振动载荷的连接也适用。销孔无须铰制，加工方便，可多次装拆。

图 4.18 (b) 是圆管形弹簧圆柱销，在销打入销孔后，销由于弹性变形而挤紧在销孔中，可以承受冲击和变载荷。

开口销连接如图 4.19 所示，装配时，将尾部分开，以防脱出。

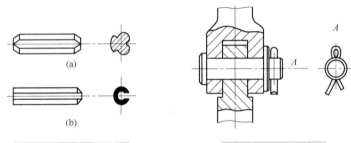

图 4.18　槽销和弹簧销　　　　　　图 4.19　开口销连接

# 4.4　无 键 连 接

凡是轴与轮毂的连接不用键、花键或销时，统称无键连接，包括型面连接、过盈连接、胀紧连接。型面连接：用非圆剖面的轴与毂孔构成的连接。过盈连接：利用两个被连接件本身的过盈配合来实现的连接，两个连接件分别为包容件和被包容件。胀紧连接：在毂孔与轴之间装入胀紧连接套的连接。

## 4.4.1　型面连接

轴和毂孔可设计成柱形的 ［图 4.20 (a)］ 和圆锥形的 ［图 4.20 (b)］。

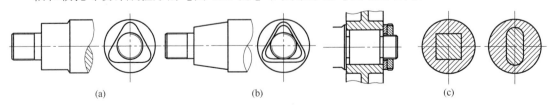

图 4.20　型面连接

型面连接特点是连接面上没有应力集中源,对中性好,承载能力强,装拆方便,但加工不方便,需用专用设备,应用较少。另外,成型面还有方形、切边圆形等,如图 4.20(c)所示,但对中性较差。

## 4.4.2　过盈连接

过盈连接常用于轴与轮毂连接、轮圈与轮芯的连接、滚动轴承与轴及座孔的连接。这种连接的优点是结构简单,定心性好,承载能力高,能承受冲击载荷,对轴的强度削弱小。缺点是装配困难,对配合尺寸精度要求较高。拆开过盈连接需要很大的外力,往往要损坏连接中零件的配合表面,因此一般过盈连接属于不可拆连接。

装配方法如下。

(1)压入法。利用压力机将被包容件压入包容件中,由于压入过程中表面微观不平度的峰尖被擦伤或压平,因而降低了连接的紧固性。

(2)温差法。加热包容件,冷却被包容件。可避免擦伤连接表面,连接牢固。

## 4.4.3　胀紧连接

胀紧连接是在毂孔与轴之间装入胀紧连接套(简称胀套),在轴向力作用下,同时胀紧轴与毂而构成的一种静连接。对于胀套的选择,由于各型胀套已标准化,选用时可根据轴、毂尺寸及传递载荷大小,从标准中选择合适的型号和尺寸。

GB/T 5867—1986 规定了五种胀紧连接型号(Z1~Z5 型),图 4.21 所示采用 Z1 型胀套的胀紧连接,在毂孔和轴的光滑圆柱面间,装一个胀套或两个胀套,在轴向力的作用下,内外胀套相互楔紧,工作时利用接触面间压紧力引起的摩擦力来传递转矩或轴向力。

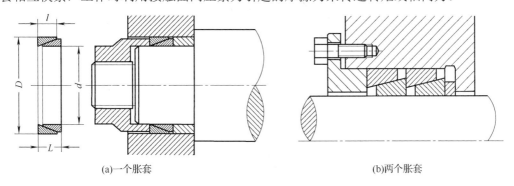

(a)一个胀套　　　　　　　　　　　　　　　(b)两个胀套

图 4.21　用 Z1 型胀套的胀紧连接

**【应用实例 4.1】**　　已知某减速器中的齿轮安装在轴的两支点之间,用键构成静连接。齿轮与轴的材料均为锻钢,齿轮精度为 7 级,安装齿轮处的轴径 $d = 60\text{mm}$,齿轮轮毂宽度为 110mm。要求传递的转矩 $T = 2000\text{N·m}$,载荷有轻微冲击。试设计此键连接。

**解**　设计计算步骤如下。

| 计算与说明 | 主要结果 |
| --- | --- |
| 1. 键的选择<br>　由于 8 级精度以上的齿轮要求一定的定心精度,故该轴毂连接应选择普通平键连接。又因为该齿轮位于两支点之间,所以选择 A 型平键。键的材料选用 45 钢。<br>　根据轴径 $d = 60\text{mm}$,从表 4-1 查得键宽 $b = 18\text{mm}$,键高 $h = 11\text{mm}$;根据轮毂宽度 110mm,选键长 $L = 100\text{mm}$ | A 型平键<br>$b = 18\text{mm}$<br>$h = 11\text{mm}$<br>$L = 100\text{mm}$ |

续表

| 计算与说明 | 主要结果 |
|---|---|
| 2. 键连接的强度计算<br>因为键、轴和毂的材料均为钢，且有轻微冲击，查表 4-2 得<br>许用应力 $[\sigma_p]=100\sim120$MPa，取 $[\sigma_p]=110$MPa。<br>键的工作长度 $l=L-b=100-18=82$(mm)<br>键与轮毂的接触高度 $k=0.5h=0.5\times11=5.5$(mm)<br>由式(4-1)得<br>$$\sigma_p=\frac{2T\times10^3}{kld}=\frac{2\times2000\times10^3}{5.5\times82\times60}\text{MPa}=147.8\text{MPa}>[\sigma_p]=110\text{MPa}$$<br>可见强度不足，应修改设计。改用 2 个键 180°布置，按 1.5 个键进行计算。<br>$$\sigma_p=\frac{2T\times10^3}{kld}=\frac{2\times2000\times10^3}{5.5\times82\times60\times1.5}\text{MPa}=98.5\text{MPa}<[\sigma_p]=110\text{MPa}$$<br>结论：强度满足。<br>键的标记为：键 20×100 GB/T 1096—2003 | $[\sigma_p]=110$MPa<br><br><br>2 个键按 180°布置<br>$\sigma_p=98.5$MPa $<[\sigma_p]$（强度满足) |

# 本 章 小 结

　　本章主要介绍了轴毂连接中最常见的键连接、花键连接和销连接，它们均属可拆连接。键连接：通常用来实现轴与轮毂之间的周向固定以传递转矩，有的可实现轴上零件的轴向固定或轴向滑动的导向。花键连接：是平键连接在数目上的发展。但是，由于结构形式和制造工艺的不同，花键连接在强度、工艺和使用方面较平键连接优良；但是花键需用专门设备加工；成本较高。花键连接适用于定心精度要求高、载荷大或经常滑移的连接。销连接除用作轴毂连接外，还常用来确定零件间的相互位置(定位销)或作安全装置(安全销)。

　　另外，凡是轴与轮毂的连接不用键、花键或销时，统称无键连接，包括型面连接、过盈连接、胀紧连接。

# 习 题

## 一、简答题

　　1. 试述普通平键的类型、特点和应用。

　　2. 平键连接有哪些失效形式？

　　3. 试述平键连接和楔键连接的工作原理及特点。

　　4. 试述设计键连接的主要步骤。

　　5. 试述销连接的类型及型面连接、过盈连接、胀紧连接的定义。

## 二、计算题

　　1. 一齿轮装在轴上，采用 A 型普通平键连接。齿轮、轴、键均用 45 钢，轴径 $d=80$mm，轮毂长度 $L=150$mm，传递传矩 $T=2000$N·m，工作中有轻微冲击。试确定平键尺寸和标记，并验算连接的强度。

　　2. 已知某蜗轮传递的功率 $P=5$kW，转速 $n=90$r/min，载荷有轻微冲击，轴径 $d=600$mm，轮毂长 $L'=100$mm，轮毂材料为铸铁，轴材料为 45 钢。试设计此蜗轮与轴的键连接。

　　3. 已知某齿轮用一个 A 型平键(键尺寸 $b\times h\times l=16\times10\times80$)与轴相连接，轴的直径 $d=500$mm，轴、键和轮毂材料的许用挤压应力分别为 120MPa、100MPa、80MPa。试求此键连接所能传递的最大转矩 $T$。若需传递转矩为 900N·m，此连接应如何改进？

# 第三篇　机械传动设计

## 第5章　带　传　动

**教学目标**

(1)了解带传动的类型、特点和应用场合。

(2)熟悉普通V带和窄V带的结构及其标准、V带传动的张紧方法和装置。

(3)掌握带传动的工作原理、受力情况、弹性滑动及打滑等基本理论、V带传动的失效形式及设计准则。

(4)了解柔韧体摩擦的欧拉公式,带的应力及其变化规律。

(5)学会V带传动的设计方法和步骤。

**教学要求**

| 能力目标 | 知识要点 | 权重/% | 自测分数 |
|---|---|---|---|
| 了解带传动的类型、特点和应用 | 平带、V带、多楔带和圆带等摩擦带的类型、特点及应用 | 15 | |
| 熟悉普通V带和窄V带的结构、标准,带传动的工作原理、受力情况、应力分析、弹性滑动及打滑 | 普通V带、窄V带的结构及标准,带传动的工作原理、受力情况、应力分析、弹性滑动及打滑 | 35 | |
| 掌握带传动的失效形式、设计准则,带轮结构及材料选择 | 带传动的失效形式和设计准则,带轮结构设计及材料选择方法 | 25 | |
| 学会V带传动的设计方法和步骤 | V带传动的设计计算及参数选择 | 25 | |

### 引入案例

正时皮带(timing belt)是发动机配气系统的重要组成部分,通过与曲轴的连接并配合一定的传动比来保证进、排气时间准确。使用皮带而不是齿轮来传动是因为皮带噪声小、传动精确、自身变化量小而且易于补偿。显而易见,皮带的寿命肯定要比金属齿轮短,因此要定期更换。正时皮带的作用就是当发动机运转时,活塞的行程(上下的运动)、气门的开启与关闭(时间)以及点火的顺序(时间),在"正时"的连接作用下,时刻要保持"同步"运转。正时,就是通过发动机的正时机构,让每个气缸正好做到:活塞向上正好到上止点时、气门正好关闭、火花塞正好点火。

图 5.1　正时皮带在汽车发动机中的应用

汽车发动机工作过程中，在气缸内不断发生进气、压缩、爆炸、排气四个过程，并且，每个步骤的时机都要与活塞的运动状态和位置相配合，使进气与排气及活塞升降相互协调起来，正时皮带在发动机里面扮演了一个"桥梁"的角色，在曲轴的带动下将力量传递给相应机件，如图 5.1 所示。

# 5.1　概　　述

带传动通常由主动轮 1、从动轮 2、张紧在两轮上的挠性环形带 3 和机架所组成。工作时是利用张紧在带轮上的传动带与带轮的摩擦或啮合来传递运动和动力的。

## 5.1.1　带传动的类型

根据传动原理不同，带传动可分为摩擦传动型(图 5.2)和啮合传动型(图 5.3)两大类。

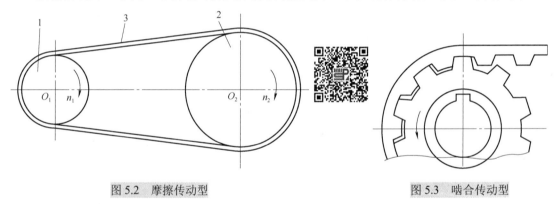

图 5.2　摩擦传动型

图 5.3　啮合传动型

1-主动带轮；2-从动带轮；3-传动带

**1. 摩擦传动型**

摩擦传动型是利用传动带与带轮之间的摩擦力传递运动和动力的。摩擦型带传动中，根据挠性带截面形状不同，可分为以下几类。

**1)普通平带传动**

如图 5.4(a)所示，平带传动中带的截面形状为矩形，工作时带的内面是工作面，与圆柱形带轮工作面接触，属于平面摩擦传动。

**2)V 带传动**

如图 5.4(b)所示，V 带传动中带的截面形状为等腰梯形。工作时带的两侧面是工作面，与带轮的环槽侧面接触，属于楔面摩擦传动。V 带传动与平带传动初拉力 $F_0$ 相等时(即带压向带轮的压力同为 $F_Q$)它们的法向力 $F_N$ 则不同。平带的极限摩擦力为 $fF_N = fF_Q$，而 V 带的极限摩擦力

$$fF_N = f\frac{F_Q}{\sin\dfrac{\varphi}{2}} = f_V F_Q$$

式中，$\varphi$ 为带轮轮槽角，令 $f_v = \dfrac{f}{\sin\dfrac{\varphi}{2}}$ 为当量摩擦系数。显然 $f_v > f$，故在相同条件下，V

带能传递较大的功率。或者说，在传递相同的功率时，V 带传动的结构更紧凑。这是 V 带传动性能上的最主要优点。此外 V 带传动有允许的传动比较大、V 带已标准化并大量生产等优点，因而 V 带传动的应用最广泛。

### 3）多楔带传动

如图 5.4(c)所示，多楔带传动中带的截面形状为多楔形，多楔带是以平带为基体、内表面具有若干等距纵向 V 形楔的环形传动带，其工作面为楔的侧面，它具有平带的柔软、强韧的特点，又有 V 带紧凑、摩擦力大、高效等优点。

### 4）圆带传动

如图 5.4(d)所示，圆带传动中带的截面形状为圆形，圆形带有圆皮带、圆绳带、圆锦纶带等，其传动能力小，主要用于 $v < 15\text{m/s}$，$i = 0.5 \sim 3$ 的小功率传动，如仪器和家用器械中。

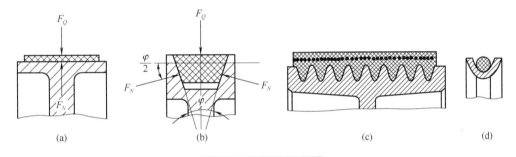

图 5.4 摩擦传动带类型

### 5）高速带传动

带速 $v > 30\text{m/s}$，高速轴转速 $n = 10000 \sim 50000\text{r/min}$ 的带传动属于高速带传动。高速带传动要求运转平稳、传动可靠并具有一定的寿命。高速带常采用重量轻、薄而均匀、挠曲性好的环形平带，现多采用锦纶编织带、薄型锦纶片复合平带等。

高速带轮要求质量轻、结构对称均匀、强度高、运转时空气阻力小。通常采用钢或铝合金制造，带轮各个面均应进行精加工，并进行动平衡。为了防止带从带轮上滑落，大、小带轮轮缘表面都应加工出凸度，制成鼓形面或双锥面，如图 5.5 所示。

在轮缘表面常开环形槽，以防止在带与轮缘表面间形成空气层而降低摩擦系数，影响正常传动。

### 2. 啮合传动型

啮合传动型主要是指齿形同步带齿形传动，同步带传动是靠带上的齿与带轮上的齿槽的啮合作用来传递运动和动力的。同步带传动工作时带与带轮之间不会产生相对滑动，能够获得

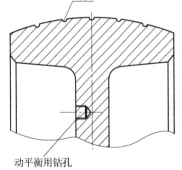

图 5.5 高速带带轮

准确的传动比，结构紧凑，因此它兼有带传动和齿轮啮合传动的特性和优点，适用于高速传动。

另外，根据带轮轴的相对位置及带绕在带轮上的方式不同，带传动分为开口传动[图 5.6(a)]，交叉传动[图 5.6(b)]和半交叉传动[图 5.6(c)]。后两种带传动形式只适合平

带传动和圆带传动。

开口传动两轴线平行，主动轮和从动轮转动方向相同，适合各种形式的带。交叉传动两轴线平行，但主动轮和从动轮转动方向相反，交叉处有摩擦，所以带的寿命较短。半交叉传动轴线通常异面垂直，且只能单向传动，传动方向如图 5.6(c) 所示，不能逆转，安装时应使一轮的宽对称面通过另一轮带的绕出点。

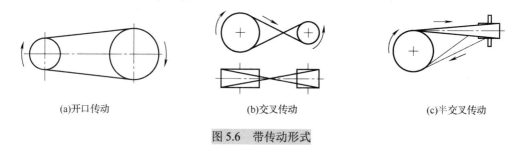

(a)开口传动                (b)交叉传动                (c)半交叉传动

图 5.6　带传动形式

### 5.1.2　摩擦型带传动的特点及应用

**1. 摩擦型带传动的主要优点**

(1)传动的中心距较大，可实现远距离传动。

(2)传动带具有较大弹性和挠性，能缓冲、吸振，传动平稳，噪声小。

(3)当过载时，带与带轮间发生打滑而不损伤其他零件，起到保护作用。

(4)结构简单，制造、安装和维护都较方便。

**2. 摩擦型带传动的主要缺点**

(1)带传动中存在弹性滑动，故不能保证准确的传动比。

(2)外廓尺寸较大，不紧凑，效率较低，寿命较短。

(3)带传动需要张紧，较大的张紧力会产生较大的压轴力，使轴和轴承受力较大。

(4)不宜用于高温、易燃、易爆等场合。

**3. 摩擦型带传动应用**

在一般机械传动中，V 带传动应用最广。带传动适用于对传动比要求不高、中小功率的高速传动中，一般用于功率 $P \leqslant 100kW$，带速 $v = 5 \sim 25m/s$，传动比 $i \leqslant 7$ 的情况下，其传动效率 $\eta = 0.94 \sim 0.97$。

本章主要介绍带传动中的 V 带传动。

# 5.2　V 带及带轮结构

## 5.2.1　V 带类型和标准

V 带的类型有普通 V 带、窄 V 带、宽 V 带、大楔角 V 带、齿形 V 带、汽车 V 带、联组 V 带和接头 V 带等。其中应用最广泛的是普通 V 带。

V 带结构如图 5.7 所示。抗拉体主要承受拉伸载荷，顶胶和底胶分别为拉伸层和压缩层，包布层为用胶帆布构成封闭的外包层。抗拉体的结构又可分为帘布芯 ［图 5.7(a) ］ 和绳芯 ［图 5.7(b) ］ 两种，为提高带的承载能力，近年来已普遍采用化学纤维绳芯结构的 V 带。

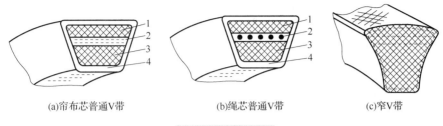

(a)帘布芯普通V带    (b)绳芯普通V带    (c)窄V带

图 5.7    V 带结构图

1-顶胶；2-抗拉体；3-底胶；4-包布层

窄 V 带［图 5.7(c)］与普通 V 带结构近似。二者区别为：当带截面宽度相同时，窄 V 带的高度大于普通 V 带的高度，摩擦面较大。抗拉体采用合成纤维绳芯，其宽度比普通 V 带减小约 1/3，而承载能力提高 1.5～2.5 倍，是一种新型 V 带。适用于传递动力大而又要求传动装置紧凑的场合，应用日益广泛。

标准规定：普通 V 带按截面的大小分为 Y、Z、A、B、C、D、E 七种型号，窄 V 带则有 SPZ、SPA、SPB 和 SPC 四种型号。其截面尺寸见表 5-1。

表 5-1    V 带截面尺寸表    单位：mm

| 类型 | | 节宽 $b_p$ | 顶宽 $b$ | 高度 $h$ | 楔角 $\varphi$ | 单位长度质量 $q$/(kg/m) |
|---|---|---|---|---|---|---|
| 普通 V 带 | 窄 V 带 | | | | | |
| Y | | 5.3 | 6 | 4 | | 0.02 |
| Z | | 8.5 | 10 | 6 | | 0.06 |
| | SPZ | | | 8 | | 0.07 |
| A | | 11 | 13 | 8 | | 0.10 |
| | SPA | | | 10 | | 0.12 |
| B | | 14 | 17 | 11 | 40° | 0.17 |
| | SPB | | | 14 | | 0.20 |
| C | | 19 | 22 | 14 | | 0.30 |
| | SPC | | | 18 | | 0.37 |
| D | | 27 | 32 | 19 | | 0.60 |
| E | | 32 | 38 | 23 | | 0.87 |

普通 V 带均制成无接头的环状带，其截面为等腰梯形，普通 V 带中长度保持不变的中性层称为节面。节面的宽度也保持不变，称为节宽 $b_p$。在带轮轮槽中相应位置的宽度为基准宽度 $b_d$，在轮槽基准宽度处的直径称为带轮的基准直径 $d_d$。V 带轮在规定的张紧力下，位于测量带轮的基准直径上的周线长度称为基准长度 $L_d$，如表 5-2 所示。在同样条件下，截面尺寸大则传递的功率就大。

与普通 V 带相比，在顶宽 $b$（表 5-1）相同时，窄 V 带的高度较大，摩擦面较大，且用合成纤维绳或钢丝绳作抗拉层，故传递功率较大，允许速度较高，传递中心距较小。适用于大功率且结构紧凑的场合。

表 5-2　普通 V 带基准长度 $L_d$ 及长度系数 $K_L$

| 基准长度 $L_d$ /mm | 普通 V 带 | | | | | | | 窄 V 带 | | | |
|---|---|---|---|---|---|---|---|---|---|---|---|
| | Y | Z | A | B | C | D | E | SPZ | SPA | SPB | SPC |
| 400 | 0.96 | 0.87 | | | | | | | | | |
| 450 | 1.00 | 0.89 | | | | | | | | | |
| 500 | 1.02 | 0.91 | | | | | | | | | |
| 560 | | 0.94 | | | | | | | | | |
| 630 | | 0.96 | 0.81 | | | | | 0.82 | | | |
| 710 | | 0.99 | 0.83 | | | | | 0.84 | | | |
| 800 | | 1.00 | 0.85 | | | | | 0.86 | 0.81 | | |
| 900 | | 1.03 | 0.87 | 0.82 | | | | 0.88 | 0.83 | | |
| 1000 | | 1.06 | 0.89 | 0.84 | | | | 0.90 | 0.85 | | |
| 1120 | | 1.08 | 0.91 | 0.86 | | | | 0.93 | 0.87 | | |
| 1250 | | 1.11 | 0.93 | 0.88 | | | | 0.94 | 0.89 | 0.82 | |
| 1400 | | 1.14 | 0.96 | 0.90 | | | | 0.96 | 0.91 | 0.84 | |
| 1600 | | 1.16 | 0.99 | 0.92 | 0.83 | | | 1.00 | 0.93 | 0.86 | |
| 1800 | | 1.18 | 1.01 | 0.95 | 0.86 | | | 1.01 | 0.95 | 0.88 | |
| 2000 | | | 1.03 | 0.98 | 0.88 | | | 1.02 | 0.96 | 0.90 | 0.81 |
| 2240 | | | 1.06 | 1.00 | 0.91 | | | 1.05 | 0.98 | 0.92 | 0.83 |
| 2500 | | | 1.09 | 1.03 | 0.93 | | | 1.07 | 1.00 | 0.94 | 0.86 |
| 2800 | | | 1.11 | 1.05 | 0.95 | 0.83 | | 1.09 | 1.02 | 0.96 | 0.88 |
| 3150 | | | 1.13 | 1.07 | 0.97 | 0.86 | | 1.11 | 1.04 | 0.98 | 0.90 |
| 3550 | | | 1.17 | 1.09 | 0.99 | 0.89 | | 1.13 | 1.06 | 1.00 | 0.92 |
| 4000 | | | 1.19 | 1.13 | 1.02 | 0.91 | | | 1.08 | 1.02 | 0.94 |
| 4500 | | | | 1.15 | 1.04 | 0.93 | 0.90 | | 1.09 | 1.04 | 0.96 |
| 5000 | | | | 1.18 | 1.07 | 0.96 | 0.92 | | | 1.06 | 0.98 |
| 5600 | | | | | 1.09 | 0.98 | 0.95 | | | | |
| 6300 | | | | | 1.12 | 1.00 | 0.97 | | | | |
| 7100 | | | | | 1.15 | 1.03 | 1.00 | | | | |
| 8000 | | | | | 1.18 | 1.06 | 1.02 | | | | |
| 9000 | | | | | 1.21 | 1.08 | 1.05 | | | | |
| 10000 | | | | | 1.23 | 1.11 | 1.07 | | | | |
| 11200 | | | | | | 1.14 | 1.10 | | | | |
| 12500 | | | | | | 1.17 | 1.12 | | | | |
| 14000 | | | | | | 1.20 | 1.15 | | | | |
| 16000 | | | | | | 1.22 | 1.18 | | | | |

注：①　表中列有长度系数 $K_L$ 的范围，即为各型号 V 带基准长度可取值范围。

　　②　普通 V 带为标准件，其标记由带型、基准长度和国标号组成，示例：A-1800 GB/T 11544—2012。

## 5.2.2　V 带轮结构

### 1. 带轮的材料

　　带轮的材料主要采用铸铁，常用材料的牌号为 HT150 或 HT200；允许的最大圆周速度为 25m/s，转速较高时宜采用铸钢或用钢板冲压后焊接；小功率时可用铸铝或塑料。

## 2. 带轮的结构形式

带轮由轮缘、腹板(轮辐)和轮毂三部分组成。轮缘是带轮的工作部分,制有梯形轮槽。轮槽尺寸见表 5-3。轮毂是带轮与轴的连接部分,轮缘与轮毂则用轮辐(腹板)连接成一整体。V 带轮基准直径 $d_d$ 见表 5-4。

表 5-3　轮槽截面尺寸　　　　　　　　单位: mm

| 槽型 | | | Y | Z | A | B | C |
|------|---|---|---|---|---|---|---|
| | | | | SPZ | SPA | SPB | SPC |
| $b_p$ | | | 5.3 | 8.5 | 11 | 14 | 19 |
| $h_{amin}$ | | | 1.6 | 2.0 | 2.75 | 3.5 | 4.8 |
| $e$ | | | 8±0.3 | 12±0.3 | 15±0.3 | 19±0.4 | 25.5±0.5 |
| $f_{min}$ | | | 6 | 7 | 9 | 11.5 | 16 |
| $h_{fmin}$ | | | 4.7 | 7 | 8.7 | 10.7 | 14.3 |
| | | | | 9 | 11 | 14 | 19 |
| $\delta_{min}$ | | | 5 | 5.5 | 6 | 7.5 | 10 |
| $\varphi$ | 32° | 对应的 $d_d$ | ≤60 | — | — | — | — |
| | 34° | | — | ≤80 | ≤118 | ≤190 | ≤315 |
| | 36° | | >60 | — | — | — | — |
| | 38° | | — | >80 | >118 | >190 | >315 |

表中带轮的轮槽槽角分别为 32°、34°、36°、38°,均小于 V 带的楔角 40°(表 5-1),原因是当 V 带弯曲时,顶胶层在横向要收缩,而底胶层在横向要伸长,因而楔角要减少。为保证 V 带和 V 带轮工作面的良好接触,一般带轮的轮槽槽角都应适当减少。

轮槽的工作面要精加工,保证适当的粗糙度值,以减少带的磨损,保证带的疲劳寿命。

表 5-4　V 带轮最小基准直径　　　　　　　　单位: mm

| 型号 | Y | Z | SPZ | A | SPA | B | SPB | C | SPC | D | SPD |
|------|---|---|-----|---|-----|---|-----|---|-----|---|-----|
| $d_{min}$ | 20 | 50 | 63 | 75 | 90 | 125 | 140 | 200 | 224 | 355 | 500 |

注: V 带轮的基准直径系列为 20、22.4、25、28、31.5、40、45、50、56、63、71、75、80、85、90、95、100、106、112、118、125、132、140、150、160、170、180、200、212、224、236、250、265、280、300、315、355、375、400、425、450、475、500、530、560、600、630、670、710、750、800、900、1000 等,单位为 mm。

V 带轮按腹板(轮辐)结构的不同分为实心式 [图 5.8(a)]、腹板式 [图 5.8(b)]、孔板式 [图 5.8(c)]、轮辐式 [图 5.8(d)]。

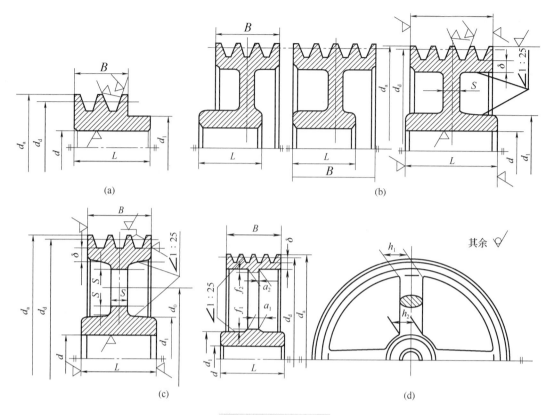

图 5.8  V 带轮的结构

$$d_1 = (1.8 \sim 2)d, \quad d_r = d_a - 2(h_a + h_f + \delta), \quad h_1 = 290(P/(nz_a))^{1/3},$$

$$h_2 = 0.8h_1, \quad d_0 = (d_h + d_r)/2, \quad s = (0.2 \sim 0.3)B, \quad L = (1.5 \sim 2)d,$$

$$s_1 \geqslant 1.5s, \quad s_2 \geqslant 0.5s, \quad a_1 = 0.4h_1, \quad a_2 = 0.8a_1, \quad f_1 = f_2 = 0.2h_1$$

式中，$h_a$、$h_f$、$\delta$ 见表 5-3；$P$ 为传递的功率，kW；$n$ 为转速，r/min；$z_a$ 为辐条数，可根据带轮基准直径选取：$d_d < 500\text{mm}$ 时取 $z_a = 4$；$d_d = 500 \sim 1600\text{mm}$ 时取 $z_a = 6$；$d_d = 1600 \sim 3000\text{mm}$ 时取 $z_a = 8$。

V 带轮的结构形式与基准直径有关。当带轮直径 $d_d \leqslant (2.5 \sim 3)d$ 时（$d$ 为轴径，mm），可采用实心式。当 $d_d \leqslant 300\text{mm}$ 时，若 $d_{d2} - d_{d1} \leqslant 100\text{mm}$，采用腹板式；若 $d_{d2} - d_{d1} > 100\text{mm}$，采用孔板式。当 $d_d > 300\text{mm}$ 时，应采用轮辐式。图中列有经验公式可供带轮结构设计时参考。各种型号 V 带轮的轮缘宽 $B$、轮毂孔径 $d$ 和轮毂长 $L$ 的尺寸，可查阅 GB/T 10412—2002。

V 带轮结构工艺性好，易于制造，且无过大的铸造内应力，质量分布均匀，但转速高时，V 带轮要进行动平衡。

## 5.2.3  带传动的几何计算

将具有基准长度 $L_d$ 的 V 带置于具有基准直径 $d_d$ 的带轮轮槽中，并适当张紧，完成带传动的安装，其中心距为 $a$，以开口 V 带传动为例，其几何关系如图 5.9 所示，图中的 $\alpha_1$ 为包角，它是带与带轮接触弧所对应的圆心角，是带传动中影响其传动性能的重要参数之一。$L_d$、$d_d$、

$a$ 及 $\alpha_1$ 的关系如下：

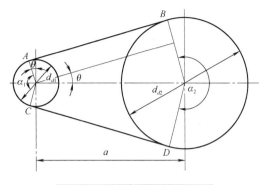

$$L = \frac{\pi(d_{d1}+d_{d2})}{2} + \theta(d_{d2}-d_{d1}) + 2a\cos\theta$$

$$\approx 2a + \frac{\pi}{2}(d_{d1}+d_{d2}) + \frac{(d_{d2}-d_{d1})^2}{4a} \qquad (5\text{-}1)$$

$$\alpha_1 = 180° - 2\theta \approx 180° - \frac{d_{d2}-d_{d1}}{a} \times 57.3° \qquad (5\text{-}2)$$

式中， $\theta \approx \sin\theta = \dfrac{d_{d2}-d_{d1}}{2a}$ ， $\cos\theta \approx 1 - \dfrac{1}{2}\theta^2$ 。

图 5.9 开口 V 带传动几何关系

# 5.3 带传动工作情况分析

## 5.3.1 带传动的受力分析

V 带传动是靠摩擦来传递运动和动力的，因此安装时，传动带需要以一定的初拉力 $F_0$ 紧套在两个带轮上。由于 $F_0$ 的作用，带和带轮的接触面上就产生了正压力。带传动不工作时，传动带两边的拉力相等，都等于 $F_0$ ［图 5.10（a）］。

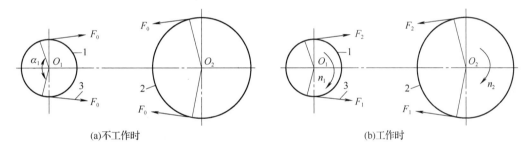

(a)不工作时      (b)工作时

图 5.10 带传动的工作原理图

带传动工作时 ［图 5.10（b）］，设主动轮以转速 $n_1$ 转动，带与带轮的接触面间便产生摩擦力 $F_f$ ，主动轮作用在带上的摩擦力的方向和主动轮的圆周速度方向相同，主动轮即靠此摩擦力驱使带运动；带作用在从动轮上的摩擦力的方向，显然与带的运动方向相同；带同样靠摩擦力而驱使从动轮以转速 $n_2$ 转动。这时传动带两边的拉力也相应地发生了变化：带绕上主动轮的一边被拉紧，形成紧边，紧边拉力由 $F_0$ 增加到 $F_1$ ；带离开主动轮的另一边被放松，形成松边，松边拉力由 $F_0$ 减少到 $F_2$ 。如果近似地认为带工作时的总长度不变，则带的紧边拉力增量，应等于松边拉力的减少量，即

$$F_1 - F_0 = F_0 - F_2$$

或

$$F_1 + F_2 = 2F_0 \qquad (5\text{-}3)$$

当取主动轮一端的带为分离体时，总摩擦力 $F_f$ 和两边拉力对轴心 $o_1$ 力矩的代数和 $\sum T = 0$ 即

$$F_f \frac{d_{d1}}{2} - F_1 \frac{d_{d1}}{2} + F_2 \frac{d_{d1}}{2} = 0$$

由上式可得

$$F_f = F_1 - F_2$$

带传动是靠摩擦来传递运动和动力的，故整个接触面上的摩擦力 $F_f$ 即带所传递的有效拉力 $F$ ，有效拉力 $F$ 并不是作用于某固定点的集中力，而是带和带轮接触面上各点摩擦力的总和，则由上式关系可知：

$$F = F_f = F_1 - F_2 \tag{5-4}$$

由式(5-3)和式(5-4)可得

$$F_1 = F_0 + \frac{F}{2} \tag{5-5}$$

$$F_2 = F_0 - \frac{F}{2} \tag{5-6}$$

以 $v$ 表示带的速度，m/s； $F$ 表示有效拉力，N，则带传动所能传递的功率

$$P = \frac{Fv}{1000} \tag{5-7}$$

由式(5-5)～式(5-7)可知，带两边的拉力 $F_1$ 和 $F_2$ 的大小，取决于初拉力 $F_0$ 和带传动的有效拉力 $F$ 。

## 5.3.2　带传动的最大有效拉力及其影响因素

在 $F_0$ 一定且其他条件不变时，带和带轮接触面上摩擦力有一极限值，这个极限值就是带传动所能传递的最大有效拉力。若带传动中要求带所传递的有效拉力超过带与带轮接触面间的极限摩擦力，则带与带轮间将产生全面的相对滑动，这种现象称为打滑。经常出现打滑将使带的磨损加剧，传动效率降低，以致传动失效，因此，应当避免。

当带传动出现即将打滑而尚未打滑的临界状态时，摩擦力达到最大值，此时带的两边拉力有如下关系

$$F_1 = F_2 e^{f\alpha_1} \tag{5-8}$$

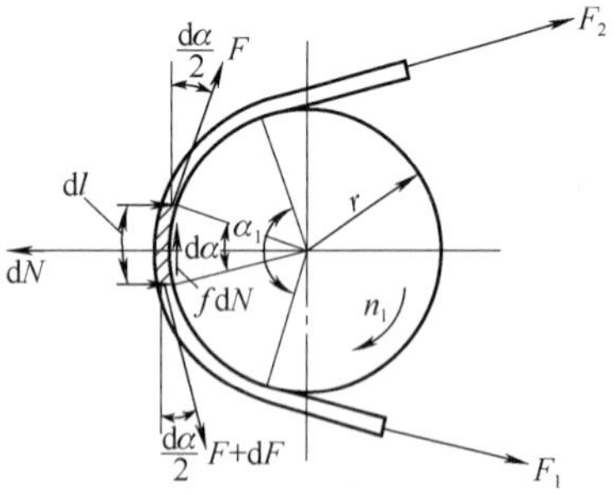

式中，e 为自然对数的底(e=2.718)； $f$ 为带与带轮间的摩擦系数(对 V 带传动为当量摩擦系数 $f_v$ )； $\alpha_1$ 为带的小带轮包角，rad。

式(5-8)为著名的欧拉公式，是计算柔性体摩擦的基本公式。

以平带传动为例，带在即将打滑时，紧边拉力 $F_1$ 和松边拉力 $F_2$ 的关系如图 5.11 所示。如在带上截取一段弧段 $dl$ ，相应包角 $d\alpha$ 。微弧段两端的拉力分别为 $F$ 与 $F + dF$ ，带轮给微弧段的正压力 $dN$ ，带与带轮接触面

图 5.11　带松边和紧边拉力关系计算简图

间的极限摩擦力为 $fdN$ ，若带速小于 10m/s，可以不计离心力的影响，此时，力平衡方程式如下。

$$dN = F\sin\frac{d\alpha}{2} + (F + dF)\sin\frac{d\alpha}{2} \tag{5-9}$$

$$fdN = (F + dF)\cos\frac{d\alpha}{2} - F\cos\frac{d\alpha}{2} \tag{5-10}$$

在式(5-9)和式(5-10)中，因 $d\alpha$ 很小，取 $\sin\frac{d\alpha}{2} \approx \frac{d\alpha}{2}$ ， $\cos\frac{d\alpha}{2} \approx 1$ ，略去 $dF\frac{d\alpha}{2}$ ，则得

$$dN = Fd\alpha \tag{5-11}$$
$$fdN = dF \tag{5-12}$$

由式(5-11)和式(5-12)可得

$$\frac{dF}{F} = fd\alpha$$

两边积分 $\int_{F_2}^{F_1} \frac{dF}{F} = \int_0^{\alpha_1} fd\alpha$ 得式(5-8)。

将式(5-4)和式(5-8)联立求解，可得带两边拉力分别为

$$F_1 = F \frac{e^{f\alpha_1}}{e^{f\alpha_1} - 1} \tag{5-13}$$

$$F_2 = F \frac{1}{e^{f\alpha_1} - 1} \tag{5-14}$$

将式(5-5)和式(5-6)代入式(5-8)，得带传动所能传递的最大有效拉力

$$F_{max} = 2F_0 \frac{1 - \dfrac{1}{e^{f\alpha_1}}}{1 + \dfrac{1}{e^{f\alpha_1}}} \tag{5-15}$$

由式(5-15)可知，最大有效拉力 $F_{max}$ 与下列几个因素有关。

(1)初拉力 $F_0$。最大有效拉力 $F_{max}$ 与 $F_0$ 成正比。这是因为 $F_0$ 越大，带与带轮接触面间的正压力越大，则传动时的摩擦力越大，最大有效拉力 $F_{max}$ 也就越大。但 $F_0$ 过大，带的磨损也加剧，缩短带的工作寿命。若 $F_0$ 过小，则带传动的工作能力得不到充分发挥，运转时容易发生跳动和打滑现象。因此带必须在预张紧后才能正常工作。

(2)包角 $\alpha_1$。最大有效拉力 $F_{max}$ 随包角 $\alpha_1$ 的增大而增大。这是因为 $\alpha_1$ 越大，带和带轮的接触面上所产生的总摩擦力就越大，传动能力也就越强。通常紧边置于下边，以增大包角。在带传动中，一般 $\alpha_1 < \alpha_2$，所以，带传动的传动能力取决于小带轮的 $\alpha_1$，显然打滑也一定先出现在小带轮上。为保证带传动的传动能力，一般 V 带传动要求 $\alpha_{1min} \geqslant 120°$。

(3)摩擦系数 $f$。最大有效拉力 $F_{max}$ 随摩擦系数的增大而增大。这是因为摩擦系数越大，摩擦力就越大，传动能力也就越高。而摩擦系数 $f$ 与带及带轮的材料和工作环境条件等有关。例如，橡胶对铸铁的摩擦系数就比橡胶对钢的大很多，所以常用铸铁制造带轮。

### 5.3.3 带传动的应力分析

带传动在工作时，皮带中的应力由三部分组成：因传递载荷而产生的拉应力 $\sigma$；由离心力产生的离心应力 $\sigma_c$；皮带绕带轮弯曲产生的弯曲应力 $\sigma_b$；

**1. 拉应力**

拉应力为由紧、松边拉力产生的应力。

紧边拉应力
$$\sigma_1 = \frac{F_1}{A} \tag{5-16}$$

松边拉应力
$$\sigma_2 = \frac{F_2}{A}$$

式中，$A$ 为皮带横截面积，$mm^2$。

**2. 离心拉应力 $\sigma_c$**

当传动带以切线速度 $v$ 沿着带轮轮缘作圆周运动时，带本身的质量将引起离心力。离心力的作用使带的横剖面上受到附加拉应力

$$\sigma_c = \frac{qv^2}{A} \tag{5-17}$$

式中，$q$ 为单位长度质量，kg/m，查表 5-1；$v$ 为带速，m/s；$A$ 为皮带横截面积，$mm^2$。

离心拉应力 $\sigma_c$ 作用于带的全长，且各处大小相等。

**3. 弯曲应力**

$$\sigma_b \approx E\frac{h}{d_d} \tag{5-18}$$

式中，$E$ 为带的拉压弹性模量，MPa；$h$ 为带高度，mm，查表 5-1；$d_d$ 为带轮基准直径，mm，见表 5-4。

显然，两带轮直径不同时，带绕在小带轮上的弯曲应力较大。

**4. 最大应力**

带工作时，传动带中各截面的应力分布如图 5.12 所示，各截面应力的大小用自该处引出的径向线的长短来表示。带中最大应力发生在紧边刚绕入小带轮处，其值为

$$\sigma_{max} = \sigma_1 + \sigma_{b1} + \sigma_c \tag{5-19}$$

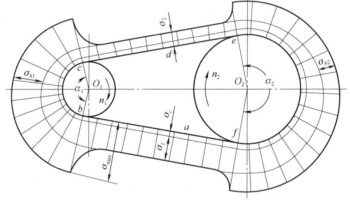

图 5.12　带传动中的应力分布

在一般情况下，弯曲应力最大，离心应力比较小，离心应力随着速度的增加而增大。

由于带处于变应力工作状态，当应力循环次数达到一定值后，将使皮带产生疲劳破坏，使带发生裂纹、脱层、松散，直至断裂，影响工作寿命。

## 5.3.4　带的弹性滑动和打滑

带传动在工作时，由于紧边和松边的拉力不同，因而弹性变形也不同。设带的材料满足变形与应力成正比的规律，则紧边和松边的单位伸长量分别为 $\varepsilon_1 = \frac{F_1}{AE}$ 和 $\varepsilon_2 = \frac{F_2}{AE}$，因为 $F_1 > F_2$，所以 $\varepsilon_1 > \varepsilon_2$。如图 5.13 所示，当紧边在 $a$ 点绕上主动轮时，其所受拉力为 $F_1$，带的线速度 $v$ 和主动轮的圆周速度 $v_1$ 相等。在带由 $a$ 点转到 $b$ 点的过程中，带所受的拉力由 $F_1$ 逐渐降低到 $F_2$，带的速度便逐渐低于主动轮的圆周速度 $v_1$。

这就说明带在绕经主动轮缘的过程中，在带与主动轮缘之间发生了相对滑动。相对滑动现象也要发生在从动轮上，但情况恰恰相反，带绕上从动轮时，带和带轮具有同一速度，但拉力由 $F_2$ 增大到 $F_1$，弹性变形随之逐渐增大，使带的速度领先于从动轮的圆周速度 $v_2$，亦即带与从动轮间也要发生相对滑动。这种由带的松紧边弹性变形不同而引起的带与带轮间的微量滑动，称为带的弹性滑动。

弹性滑动可导致从动轮的圆周速度 $v_2$ 低于主动轮的圆周速度 $v_1$，传动比不准确，传动效率降低，引起带的磨损并使带的温度升高。

由于弹性滑动引起的从动轮的圆周速度 $v_2$ 低于主动轮的圆周速度 $v_1$，其相对降低量可用滑动率 $\varepsilon$ 来表示：

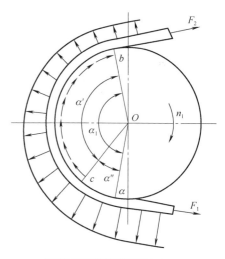

图 5.13 带传动的弹性滑动

$$\varepsilon = \frac{v_1 - v_2}{v_1} \times 100\%$$

若主、从动轮的转速分别为 $n_1$ 和 $n_2$，考虑 $\varepsilon$ 的影响，则带传动的传动比为

$$i = \frac{n_1}{n_2} = \frac{d_{d2}}{d_{d1}(1-\varepsilon)} \tag{5-20}$$

对 V 带传动一般 $\varepsilon = 1\% \sim 2\%$，在无须精确计算从动轮转速时，可不计 $\varepsilon$ 的影响。

通常，包角所对应的带和带轮的接触弧并不全都发生弹性滑动，有相对滑动的部分称为动弧，无相对滑动的部分称为静弧，其对应的中心角分别称为滑动角 $\alpha'$ 和静角 $\alpha''$，见图 5.13。静弧总是发生在带进入带轮的这一边上。当带不传递载荷时，$\alpha' = 0$，随着载荷的增加，滑动角增加而静角减小，当 $\alpha' = \alpha_1$，$\alpha'' = 0$ 时，带传动的有效拉力达到最大值。打滑是过载造成的带与带轮的全面滑动，带所传递的有效拉力此时超过带与带轮间的极限摩擦力的总和。

打滑将导致带的严重磨损并使带的运动处于不稳定的状态。打滑是过载造成的带传动的一种失效形式。弹性滑动与打滑是两个不同的概念。弹性滑动是由于带具有弹性且紧边与松边存在拉力差，是不可避免的现象；而打滑是由过载(即外载荷大于最大有效拉力)引起的，不过载就不会打滑。打滑将使传动失效，是可以避免的。

# 5.4  V 带传动的设计

## 5.4.1  设计准则和单根 V 带的基本额定功率

带传动的主要失效形式为打滑和带的疲劳破坏。因此，带传动的设计准则为：在保证带传动不打滑的条件下，使带具有一定的疲劳强度和寿命。

根据前面的式子，可以得到 V 带在不打滑时的最大有效圆周力为

$$F_{ec} = F_1 \left(1 - \frac{1}{e^{f_v \alpha_1}}\right) = \sigma_1 A \left(1 - \frac{1}{e^{f_v \alpha}}\right) \tag{5-21}$$

在前面推导时使用的是平皮带，对普通 V 带要使用当量摩擦系数 $f_v$。

根据带的应力分析，带具有一定寿命的疲劳强度条件为

$$\sigma_1 \leqslant [\sigma] - \sigma_{b1} - \sigma_c \tag{5-22}$$

式中，$[\sigma]$ 为与皮带的材质和应力循环次数 $N$ 有关的许用应力。

所以，可以求得皮带在既不打滑又有一定寿命时，单根皮带所能传递的基本额定功率为

$$P_0 = ([\sigma] - \sigma_{b1} - \sigma_c)\left(1 - \frac{1}{e^{f_v\alpha}}\right)\frac{Av}{1000} \tag{5-23}$$

据式(5-23)，可求得在实验条件为：载荷平稳、包角 $\alpha_1 = 180°$（$i=1$）、带长 $L_d$ 为特定长度条件下，单根普通 V 带(表 5-5)和窄 V 带(表 5-6)传递的基本额定功率 $P_0$。

表 5-5　单根普通 V 带的基本额定功率 $P_0$　　　　　　　　　　单位：kW

| 带型 | 小带轮基准直径 $d_{d1}$/mm | 小带轮转速 $n_1$/(r/min) | | | | | | | | | | | |
|---|---|---|---|---|---|---|---|---|---|---|---|---|---|
| | | 400 | 800 | 980 | 1200 | 1450 | 1600 | 1800 | 2000 | 2400 | 2800 | 3600 | 5000 |
| Z | 50 | 0.06 | 0.10 | 0.12 | 0.14 | 0.16 | 0.17 | 0.19 | 0.20 | 0.22 | 0.26 | 0.30 | 0.34 |
| | 56 | 0.06 | 0.12 | 0.14 | 0.17 | 0.19 | 0.20 | 0.23 | 0.25 | 0.30 | 0.33 | 0.37 | 0.41 |
| | 63　71 | 0.08 | 0.15 | 0.18 | 0.22 | 0.25 | 0.27 | 0.30 | 0.32 | 0.37 | 0.41 | 0.47 | 0.50 |
| | | 0.09 | 0.20 | 0.23 | 0.27 | 0.30 | 0.33 | 0.36 | 0.39 | 0.46 | 0.50 | 0.58 | 0.62 |
| | 80 | 0.14 | 0.22 | 0.26 | 0.30 | 0.35 | 0.39 | 0.42 | 0.44 | 0.50 | 0.56 | 0.64 | 0.66 |
| | 90 | 0.14 | 0.24 | 0.28 | 0.33 | 0.36 | 0.40 | 0.44 | 0.48 | 0.54 | 0.60 | 0.68 | 0.73 |
| A | 75 | 0.26 | 0.45 | 0.51 | 0.60 | 0.68 | 0.73 | 0.79 | 0.84 | 0.92 | 1.00 | 1.08 | 1.02 |
| | 90 | 0.39 | 0.68 | 0.77 | 0.93 | 1.07 | 1.15 | 1.25 | 1.34 | 1.50 | 1.64 | 1.83 | 1.82 |
| | 100 | 0.47 | 0.83 | 0.95 | 1.14 | 1.32 | 1.42 | 1.58 | 1.66 | 1.87 | 2.05 | 2.28 | 2.25 |
| | 112 | 0.56 | 1.00 | 1.15 | 1.39 | 1.61 | 1.74 | 1.89 | 2.04 | 2.30 | 2.51 | 2.78 | 2.64 |
| | 125 | 0.67 | 1.19 | 1.37 | 1.66 | 1.92 | 2.07 | 2.26 | 2.44 | 2.74 | 2.98 | 3.26 | 2.91 |
| | 140 | 0.78 | 1.41 | 1.62 | 1.96 | 2.28 | 2.45 | 2.66 | 2.87 | 3.22 | 3.48 | 3.72 | 2.99 |
| | 160 | 0.94 | 1.69 | 1.95 | 2.36 | 2.73 | 2.54 | 2.98 | 3.42 | 3.80 | 4.06 | 4.17 | 2.67 |
| | 180 | 1.09 | 1.97 | 2.27 | 2.74 | 3.16 | 3.40 | 3.67 | 3.93 | 4.32 | 4.54 | 4.40 | 1.81 |
| B | 125 | 0.84 | 1.44 | 1.64 | 1.93 | 2.19 | 2.33 | 2.50 | 2.64 | 2.85 | 2.96 | 2.80 | 1.09 |
| | 140 | 1.05 | 1.82 | 2.08 | 2.47 | 2.82 | 3.00 | 3.23 | 3.42 | 3.70 | 3.85 | 3.63 | 1.29 |
| | 160 | 1.32 | 2.32 | 2.66 | 3.17 | 3.62 | 3.86 | 4.15 | 4.40 | 4.75 | 4.89 | 4.46 | 0.81 |
| | 180 | 1.59 | 2.81 | 3.22 | 3.85 | 4.39 | 4.68 | 5.02 | 5.30 | 5.67 | 5.76 | 4.92 | — |
| | 200 | 1.85 | 3.30 | 3.77 | 4.50 | 5.13 | 5.46 | 5.83 | 6.13 | 6.47 | 6.43 | 4.98 | — |
| | 224 | 2.17 | 3.86 | 4.42 | 5.26 | 5.97 | 6.33 | 6.73 | 7.02 | 7.25 | 6.95 | 4.47 | — |
| | 250 | 2.50 | 4.46 | 5.10 | 6.04 | 6.82 | 7.20 | 7.63 | 7.87 | 7.89 | 7.14 | 5.12 | — |
| | 280 | 2.89 | 5.13 | 5.85 | 6.90 | 7.76 | 8.13 | 8.46 | 8.60 | 8.22 | 6.80 | — | — |
| C | 200 | 2.41 | 4.07 | 4.58 | 5.29 | 5.84 | 6.07 | 6.28 | 6.34 | 6.02 | 5.01 | | |
| | 224 | 2.99 | 5.12 | 5.78 | 6.71 | 7.45 | 7.75 | 8.00 | 8.06 | 7.57 | 6.08 | | |
| | 250 | 3.62 | 6.23 | 7.04 | 8.21 | 9.08 | 9.38 | 9.63 | 9.62 | 8.75 | 6.56 | | |
| | 280 | 4.32 | 7.52 | 8.49 | 9.81 | 10.72 | 11.06 | 11.22 | 11.04 | 9.50 | 6.13 | | |
| | 315 | 5.14 | 8.92 | 10.05 | 11.53 | 12.46 | 12.72 | 12.67 | 12.14 | 9.43 | 4.16 | | |
| | 355 | 6.05 | 10.46 | 11.73 | 13.31 | 14.12 | 14.19 | 13.73 | 12.59 | 7.98 | — | | |
| | 400 | 7.06 | 12.10 | 13.48 | 15.04 | 15.53 | 15.24 | 14.08 | 11.95 | 4.34 | — | | |

当实际工作条件与上述条件不同时(如包角、工况等)，应该对 $P_0$ 进行修正。单根普通 V 带和窄 V 带的许用功率由基本额定功率 $P_0$ 加上传动比 $i \neq 1$ 时的额定功率增量 $\Delta P_0$（表 5-7 和表 5-8），并乘以修正系数确定：

$$[P_0] = (P_0 + \Delta P_0)K_\alpha K_L \tag{5-24}$$

式中，$K_\alpha$ 为包角修正系数，考虑包角不等于 180° 时传动能力有所下降，见表 5-9；$K_L$ 为带长修正系数，考虑带长不等于特定长度时对传动能力的影响，见表 5-2。

表 5-6　单根窄 V 带的基本额定功率 $P_0$　　　　单位：kW

| 带型 | 小带轮基准直径 $d_{d1}$/mm | 小带轮转速 $n_1$/(r/min) | | | | | | | | | |
|---|---|---|---|---|---|---|---|---|---|---|---|
| | | 400 | 730 | 800 | 980 | 1200 | 1460 | 1600 | 2000 | 2400 | 2800 |
| SPZ | 63 | 0.35 | 0.56 | 0.60 | 0.70 | 0.81 | 0.93 | 1.00 | 1.17 | 1.32 | 1.45 |
| | 75 | 0.49 | 0.79 | 0.87 | 1.02 | 1.21 | 1.41 | 1.52 | 1.79 | 2.04 | 2.27 |
| | 90 | 0.67 | 1.12 | 1.21 | 1.44 | 1.70 | 1.98 | 2.14 | 2.55 | 2.93 | 3.26 |
| | 100 | 0.79 | 1.33 | 1.33 | 1.70 | 2.02 | 2.36 | 2.55 | 3.05 | 3.49 | 3.90 |
| SPA | 90 | 0.75 | 1.21 | 1.30 | 1.52 | 1.76 | 2.02 | 2.16 | 2.49 | 2.77 | 3.00 |
| | 100 | 0.94 | 1.54 | 1.65 | 1.93 | 2.27 | 2.61 | 2.80 | 3.27 | 3.67 | 3.99 |
| | 125 | 1.40 | 2.33 | 2.52 | 2.98 | 3.50 | 4.06 | 4.38 | 5.15 | 5.80 | 6.34 |
| | 160 | 2.04 | 3.42 | 3.70 | 4.38 | 5.17 | 6.01 | 6.47 | 7.60 | 8.53 | 9.24 |
| SPB | 140 | 1.92 | 3.13 | 3.35 | 3.92 | 4.55 | 5.21 | 5.54 | 6.31 | 6.86 | 7.15 |
| | 180 | 3.01 | 4.99 | 5.37 | 6.31 | 7.38 | 8.50 | 9.05 | 10.34 | 11.21 | 11.62 |
| | 200 | 3.54 | 5.88 | 6.35 | 7.47 | 8.74 | 10.07 | 10.70 | 12.18 | 13.11 | 13.41 |
| | 250 | 4.86 | 8.11 | 8.75 | 10.27 | 11.99 | 13.72 | 14.51 | 16.19 | 16.89 | 16.44 |
| SPC | 224 | 5.19 | 8.82 | 10.43 | 10.39 | 11.89 | 13.26 | 13.81 | 14.58 | 14.01 | — |
| | 280 | 7.59 | 12.40 | 13.31 | 15.40 | 17.60 | 19.49 | 20.20 | 20.75 | 18.86 | — |
| | 315 | 9.07 | 14.82 | 15.90 | 18.37 | 20.88 | 22.92 | 23.58 | 23.47 | 19.98 | — |
| | 400 | 12.56 | 20.41 | 21.84 | 25.15 | 27.33 | 29.40 | 29.53 | 25.81 | — | — |

表 5-7　单根普通 V 带的基本额定功率的增量 $\Delta P_0$　　　　单位：kW

| 带型 | 小带轮转速 $n_1$/(r/min) | 传 动 比 $i$ | | | | | | | | |
|---|---|---|---|---|---|---|---|---|---|---|
| | | 1.00～1.01 | 1.02～1.04 | 1.05～1.08 | 1.09～1.12 | 1.03～1.18 | 1.19～1.24 | 1.25～1.34 | 1.35～1.51 | 1.52～1.99 | ≥2 |
| Z | 400 | 0.00 | 0.00 | 0.00 | 0.00 | 0.00 | 0.00 | 0.00 | 0.00 | 0.01 | 0.01 |
| | 730 | 0.00 | 0.00 | 0.00 | 0.00 | 0.00 | 0.00 | 0.01 | 0.01 | 0.01 | 0.02 |
| | 800 | 0.00 | 0.00 | 0.00 | 0.00 | 0.01 | 0.01 | 0.01 | 0.01 | 0.02 | 0.02 |
| | 980 | 0.00 | 0.00 | 0.00 | 0.01 | 0.01 | 0.01 | 0.02 | 0.02 | 0.02 | 0.02 |
| | 1200 | 0.00 | 0.00 | 0.01 | 0.01 | 0.01 | 0.01 | 0.02 | 0.02 | 0.02 | 0.03 |
| | 1460 | 0.00 | 0.00 | 0.01 | 0.01 | 0.01 | 0.02 | 0.02 | 0.02 | 0.02 | 0.03 |
| | 2800 | 0.00 | 0.01 | 0.02 | 0.02 | 0.03 | 0.03 | 0.03 | 0.04 | 0.04 | 0.04 |
| A | 400 | 0.00 | 0.01 | 0.01 | 0.02 | 0.02 | 0.03 | 0.03 | 0.04 | 0.04 | 0.05 |
| | 730 | 0.00 | 0.01 | 0.02 | 0.03 | 0.04 | 0.05 | 0.06 | 0.07 | 0.08 | 0.09 |
| | 800 | 0.00 | 0.01 | 0.02 | 0.03 | 0.04 | 0.05 | 0.06 | 0.08 | 0.09 | 0.10 |
| | 980 | 0.00 | 0.01 | 0.01 | 0.04 | 0.05 | 0.06 | 0.07 | 0.08 | 0.10 | 0.11 |
| | 1200 | 0.00 | 0.02 | 0.03 | 0.05 | 0.07 | 0.08 | 0.10 | 0.11 | 0.13 | 0.15 |
| | 1460 | 0.00 | 0.02 | 0.04 | 0.06 | 0.08 | 0.09 | 0.11 | 0.13 | 0.15 | 0.17 |
| | 2800 | 0.00 | 0.04 | 0.08 | 0.11 | 0.15 | 0.19 | 0.23 | 0.26 | 0.30 | 0.34 |
| B | 400 | 0.00 | 0.01 | 0.03 | 0.04 | 0.06 | 0.07 | 0.08 | 0.10 | 0.11 | 0.13 |
| | 730 | 0.00 | 0.02 | 0.05 | 0.07 | 0.10 | 0.12 | 0.15 | 0.17 | 0.20 | 0.22 |
| | 800 | 0.00 | 0.03 | 0.06 | 0.08 | 0.11 | 0.14 | 0.17 | 0.20 | 0.23 | 0.25 |
| | 980 | 0.00 | 0.03 | 0.07 | 0.10 | 0.13 | 0.17 | 0.20 | 0.23 | 0.26 | 0.30 |
| | 1200 | 0.00 | 0.04 | 0.08 | 0.13 | 0.17 | 0.21 | 0.25 | 0.30 | 0.34 | 0.38 |
| | 1460 | 0.00 | 0.05 | 0.10 | 0.15 | 0.20 | 0.25 | 0.31 | 0.36 | 0.40 | 0.46 |
| | 2800 | 0.00 | 0.10 | 0.20 | 0.29 | 0.39 | 0.49 | 0.59 | 0.69 | 0.79 | 0.89 |
| C | 400 | 0.00 | 0.04 | 0.08 | 0.12 | 0.16 | 0.20 | 0.23 | 0.27 | 0.31 | 0.35 |
| | 730 | 0.00 | 0.07 | 0.14 | 0.21 | 0.27 | 0.34 | 0.41 | 0.48 | 0.55 | 0.62 |
| | 800 | 0.00 | 0.08 | 0.16 | 0.23 | 0.31 | 0.39 | 0.47 | 0.55 | 0.63 | 0.71 |
| | 980 | 0.00 | 0.09 | 0.19 | 0.27 | 0.37 | 0.47 | 0.56 | 0.65 | 0.74 | 0.83 |
| | 1200 | 0.00 | 0.12 | 0.24 | 0.35 | 0.47 | 0.59 | 0.70 | 0.82 | 0.94 | 1.06 |
| | 1460 | 0.00 | 0.14 | 0.28 | 0.42 | 0.58 | 0.71 | 0.85 | 0.99 | 1.14 | 1.27 |
| | 2800 | 0.00 | 0.27 | 0.55 | 0.82 | 1.10 | 1.37 | 1.64 | 1.92 | 2.19 | 2.47 |

表 5-8　单根窄 V 带基本额定功率的增量 $\Delta P_0$　　单位：kW

| 型号 | 传动比 $i$ | 小带轮转速 $n_1/(\text{r/min})$ | | | | | | | | | |
|---|---|---|---|---|---|---|---|---|---|---|---|
| | | 400 | 730 | 800 | 980 | 1200 | 1460 | 1600 | 2000 | 2400 | 2800 |
| SPZ | 1.39～1.57 | 0.05 | 0.09 | 0.10 | 0.12 | 0.15 | 0.18 | 0.20 | 0.25 | 0.30 | 0.35 |
| | 1.58～1.94 | 0.06 | 0.10 | 0.11 | 0.13 | 0.17 | 0.20 | 0.22 | 0.28 | 0.33 | 0.39 |
| | 1.95～3.38 | 0.06 | 0.11 | 0.12 | 0.15 | 0.18 | 0.22 | 0.24 | 0.30 | 0.36 | 0.43 |
| | ≥3.39 | 0.06 | 0.12 | 0.13 | 0.15 | 0.19 | 0.23 | 0.26 | 0.32 | 0.39 | 0.45 |
| SPA | 1.39～1.57 | 0.13 | 0.23 | 0.25 | 0.30 | 0.38 | 0.46 | 0.51 | 0.64 | 0.76 | 0.89 |
| | 1.58～1.94 | 0.14 | 0.26 | 0.29 | 0.34 | 0.43 | 0.51 | 0.57 | 0.71 | 0.86 | 1.00 |
| | 1.95～3.38 | 0.16 | 0.28 | 0.31 | 0.37 | 0.47 | 0.56 | 0.62 | 0.78 | 0.93 | 1.09 |
| | ≥3.39 | 0.16 | 0.30 | 0.33 | 0.40 | 0.49 | 0.59 | 0.66 | 0.82 | 0.99 | 1.15 |
| SPB | 1.39～1.57 | 0.26 | 0.47 | 0.53 | 0.63 | 0.79 | 0.95 | 1.05 | 1.32 | 1.58 | 1.85 |
| | 1.58～1.94 | 0.30 | 0.53 | 0.59 | 0.71 | 0.89 | 1.07 | 1.19 | 1.48 | 1.78 | 2.08 |
| | 1.95～3.38 | 0.32 | 0.58 | 0.65 | 0.78 | 0.97 | 1.16 | 1.29 | 1.62 | 1.94 | 2.26 |
| | ≥3.39 | 0.34 | 0.62 | 0.6 | 0.82 | 1.03 | 1.23 | 1.37 | 1.71 | 2.05 | 2.40 |
| SPC | 1.39～1.57 | 0.79 | 1.43 | 1.58 | 1.90 | 2.38 | 2.85 | 3.17 | 3.96 | 4.75 | |
| | 1.58～1.94 | 0.89 | 1.60 | 1.78 | 2.14 | 2.67 | 3.21 | 3.57 | 4.46 | 5.35 | |
| | 1.95～3.38 | 0.97 | 1.75 | 1.94 | 2.33 | 2.91 | 3.50 | 3.89 | 4.86 | 5.83 | |
| | ≥3.39 | 1.03 | 1.85 | 2.06 | 2.47 | 3.09 | 3.70 | 4.11 | 5.14 | 6.17 | |

表 5-9　包角系数 $K_\alpha$

| 包角 $\alpha_1$ | 180° | 170° | 160° | 150° | 140° | 130° | 120° | 110° | 100° | 90° |
|---|---|---|---|---|---|---|---|---|---|---|
| $K_\alpha$ | 1.00 | 0.98 | 0.95 | 0.92 | 0.89 | 0.86 | 0.82 | 0.78 | 0.74 | 0.69 |

## 5.4.2　带传动的设计与参数选择

设计普通 V 带传动时，预先确定的原始数据一般有：带传动的功率 $P$、大小轮的转速（$n_1$、$n_2$）或 $n_1$ 与传动比、原动机类型、工作条件及总体布置方面的要求等。

设计的内容：传动带的型号、长度、根数、传动中心距、带轮直径、带轮结构尺寸和材料、带的初拉力和压轴力、张紧及防护装置等。

设计步骤和参数选择原则如下。

**1）确定设计功率 $P_c$**

根据传递的功率 $P$、载荷性质、原动机种类和工作情况等确定设计功率：

$$P_c = K_A P \tag{5-25}$$

式中，$K_A$ 为工作情况系数，见表 5-10；$P$ 为所需传递的额定功率，kW。

表 5-10　工作情况系数 $K_A$

| 载荷性质 | 工作机 | 原动机 | | | | | |
|---|---|---|---|---|---|---|---|
| | | 电动机（交流启动、三角启动、直流并励）、四缸以上的内燃机 | | | 电动机（联机交流启动、直流复励或串励）、四缸以下的内燃机 | | |
| | | 每天工作小时数/h | | | | | |
| | | <10 | 10～16 | >16 | <10 | 10～16 | >16 |
| 载荷变动很小 | 液体搅拌机、通风机和鼓风机（≤7.5kW）、离心式水泵和压缩机、轻负荷输送机 | 1.0 | 1.1 | 1.2 | 1.1 | 1.2 | 1.3 |

续表

| 载荷性质 | 工作机 | 原动机 | | | | | |
|---|---|---|---|---|---|---|---|
| | | 电动机(交流启动、三角启动、直流并励)、四缸以上的内燃机 | | | 电动机(联机交流启动、直流复励或串励)、四缸以下的内燃机 | | |
| | | 每天工作小时数/h | | | | | |
| | | <10 | 10~16 | >16 | <10 | 10~16 | >16 |
| 载荷变动小 | 带式输送机(不均匀负荷)、通风机(>7.5kW),旋转式水泵和压缩机(非离心式)、发电机、金属切削机床、印刷机、旋转筛、锯木机和木工机械 | 1.1 | 1.2 | 1.3 | 1.2 | 1.3 | 1.4 |
| 载荷变动较大 | 制砖机、斗式提升机、往复式水泵和压缩机、起重机、磨粉机、冲剪机床、橡胶机械、振动筛、纺织机械、重载输送机 | 1.2 | 1.3 | 1.4 | 1.4 | 1.5 | 1.6 |
| 载荷变动很大 | 破碎机(旋转式、颚式等)、磨碎机(球磨、棒磨、管磨) | 1.3 | 1.4 | 1.5 | 1.5 | 1.6 | 1.8 |

注:对于反复启动、正反转频繁、在松边外侧加张紧轮、工作条件恶劣等场合,其 $K_A$ 应乘以 1.1;增速传动,$K_A$ 应乘以 1.2。

**2)选择 V 带型号**

根据带传动的设计功率 $P_d$ 和小带轮转速 $n_1$ 按图 5.14 和图 5.15 初步选择带型。所选带型是否符合要求,需要考虑传动的空间位置要求以及带的根数等方面最后确定。

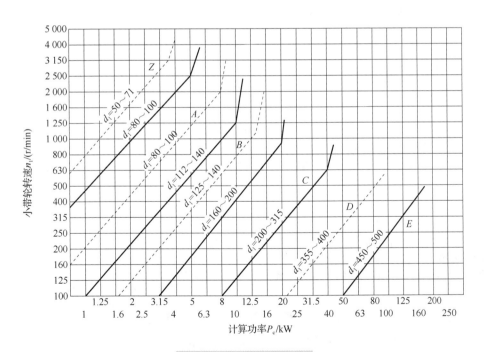

图 5.14　普通 V 带选型图

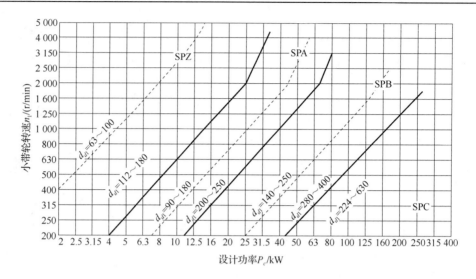

图 5.15 窄 V 带选型图

**3)确定带轮基准直径 $d_{d1}$ 和 $d_{d2}$**

普通 V 带传动的国家标准中规定了带轮的最小基准直径和带轮的基准直径系列,见表 5-4。

当其他条件不变时,带轮基准直径越小,带传动越紧凑,但带内的弯曲应力越大,导致带的疲劳强度下降;传递同样的功率时,所需有效圆周力也大,使带的根数增多。选择小带轮基准直径时,应使 $d_{d1} \geqslant d_{d\min}$,并取标准直径。传动比要求精确时,大带轮基准直径依据式(5-20)求得,取值一般应符合表 5-4 的直径系列。

一般情况下,可以忽略滑动率的影响,则有

$$d_{d2} \approx i d_{d1} \approx \frac{n_1}{n_2} d_{d1} \tag{5-26}$$

**4)验算带速**

验算带速,即

$$v = \frac{\pi d_{d1} n_1}{60 \times 1000} \tag{5-27}$$

式中,$d_{d1}$ 的单位是 mm;$n_1$ 的单位是 r/min;$v$ 的单位是 m/s。

带速太高则离心力大,使带与带轮之间的正压力减小,传动能力下降,容易打滑。带速太低,则要求有效拉力 $F$ 越大,使带的根数过多。一般取 $v=5\sim25$m/s。当 $v=10\sim20$m/s 时,传动效能可得到充分利用。若 $v$ 过低或过高,则可以调整小带轮直径和转速的大小。

**5)确定中心距和带的基准长度**

中心距 $a$ 的大小直接关系到传动尺寸和带在单位时间内的绕转次数。中心距大,则传动尺寸大,但在单位时间内绕转次数可以减少,可以增加带的疲劳寿命,同时使包角增大,提高传动能力。

(1)初定中心距 $a_0$。对中心距无明确要求时,可按下式初选中心距 $a_0$

$$0.7(d_{d1} + d_{d2}) \leqslant a_0 \leqslant 2(d_{d1} + d_{d2}) \tag{5-28}$$

(2)初算带长 $L_{d0}$。初选中心距 $a_0$ 后,据带传动的几何关系,由下式计算所需带长 $L_{d0}$

$$L_{d0} = 2a_0 + \frac{\pi}{2}(d_{d1} + d_{d2}) + \frac{(d_{d2} - d_{d1})^2}{4a_0} \tag{5-29}$$

（3）确定带长 $L_d$ 和实际中心距 $a$。根据初选的带长 $L_{d0}$ 在表 5-2 中查取相近的基准长度 $L_d$ 标准值，然后计算实际的中心距：

$$a \approx a_0 + \frac{L_d - L_{d0}}{2} \tag{5-30}$$

考虑安装、更换 V 带和调整、补偿张紧力的需要，中心距通常设计成可调节的，中心距变化范围为

$$a_{\min} = a - 0.015L_d, \quad a_{\max} = a + 0.03L_d$$

**6）验算包角**

为保证工作能力，应使小带轮包角

$$\alpha_1 = 180° - \frac{d_{d2} - d_{d1}}{a} \times 57.3° \geqslant 120°（至少 90°） \tag{5-31}$$

若包角过小，可加大中心距或增设张紧轮。

**7）确定带的根数 $z$**

$$z \geqslant \frac{P_c}{[P_0]} = \frac{P_c}{(P_0 + \Delta P_0)K_\alpha K_L} \tag{5-32}$$

为使各带受力均匀，带的根数不宜过多，参见表 5-4。通常 $z<10$，常用在 $z \leqslant 6$。当 $z$ 过多时，应改选带轮基准直径或改选带型，重新设计。

**8）确定初拉力**

初拉力 $F_0$ 小，带传动的传动能力小，易出现打滑。初拉力 $F_0$ 过大，则带的寿命低，对轴及轴承的压力大。一般认为，既能发挥带的传动能力，又能保证带的寿命的单根 V 带的初拉力应为

$$F_0 = 500 \times \frac{(2.5 - K_\alpha)P_c}{K_\alpha z v} + qv^2 \tag{5-33}$$

**9）计算压轴力**

为了设计轴和轴承，应该计算 V 带对轴的压力 $F_Q$，$F_Q$ 可以近似地按带两边的初拉力 $F_0$ 的合力计算（图 5.16）。

$$F_Q \approx 2zF_0 \sin\frac{\alpha_1}{2} \tag{5-34}$$

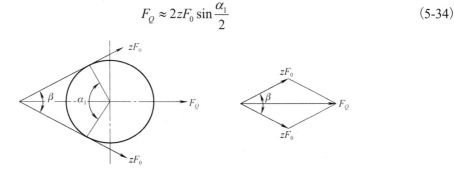

图 5.16　带传动作用在轴上的压力

**10）V 带轮结构设计（略）**

【综合实例 5.1】　设计某带式输送机传动系统中高速级用的普通 V 带传动，已知电动机功率 $P = 4\text{kW}$，转速 $n_1 = 1440\text{r/min}$，传动比 $i = 3.4$，每天工作 8h。

**解**　设计计算步骤如下。

| 计算与说明 | 结果 |
|---|---|
| 1. 确定计算功率<br>由表 5-10 查得工作情况系数 $K_A = 1.1$<br>故 $P_c = K_A P = 1.1 \times 4 = 4.4 \text{(kW)}$ | $P_c = 4.4 \text{kW}$ |
| 2. 选择 V 带的型号<br>采用普通 V 带,根据 $P_c$、$n_1$ 由图 5.14 选用 A 型 | A 型 |
| 3. 确定带轮的基准直径 $d_d$ 并验算带速<br>(1)初选小带轮的基准直径。由表 5-4,取小带轮的基准直径 $d_{d1} = 90 \text{mm}$<br>(2)验算带速。由式(5-27)验算带的速度<br>$$v = \frac{\pi d_{d1} n_1}{60 \times 1000} = \frac{3.14 \times 90 \times 1440}{60 \times 1000} = 6.78 \text{(m/s)}$$<br>(3)计算大带轮的基准直径。根据式(5-26),计算大带轮的基准直径<br>$$d_{d2} = i d_{d1} = 3.4 \times 90 = 306 \text{(mm)}$$<br>查表 5-4,取为 300mm。<br>实际传动比<br>$$i = d_{d2}/d_{d1} = 300/90 = 3.33$$<br>传动比相对误差:$\left\lvert\dfrac{i_0 - i}{i_0}\right\rvert = \left\lvert\dfrac{3.4 - 3.33}{3.4}\right\rvert = 2.1\% < 5\%$,故允许 | $d_{d1} = 90 \text{mm}$<br><br>$5 \text{m/s} < v < 25 \text{m/s}$,故带速合适<br><br><br><br>$d_{d2} = 300 \text{mm}$ |
| 4. 确定 V 带的中心距 $a$ 和基准长度 $L_d$<br>据式(5-28),初定中心距 $a_0 = 500 \text{mm}$<br>由式(5-29)计算带所需的基准长度<br>$$L_{d0} = 2a_0 + \frac{\pi}{2}(d_{d1} + d_{d2}) + \frac{(d_{d2} - d_{d1})^2}{4a_0} \approx 1634 \text{(mm)}$$<br>由表 5-2 选带的基准长度 $L_d = 1600 \text{mm}$<br>按式(5-30)计算实际中心距<br>$$a \approx a_0 + \frac{L_d - L_{d0}}{2} = 500 + \frac{1600 - 1634}{2} = 483 \text{(mm)}$$<br>中心距的变化范围为 459~531mm | $a_0 = 500 \text{mm}$<br><br><br><br>$L_d = 1600 \text{mm}$<br><br><br>$a = 470 \text{mm}$ |
| 5. 验算小带轮上的包角 $\alpha_1$<br>$$\alpha_1 = 180° - \frac{d_{d2} - d_{d1}}{a} \times 57.3° = 180° - \frac{300 - 90}{483} \times 57.3° \approx 155° \geqslant 120°$$ | 包角 $\alpha_1$ 合适 |
| 6. 计算带的根数<br>(1)计算单根 V 带的额定功率。由 $d_{d1} = 90 \text{mm}$ 和 $n_1 = 1440 \text{r/min}$ 查表 5-5 得 $P_0 = 1.064 \text{kW}$<br>据 $n_1 = 1440 \text{r/min}$,$i = 3.4$ 和 A 型带,查表 5-7 得 $\Delta P_0 = 0.17 \text{kW}$<br>查表 5-9 $K_\alpha = 0.935$,表 5-2 得 $K_L = 0.99$,于是<br>$$[P_0] = (P_0 + \Delta P_0)K_\alpha K_L = (1.064 + 0.17) \times 0.935 \times 0.99 = 1.14 \text{(kW)}$$<br>(2)计算 V 带的根数:<br>$$z \geqslant \frac{P_c}{[P_0]} = \frac{P_c}{(P_0 + \Delta P_0)K_\alpha K_L} = \frac{4.4}{1.14} = 3.86$$<br>取 4 根 | $[P_0] = 1.13 \text{ kW}$<br><br><br><br>$z = 4$ 根 |
| 7. 计算单根 V 带的初拉力 $F_0$<br>由表 5-1 查得 A 型带的单位长度质量 $q=0.1 \text{kg/m}$<br>由式(5-33)得<br>$$F_0 = 500 \times \frac{(2.5 - K_\alpha)P_c}{K_\alpha z v} + q v^2 = 500 \times \frac{(2.5 - 0.935) \times 4.4}{0.935 \times 4 \times 6.78} + 0.1 \times 6.78^2 \approx 140 \text{(N)}$$ | 初拉力 $F_0 = 140 \text{ N}$ |
| 8. 计算压轴力 $F_Q$<br>$$F_Q \approx 2z F_0 \sin\frac{\alpha_1}{2} = 2 \times 4 \times 140 \times \sin\frac{155°}{2} = 1093.45 \text{(N)}$$ | 压轴力 $F_Q = 1093.45 \text{N}$ |
| 9. 带轮结构设计(略) | |

### 5.4.3 带传动的张紧、安装及维护

**1. 带传动的张紧**

V 带传动运转一段时间以后，会因为带的塑性变形和摩擦使初拉力减小而松弛，为了保证带传动正常工作，应定期检查带的松弛程度，采取相应的补救措施重新张紧。常见的有以下几种。

（1）定期张紧装置。定期调整中心距以恢复初拉力。常见的有滑道式［图 5.17（a）］和摆架式［图 5.17（b）］两种，均靠调节螺钉调节带的张紧程度。滑道式适用于水平传动或倾斜不大的传动场合。

（2）自动张紧装置［图 5.17（c）］。将装有带轮的电动机安装在浮动的摆架上，利用电动机自重，使带始终在一定的张紧力下工作。

（3）张紧轮张紧装置［图 5.17（d）］。当中心距不可调节时，采用张紧轮张紧。张紧轮一般应设置在松边内侧，并尽量靠近大带轮。张紧轮的轮槽尺寸与带轮相同，直径应小于小带轮的直径。若设置在外侧，则应使其靠近小轮，这样可以增加小带轮的包角。

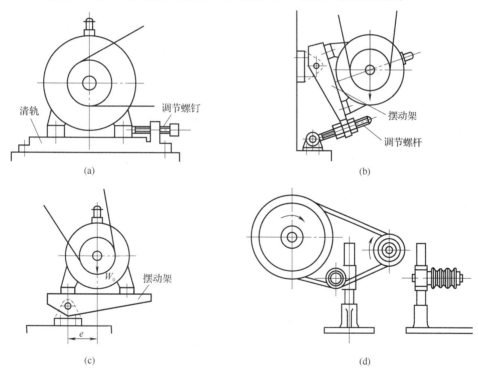

图 5.17 带传动张紧方式

**2. 带传动的安装与维护**

需要注意以下几点。

（1）两轮的轴线必须安装平行，两轮轮槽应对齐，否则将加剧带的磨损，甚至使带从带轮上脱落。

（2）应通过调整中心距的方法来安装带和张紧，带套上带轮后慢慢地拉紧至规定的初拉力。新带最好预先拉紧一段时间后再使用。同组使用的 V 带应型号相同、长度相等。

(3)应定期检查胶带，若发现有的胶带过度松弛或已疲劳损坏，应全部更换新带，不能新旧并用。若一些旧带尚可使用，应测量长度，选长度相同的胶带组合使用。

(4)带传动装置外面应加防护罩，以保证安全。

(5)禁止与酸、碱或油接触以免腐蚀带；不能曝晒，带传动的工作温度不应超过60℃。

(6)如果带传动装置需闲置一段时间后再用，应将传动带放松。

# 本 章 小 结

本章主要介绍了普通 V 带、窄 V 带的结构及标准，带传动的工作原理、受力情况、应力分析、弹性滑动及打滑，V 带传动的失效形式及其设计准则，V 带传动的设计计算及参数选择方法。本章重点是 V 带传动的设计计算以及带轮的结构设计。

# 习 题

**一、选择题**

1. 带传动中，若小带轮为主动轮，则带的最大应力发生在带_____处。

A. 进入主动轮　　B. 进入从动轮　　C. 退出主动轮　　D. 退出从动轮

2. 带传动正常工作时不能保证准确的传动比是因为_____。

A. 带的材料不符合胡克定律　　　　B. 带容易变形和磨损

C. 带在带轮上打滑　　　　　　　　D. 带的弹性滑动

3. 带传动打滑总是_____。

A. 在小轮上先开始　　　　　　　　B. 在大轮上先开始

C. 在两轮上同时开始

4. V 带传动设计中，限制小带轮的最小直径主要是为了_____。

A. 使结构紧凑　　　　　　　　　　B. 限制弯曲应力

C. 保证带和带轮接触面间有足够摩擦力

D. 限制小带轮上的包角

5. 带传动的主要失效形式之一是带的_____。

A. 松弛　　　　B. 颤动　　　　C. 疲劳破坏　　　　D. 弹性滑动

6. 带传动在工作时产生弹性滑动，是因为_____。

A. 带的初拉力不够　　　　　　　　B. 带的紧边和松边拉力不等

C. 带绕过带轮时有离心力　　　　　D. 带和带轮间摩擦力不够

7. 用_____提高带传动传递的功率是不合适的。

A. 适当增加初拉力 $F_0$　　　　　　B. 增大中心距 $a$

C. 增加带轮表面粗糙度　　　　　　D. 增大小带轮基准直径 $d_d$

8. V 带传动设计中，选取小带轮基准直径的依据是_____。

A. 带的型号　　B. 带的速度　　C. 主动轮转速　　D. 传动比

**二、简答题**

1. 在设计带传动时为什么要限制带速 $v$、小带轮直径 $d_{d1}$ 和带轮包角 $\alpha_1$？

2. 为了避免带的打滑，将带轮上与带接触的表面加工的粗糙些以增大摩擦力，这样处理是否正确，为什么？

3. 为何 V 带传动的中心距一般设计成可调节的？在什么情况下需采用张紧轮？张紧轮布置在什么位置较为合理？

4. 一般带轮采用什么材料？带轮的结构形式有哪些？根据什么来选定带轮的结构形式？

5. 确定小带轮直径考虑哪些因素？

6. 为什么带传动一般放在传动链的高速级，而不放在低速级？

7. 在 V 带传动设计时，为什么要限制带的根数？

8. 带传动工作中，带上所受应力有哪几种？如何分布？最大应力在何处？

9. 在多根 V 带传动中，当一根带失效时，为什么全部带都要更换？

## 三、设计计算题

1. 已知：V 带传动所传递的功率 $P = 7.5\text{kW}$，带速 $v = 10\text{m/s}$，现测得初拉力 $F_0 = 1125\text{N}$，试求紧边拉力 $F_1$ 和松边拉力 $F_2$。

2. V 带传动传递的功率 $P = 7.5\text{kW}$，小带轮直径 $D_1 = 140\text{mm}$，转速 $n_1 = 1440\text{r/min}$，大带轮直径 $D_2 = 400\text{mm}$，V 带传动的滑动率 $\varepsilon = 2\%$，①求从动轮转速 $n_2$；②求有效圆周力 $F_e$。

3. 如图 5.18 所示为一两级变速装置，如果原动机的转速和工作机的输出功率不变，应按哪一种速度来设计带传动？为什么？

4. 设计一带式输送机的传动装置，该传动装置由普通 V 带传动和齿轮传动组成。齿轮传动采用标准齿轮减速器。原动机为电动机，额定功率 $P = 11\text{kW}$，转速 $n_1 = 1460\text{r/min}$，减速器输入轴转速为 $400\text{r/min}$，允许传动比误差为 $\pm 5\%$，该输送机每天工作 $16\text{h}$，试设计此普通 V 带传动，并选定带轮结构形式与材料。

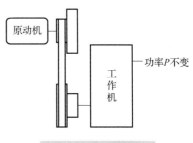

图 5.18 两级变速装置

# 第6章 链 传 动

 引入案例

摩托车的传动系统(图 6.1)在整车中属于易耗件，在 1995 年之前是一个卖方为主导的市场形态，传动链条、链轮只要做出来就有人要，性能方面没有过多要求，到 2002 年后随着摩托车行业(尤其是零配件制造)的急剧增长，链传动部件进入以性能与价格为主要卖点来抢夺市场的局面，并一直延续到现在。最近几年由于价格到了稳定期，链传动部件又开始朝以性能、品牌为主的方向发展，于是链动部件的各项性能指标由以前生产厂家向消费者演示转变为消费者向生产企业提出要求。

图 6.1 摩托车链传动

摩托车链传动系统的主要失效形式如下。

(1) 疲劳失效。在各种负荷力的循环作用下，链条出现脱开链节、零件碎裂、整链断裂等现象；链轮出现断齿，链轮整个断裂。

(2) 磨损失效。链条本身摩擦副部件磨损使链条总长度伸长；链轮齿槽磨损使链条和链轮的配合出现不协调，引发噪声、跳链及脱链等。

(3) 链条生锈腐蚀。

(4) 过载及冲击断裂。由于负载过重，润滑不良而胶合或在高速中进入异物突然卡死都可能造成链条和链轮断裂。

以上常见失效类型中，磨损失效，也就是使用者常说的拉长，是在有限的成本里最难控制的，也是在很大程度上确定产品性能的项目。链传动中最常见的失效就是磨损失效。

# 6.1 概 述

**1. 链传动的组成和工作原理**

链传动由主动链轮 1、从动链轮 2 和链条 3 组成，如图 6.2 所示。链轮上制有特殊齿形的齿，工作时依靠链轮轮齿与链节的啮合来传递运动和动力。它和带传动相似，具有中间挠性件，又和齿轮传动相似，是一种啮合传动。所以，它是具有中间挠性件的啮合传动。

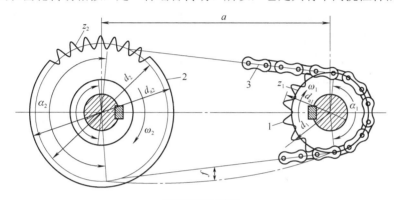

图 6.2 链传动

1-主动链轮；2-从动链轮；3-链条

**2. 链的类型**

按用途不同，链可分为传动链、起重链和曳引链。

传动链在机械中用来传递运动和动力；起重链主要用在起重机械中提升重物；曳引链在运输机械中用来牵引重物。而在一般机械传动中，常用的是传动链。

**3. 链传动的特点及应用**

与带传动相比，链传动无弹性滑动和打滑现象，故能保持准确的平均传动比；传动效率较高，能达到 98%；又因链条与链轮之间不用张得很紧，所以作用于轴上的压力较小；在同样使用条件下，链传动的结构较为紧凑，且成本低廉；适于远距离传动，中心距可达十几米；链传动的承载能力也比带传动强，可在温度较高、湿度较大、有油污、腐蚀等恶劣条件下工作。链传动的主要缺点是瞬时传动比不准确；工作时有噪声、振动，传动不平稳，不宜在载荷变化很大和急速反向的传动中应用；磨损后易发生跳齿；只能用于平行轴间同向回转的传动。

链传动适于两轴相距较远、环境恶劣等场合，如农业机械、建筑机械、石油机械、采矿、起重、金属切削机床、摩托车和自行车等。

# 6.2 链条与链轮

## 6.2.1 链条

链条的形式主要有套筒链、套筒滚子链(简称滚子链)和齿形链等，其中滚子链应用较多，以下重点介绍滚子链。

### 1. 滚子链

**1）结构**

滚子链的结构如图 6.3 所示。

滚子链是由内链板 1、外链板 2、销轴 3、套筒 4 和滚子 5 组成的。

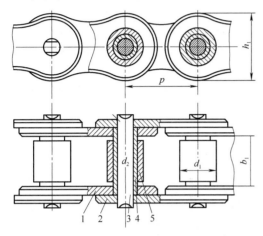

图 6.3 滚子链的结构

1-内链板；2-外链板；3-销轴；4-套筒；5-滚子

内链板与套筒之间、外链板与销轴之间分别用过盈配合固联；套筒与滚子之间、套筒与销轴之间均为间隙配合。当内、外链板相对挠曲时，套筒可绕销轴自由转动。滚子是活套在套筒上的，工作时滚子沿链轮齿廓滚动，形成滚动摩擦，可减少链条与链轮齿廓的磨损。链板一般制成 8 字形，使各个横截面接近等强度，同时也能减少链的质量和运动时的惯性力。

滚子链基本参数有链节距 $p$，滚子外径 $d_1$ 和内链节内宽 $b_1$（表 6-1）。其中，链节距 $p$ 是滚子链的主要参数，是两销轴之间的距离。节距增大时，链条中各零件的尺寸也要相应地增大，可传递的功率也随着增大，质量也增大。

**2）列数**

链条的列数有单列、双列和多列。当载荷较大时，可采用双排链（图 6.4）或多排链。多排链由几排单排链用销轴连接而成，其承载能力与排数成正比。但由于制造和装配误差，很难保证各排链之间受力均匀，故排数不宜过多，四排以上很少应用。

**3）接头**

滚子链的接头形式如图 6.5 所示。当链节数为偶数时，接头处可用弹簧卡 [图 6.5(a)] 或开口销 [图 6.5(b)] 来固定，当链节数为奇数时，需采用过渡链节 [图 6.5(c)]。由于过渡链节的链板要受附加弯矩的作用，使强度有所降低，所以在一般情况下最好不用奇数链节。但在重载、冲击、反向等繁重条件下工作时，可采用全部由过渡链节构成的链，柔性较好，能缓冲减振。

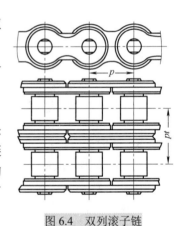

图 6.4 双列滚子链

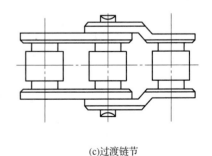

(a)弹簧卡　　　　　　(b)开口销　　　　　　　　(c)过渡链节

图 6.5 接头形式

**4）标准代号**

滚子链是标准件，其结构和基本参数已在国标中作了规定，设计时可根据载荷大小及工作条件选用。滚子链有 A、B 两种系列，我国以 A 系列设计应用为主，B 系列供出口和维修。滚子链的标记为

| 链号 | — | 排数 | × | 链节数 | 标准编号 |

例如，08A-1×78 GB/T 1243—2006，表示 A 系列、8 号链、节距 12.7mm、单排、78 节的滚子链。

表 6-1　A 系列滚子链的主要参数（摘自 GB/T1243—2006）

| 链号 | 节距 $p$/mm | 排距 $p_t$/mm | 滚子外径 $d_1$/mm | 销轴直径 $d_2$/mm | 内链节内宽 $b_1$/mm | 极限拉伸载荷 $F_{Qlim}$/N | 每米长质量 $q$/(kg/m) |
|---|---|---|---|---|---|---|---|
| 08A | 12.70 | 14.38 | 7.95 | 3.96 | 7.85 | 13800 | 0.60 |
| 10A | 15.875 | 18.11 | 10.16 | 5.08 | 9.40 | 21800 | 1.00 |
| 12A | 19.05 | 22.78 | 11.91 | 5.94 | 12.57 | 31100 | 1.50 |
| 16A | 25.40 | 29.29 | 15.88 | 7.92 | 15.75 | 55600 | 2.60 |
| 20A | 31.75 | 35.76 | 19.05 | 9.53 | 18.90 | 86700 | 3.80 |
| 24A | 38.10 | 35.76 | 22.23 | 11.10 | 25.22 | 124600 | 5.60 |
| 28A | 44.45 | 48.87 | 25.40 | 12.70 | 25.22 | 169000 | 7.50 |
| 32A | 50.80 | 58.55 | 28.58 | 14.27 | 31.55 | 222400 | 10.10 |
| 40A | 63.50 | 71.55 | 39.68 | 19.84 | 37.85 | 347000 | 16.10 |

注：① 使用过渡链节时，其极限拉伸载荷按表列数值 80%计算。

　　② 链号中数乘以（25.4/16）即为节距值（mm），其中 A 表示 A 系列。

**2. 齿形链**

齿形链又称无声链，它是由一组带有两个齿的链板左右交错并列铰接而成的。链板上的两直边夹角为 60°，通过链板工作边与链轮齿啮合实现传动。图 6.6 分别为内外链板的齿形链。

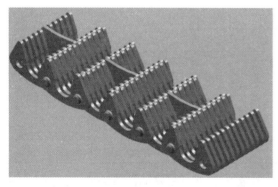
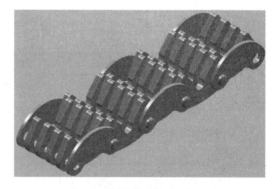

(a)内链板齿形链　　　　　　　　　　　　(b)外链板齿形链

图 6.6　齿形链

与滚子链相比，齿形链传动平稳，无噪声，承受冲击性能好，工作可靠。但它结构复杂，价格较高，且制造较难，故多用于高速或运动精度要求较高的传动装置中。

### 6.2.2 链轮

#### 1. 链轮齿形和基本参数

链轮齿形应保证链节能平稳自由地进入啮合和退出啮合，在啮合时冲击和接触应力尽量小，且形状简单，便于加工。

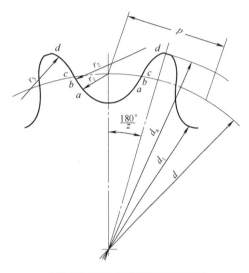

图 6.7　滚子链链轮端面的齿形

滚子链链轮的齿形已标准化，在 GB/T 1243—2006 中没有规定具体的链轮齿形，但规定了最大和最小齿槽形状，在这两个极限齿槽之间的各种标准齿形均可使用，这就使齿形设计具有较大的灵活性。目前常用的是三圆弧一直线齿形，如图 6.7 所示。它由三段圆弧 $aa$、$ab$、$cd$ 和一段直线 $bc$ 组成，$abcd$ 为齿廓工作段。因齿形用标准刀具加工，在链轮工作图中端面齿形不必画出，只需注明链轮的基本参数和主要尺寸，如齿数 $z$、链节距 $p$、链条滚子外径 $d_1$、分度圆直径 $d$、齿顶圆直径 $d_a$ 及齿根圆直径 $d_f$，并在图上注明"齿形按 3R GB/T 1243—2006 规定制造"。这种齿形的优点是接触应力小、冲击小、磨损少，不易跳齿与脱链。

#### 2. 链轮材料

链轮的材料应保证轮齿具有足够的耐磨性和强度。常用材料有碳素钢和合金钢。链轮较大、要求较低时可用铸铁；小功率传动也可用夹布胶木。链轮材料的牌号、热处理、齿面硬度及应用范围见表 6-2。

表 6-2　常用链轮材料及齿面硬度

| 材料 | 热处理 | 齿面硬度 | 应用范围 |
|---|---|---|---|
| 15、20 | 渗碳、淬火、回火 | 50～60HRC | $z \leqslant 25$ 有冲击载荷的链轮 |
| 35 | 正火 | 160～200HBW | $z > 25$ 的链轮 |
| 45、50、ZG310-570 | 淬火、回火 | 40～45HRC | 无剧烈冲击的链轮 |
| 15Cr、20Cr | 渗碳、淬火、回火 | 50～60HRC | 传递大功率的重要链轮（$z < 25$） |
| 40Cr、35SiMn、35CrMn | 淬火、回火 | 40～50HRC | 重要的、使用优质链条的链轮 |
| Q235、Q275 | 焊接后退火 | 140HBS | 中速、中等功率、较大的链轮 |
| 不低于 HT150 的灰铸铁 | 淬火、回火 | 260～280HBW | $z < 50$ 的链轮 |
| 酚醛层压布板 | — | — | $P < 6kW$、速度较高、要求传动平稳和噪声小的链轮 |

由于小链轮轮齿的啮合次数比大链轮轮齿的啮合次数多，所受冲击也较严重，故小链轮应采用较好的材料制造。

#### 3. 链轮结构

链轮的结构如图 6.8 所示。小直径链轮制成整体式 [图 6.8(a)]；中等尺寸的链轮制成孔板式 [图 6.8(b)]；大直径的链轮可制成连接式 [图 6.8(c)]。

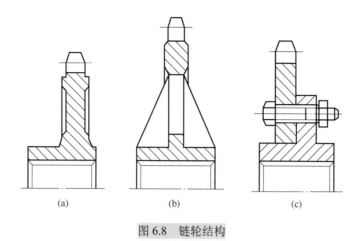

图 6.8 链轮结构

# 6.3 链传动的运动分析及受力分析

## 6.3.1 链传动的运动分析

### 1. 平均传动比准确

链条绕在链轮上近似于链条绕在正多边形上，该正多边形的边长等于链条的链节距 $p$、边数等于链轮齿数 $z$。链轮每转一周，随之转过的链长为 $zp$，所以链的平均速度 $v$ 为

$$v = \frac{z_1 n_1 p}{60 \times 1000} = \frac{z_2 n_2 p}{60 \times 1000} \tag{6-1}$$

式中，$z_1$、$z_2$ 分别为主、从动链轮的齿数；$n_1$、$n_2$ 分别为主、从动链轮的转速，r/min；$p$ 为链的节距，mm。

链传动的平均传动比：

$$i_{12} = \frac{n_1}{n_2} = \frac{z_2}{z_1} \tag{6-2}$$

由此可知，链传动的平均链速和平均传动比是准确的。

### 2. 瞬时传动比不准确

为了便于分析，设链的主动边（紧边）始终处于水平位置，如图 6.9(a) 所示。主动链轮以等角速度 $\omega_1$ 转动，该链轮的销轴轴心 $A$ 作等速圆周运动，其大小链轮基准半径分别为 $R_2$ 和主动轮 $R_1$，则小链轮的圆周速度 $v_1 = R_1\omega_1$。设链条水平运动的瞬时速度为 $v_x$，在链节进入啮合后，$v_x$ 等于链轮啮合点圆周速度 $v_1$ 的水平分量，同样，设从动轮的角速度为 $\omega_2$，圆周速度为 $v_2$，由速度分析（图 6.9）可知 $\beta$ 和 $\gamma$ 分别为主、从动轮链节进入啮合后铰链中心和轮心连线与铅垂线间的夹角，即铰链中心相对于铅垂线的位置角。

链条前进速度

$$v_x = v_1 \cos\beta = \omega_1 R_1 \cos\beta = v_2 \cos\gamma = \omega_2 R_2 \cos\gamma$$

从动链轮的角速度为

$$\omega_2 = \frac{R_1 \omega_1 \cos\beta}{R_2 \cos\gamma} \tag{6-3}$$

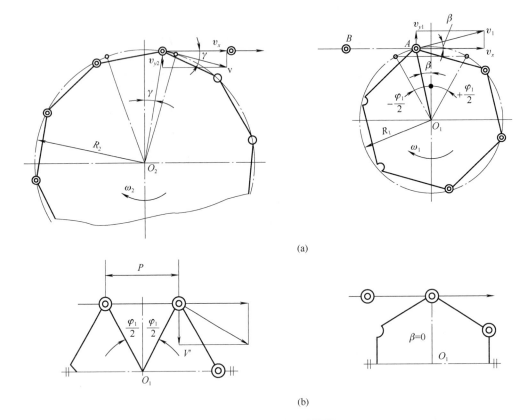

图 6.9　链传动的运动分析

链传动的瞬时传动比

$$i_{12} = \frac{\omega_1}{\omega_2} = \frac{R_2 \cos\gamma}{R_1 \cos\beta} \tag{6-4}$$

　　由于 $\beta$ 的变化范围在 $\pm\varphi_1/2$ 之间，$\varphi_1$ 为主动轮上一个节距所对的圆心角，$\varphi_1 = 360°/z_1$。$\gamma$ 的变化范围在 $\pm\varphi_2/2$ 之间，$\varphi_2$ 为从动轮上一个节距所对的圆心角，$\varphi_2 = 360°/z_2$。由于 $\beta$、$\gamma$ 的变化范围不同，所以瞬时传动比不准确。随着 $\beta$ 角和 $\gamma$ 角的不断变化，链传动的瞬时传动比也在不断变化。即使主动链轮以等角速度回转，从动链轮的角速度也将周期性地变动。只有在 $z_1 = z_2$（即 $R_1 = R_2$），且传动的中心距恰为节距的整数倍时（这时 $\beta$ 和 $\gamma$ 角的变化才会时时相等），传动比才能在全部啮合过程中保持不变，即恒为 1。

　　另外，链传动垂直方向的速度 $V_Y$ 也在不断地变化。链传动速度在水平方向和垂直方向的不断变化，就产生了运动的不均匀性。这种运动的不均匀性是绕在链轮上的链条形成了正多边形这一特点造成的，故称为链传动的多边形效应，它是链传动的固有特性。

### 3. 链传动的动载荷

#### 1) 动载荷产生的主要原因

（1）链速和从动轮角速度作周期性变化，产生加速度 $a$，从而引起动载荷。加速度为

$$a = \frac{\mathrm{d}V_x}{\mathrm{d}t} = \frac{\mathrm{d}}{\mathrm{d}t} R_1 \omega_1 \cos\beta = -R_1 \omega_1^2 \sin\beta$$

当 $\beta = \pm\dfrac{180°}{z_1}$ 时，

$$a = mR_1\omega_1^2 \sin\frac{180°}{z_1} = m\frac{\omega_1^2 p}{2}, \qquad p = 2R_1 \sin\left(\frac{180°}{Z_1}\right) \tag{6-5}$$

(2)链条垂直方向的分速度 $V_Y$ 也作周期性变化，使链产生上下振动，产生动载荷。

(3)在链条链节与链轮轮齿啮合的瞬间，由于具有相对速度，产生啮合冲击和动载荷。

(4)由于链和链轮的制造误差、安装误差以及由于链条的松弛，在启动、制动、反转、突然超载等情况下产生的惯性冲击，也将增大链传动的动载荷。

**2)影响因素**

由以上分析可知，影响动载荷的主要因素有链速 $v_x$、链节距 $p$ 和链轮齿数 $z$。

链速越高，链节距越大，链轮齿数 $z$ 越少，动载荷越大。

还须指出的是，当链传动和其他传动组成多级传动时，通常将链传动放在速度低的一级上，以免链速过高而增大动载荷和运动的不均匀性。

### 6.3.2 链传动的受力分析

在不考虑动载荷的情况下，链传动中的主要作用力有以下几种。

**1. 工作拉力 $F$**

$$F = \frac{1000P}{v} \tag{6-6}$$

式中，$P$ 为链传动传递的功率，kW；$V$ 为链速，m/s。

工作拉力 $F$ 作用于紧边。

**2. 离心拉力 $F_c$**

$$F_c = qv^2 \tag{6-7}$$

式中，$q$ 为每米链长质量，kg/m，见表 6-1。

离心力虽然产生在作圆周运动的部分，离心拉力却作用于全链长。

**3. 垂度拉力 $F_f$**

链传动在安装时，链条应有一定的张紧力，张紧力是通过使链条松边保持适当的垂度所产生的悬垂拉力来获得的。其目的是使松边不致过松，以免影响链条的正常啮合和产生振动、跳齿及脱链。但张紧力比带传动中要小得多。

垂度拉力 $F_f$ 主要取决于链传动的布置方式和工作中允许的垂度，如图 6.10 所示。垂度 $f$ 越小 $F_f$ 越大。垂度过小，垂度拉力较大，增加了链的磨损和轴承载荷；垂度过大，又会使链与链轮的啮合情况变坏，容易脱链。垂度拉力 $F_f$ 为

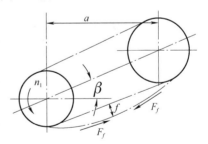

图 6.10 链传动受力分析

$$F_f = \frac{qga^2}{8f} = \frac{qga}{8(f/a)} = k_f qga \times 10^{-2} \tag{6-8}$$

式中，$K_f$ 为垂度系数。垂度系数 $K_f$ 的值与中心线与水平线的夹角 $\beta$ 有关。垂直布置时，$K_f = 1$。水平布置时，$K_f = 6$。倾斜布置时，当 $\beta < 40°$ 时，$K_f = 4$；当 $\beta > 40°$ 时，$K_f = 2$；$f$ 为垂度，mm；$a$ 为两轮中心距，mm；$g$ 为重力加速度，$g = 9.81\text{m/s}^2$。

垂度拉力 $F_f$ 作用于链条全长。

### 4. 总拉力

紧边拉力

$$F_1 = F + F_c + F_f \qquad (6-9)$$

松边拉力

$$F_2 = F_c + F_f \qquad (6-10)$$

### 5. 作用于轴上载荷 $F_Q$

作用于轴上的压力是紧边拉力和松边拉力之和，由于离心拉力不作用在轴上，所以

$$F_Q = F + 2F_f \qquad (6-11)$$

由于 $F_f$ 影响较小，一般取

$$F_Q \approx 1.2F \qquad (6-12)$$

# 6.4　滚子链传动的失效形式及功率曲线

## 6.4.1　滚子链传动的失效形式

滚子链传动的主要失效形式有以下几种。

### 1. 链板疲劳破坏

链在松边拉力和紧边拉力的反复作用下，经过一定的循环次数后，链板会发生疲劳破坏，或者套筒、滚子表面将会出现疲劳点蚀。正常润滑条件下，疲劳强度是限定链传动承载能力的主要因素。

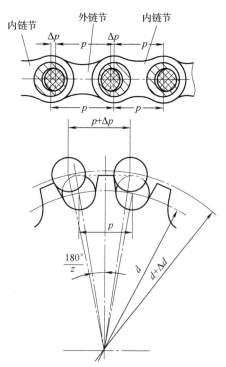

图 6.11　链条铰链磨损后链节距伸长

### 2. 销轴与套筒的胶合

当速度过高时，销轴与套筒间润滑油膜被破坏，工作表面在较高的温度和压力下直接接触，从而导致胶合，高温、润滑不良也会使工作表面产生胶合。胶合在一定程度上限制了链传动的极限转速。

### 3. 链条铰链磨损

链条在工作过程中，由于销轴与套筒间既相对转动又承受较大的压力，因而导致铰链磨损，使链的实际节距变长(内、外链节的实际节距 $p_1$、$p_2$ 是指相邻两滚子间的中心距，它随使用中的磨损情况不同而变化，通常所说的链节距，是指两销轴的中心距，即公称中心距)，如图 6.11 所示。链的实际节距伸长到一定程度时，会使链条铰链与轮齿的啮合情况变坏，从而发生爬高和跳齿现象。磨损是开式链传动的主要失效形式。润滑状态对链的磨损影响很大，润滑不良的链传动其承载能力将大大降低。

### 4. 滚子套筒的冲击疲劳破坏

链传动的啮入冲击首先由滚子和套筒承受。在反复多次的冲击下，经过一定的循环次数后，滚子、套筒会

发生冲击疲劳破坏。这种失效形式多发生在中、高速闭式链传动中。

**5. 过载拉断**

低速重载的链传动在过载时，会因静强度不足而被拉断。

## 6.4.2 滚子链传动的极限功率曲线

为避免上述失效发生，通过实验得到链传动的极限功率曲线，如图 6.12 所示。

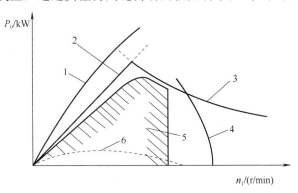

图 6.12 滚子极限功率曲线

1-良好的润滑条件下，由磨损破坏限定的极限功率曲线；2-链板疲劳破坏限定的极限功率曲线；3-滚子、套筒冲击疲劳破坏限定的极限功率曲线；4-销轴与套筒胶合限定的极限功率曲线；5-良好润滑情况下额定功率曲线，是设计时实际使用的功率曲线；6-润滑不好或工况恶劣的极限功率曲线。较良好的润滑下低得多

每一条曲线限制了一种失效，由此得到额定功率曲线。

## 6.4.3 滚子链传动的额定功率曲线

为避免上述失效，经实验确定数据绘制成滚子链传动的额定功率曲线，如图 6.13 所示。

额定功率曲线是在一定条件下得到的，实验条件是两轮共面；载荷平稳；按推荐的润滑方式润滑；小链轮齿数 $z_1=19$，传动比 $i=3$，链长 $L_p=100$ 节；工作寿命 $t=15000$h；链条因磨损而引起的相对伸长量不超过 3%。

当实际情况与实验条件不符时，就应进行修正，修正后，应满足

$$P_0 = \frac{P_c}{K_z K_m K_L} \tag{6-13}$$

式中，$P_0$ 为在特定条件下，链传动所能传递的额定功率，kW；$P_c$ 为链传动所传递的计算功率，kW；$P_c = PK_A$；$P$ 为链传动所传递的额定功率，kW；$K_A$ 为工作情况系数，见表 6-3；$K_z$ 为小链轮齿数系数，考虑实际齿数与实验齿数不同而引入的系数，见表 6-5。当工作点落在图 6.13 中曲线顶点的左侧时，查表中的 $K_z$；当工作点落在图 6.13 中曲线顶点的右侧时，查表中的 $K_z'$；$K_m$ 为多排链系数，考虑实际排数与实验排数不同而引入的系数，见表 6-4；$K_L$ 为长度系数，考虑实际长度与实验长度不同而引入的系数，见图 6.14。链板疲劳查曲线 1，滚子、套筒冲击疲劳查曲线 2。当失效形式难以预知时，$K_L$ 值可以按曲线 1、2 中的小值决定。

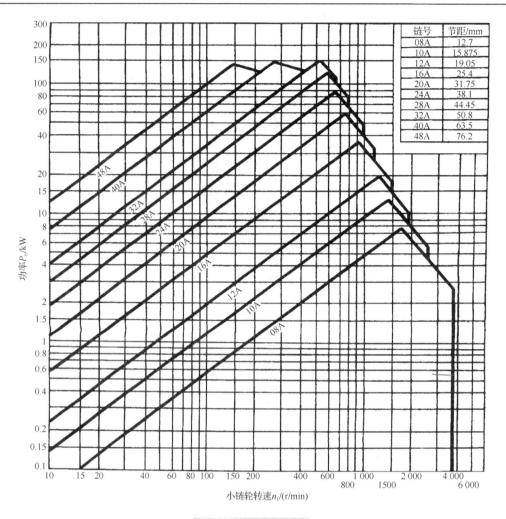

图6.13 额定功率曲线

表6-3 工作情况系数 $K_A$

| 载荷种类 | 原动机 | |
|---|---|---|
| | 电动机 | 内燃机 |
| 平稳载荷 | 1.0 | 1.2 |
| 中等冲击载荷 | 1.3 | 1.4 |
| 较大冲击载荷 | 1.5 | 1.7 |

表6-4 多排链系数 $K_m$

| 排数 | 1 | 2 | 3 | 4 | 5 | 6 |
|---|---|---|---|---|---|---|
| $K_m$ | 1 | 1.7 | 2.5 | 3.3 | 4 | 4.6 |

表6-5 小链轮齿数系数 $K_z$

| $z_1$ | 9 | 10 | 11 | 12 | 13 | 14 | 15 | 16 | 17 |
|---|---|---|---|---|---|---|---|---|---|
| $K_z$ | 0.446 | 0.500 | 0.554 | 0.609 | 0.664 | 0.719 | 0.775 | 0.831 | 0.887 |
| $K_z'$ | 0.326 | 0.382 | 0.441 | 0.502 | 0.566 | 0.633 | 0.701 | 0.773 | 0.846 |
| $z_1$ | 19 | 21 | 23 | 25 | 27 | 29 | 31 | 33 | 35 |
| $K_z$ | 1.00 | 1.11 | 1.23 | 1.34 | 1.46 | 1.58 | 1.70 | 1.82 | 1.93 |
| $K_z'$ | 1.00 | 1.16 | 1.33 | 1.51 | 1.69 | 1.89 | 2.08 | 2.29 | 2.50 |

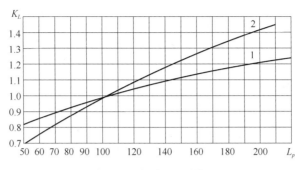

图 6.14 长度系数 $K_L$

1-链板疲劳曲线；2-冲击疲劳曲线

# 6.5 链传动的设计计算

链传动的设计计算通常是根据传递功率 $P$、链轮转速 $n_1$ 和 $n_2$、工作情况等条件，确定链轮齿数、链节距、链节数、列数、中心距及润滑方式等。

## 6.5.1 一般链传动的设计计算

### 1. 已知条件

(1)传递功率 $P$。(2)链轮转速 $n_1$ 和 $n_2$。(3)传动工作情况。(4)对外廓尺寸的要求。

### 2. 设计项目

(1)链节距、链节数、列数。(2)中心距。(3)链轮齿数、结构、材料。(4)压轴力、张紧及润滑方式。

### 3. 设计计算

**1) 确定链轮齿数 $z_1$、 $z_2$ 及传动比 $i$**

(1)链轮齿数。链轮齿数对链传动工作的平稳性及使用寿命影响很大，既不能过大，也不能过小。齿数 $z_1$ 少，传动不平稳、冲击大、动载荷大，链节在进入和退出啮合时，相对转角增大，磨损增加，冲击和功率损耗也增大。齿数 $z_1$ 多，导致大链轮齿数 $z_2$ 多，结构尺寸大、易脱链。$z_{1min} = 9$，$z_{2max} = 120$。小链轮齿数 $z_1$ 可根据传动比按表 6-6 选取。

为磨损均匀，链轮齿数最好选质数(被自身和 1 整除的数)或不能整除链节数的数。链节数宜取偶数，为使链条每个滚子与链轮每个齿都有接触的机会，使之磨损均匀，一般 $z_1$ 为奇数。

表 6-6 小链轮齿数 $z_1$

| 传动比 $i$ | 1~2 | 3~4 | 5~6 | >6 |
| --- | --- | --- | --- | --- |
| 齿数 $z_1$ | 31~27 | 25~23 | 21~17 | 17 |

(2)传动比 $i$。传动比 $i$ 过大，包角小，同时啮合的齿数减少，加速链轮的磨损，且容易脱链。通常限制链传动 $i \leqslant 6$，推荐 $i = 2 \sim 3.5$。

**2) 链节距 $p$ 及列数 $m$**

链节距 $p$ 的大小反映了链和链轮各部分尺寸的大小。在一定条件下，链节距 $p$ 大，承载能力强，但链传动的多边形效应也增大，冲击、振动、噪声也越严重，传动不平稳且传动尺寸大。设计时，在满足承载能力的前提下，为结构紧凑、寿命长应尽量选较小的链节距。

高速重载、中心距小、传动比大时，选小节距多排链。中心距大、传动比小，速度较低时，选大节距单排链。

具体选多大的链节距，可先由式(6-13)算出额定功率 $P_0$，由图 6.13 选取。

**3)中心距及链节数**

中心距小，结构紧凑，但中心距过小、链速不变时，单位时间内链与链轮啮合次数多，易产生磨损和疲劳。同时，由于中心距小，链条在小链轮上的包角变小，在包角范围内，每个轮齿所受的载荷增大，且易出现跳齿和脱链现象；中心距大，传动尺寸大，会引起从动边垂度过大，传动时出现松边颤动。

推荐初定中心距 $a_0 = (30 \sim 50)p$，最大取 $a_{\max} = 80p$。

链条长度以链节数 $L_p$（链节距 $p$ 的倍数）来表示。与带传动相似，链节数 $L_p$ 与中心距 $a$ 之间的关系为

$$L_p = \frac{2a_0}{p} + \frac{z_1 + z_2}{2} + \left(\frac{z_2 - z_1}{2\pi}\right)^2 \frac{p}{a_0} \tag{6-14}$$

计算出的 $L_p$ 应圆整为整数，最好取偶数。然后根据圆整后的链节数用下式计算实际中心距，即

$$a = \frac{p}{4}\left[\left(L_p - \frac{z_1 + z_2}{2}\right) + \sqrt{\left(L_p - \frac{z_1 + z_2}{2}\right)^2 - 8\left(\frac{z_2 - z_1}{2\pi}\right)^2}\right] \tag{6-15}$$

为了保证链条松边有一定的初垂度，实际安装中心距应较计算中心距小，往往做成中心距可以调节的，以便链节伸长后，可随时调整张紧程度。一般中心距调整量 $\Delta a \geqslant 2p$，调整后松边下垂量常控制为 $(0.01 \sim 0.02)a$。当中心距不可调时，亦可用压板、托板、张紧轮张紧(图 6.15)。在无张紧装置而中心距又不可调整的情况下，应注意中心距的准确性。

**4)计算压轴力 $F_Q$**

$$F_Q \approx 1.2F$$

式中，$F$ 为工作拉力，N。

## 6.5.2 低速链传动的静强度计算

对于链速 $v<0.6\text{m/s}$ 的低速链传动，其主要失效形式为链的过载拉断，按抗拉静力强度计算，应满足

$$\frac{mF_{Q\lim}}{K_A F_1} \geqslant S \tag{6-16}$$

式中，$F_{Q\lim}$ 为单排链的极限拉伸载荷，N，见表 6-1；$K_A$ 为工作情况系数，见表 6-3；$m$ 为链的排数；$S$ 为安全系数，一般取 $S=4 \sim 8$。

# 6.6 链传动的布置、张紧与润滑

## 6.6.1 链传动的布置

链传动的布置是否合理，对链传动的工作能力及使用寿命都有较大的影响。链传动的两轴应平行，两链轮应位于同一平面内，一般宜采用水平或接近水平的位置，并使松边在下，表 6-7 列出了在不同条件下链传动的布置图。

表 6-7 链传动的布置

| 传动参数 | 正确位置 | 不正确位置 | 说明 |
|---|---|---|---|
| $i>2$ <br> $a=(30\sim50)p$ | 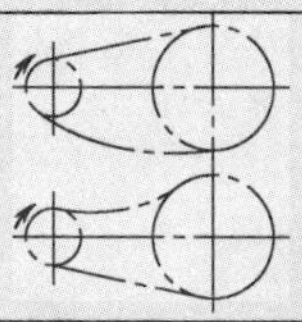 | | 两轴线在同一水平面内，紧边在上、在下均不影响工作 |
| $i>2$ <br> $a<30p$ | 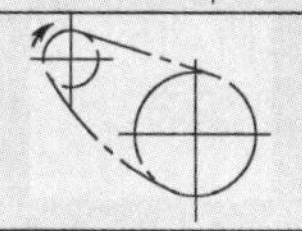 | 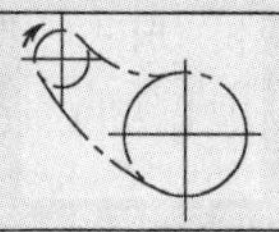 | 两轴线不在同一水平面内，松边应在下边，否则松边下垂量增大后，链条会与链轮卡死 |
| $i<1.5$ <br> $a>60p$ | 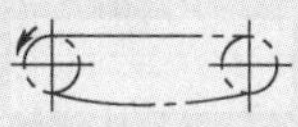 | 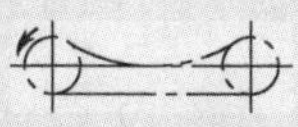 | 两轴线在同一水平面内，松边应在下边，否则松边下垂量增大后，松边回于紧边，需经常调整中心距 |
| $i$、$a$ 为任意值 | 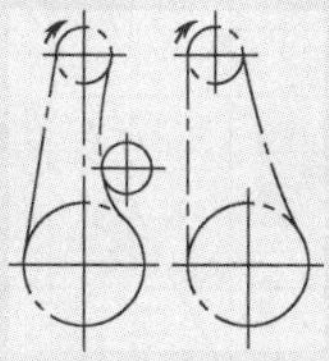 | 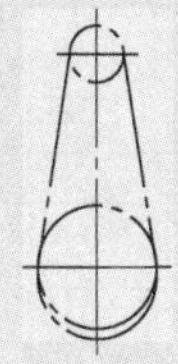 | 两轴线在同一铅垂面内，下垂量增大，会减少下链轮有效啮合齿数，降低传动能力。可采取①张紧装置；②上、下两轮错开使两轮轴线不在同一铅垂面上 |

## 6.6.2 链传动的张紧

### 1. 链传动张紧的目的

链传动张紧主要是为了避免在链条垂度过大时产生啮合不良和链条振动的现象；同时也为了增加链轮与链的啮合包角。其张紧力并不决定链传动的工作能力，只决定链松边的垂度大小。

### 2. 链传动的张紧方法

(1)调整中心距，增大中心距可使链张紧，对于滚子链传动，其中心距调整量可取为 $2p$，$p$ 为链条节距。

(2)缩短链长，当链传动没有张紧装置而中心距又不可调整时，可采用缩短链长(即拆去链节)的方法对因磨损而伸长的链条重新张紧。

(3)用张紧轮张紧，下述情况应考虑增设张紧装置，两轴中心距较大；两轴中心距过小，松边在上面；两轴接近垂直布置；需要严格控制张紧力；多链轮传动或反向传动；要求减小冲击，避免共振；需要增大链轮包角等。图 6.15 所示为采用张紧装置的链传动。图 6.15 (a)、(b)分别为采用弹簧、吊重自动张紧；中心距较大时，可采用压板和脱板张紧，如图 6.15 (c)所示。

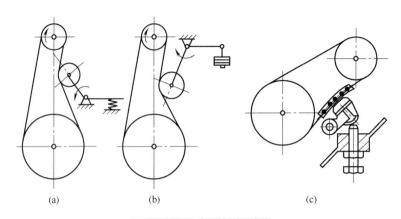

图 6.15　链传动的张紧方法

## 6.6.3　链传动的润滑

链传动的润滑十分重要，良好的润滑可以减少链传动的磨损，提高工作能力，延长使用寿命。链传动的润滑方法可以根据图 6.16 选取。

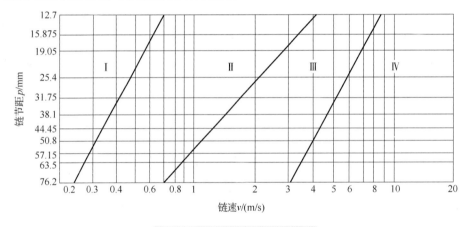

图 6.16　链传动润滑方式选择图

I -人工定期润滑；II-油浴或飞溅润滑；III-滴油润滑；IV-压力喷油润滑

链传动的润滑方式有以下几种。

（1）滴油润滑。用油杯通过油管滴入松边内、外链板间隙处，每分钟 5～20 滴。适用于 $v$ ≤10m/s 的链传动，如图 6.17（a）所示。

（2）油浴润滑。将松边链条浸入油盘中，浸油深度为 6～12mm，适用于 $v$≤12m/s 的链传动，如图 6.17（b）所示。

（3）飞溅润滑。在密封容器中，甩油盘将油甩起，以进行飞溅润滑。但甩油盘线速度应大于 3m/s，如图 6.17（c）所示。

（4）压力润滑。速度高、功率大时，应采用特设的油泵将油喷射至链轮链条啮合处。循环油可起润滑和冷却的作用，如图 6.17（d）所示。

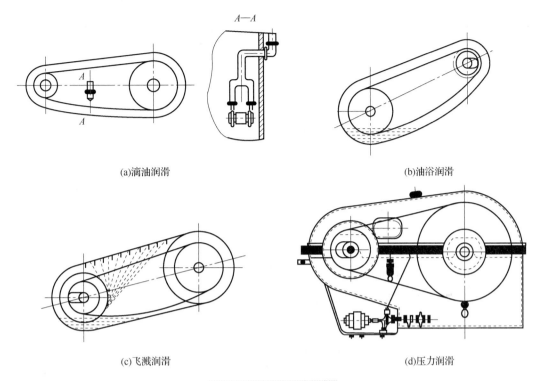

(a)滴油润滑　　　　　　　　　　　　　　　　　　　(b)油浴润滑

(c)飞溅润滑　　　　　　　　　　　　　　　　　　　(d)压力润滑

图 6.17　链传动润滑方式

【综合实例 6.1】　　设计一用于带式运输机的滚子链传动，已知该传动系统采用 Y 系列三相异步电机驱动，电机额定功率 $P$=3kW，转速 $n$=90r/min，传动比 $i$=3.2，载荷平稳，传动水平布置，传动中心距不小于 500mm，且可调。

**解**　设计计算步骤如下。

| 计算与说明 | 主要结果 |
|---|---|
| 1. 选择链轮齿数 $z_1$、$z_2$<br>根据传动比 $i=3.2$，查表 6-6，小链轮齿数 $z_1=23$，则大链轮齿数 $z_2=69$ | $z_1=23$，$z_2=69$ |
| 2. 确定计算功率 $P_c$<br>由于带式运输机载荷平稳，由表 6-3 查得工况系数 $K_A=1.0$<br>$$P_c=K_AP=3\times1.0=3(\mathrm{kW})$$ | $P_c=3.0\mathrm{kW}$ |
| 3. 计算中心距及链节数<br>(1)初定中心距<br>$$a_0=(30\sim50)p \quad 取\ a_0=40p$$<br>(2)确定链节数 $L_p$<br>$$L_p=\frac{2a_0}{p}+\frac{z_1+z_2}{2}+\left(\frac{z_2-z_1}{2\pi}\right)^2\frac{p}{a_0}=\frac{2\times40p}{p}+\frac{23+69}{2}+\left(\frac{69-23}{2\pi}\right)^2\frac{p}{40p}$$<br>$$\approx127.3$$<br>取链节数 $L_p=128$ | $L_p=128$ |
| 4. 计算额定功率<br>(1)查齿数系数 $K_z=1.23$（表 6-5）<br>(2)选单排链。多列数系数 $K_m=1$（表 6-4）<br>(3)长度系数 $K_L=1.08$（图 6.14 按曲线 1 查）<br>(4)计算额定功率 $P_0=\dfrac{P_c}{k_zk_mk_L}=\dfrac{3}{1.23\times1\times1.08}=2.26(\mathrm{kW})$ | $K_z=1.23$<br>$K_m=1$<br>$K_L=1.08$<br>$P_0=2.26\mathrm{kW}$ |

| 计算与说明 | 主要结果 |
|---|---|
| 5. 确定链条节距<br>根据额定功率 $P_0$ 和转数 $n$ 查图 6.13 选择滚子链型号为 12A 由表 6-1 查得链节距 $p=19.05\text{mm}$ | $p=19.05\text{mm}$ |
| 6. 确定链长和中心距<br>(1) 链条长度<br>$$L=L_p \cdot p/1000=2.438\text{m}$$<br>(2) 计算实际中心距<br>$$a=\frac{p}{4}\left[\left(L_p-\frac{z_1+z_2}{2}\right)+\sqrt{\left(L_p-\frac{z_1+z_2}{2}\right)^2-8\left(\frac{z_2-z_1}{2\pi}\right)^2}\right]$$<br>$$=\frac{19.05}{4}\left[\left(128-\frac{23+69}{2}\right)+\sqrt{\left(128-\frac{23+69}{2}\right)^2-8\left(\frac{69-23}{2\pi}\right)^2}\right]$$<br>$$=739.31\text{mm}$$<br>$a>500\text{mm}$，符合设计要求 | $L=2.438\text{m}$<br><br><br>$a=739.31\text{mm}$ |
| 7. 计算压轴力 $F_Q$<br>链速　$v=\dfrac{z_1 n_1 p}{60\times 1000}=\dfrac{23\times 90\times 19.05}{60\times 1000}\approx 0.7(\text{m/s})$<br>工作拉力　$F=\dfrac{1000p}{v}=\dfrac{1000\times 3}{0.7}=4286(\text{N})$<br>压轴力 $F_Q\approx 1.2F=1.2\times 4286=5143(\text{N})$ | $v=0.7\text{m/s}$<br><br><br>$F_Q\approx 5143\ \text{N}$ |
| 8. 润滑方式选择<br>根据链速 $v=0.7\text{m/s}$ 和链节距 $p=19.05\text{mm}$，按图 6.16 查得润滑方式为人工定期润滑 | |
| 9. 结构设计(略) | |

# 本 章 小 结

本章主要介绍了链传动的类型、特点、应用和链轮、链条的基本常识。对链传动运动不均匀性、动载荷以及受力情况进行了分析，同时分析了链传动的失效形式，得到极限功率曲线。最后阐述了链传动的设计方法。本章对链传动张紧和润滑也作了简单说明。

# 习　　题

## 一、选择题

1. 链传动中，链条的平均速度 $v=$ _____。

　A. $\dfrac{\pi d_1 n_1}{60\times 1000}$　　　B. $\dfrac{\pi d_2 n_2}{60\times 1000}$　　　C. $\dfrac{z_1 n_1 p}{60\times 1000}$　　　D. $\dfrac{z_1 n_2 p}{60\times 1000}$

2. 多排链排数一般不超过 3 或 4 排，主要是为了 _____。

　A. 不使安装困难　　　　　　　B. 使各排受力均匀

　C. 不使轴向过宽　　　　　　　D. 减轻链的质量

3. 链传动不适合用于高速传动的主要原因是 _____。

　A. 链条的质量大　　　　　　　B. 动载荷大

　C. 容易脱链　　　　　　　　　D. 容易磨损

4. 链传动设计中，一般大链轮最多齿数限制为 $z_{max}=120$，是为了_____。

    A. 减小链传动运动的不均匀性

    B. 限制传动比

    C. 减少链节磨损后链从链轮上脱落下来的可能性

    D. 保证链轮轮齿的强度

5. 链传动中，限制小链轮最少齿数的目的之一是_____。

    A. 减少传动的运动不均匀性和动载荷

    B. 防止链节磨损后脱链

    C. 使小链轮轮齿受力均匀

    D. 防止润滑不良时轮齿加速磨损

6. 设计链传动时，链节数最好取_____。

    A. 偶数        B. 奇数        C. 质数        D. 链轮齿数的整数倍

## 二、简答题

1. 链传动产生动载荷的原因及影响因素有哪些？

2. 链传动的失效形式及设计准则是什么？

3. 链传动中为什么小链轮的齿数不宜过少？而大链轮的齿数又不宜过多？

4. 套筒滚子链已标准化，链号为 20A 的链条节距 $p$ 等于多少？有一滚子链标记为：10A-2×100 GB/T 1243—2006，试说明它的含义。

## 三、设计计算题

某单列套筒滚子链传动由三相异步电机驱动，传递的功率 $P=22kW$。主动链轮转数 $n_1=720r/min$，主动链轮齿数 $z_1=23$，从动链轮齿数 $z_2=83$。链条型号为 12A，链节距 $p=19.05mm$，如果链节数 $L_p=100$，两班制工作。采用滴油润滑，试验算该套筒滚子链是否满足要求？若不满足如何改进？

# 第7章 齿轮传动

## 教学目标

(1)掌握齿轮传动的类型、特点及应用。

(2)掌握齿轮传动的失效形式、设计准则、材料及热处理。

(3)掌握齿轮传动的受力分析及设计计算。

(4)掌握齿轮的结构形式及润滑方式。

(5)了解变位齿轮的强度计算。

## 教学要求

| 能力目标 | 知识要点 | 权重/% | 自测分数 |
|---|---|---|---|
| 掌握齿轮传动的类型、特点及应用 | 齿轮传动的优缺点，齿轮传动的类型及其应用 | 10 | |
| 掌握齿轮传动的失效形式、设计准则、材料及热处理 | 齿轮传动的主要失效形式及其特点、失效部位、失效机理或减轻失效的措施，以及针对不同失效形式的设计准则，齿轮常用材料的选择及正确地选择合适的齿轮的热处理方法 | 25 | |
| 掌握齿轮传动的受力分析及设计计算 | 圆柱齿轮及圆锥齿轮的受力分析，圆柱齿轮及圆锥齿轮强度计算的理论依据、各主要参数和系数的意义及选择 | 50 | |
| 掌握齿轮的主要结构形式及润滑方式 | 齿轮的主要结构形式的特点、应用及设计方法。齿轮传动的润滑方式及润滑剂的选择 | 10 | |
| 了解变位齿轮的强度计算 | 变位齿轮强度计算的特点 | 5 | |

## 引入案例

EQ-153 载货汽车在实验时出现了可感觉到的异常噪声和振动，打开齿轮试验总成后发现，

图 7.1　汽车后桥差速器

主动锥齿轮基本完好，齿面光滑无缺陷，但从动锥齿轮上有部分轮齿发生了断裂，见图 7.1。经分析发现由于轮齿在承受较大载荷情况下，齿根处承受最大弯曲应力，加上失效齿轮断口齿根处附近材料存在较严重的冶金缺陷，因而成为轮齿弯曲疲劳裂纹的发源地，并在较大交变应力作用下，疲劳裂纹扩展较快，最终导致了齿轮台架试验产生早期断裂。

# 7.1 概 述

齿轮传动是机械传动中最重要的传动之一,形式很多,应用广泛,传递的功率可达 $10^5\,kW$,圆周速度可达 150m/s,目前最高可达 300m/s,齿轮的直径能做到 10m 以上,单级传动比可达 8 或更大。

**1. 齿轮传动的特点**

(1)传动效率高。在常用的机械传动中,以齿轮传动的效率为最高。例如,一级圆柱齿轮传动的效率可达 99%。这对大功率传动十分重要,因为即使效率只提高 1%,也有很大的经济意义。

(2)结构紧凑。在同样的使用条件下,与带传动、链传动相比,齿轮传动所需的空间尺寸一般较小。

(3)工作可靠、寿命长。设计制造正确合理、使用维护良好的齿轮传动,工作十分可靠,寿命可长达一二十年,这也是其他机械传动所不能比拟的。这对车辆及在矿井内工作的机械尤为重要。

(4)瞬时传动比为常数。齿轮传动是一种可以实现恒速、恒传动比的机械啮合传动形式,齿轮传动广泛应用的最重要原因之一是其能够实现稳定的传动比。

(5)功率和速度适用范围广。带传动和链传动的圆周速度都有一定的限制,而齿轮传动可以达到的速度要大得多。齿轮的制造及安装精度要求高,价格较贵,且不宜用于传动距离过大的场合。

**2. 齿轮传动的类型**

(1)齿轮传动因装置形式不同分为开式、半开式及闭式。

农业机械、建筑机械以及简易的机械设备中,有一些齿轮传动没有防尘罩或机壳,齿轮完全暴露在外边,这种称为开式齿轮传动。开式齿轮传动不仅外界杂物极易侵入,而且润滑不良,因此工作条件不好,轮齿也容易磨损,故只宜在传递功率小、圆周速度低、不重要的机械中采用;当齿轮传动装有简单的防护罩,有时还把大齿轮部分地侵入油池中,则称为半开式齿轮传动。它的工作条件虽有改善,但仍不能做到严密防止外界杂物侵入,润滑条件也不算最好。汽车、机床、航空发动机等所用的齿轮传动,都是装在经过精确加工而且封闭严密的箱体(机匣)内,这称为闭式齿轮传动(齿轮箱)。它与开式或半开式的相比,润滑及防护等条件最好,多用于传递功率大、圆周速度高、使用寿命长及重要的场合。

(2)齿轮传动因使用情况不同,有低速、高速及轻载、重载之别。

(3)齿轮材料的性能及热处理工艺不同,有硬齿面齿轮和软齿面齿轮。

硬齿面齿轮是指齿面硬度高于 350HBS 或 38HRC 的齿轮,通常为钢材经表面淬火或渗碳淬火或渗氮处理获得。硬齿面齿轮的承载能力大、寿命长,主要用于载荷大、尺寸要求紧凑的场合。

软齿面齿轮是指齿面硬度低于 350HBS 或 38HRC 的齿轮,通常为钢材经正火或调质处理获得。软齿面齿轮的承载能力较低,一般用于载荷不大或尺寸较大的齿轮。

# 7.2　齿轮传动的失效形式及设计准则

## 7.2.1　齿轮的失效形式

一般来说，齿轮传动的失效主要是轮齿的失效。因齿轮传动的装置、使用情况及齿轮齿面硬度不同，齿轮传动也就出现了不同的失效形式。这里只就较为常见的轮齿折断和工作齿面磨损、点蚀、胶合及塑性变形等略做介绍，其余的轮齿失效形式请参看有关标准。至于齿轮的其他部分(如齿圈、轮辐、轮毂等)，除了对齿轮的质量大小需加严格限制外，通常只按经验设计，所定的尺寸对强度及刚度来说均较富裕，实践中也极少失效。

### 1. 轮齿折断

轮齿折断一般发生在齿根部，这是因为齿根部的弯曲应力最大，且有较大的应力集中。

轮齿折断常见两种形式。

(1)轮齿疲劳折断。在轮齿受载时，齿根处就会产生以弯曲应力为主的交变应力，再加上齿根过渡部分的截面突变及加工刀痕等引起的应力集中，轮齿在过高的交变应力多次作用下，齿根处就会产生疲劳裂纹，并逐步扩展，致使轮齿疲劳折断［图7.2(a)］。

(2)轮齿过载折断。当轮齿受到突然过载或严重冲击载荷时，也可能因静强度不够而出现过载折断或剪断；在轮齿经过严重磨损或齿厚过分减薄时，也会在正常载荷作用下发生折断［图7.2(b)］。

在斜齿圆柱齿轮(简称斜齿轮)传动中，轮齿工作面上的接触线为一斜线(图7.3)，齿受载后，当有载荷集中时，就会发生局部折断。若制造及安装不良或轴的弯曲变形过大，轮齿局部受载过大，即使是直齿圆柱齿轮(简称直齿轮)，也会发生局部折断。

为了提高轮齿的抗折断能力，可采取下列措施：①用增大齿根过渡圆角半径及消除加工刀痕的方法来减小齿根应力集中；②增大轴及支承的刚性，使轮齿接触线上受载均匀；③采用合适的热处理方法使齿芯材料具有足够的韧性；④采用喷丸、滚压等工艺措施对齿根表层进行强化处理。

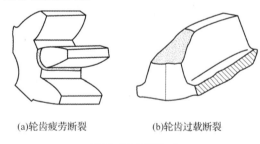

(a)轮齿疲劳断裂　　　　　(b)轮齿过载断裂

图7.2　轮齿折断

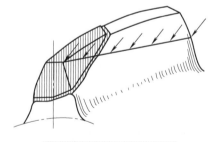

图7.3　斜齿轮受载及折断

### 2. 齿面点蚀

在润滑良好的闭式软齿面传动中，齿面点蚀是最常见的失效形式。开式齿轮传动，由于齿面磨损较快，很少出现点蚀。

轮齿工作时，齿面受到脉动循环的接触应力，使得轮齿的表层首先出现微小的疲劳裂纹，然后裂纹扩展，最后致使齿面表层的金属微粒剥落，形成齿面麻点(图7.4)，这种现象称为齿面点蚀。随着点蚀的发展，这些小的点蚀坑会连成一片，形成明显的齿面损伤。齿面出现点蚀后，齿形遭到破坏，噪声和振动增大，承载能力下降。

点蚀多先发生在节线附近的齿根面上，这是因为齿廓在节线附近啮合时齿面相对滑动速度较低，不利于形成润滑油膜，齿面摩擦力大而易发生微小裂纹；渗入齿根部分齿面上的微裂纹内的润滑油易被封闭困死，促使微裂纹扩展；对于直齿轮，节线附近通常处于单齿啮合区，齿面承受载荷较大。

提高齿面抗磨损能力的措施：①提高齿轮硬度。②改善齿面的接触状况，减小载荷集中。③提高润滑油的黏度和采用合适的添加剂。

### 3．齿面磨损

在齿轮传动中，齿面随着工作条件的不同会出现多种不同的磨损形式。当轮齿的工作齿面间落入磨料性物质(如砂粒、铁屑、灰尘等杂质)时，齿面将产生磨粒磨损(图 7.5)。齿面磨损严重时，轮齿不仅失去了正确的齿廓形状，而且轮齿变薄易引起折断。齿面磨损是开式齿轮传动的主要失效形式之一。

(a)早期点蚀　　(b)破坏性点蚀

图 7.4　齿面点蚀

图 7.5　齿面磨损

提高齿面抗磨损能力的措施：①合理选择润滑油、润滑方式和添加剂，使轮齿啮合区得到良好润滑。②注意润滑油的清洁和更换，改善密封形式和加设润滑油的过滤装置。③适当提高齿面硬度和降低齿面粗糙度值。④改用闭式齿轮传动，以避免磨粒磨损。

### 4．齿面胶合

在高速重载齿轮传动中(如航空发动机减速器的主传动齿轮)，齿面间的接触压力大，接触点附近瞬时温度升高，使润滑效果差，当温度过高时，相啮合的两齿面就会直接接触，发生黏焊在一起的现象，随着两齿面继续作运动，黏焊住的地方又被撕开，于是在齿面上沿相对滑动的方向上形成犁沟状伤痕(图 7.6)，这种现象称为齿面胶合。胶合通常发生在齿面上相对滑动速度大的齿顶和齿根部位。

有些低速重载的重型齿轮传动，由于齿面间的油膜遭到破坏，也会产生胶合失效。此时，齿面的瞬时温度并无明显增高，故称为冷胶合。

提高齿面抗胶合能力的措施：①提高齿面硬度。②采用抗胶合能力强的润滑油(如硫化油)。③在润滑油中加入极压添加剂。④改善散热条件，降低供油温度，以降低齿轮的整体温度。

### 5．齿面塑性变形

塑性变形属于轮齿永久变形一大类的失效形式，它由于在过大的应力作用下，轮齿材料处于屈服状态而产生的齿面或齿体塑性流动所形成的。塑性变形一般发生硬度低的齿轮上；但在重载作用下，硬度高的齿轮上也会出现。

塑性变形又分为滚压塑变和锤击塑变。滚压塑变是啮合轮齿的相互滚压与滑动而引起的材料塑性流动所形成的。由于材料的塑性流动方向和齿面上所受的摩擦力方向一致(图7.7),所以在主动轮的轮齿上沿相对滑动速度为零的节线处将被碾出沟槽[图7.8(a)],而在从动轮的轮齿上则在节线处被挤出脊棱[图7.8(b)]。这种现象称为滚压塑变。锤击塑变则是伴有过大的冲击而产生的塑性变形,它的特征是在齿面上出现浅的沟槽,且沟槽的取向与啮合轮齿的接触线相一致。

图7.6 齿面胶合

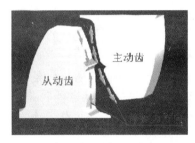

图7.7 齿面滚压塑性变形

(a)主动轮塑性变形

(b)从动轮塑性变形

图7.8 主从动齿面塑性变形

提高齿面抗塑性变形能力的措施:①提高轮齿齿面硬度。②采用高黏度的或加有极压添加剂的润滑油。③避免频繁起动、过载或冲击。

除以上五种主要失效形式之外,还可能出现过热、侵蚀、电蚀和由于不同原因产生的多种腐蚀与裂纹等,可参看有关资料。

## 7.2.2 设计准则

由上述分析可知,所设计的齿轮传动在具体的工作情况下,必须具有足够的、相应的工作能力,以保证在整个工作寿命期间不致失效。因此,针对上述各种工作情况及失效形式,都应分别确定相应的设计准则。但是对于齿面磨损、塑性变形等,由于尚未建立起广为工程实际使用而且行之有效的计算方法及设计数据,所以目前设计一般使用的齿轮传动时,通常只按保证齿根弯曲疲劳强度及保证齿面接触疲劳强度两准则进行计算。对于高速大功率的齿轮传动(如航空发动机主传动、汽车发电机组传动等),还要按保证齿面抗胶合能力的准则进行计算(参阅 GB/T 3480—1997)。至于抵抗其他失效的能力,目前虽然一般不进行计算,但应采取相应的措施。

由实践得知,在闭式齿轮传动中,通常以保证齿面接触疲劳强度为主。但对于齿面硬度很高、齿芯强度又低的齿轮(如用 20、20Cr 等钢经渗碳后淬火的齿轮)或材质较脆的齿轮,通常则以保证齿根弯曲疲劳强度为主。如果两齿轮均为硬齿面且齿面硬度一样高,则视具体情况而定。

　　功率较大的传动，如输入功率超过 75kW 的闭式齿轮传动，发热量大，易于导致润滑不良及轮齿胶合损伤等，为了控制温升，还应作散热能力计算。

　　开式(半开式)齿轮传动，按理应根据保证齿面抗磨损及齿根抗折断能力两准则进行计算，但如前所述，对齿面抗磨损能力的计算方法迄今尚不够完善，故对开式(半开式)齿轮传动，目前仅以保证齿根弯曲疲劳强度作为设计准则。为了延长开式(半开式)齿轮传动的寿命，可视具体需要而将所求得的模数适当增大。

　　前已指出对于齿轮的轮圈、轮辐、轮毂等部位的尺寸，通常仅做结构设计，不进行强度计算。

# 7.3　齿轮的材料及其选择原则

　　由轮齿的失效形式可知，齿轮材料应该具有足够的齿面硬度，以获得抗磨损、抗点蚀、抗胶合及抗塑性变形的能力；而齿芯要韧，在变载荷和冲击载荷作用下有足够的抗弯曲疲劳折断的能力。同时，还具有良好的机械加工和热处理工艺性能。

## 7.3.1　常用的齿轮材料

　　工程中常用的齿轮是钢，其次为铸铁，有时也采用铜等非铁金属材料和非金属材料。

### 1. 钢及其热处理

　　钢材的韧性好、耐冲击，还可通过热处理或化学热处理改善其力学性能及提高齿面的硬度，故最适合制造齿轮。

　　钢制齿轮常采用调质、正火、整体淬火、表面淬火以及渗碳、渗氮等热处理方法。各种热处理方式使用的钢材及适用场合可参考表 7-1。

#### 1)锻钢

　　锻钢具有强度高、韧性好、便于制造等特点，还可通过各种热处理的方法来改善其力学性能，故大多数齿轮都用锻钢制造。常用的是含碳量为 0.15%～0.6%的碳钢或合金钢。合金钢的力学性能优于碳钢，所以，对于高速、重载，要求尺寸小、重量小，以及重要的齿轮装置多用性能优良的合金钢来制造。

　　对于要求不高的齿轮传动，或大尺寸齿轮，常用软齿面齿轮。软齿面齿轮常用含碳量为 0.35%～0.45%的碳钢或合金调质钢制造，齿坯经正火或调质后切齿即可，其精度一般为 8 级，精切可达 7 级。这类齿轮制造简单、较经济、生产率高，但尺寸较大、承载能力不高、使用寿命短，使用维修费用高，总的经济性不高。

　　对于高速、重载以及高精度、高性能的齿轮传动，应采用硬齿面齿轮。齿轮在切齿后，作表面硬化处理，最后进行磨齿、研齿等精加工，精度可达 4～5 级。这类齿轮随之成本较高，但因承载能力高、性能好、使用寿命长，总的经济性较高。

　　常用表面硬化处理方法可分为两大类。

　　一类是表面化学热处理，如渗碳、渗氮、氮碳共渗、硫氮碳共渗等。其中，渗碳淬火处理常用含碳量低于 0.25%的渗碳合金钢，经渗碳淬火后齿轮齿面硬度较高，一般为 58～63HRC，且心部具有良好的韧性，承载能力相对最高，但因热处理变形大，热处理后需精切，成本也最高。渗氮钢齿轮经渗氮或氮碳共渗处理后，其齿面硬度可高达 650～850HV，有较高的承载能力、良好的抗磨损、抗腐蚀及抗胶合能力，但硬化层深度较浅，硬度梯度较大，承载能力尤其是承受冲击载荷的能力一般不如渗碳淬火齿轮。由于渗氮处理的变形较小，对于6～7级精度齿轮无须热处理后精切齿部，因此，应用范围日益扩大，可用于无强烈冲击载荷的高速齿轮及耐磨性要求高的齿轮，在内齿轮和齿圈的硬化处理中更是常用。碳氮共渗处理具有处理温度低、变形小、易控制、经济性好等优点，且可有较高的使用寿命，也得到了广泛应用。

另一类是表面热处理，如对调质钢进行火焰淬火、感应淬火、激光淬火等。经正确表面热处理的齿轮，小齿轮的齿面硬度一般为 50～55HRC，大齿轮为 45～55HRC，具有较高的耐磨性和接触强度，齿根弯曲强度也有所提高，但总体性能不如渗碳和氮碳共渗的好。在低速重载、机床、机车、汽车、农机等行业中广泛采用感应淬火。

表 7-1 齿轮常用热处理方法及其概略情况

| 热处理 | 使用钢材 | 可达硬度 | 主要特点及适用场合 |
|---|---|---|---|
| 调质 | 中碳钢及中碳合金钢 | 整体 220～280HBS | 硬度适中，具有一定强度、韧度，综合力学性能好，热处理后可由滚齿或插齿进行精加工，适用于单件、小批量生产或对传动尺寸无严格限制的场合 |
| 正火 | 中碳钢及铸钢 | 整体 160～210HBS | 工艺简易易于实现，可代替调质处理，适于因条件限制不便进行调质的大尺寸齿轮及不太重要的齿轮 |
| 整体淬火 | 中碳钢及中碳合金钢 | 整体 45～55HRC | 工艺简单，轮齿变形大，需要磨齿。因芯部与齿面同硬度，韧度差，不能承受冲击载荷 |
| 表面淬火 | 中碳钢及中碳合金钢 | 齿面 48～54HRC | 通常在调质或正火后进行。齿面承载能力较强，芯部韧性好。齿轮变形比较小，可不磨齿，齿面硬度难以保证均匀一致，可用于承受中等冲击的齿轮 |
| 渗碳淬火 | 多为低碳合金钢，如 20CrMnTi | 齿面 58～62HRC | 渗碳深度一般取 $0.3m$（模数），但不小于 1.5～1.8mm。齿面硬度较高，耐磨损，承载能力较强，芯部韧度好，耐冲击。轮齿变形大，需要磨齿。适用于重载、高速及受冲击载荷的齿轮 |
| 渗氮 | 渗氮钢，如 38CrMoAlA | 齿面 65HRC | 齿面硬，变形小，可不磨齿。工艺时间长，硬化层薄（0.05～0.3mm），不耐冲击。适用于不受冲击且润滑良好的齿轮 |
| 碳氮共渗 | 渗碳钢 | | 工艺时间短，兼有渗碳和渗氮的优点，比渗氮处理硬化层厚，生产率高，可代替渗碳淬火 |

**2）铸钢**

铸钢的耐磨性及强度均较好，但由于铸造时内应力较大，故应经正火或退火处理，必要时也可进行调质处理。当齿轮的尺寸较大或结构复杂、受力较大时，可考虑采用铸钢。常用的铸钢有 ZG310～570，ZG340～640 等。

**2. 铸铁**

普通灰铸铁的抗弯强度、抗冲击和耐磨损性能均较差，但铸铁工艺性好，成本较低，故铸铁齿轮一般常用于低速轻载、冲击小等不重要的齿轮传动中。

球墨铸铁的力学性能和抗冲击能力比灰铸铁高，高强度球墨铸铁可以代替铸钢铸造大直径的轮坯。常用的铸铁材料有 HT300、HT350、QT600-3 等。

齿轮常用材料、热处理方式及其力学性能列于表 7-2 中。

表 7-2 常用齿轮材料及其力学特性

| 材料牌号 | 热处理方法 | 强度极限 $\sigma_B$ /MPa | 屈服极限 $\sigma_S$ /MPa | 硬度(HBS) | |
|---|---|---|---|---|---|
| | | | | 齿芯部 | 齿面 |
| HT250 | 人工时效 | 250 | | 170～241 | |
| HT300 | | 300 | | 187～255 | |
| HT350 | | 350 | | 197～269 | |
| QT500-5 | 正火 | 500 | | 147～241 | |
| QT600-2 | | 600 | | 229～302 | |
| ZG310-570 | | 570 | 320 | 156～217 | |
| ZG340-640 | | 640 | 350 | 169～229 | |
| 45 | | 580 | 290 | 162～217 | |
| ZG340-640 | 调质 | 700 | 380 | 241～269 | |
| 45 | | 650 | 360 | 217～255 | |
| 30CrMnSi | | 1100 | 900 | 310～360 | |
| 35SiMn | | 750 | 450 | 217～269 | |
| 38SiMnMo | | 700 | 550 | 217～269 | |
| 40Cr | | 700 | 500 | 241～286 | |
| 45 | 调质后表面洋火 | | | 2l7～255 | 40～50HRC |
| 40Cr | | | | 241～286 | 48～55HRC |
| 20Cr | 渗碳后悴火 | 650 | 400 | 300 | 58～62HRC |
| 20CrMnTE | | 1100 | 850 | | |
| 12Cr2Ni4 | | 1100 | 850 | 320 | |
| 20Cr2Ni4 | | 1200 | 1100 | 350 | |
| 35CrAlA | 调质后氮化(氮化层厚 $\delta \geqslant 0.3～0.5mm$) | 950 | 750 | 255～321 | >850HV |
| 38CrMoAlA | | 1000 | 850 | | |
| 夹布塑胶 | — | 100 | — | 25～35 | |

注：40Cr 钢可用 40MnB 或 40MnVB 钢代替；20Cr、20CrMnTi 钢可用 20MnB 或 20MnVB 钢代替。

## 7.3.2 齿轮材料的选择原则

齿轮材料和热处理是影响齿轮承载能力和使用寿命的关键因素，也是关系齿轮性能、质量和成本的重要环节。迄今，齿轮材料以钢为主，其他材料应用不多。随着齿轮技术的发展，传动参数不断提高，设计制造技术不断进步，国内外已普遍采用硬齿面齿轮。硬齿面齿轮不仅大大提高承载能力、改善技术性能，还可因结构尺寸减小而获得良好的经济效益。在相同承载和工作条件下，齿轮采用不同材料及热处理时的相对重量比和价格比见表 7-3。

表 7-3 不同材料及热处理时的相对重量比和价格比

| 相对比 | 结构钢正火 | 合金钢调质 | 软硬齿面组合 | 渗氮 | 感应淬火 | 渗碳淬火 |
|---|---|---|---|---|---|---|
| 相对重量比 | 1.75 | 1.00 | 0.71 | 0.54 | 0.49 | 0.33 |
| 相对价格比 | 1.32 | 1.00 | 0.85 | 0.78 | 0.66 | 0.63 |

在选择材料时应考虑的因素很多，下述几点可供参考。

### 1. 载荷的大小和性质

对于经常承受较大冲击载荷的齿轮，要求齿轮材料有较高的强度和韧性，一般选用合金渗碳钢(如 20CrMnTi)制造，齿面要求磨齿等精加工方法加工。

如果载荷较为平稳，可选用中碳结构钢(如 45、40Cr 等)经正火或调质处理后，获得较低的表面硬度(一般不大于 350HBS)，用高速钢刀具切齿成型，达到 7 级精度。也可在调质处理后进行表面淬火，齿面表层硬度达 40～55HRC。

### 2. 圆周速度

在相同的制造精度下，齿轮的圆周速度越高，内部动载荷就越大。因此，考虑到内部动载荷的影响，齿轮的圆周速度越高，则要求齿轮材料越好及制造精度越高，见表 7-4。

表 7-4　动力传动齿轮的精度等级

| 精度等级 | 圆柱齿轮的线速度/(m/s) | | 圆锥齿轮的线速度/(m/s) | |
|---|---|---|---|---|
| | 直齿 | 斜齿 | 直齿 | 斜齿 |
| 5 级以上 | ≥15 | ≥30 | ≥12 | ≥20 |
| 6 级 | 10～15 | 15～30 | 8～12 | 10～20 |
| 7 级 | 6～10 | 10～15 | 4～8 | 7～10 |
| 8 级 | 2～6 | 4～10 | 1.5～4 | 3～7 |
| 9 级 | <2 | <4 | <1.5 | <3 |

注：圆锥齿轮传动的线速度按平均分度圆处的圆周速度计算。

### 3. 生产批量大小

单件小批量生产可以根据现有条件选择材料。对于锻造毛坯，最好采用自由锻。成批大量生产的齿轮，需要根据性能要求精心选择材料，可以考虑采用热模锻。

### 4. 生产厂家现有工艺条件的限制

选择材料也需要参考生产厂家的工艺条件，一般工厂能够锻造的盘形零件毛坯直径在 500mm 以下。当齿轮的齿顶圆直径超过 500mm 时，适宜采用铸铁或者铸钢材料。铸铁材料允许的最大圆周速度为 6m/s。直径较小的齿轮(如齿顶圆直径<500mm 时)也可以考虑直接采用轧制圆钢。内齿轮的工作齿面为凹齿廓，磨齿加工困难。当要求 7 级以上精度或高的齿面硬度时，可选用氮化钢制造，经氮化处理。

### 5. 配对齿轮选材软硬组合

就一对相啮合齿轮而言，它们的材料或齿面硬度应有所区别。因为配对齿轮中的小齿轮齿根弯曲强度较低，同时小齿轮受载次数比大齿轮多，因此从强度和磨损这两个方面考虑，通常应将小齿轮材料选好一些，或将它的齿面硬度选得高一些。金属制的软齿面齿轮，配对两轮齿面的硬度差应保持为 30～50HBS 或更多。当小齿轮与大齿轮的齿面具有较大的硬度差(如小齿轮齿面为淬火并磨制，大齿轮齿面为常化或调质)，且速度又较高时，较硬的小齿轮齿面对较软的大齿轮齿面会起较显著的冷作硬化效应，从而提高了大齿轮齿面的疲劳极限。因此，当配对的两齿轮齿面具有较大的硬度差时，大齿轮的接触疲劳许用应力可提高约 20%，但应注意硬度高的齿面，粗糙度值也要相应减小。

一对配对齿轮中，大小齿轮可以都是软齿面或硬齿面，也可以是软齿面和硬齿面的组合，具体参数见表 7-5。

表 7-5 齿面硬度及其组合

| 齿面类型 | 齿轮种类 | 热处理 | | 两轮齿面硬度差 | 工作面硬度举例 | | 备注 |
|---|---|---|---|---|---|---|---|
| | | 小齿轮 | 大齿轮 | | 小齿轮 | 大齿轮 | |
| 软齿面 ≤350HBS | 直齿 | 调质 | 正火 调质 | 30～50HBS | 240～270HBS 260～290HBS | 180～220HBS 220～240HBS | 用于重载中速及低速固定式传动装置 |
| | 斜齿及人字齿 | 调质 | 正火 正火 调质 | 40～50HBS | 240～270HBS 260～290HBS 270～300HBS | 160～190HBS 180～210HBS 200～230HBS | |
| 软硬组合 小齿轮 ≥350HBS 大齿轮 ≤350HBS | 斜齿 | 表面淬火 | 调质 正火 | 很大 | 45～50HRC 45～50HRC | 270～300HBS 200～230HBS | 用于载荷冲击和过载均不大的固定式传动装置 |
| | 人字齿 | 渗碳 渗氮 | 调质 | | 56～62HRC | 200～230HBS | |
| 硬齿面 >350HBS | 直齿、斜齿及人字齿 | 表面淬火 | 表面淬火 | 很小 | 45～50HRC | 45～50HRC | 用在传动尺寸受结构条件限制的情况和运输机械的传动 |
| | | 渗碳 渗氮 | 渗碳 | | 56～62HRC | 56～62HRC | |

# 7.4 齿轮传动的计算载荷

为了便于分析计算，通常取沿齿面接触线单位长度上所受的载荷进行计算。沿齿面接触线单位长度上的平均载荷 $p$ 为

$$p = \frac{F_n}{L} \ (\text{N/mm})$$

式中，$F_n$ 为作用于齿面接触线上的法向载荷，N；$L$ 为沿齿面的接触线长，mm。

法向载荷 $F_n$ 为公称载荷，在实际传动中，由于原动机及工作机性能的影响，以及齿轮的制造误差，特别是基节误差和齿形误差的影响，会使法向载荷增大。此外，在同时啮合的齿对间，载荷的分配并不是均匀的，即使在一对齿上，载荷也不可能沿接触线均匀分布。因此在计算齿轮传动的强度时，应按接触线单位长度上的最大载荷，即计算载荷 $p_{\text{ca}}$（单位为N/mm）进行计算，即

$$p_{\text{ca}} = Kp = \frac{KF_n}{L} \tag{7-1}$$

$$K = K_A K_v K_\alpha K_\beta \tag{7-2}$$

式中，$K$ 为载荷系数，包括工作情况系数 $K_A$、动载系数 $K_v$、齿间载荷分配系数 $K_\alpha$、齿向载荷分布系数 $K_\beta$。

## 1. 工作情况系数 $K_A$

工作情况系数 $K_A$ 是考虑齿轮啮合时外部因素引起的附加载荷影响的系数。这种附加载荷取决于原动机和从动机械的特性、质量比、联轴器类型以及运行状态等。$K_A$ 的实用值应针对设计对象，通过实践确定。表 7-6 所列的 $K_A$ 值可供参考。

表 7-6　使用系数 $K_A$

| 载荷状态 | 工作机器 | 原动机 | | | |
| --- | --- | --- | --- | --- | --- |
| | | 电动机、均匀运转的蒸汽机、燃气轮机 | 蒸汽机、燃气轮机液压装置 | 多缸内燃机 | 单缸内燃机 |
| 均匀平稳 | 发电机、均匀传送的带式输送机或板式输送机、螺旋输送机、轻型升降机、包装机、机床进给机构、通风机、均匀密度材料搅拌机等 | 1.00 | 1.10 | 1.25 | 1.50 |
| 轻微冲击 | 不均匀传送的带式输送机或板式输送机、机床的主传动机构、重型升降机、工业与矿用风机、重型离心机、变密度材料搅拌机等 | 1.25 | 1.35 | 1.50 | 1.75 |
| 中等冲击 | 橡胶挤压机、橡胶和塑料做间断工作的搅拌机、轻型球磨机、木工机械、钢坯初轧机、提升装置、单缸活塞泵等 | 1.50 | 1.60 | 1.75 | 2.00 |
| 严重冲击 | 挖掘机、重型球磨机、橡胶揉合机、破碎机、重型给水泵、旋转式钻探装置、压砖机、带材冷轧机、压坯机等 | 1.75 | 1.85 | 2.00 | 2.25 或更大 |

注：表中所列 $K_A$ 值仅适用于减速传动；若为增速传动，$K_A$ 值约为表中值的 1.1 倍。当外部机械与齿轮装置间有挠性连接时，通常 $K_A$ 值可适当减小。

**2. 动载系数 $K_v$**

齿轮传动不可避免地会有制造及装配的误差，轮齿受载后还要产生弹性变形。这些误差及变形实际上将使啮合轮齿的法节 $p_{b1}$ 与 $p_{b2}$ 不相等(参看图 7.9 和图 7.10)，因而轮齿就不能正确地啮合传动，瞬时传动比就不是定值，从动齿轮在运转中就会产生角加速度，于是引起了动载荷或冲击。对于直齿轮传动，轮齿在啮合过程中，不论是由双对齿啮合过渡到单对齿啮合，或是由单对齿啮合过渡到双对齿啮合，由于啮合齿对的刚度变化，也要引起动载荷。为了计及动载荷的影响，引入了动载系数 $K_v$。

齿轮的制造精度及圆周速度对轮齿啮合过程中产生动载荷的大小影响很大。提高制造精度，减小齿轮直径以降低圆周速度，均可减小动载荷。

为了减小动载荷，可将轮齿进行齿顶修缘，即把齿顶的一小部分齿廓曲线(分度圆压力角 $\alpha = 20°$ 的渐开线)修整成 $\alpha > 20°$ 的渐开线。如图 7.9 所示，因 $p_{b2} > p_{b1}$，则后一对轮齿在未进入啮合区时就开始接触，从而产生动载荷。为此将从动轮 2 进行齿顶修缘，图中从动轮 2 的虚线齿廓即修缘后的齿廓，实线齿廓则为未经修缘的齿廓。由图明显地看出，修缘后的轮齿齿顶处的法节 $p'_{b2} < p_{b2}$，因此当 $p_{b2} > p_{b1}$ 时，对修缘了的轮齿，在开始啮合阶段(图 7.9)，相啮合的轮齿的法节差就小一些，啮合时产生的动载荷也就小一些。

如图 7.10 所示，若 $p_{b1} > p_{b2}$，则在后一对齿已进入啮合区时，其主动齿齿根与从动齿齿顶还未啮合。要待前一对齿离开正确啮合区一段距离以后，后一对齿才能开始啮合，在此期间，仍不免要产生动载荷。若将主动轮 1 也进行齿顶修缘(如图 7.10 中虚线齿廓所示)，即可减小这种动载荷。

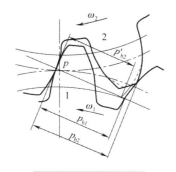

图 7.9 从动轮齿修缘

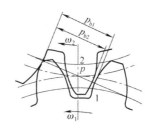

图 7.10 主动轮齿修缘

高速齿轮传动或齿面经硬化的齿轮，轮齿应进行修缘。但应注意，若修缘量过大，不仅重合度减小过多，而且动载荷也不一定就相应减小，故轮齿的修缘量应定得适当。

动载系数 $K_v$ 的实用值，应针对设计对象通过实践确定。对于一般齿轮传动的动载系数 $K_v$，可参考图 7.11 选用。图中 6～10 为齿轮传动的精度系数，它与齿轮(第 II 公差组)的精度有关。如将其看作齿轮精度查取 $K_v$ 值，是偏于安全的。

若为直齿锥齿轮传动，应按图中低一级的精度线及锥齿轮平均分度圆处的圆周速度 $v$ 查取 $K_v$ 值。

### 3. 齿间载荷分配系数 $K_\alpha$

一对相互啮合的斜齿(或直齿)圆柱齿轮，如在啮合区 $B_1B_2$ (图 7.12) 中有两对(或多对)齿同时工作，则载荷应分配在这两对(或多对)齿上。

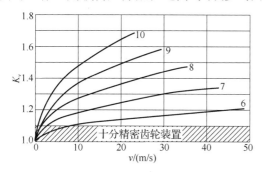

图 7.11 动载荷系数 $K_v$ 值

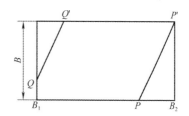

图 7.12 啮合区内齿间载荷的分配

图 7.10 中两对齿同时啮合的接触线总长 $L = PP' + QQ'$。但由于齿距误差及弹性变形等，总载荷 $F_n$ 并不是按 $PP'$ 与 $QQ'$ 的比例分配在 $PP'$ 及 $QQ'$ 这两条接触线上。因此其中一条接触线上的平均单位载荷可能会大于 $p$，而另一条接触线的平均单位载荷则小于 $p$。进行强度计算时当然应按平均单位载荷大于 $p$ 的值计算。为此，在式(7-2)中引入齿间载荷分配系数 $K_\alpha$。$K_\alpha$ 的值可用详尽的算法计算。对一般不需做精确计算的 $\beta \leqslant 30°$ 的斜齿圆柱齿轮传动可查表 7-7。

表 7-7 齿间分配系数 $K_{H\alpha}$、$K_{F\alpha}$

| $K_A F_t / b$ | | ≥100N/mm | | | | < 100N/mm |
|---|---|---|---|---|---|---|
| 精度等级 II 组 | | 5 | 6 | 7 | 8 | 5 级或更低 |
| 经表面硬化的斜齿轮 | $K_{H\alpha}$ | 10 | 1.1 | 1.2 | 1.4 | ≥1.4 |
| | $K_{F\alpha}$ | | | | | |

续表

| $K_A F_t / b$ | | ≥100N/mm | | | | <100N/mm |
|---|---|---|---|---|---|---|
| 精度等级Ⅱ组 | | 5 | 6 | 7 | 8 | 5级或更低 |
| 未经表面硬化的斜齿轮 | $K_{H\alpha}$ | 1.0 | | 1.1 | 1.2 | ≥1.4 |
| | $K_{F\alpha}$ | | | | | |

注：① 对直齿轮及修形齿轮，取 $K_{H\alpha} = K_{F\alpha} = 1$；

② 当大、小齿轮精度等级不同时，按精度等级较低者取值；

③ $K_{H\alpha}$ 为按齿面接触疲劳强度计算时用的齿间载荷分配系数，$K_{F\alpha}$ 为按齿根弯曲疲劳强度计算时用的齿间载荷分配系数。

### 4. 齿向载荷分布系数 $K_\beta$

如图 7.13 所示，当轴承相对于齿轮做不对称配置时，受载前，轴无弯曲变形，轮齿啮合

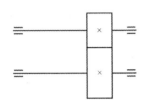

正常，两个节圆柱恰好相切；受载后，轴产生弯曲变形[图 7.14(a)]，轴上的齿轮也就随之偏斜，这就使作用在齿面上的载荷沿接触线分布不均匀 [图 7.14(b)]。当然，轴的扭转变形，轴承、支座的变形以及制造、装配的误差等也是使齿面上载荷分布不均的因素。

计算轮齿强度时，为了计及齿面上载荷沿接触线分布不均的现象，通常以系数 $K_\beta$ 来表征齿面上载荷分布不均的程度对轮齿强度的影响。

图 7.13 轴承为不对称配置

为了改善载荷沿接触线分布不均的程度，可以采取增大轴、轴承及支座的刚度，对称地配置轴承，以及适当地限制轮齿的宽度等措施。同时应尽可能避免齿轮做悬臂布置(即两个支承皆在齿轮的一边)。对高速、重载(如航空发动机)的齿轮传动应更加重视。

除上述一般措施外，也可把一个齿轮的轮齿做成鼓形(图 7.15)。当轴产生弯曲变形而导致齿轮偏斜时，鼓形齿齿面上载荷分布的状态，如图 7.14(c)所示。显然，这对于载荷偏于轮齿一端的现象大有改善。

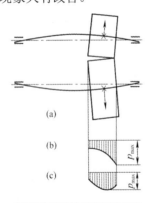

图 7.14 轮齿所受的载荷

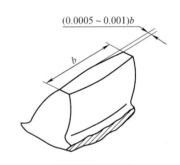

图 7.15 鼓形齿

小齿轮轴的弯曲及扭转变形，改变了轮齿沿齿宽的正常啮合位置，因而相应于轴的这些变形量，沿小齿轮齿宽对轮齿作适当的修形，可以大大改善载荷沿接触线分布不均的现象。这种沿齿宽对轮齿进行修形，多用于圆柱斜齿轮及人字齿轮传动，故通常即称为轮齿的螺旋角修形。

齿向载荷分布系数 $K_\beta$ 可分为 $K_{H\beta}$ 和 $K_{F\beta}$。$K_{H\beta}$ 为按齿面接触疲劳强度计算时所用的系数，而 $K_{F\beta}$ 为按齿根弯曲疲劳强度计算时所用的系数。表 7-8 给出了圆柱齿轮(包括直齿及斜齿)的齿向载荷分布系数 $K_{H\beta}$ 的值，可根据齿轮在轴上的支承情况、齿轮的精度等级、齿宽 $b$ (单位为 mm)

与齿宽系数 $\phi_d$ 按表 7-8 中查取该齿轮的 $K_{H\beta}$ 值。若齿宽 $b$ 与表值不符，可用插值法查取 $K_{H\beta}$ 值。

表 7-8　接触疲劳强度计算用的齿向载荷分布系数 $K_{H\beta}$

| 小齿轮支承位置 | | 软齿面齿轮 | | | | | | | | | 硬齿面齿轮 | | | | | |
|---|---|---|---|---|---|---|---|---|---|---|---|---|---|---|---|---|
| | | 对称布置 | | | 非对称布置 | | | 悬臂布置 | | | 对称布置 | | 非对称布置 | | 悬臂布置 | |
| $\phi_d$ | | 6 | 7 | 8 | 6 | 7 | 8 | 6 | 7 | 8 | 5 | 6 | 5 | 6 | 5 | 6 |
| 0.4 | 40 | 1.145 | 1.158 | 1.191 | 1.148 | 1.161 | 1.194 | 1.176 | 1.189 | 1.222 | 1.096 | 1.098 | 1.100 | 1.102 | 1.140 | 1.143 |
| | 80 | 1.151 | 1.167 | 1.204 | 1.154 | 1.170 | 1.206 | 1.182 | 1.198 | 1.234 | 1.100 | 1.104 | 1.104 | 1.108 | 1.144 | 1.149 |
| | 120 | 1.157 | 1.176 | 1.216 | 1.160 | 1.179 | 1.219 | 1.188 | 1.207 | 1.247 | 1.104 | 1.111 | 1.108 | 1.115 | 1.148 | 1.155 |
| | 160 | 1.163 | 1.186 | 1.228 | 1.168 | 1.188 | 1.231 | 1.194 | 1.216 | 1.259 | 1.108 | 1.117 | 1.112 | 1.121 | 1.152 | 1.162 |
| | 200 | 1.169 | 1.195 | 1.241 | 1.172 | 1.198 | 1.244 | 1.200 | 1.226 | 1.272 | 1.112 | 1.124 | 1.116 | 1.128 | 1.156 | 1.162 |
| 0.6 | 40 | 1.181 | 1.194 | 1.227 | 1.195 | 1.208 | 1.241 | 1.337 | 1.350 | 1.383 | 1.148 | 1.150 | 1.168 | 1.170 | 1.376 | 1.388 |
| | 80 | 1.187 | 1.203 | 1.240 | 1.201 | 1.217 | 1.254 | 1.343 | 1.359 | 1.396 | 1.152 | 1.156 | 1.172 | 1.171 | 1.380 | 1.396 |
| | 120 | 1.193 | 1.212 | 1.252 | 1.207 | 1.226 | 1.266 | 1.349 | 1.369 | 1.408 | 1.156 | 1.163 | 1.176 | 1.183 | 1.385 | 1.404 |
| | 160 | 1.199 | 1.222 | 1.264 | 1.213 | 1.236 | 1.278 | 1.355 | 1.378 | 1.421 | 1.160 | 1.169 | 1.180 | 1.189 | 1.390 | 1.411 |
| | 200 | 1.205 | 1.231 | 1.277 | 1.219 | 1.245 | 1.291 | 1.361 | 1.387 | 1.433 | 1.164 | 1.176 | 1.184 | 1.196 | 1.395 | 1.419 |
| 0.8 | 40 | 1.231 | 1.244 | 1.278 | 1.275 | 1.289 | 1.322 | 1.725 | 1.738 | 1.772 | 1.220 | 1.223 | 1.284 | 1.287 | 2.044 | 2..057 |
| | 80 | 1.237 | 1.254 | 1.290 | 1.281 | 1.298 | 1.334 | 1.731 | 1.748 | 1.784 | 1.224 | 1.229 | 1.288 | 1.293 | 2.049 | 2.064 |
| | 120 | 1.243 | 1.263 | 1.302 | 1.287 | 1.307 | 1.347 | 1.737 | 1.757 | 1.796 | 1.228 | 1.236 | 1.292 | 1.299 | 2.054 | 2072 |
| | 160 | 1.249 | 1.272 | 1.313 | 1.293 | 1.316 | 1.359 | 1.743 | 1.766 | 1.809 | 1.232 | 1.242 | 1.296 | 1.306 | 2.058 | 2.080 |
| | 200 | 1.255 | 1.281 | 1.327 | 1.299 | 1.325 | 1.371 | 1.749 | 1.775 | 1.821 | 1.236 | 1.248 | 1.300 | 1.312 | 2.063 | 2.087 |
| 1.0 | 40 | 1.296 | 1.309 | 1.342 | 1.404 | 1.417 | 1.450 | 2.502 | 2.515 | 2.548 | 1.314 | 1.316 | 1.491 | 1.504 | 3.382 | 3.395 |
| | 80 | 1.302 | 1.318 | 1.355 | 1.410 | 1.426 | 1.463 | 2.508 | 2.524 | 2.561 | 1.318 | 1.323 | 1.496 | 1.511 | 3.387 | 3.402 |
| | 120 | 1.308 | 1.328 | 1.367 | 1.416 | 1.436 | 1.475 | 2.514 | 2.534 | 2.573 | 1.322 | 1.329 | 1.500 | 1.519 | 3.391 | 3.410 |
| | 160 | 1.314 | 1.337 | 1.380 | 1.422 | 1.445 | 1.488 | 2.520 | 2.543 | 2.586 | 1.326 | 1.336 | 1.505 | 1.526 | 3.396 | 3.417 |
| | 200 | 1.320 | 1.346 | 1.392 | 1.428 | 1.454 | 1.500 | 2.526 | 2.552 | 2.598 | 1.330 | 1.348 | 1.510 | 1.534 | 3.401 | 3.425 |

齿轮的 $K_{F\beta}$ 可根据其 $K_{H\beta}$ 之值、齿宽 $b$ 与齿高 $h$ 之比 $b/h$ 从图 7.16 中查得。

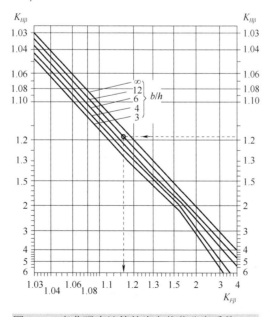

图 7.16　弯曲强度计算的齿向载荷分布系数 $K_{F\beta}$

# 7.5 标准直齿圆柱齿轮传动的强度计算

## 7.5.1 轮齿的受力分析

进行齿轮传动的强度计算时，首先要知道轮齿上所受的力，这就需要对齿轮传动做受力分析。当然，对齿轮传动进行受力分析也是计算安装齿轮的轴及轴承时所必需的。

齿轮传动一般均加以润滑，啮合轮齿间的摩擦力通常很小，计算轮齿受力时，可不予考虑。

沿啮合线作用在齿面上的法向载荷 $F_n$ 垂直于齿面，为了计算方便，将法向载荷 $F_n$（单位为 N）在节点 $P$ 处分解为两个相互垂直的分力，即圆周力 $F_t$ 与径向力 $F_r$（单位均为 N），如图 7.17 所示。由此得

$$\begin{cases} F_t = \dfrac{2T_1}{d_1} \\[2mm] F_r = F_t \tan \alpha \\[2mm] F_n = \dfrac{F_t}{\cos \alpha} \end{cases} \tag{7-3}$$

式中，$T_1$ 为小齿轮传递的转矩，N·mm；$d_1$ 为小齿轮的节圆直径，对标准齿轮即分度圆直径，mm；$\alpha$ 为啮合角，对标准齿轮，$\alpha = 20°$。

主动轮上的圆周力 $F_{t1}$ 是从动轮对主动轮的作用力，它产生的力矩一定与主动轮轴上的驱动力矩 $T_1$ 平衡，所以 $F_{t1}$ 产生力矩的方向与主动轮的转向相反；而从动轮的 $F_{t2}$ 是主动轮对从动轮的驱动力，它产生的驱动力矩与从动轮的转向相同。$\alpha = 20°$ 主从动齿轮的径向力的方向为沿半径方向指向各自的齿面轮心。

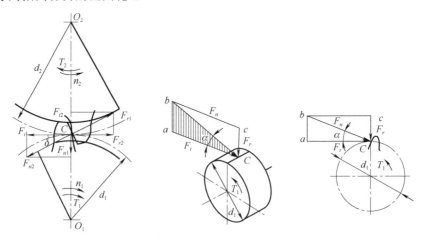

图 7.17　直齿圆柱齿轮轮齿的受力分析

## 7.5.2 齿根弯曲疲劳强度计算

轮齿在受载时，齿根所受的弯矩最大，因此齿根处的弯曲疲劳强度最弱。当轮齿在齿顶处啮合时，处于双对齿啮合区，此时弯矩的力臂虽然最大，但力并不是最大，因此弯矩并不是最大。根据分析，齿根所受的最大弯矩发生在轮齿啮合点位于单对齿啮合区最高点时。因

此，齿根弯曲强度也应按载荷作用于单对齿啮合区最高点来计算。由于这种算法比较复杂，通常只用于高精度的齿轮传动（如 6 级精度以上的齿轮传动）。

对于制造精度较低的齿轮传动（如 7、8、9 级精度），由于制造误差大，实际上多由在齿顶处啮合的轮齿分担较多的载荷，为便于计算，通常按全部载荷作用于齿顶来计算齿根的弯曲强度。当然，采用这样的算法，轮齿的弯曲强度比较富裕。

下面仅介绍中等精度齿轮传动的弯曲强度计算。

图 7.18 所示为单位齿宽的轮齿在齿顶啮合时的受载情况。图 7.19 所示为齿顶受载时，轮齿根部的应力图。

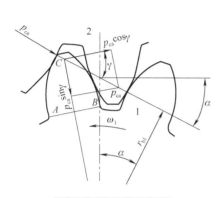

图 7.18 齿顶啮合受载

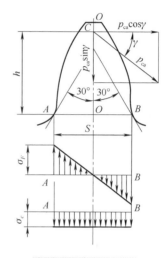

图 7.19 齿根应力图

在齿根危险截面 $AB$ 处的压应力 $\sigma_c$，仅为弯曲应力 $\sigma_F$ 的百分之几，故可忽略，仅按水平分力 $p_{ca}\cos\gamma$ 所产生的弯矩进行弯曲强度计算。

如图 7.18 所示。假设轮齿为一悬臂梁，则单位齿宽（$b=1$）时齿根危险截面的弯曲应力为

$$\sigma_{F0} = \frac{M}{W} = \frac{p_{ca}\cos\gamma \cdot h}{\dfrac{1 \times S^2}{6}} = \frac{6 p_{ca}\cos\gamma \cdot h}{S^2}$$

取 $h = K_h m$，$S = K_s m$ 并将式（7-1）及式（7-3）代入上式，对直齿圆柱齿轮，齿面上的接触线长 $L$ 即为齿宽 $b$，得

$$\sigma_{F0} = \frac{6KF_t\cos\gamma \cdot K_h m}{b\cos\alpha \cdot (K_s m)^2} = \frac{KF_t}{bm} \cdot \frac{6K_h\cos\gamma}{K_s^2\cos\alpha}$$

令

$$Y_{Fa} = \frac{6K_h\cos\gamma}{K_s^2\cos\alpha}$$

$Y_{Fa}$ 是一个无因次量，只与轮齿的齿廓形状有关，而与齿的大小（模数 $m$）无关。因此，称为齿形系数。$K_s$ 值大或 $K_h$ 值小的齿轮，$Y_{Fa}$ 的值要小些；$Y_{Fa}$ 小的齿轮抗弯曲强度高。载荷作用于齿顶时的齿形系数 $Y_{Fa}$ 可查表 7-9。

齿根危险截面的弯曲应力为

$$\sigma_{F0} = \frac{KF_t Y_{Fa}}{bm}$$

式中，$\sigma_{F0}$ 仅为齿根危险截面处的理论弯曲应力，实际计算时，还应计入齿根危险截面处的过渡圆角所引起的应力集中作用以及弯曲应力以外的其他应力对齿根应力的影响，因而得齿根危险截面的弯曲强度条件式为

$$\sigma_F = \sigma_{F0} Y_{Sa} = \frac{K F_t Y_{Fa} Y_{Sa}}{bm} \leqslant [\sigma_F] \tag{7-4}$$

式中，$Y_{Sa}$ 为载荷作用于齿顶时的应力校正系数（数值列于表7-9）。

表7-9　齿形系数 $Y_{Fa}$ 及应力校正系数 $Y_{Sa}$

| $z(z_v)$ | 17 | 18 | 19 | 20 | 21 | 22 | 23 | 24 | 25 | 26 | 27 | 28 | 29 |
|---|---|---|---|---|---|---|---|---|---|---|---|---|---|
| $Y_{Fa}$ | 2.97 | 2.91 | 285 | 2.80 | 276 | 2.72 | 269 | 2.65 | 262 | 260 | 257 | 255 | 253 |
| $Y_{Sa}$ | 1.52 | 1.53 | 1.54 | 1.55 | 1.56 | 1.57 | 1.575 | 158 | 159 | 1.595 | 1.60 | 161 | 1.62 |
| $z(z_v)$ | 30 | 35 | 40 | 45 | 50 | 60 | 70 | 80 | 90 | 100 | 150 | 200 | $\infty$ |
| $Y_{Fa}$ | 2.52 | 2.45 | 2.40 | 2.35 | 2.32 | 2.28 | 2.24 | 2.22 | 2.20 | 2.18 | 2.14 | 2.12 | 2.06 |
| $Y_{Sa}$ | 1.625 | 1.65 | 1.67 | 1.68 | 1.70 | 1.73 | 1.75 | 1.77 | 1.78 | 1.79 | 1.83 | 1.865 | 1.97 |

　　注：① 基准齿形的参数为 $\alpha = 20°$、$h_a^* = 1.0$、$c^* = 0.25$、$\rho = 0.38m$（$m$ 为齿轮模数）；
　　　　② 对内齿轮：当 $\alpha = 20°$、$h_a^* = 1.0$、$c^* = 0.25$、$\rho = 0.15m$，齿形系数 $Y_{Fa} = 2.053$；应力校正系数 $Y_{Sa} = 2.65$。

令

$$\phi_d = \frac{b}{d_1}$$

$\phi_d$ 称为齿宽系数（数值参看表7-8），并将 $F_t = \dfrac{2T_1}{d_1}$ 及 $m = \dfrac{d_1}{z_1}$ 代入式（7-4），得

$$\sigma_F = \frac{2K T_1 Y_{Fa} Y_{Sa}}{\varphi_d m^3 z_1^2} \leqslant [\sigma_F] \tag{7-5a}$$

于是得

$$m \geqslant \sqrt[3]{\frac{2K T_1}{\phi_d z_1^2} \cdot \frac{Y_{Fa} Y_{Sa}}{[\sigma_F]}} \tag{7-5b}$$

式（7-5b）为设计计算公式，式（7-5a）为校核计算公式。两式中 $\sigma_F$、$[\sigma_F]$ 的单位为 MPa；$F_t$ 的单位为 N；$b$、$m$ 的单位为 mm；$T_1$ 的单位为 N·mm。

### 7.5.3　齿面接触疲劳强度计算

　　一对齿轮的啮合，可视为以啮合点处齿廓曲率半径 $\rho_1$、$\rho_2$ 所形成的两个圆柱体的接触（图7.20）。因此，根据赫兹公式，并以计算载荷 $F_{ca}$ 代 $F$，接触线长度 $L$ 代 $B$，可得

$$\sigma_H = \sqrt{\frac{F_{ca}\left(\dfrac{1}{\rho_1} \pm \dfrac{1}{\rho_2}\right)}{\pi\left(\dfrac{1-\mu_1^2}{E_1} + \dfrac{1-\mu_2^2}{E_2}\right) L}} \leqslant [\sigma_H]$$

为计算方便，取接触线单位长度上的计算载荷

$$p_{ca} = \frac{F_{ca}}{L}$$

$$\frac{1}{\rho_\Sigma} = \frac{1}{\rho_1} \pm \frac{1}{\rho_2}$$

$$Z_E = \sqrt{\frac{1}{\pi\left(\frac{1-\mu_1^2}{E_1} + \frac{1-\mu_2^2}{E_2}\right)}}$$

则上式为

$$\sigma_H = \sqrt{\frac{p_{ca}}{\rho_\Sigma}} \cdot Z_E \leqslant [\sigma_H] \qquad (7\text{-}6)$$

式中，$\rho_\Sigma$ 为啮合齿面上啮合点的综合曲率半径，mm；$Z_E$ 为弹性影响系数，$\mathrm{MPa}^{\frac{1}{2}}$；数值列于表 7-10。

表 7-10　弹性影响系数 $Z_E$

| 弹性模量 $E/\mathrm{MPa}$ | 配对齿轮材料 | | | | |
|---|---|---|---|---|---|
| | 灰铸铁 | 球墨铸铁 | 铸钢 | 锻钢 | 夹布塑胶 |
| | $11.8\times10^4$ | $17.3\times10^4$ | $20.2\times10^4$ | $20.6\times10^4$ | $0.785\times10^4$ |
| 锻钢 | 162.0 | 181.4 | 188.9 | 189.8 | 56.4 |
| 铸钢 | 161.4 | 180.5 | 188 | | |
| 球墨铸铁 | 156.6 | 173.9 | — | — | — |
| 灰铸铁 | 143.7 | — | | | |

注：表中所列夹布塑胶的泊松比 $\mu$ 为 0.5，其余材料的 $\mu$ 均为 0.3。

由机械原理得知，渐开线齿廓上各点的曲率$(1/\rho)$并不相同，沿工作齿廓各点所受的载荷也不同。因此按式 (7-6) 计算齿面的接触强度时，就应同时考虑啮合点所受的载荷及综合曲率$(1/\rho_\Sigma)$的大小。对端面重合度$\varepsilon_\alpha \leqslant 2$的直齿轮传动，如图 7.20 所示，以小齿轮单对齿啮合的最低点(图中 C 点)产生的接触应力为最大，与小齿轮啮合的大齿轮，对应的啮合点是大齿轮单对齿啮合的最高点，位于大齿轮的齿顶面上。如前所述，同一齿面往往齿根面先发生点蚀，然后才扩展到齿顶面，亦即齿顶面比齿根面具有较高的接触疲劳强度。因此，虽然此时接触应力大，但对大齿轮不一定会构成威胁。由图 7.20 可看出，大齿轮在节点处的接触应力较大，同时，大齿轮单对齿啮合的最低点(图中 D 点)处接触应力也较大。按理应分别对小轮和大轮节点与单对齿啮合的最低点处进行接触强度计算。但按单对齿啮合的最低点计算接触应力比较复杂，并且当小齿轮齿数$z_1 \geqslant 20$时，按单对齿啮合的最低点所计算的接触应力与按节点啮合计算的接触应力极为相近。为了计算方便，通常即以节点啮合为代表进行齿面的接触强度计算。

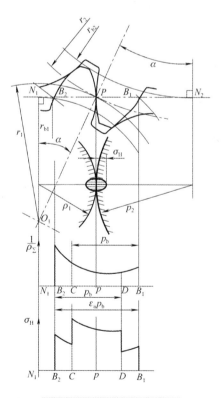

图 7.20　齿面上的接触应力

下面即介绍按节点啮合进行接触强度计算的方法。

节点啮合的综合曲率半径为

$$\frac{1}{\rho_\Sigma} = \frac{1}{\rho_1} + \frac{1}{\rho_2} = \frac{\rho_2 \pm \rho_1}{\rho_1 \rho_2} = \frac{\dfrac{\rho_2}{\rho_1} \pm 1}{\rho_1 \dfrac{\rho_2}{\rho_1}}$$

轮齿在节点啮合时，两轮齿廓曲率半径之比与两轮的直径或齿数成正比，即 $\dfrac{\rho_2}{\rho_1} = \dfrac{d_2}{d_1} = \dfrac{z_2}{z_1} = u$，故得

$$\frac{1}{\rho_\Sigma} = \frac{1}{\rho_1} \cdot \frac{u \pm 1}{u} \tag{7-7}$$

对于标准齿轮，节圆就是分度圆，故得

$$\rho_1 = \frac{d_1 \sin \alpha}{2}$$

代入式(7-7)得

$$\frac{1}{\rho_\Sigma} = \frac{2}{d_1 \sin \alpha} \cdot \frac{u \pm 1}{u}$$

将 $\dfrac{1}{\rho_\Sigma}$、式(7-1)、式(7-3)及 $L = b$（$b$ 为齿宽的设计工作宽度，最后取定的齿宽 $B$ 可能因结构、安装上的需要而略大于 $b$，下同）代入式(7-6)得

$$\sigma_H = \sqrt{\frac{KF_t}{b \cos \alpha} \cdot \frac{2}{d_1 \sin \alpha} \cdot \frac{u \pm 1}{u}} \cdot Z_E$$

$$= \sqrt{\frac{KF_t}{b d_1} \cdot \frac{u \pm 1}{u}} \cdot \sqrt{\frac{2}{\sin \alpha \cos \alpha}} \cdot Z_E \leqslant [\sigma_H]$$

令

$$Z_H = \sqrt{\frac{2}{\sin \alpha \cos \alpha}}$$

$Z_H$ 称为区域系数（标准直齿轮时 $\alpha = 20°$，$Z_H = 2.5$），则可写为

$$\sigma_H = \sqrt{\frac{KF_t}{b d_1} \cdot \frac{u \pm 1}{u}} \cdot Z_H \cdot Z_E \leqslant [\sigma_H] \tag{7-8a}$$

将 $F_t = \dfrac{2T_1}{d_1}$、$\phi_d = \dfrac{b}{d_1}$ 代入式(7-8a)得

$$\sqrt{\frac{2KT_1}{\phi_d d_1^3} \cdot \frac{u \pm 1}{u}} \cdot Z_H \cdot Z_E \leqslant [\sigma_H]$$

于是得

$$d_1 \geqslant \sqrt[3]{\frac{2KT_1}{\phi_d} \cdot \frac{u \pm 1}{u} \left( \frac{Z_H \cdot Z_E}{[\sigma_H]} \right)^2} \tag{7-9a}$$

若将 $Z_H = 2.5$ 代入式(7-8a)及式(7-9a)，得

$$\sigma_H = 2.5 Z_E \sqrt{\frac{KF_t}{b d_1} \cdot \frac{u \pm 1}{u}} \leqslant [\sigma_H] \tag{7-8b}$$

$$d_1 \geqslant 2.32 \sqrt[3]{\frac{2KT_1}{\phi_d} \cdot \frac{u \pm 1}{u} \left(\frac{Z_E}{[\sigma_H]}\right)^2} \tag{7-9b}$$

式(7-9a)、式(7-9b)为标准直齿圆柱齿轮的设计计算公式；式(7-8a)、式(7-8b)为校核计算公式。各式中 $\sigma_H$、$[\sigma_H]$ 的单位为 MPa，$d_1$ 的单位为 mm，其余各符号的意义和单位同前。

### 7.5.4　齿轮传动的强度计算说明

(1)式(7-4)在推导过程中并没有区分主、从动齿轮，故对主、从动齿轮都是适用的。由式(7-4)可得 $\dfrac{KF_t}{bm} \leqslant \dfrac{[\sigma_F]}{Y_{Fa}Y_{Sa}}$，不等式左边对主、从动轮是一样的，但右边却因两轮的齿形、材料的不同而不同。因此按齿根弯曲疲劳强度设计齿轮传动时，应将 $\dfrac{[\sigma_F]_1}{Y_{Fa1}Y_{Sa1}}$ 或 $\dfrac{[\sigma_F]_2}{Y_{Fa2}Y_{Sa2}}$ 中较小的数值代入设计公式进行计算，这样才能满足抗弯强度较弱的那个齿轮的要求。

(2)因配对齿轮的接触应力皆一样，即 $\sigma_{H1} = \sigma_{H2}$，若按齿面接触疲劳强度设计直齿轮传动，应将 $[\sigma_H]_1$ 或 $[\sigma_H]_2$ 中较小的数值代入设计公式进行计算。

(3)当配对两齿轮的齿面均属硬齿面时[①]，两轮的材料、热处理方法及硬度均可取成一样的。设计这种齿轮传动时，可分别按齿根弯曲疲劳强度及齿面接触疲劳强度的设计公式进行计算，并取其中较大者作为设计结果(见例题)。

(4)当用设计公式初步计算齿轮的分度圆直径 $d_1$(或模数 $m_n$)时，动载系数 $K_v$、齿间载荷分配系数 $K_\alpha$ 及齿向载荷分布系数 $K_\beta$ 不能预先确定，此时可试选一载荷系数 $K_t$[②](如取 $K_t = 1.2 \sim 1.4$)，则算出来的分度圆直径(或模数)也是一个试算值 $d_{1t}$(或 $m_{nt}$)，然后按 $d_{1t}$ 值计算齿轮的圆周速度，查取动载系数 $K_v$、齿间载荷分配系数 $K_\alpha$ 及齿向载荷分布系数 $K_\beta$，计算载荷系数 $K$。若算得的 $K$ 值与试选的 $K_t$ 值相差不多，就不必再修改原计算；若二者相差较大，应按下式校正试算所得分度圆直径 $d_{1t}$(或 $m_{nt}$)：

$$d_1 = d_{1t} \sqrt[3]{\frac{K}{K_t}}, \qquad m_n = m_{nt} \sqrt[3]{\frac{K}{K_t}}$$

(5)由式(7-5)可知，在齿轮的齿宽系数、齿数及材料已选定的情况下，影响齿轮弯曲疲劳强度的主要因素是模数。模数越大，齿轮的弯曲疲劳强度越高。由式(7-9a)可知，在齿轮的齿宽系数、材料及传动比已选定的情况下，影响齿轮齿面接触疲劳强度的主要因素是齿轮直径。小齿轮直径越大，齿轮的齿面接触疲劳强度就越高。

# 7.6　齿轮传动的设计参数、许用应力与精度选择

## 7.6.1　齿轮传动设计参数选择

### 1. 压力角 $\alpha$ 的选择

由机械原理可知，增大压力角 $\alpha$，轮齿的齿厚及节点处的齿廓曲率半径亦皆随之增加，有利于提高齿轮传动的弯曲强度及接触强度。我国对一般用途的齿轮传动规定的标准压力角为 $\alpha = 20°$。为增强航空用齿轮传动的弯曲强度及接触强度，我国航空齿轮传动标准还规定了 $\alpha = 25°$ 的标准压力角。但增大压力角并不一定都对传动有利。对重合度接近 2 的高速齿轮传动，推荐采用齿顶高系数为 $1 \sim 1.2$，压力角为 $16° \sim 18°$ 的齿轮，这样做可增加轮齿的柔性，

降低噪声和动载荷。

### 2. 齿数 $z$ 的选择

若保持齿轮传动的中心距 $a$ 不变，增加齿数，除能增大重合度、改善传动的平稳性外，还可减小模数，降低齿高，因而减少金属切削量，节省制造费用。另外，降低齿高还能降低滑动速度，以减少磨损及胶合的危险性。但模数小了，齿厚随之减薄，则要降低轮齿的弯曲强度。不过在一定的齿数范围内，尤其是当承载能力主要取决于齿面接触强度时，以齿数多一些为好。

闭式齿轮传动一般转速较高，为了提高传动的平稳性，减小冲击振动，以齿数多一些为好，小齿轮的齿数可取为 $z=20 \sim 30$。开式（半开式）齿轮传动，由于轮齿主要为磨损失效，为使轮齿不致过小，故小齿轮不宜选用过多的齿数，一般可取 $z=17 \sim 20$。

为使轮齿免于根切，对于 $\alpha=20°$ 的标准直齿圆柱齿轮，应取 $z \geqslant 17$。

小齿轮齿数确定后，按齿数比 $u=\dfrac{z_2}{z_1}$ 可确定大齿轮齿数 $z_2$。为了使各个相啮合齿对磨损均匀，传动平稳，$z_2$ 与 $z_1$ 一般应互为质数。

### 3. 齿数比 $u$

设计齿轮机构时，应使传动系统结构紧凑，质量轻，因此齿数比 $u$ 不宜过大，单级齿轮传动齿数比 $u$ 可按表 7-11 选取，当要求传动比大时，可以采用两级或多级齿轮传动。

表 7-11　单级齿轮传动齿数比 $u$ 的推荐值

| 传动类型 | | 齿数比 $u$ 的推荐值 | | | $u$ 的最大值 |
|---|---|---|---|---|---|
| 闭式传动 | 圆柱齿轮 | 直齿 3～4 | 斜齿 3～5 | 人字齿 4～6 | 7～10 |
| | 直齿圆锥齿轮 | 4～6 | | | 6 |
| 开式传动 | | 4～6 | | | 15～20 |

### 4. 齿宽系数 $\phi_d$ 的选择

由齿轮的强度计算公式可知，轮齿越宽，承载能力也越高，因而轮齿不宜过窄；但增大齿宽又会使齿面上的载荷分布更趋不均匀，故齿宽系数应取得适当。圆柱齿轮齿宽系数 $\phi_d$ 的推荐值列于表 7-12。

表 7-12　齿宽系数 $\phi_d$ 的推荐值

| 齿轮相对于轴承的布置 | | 载荷情况 | 软齿面或软齿面组合 | | 硬齿面组合 | |
|---|---|---|---|---|---|---|
| | | | 推荐值 | 最大值 | 推荐值 | 最大值 |
| 对称 | | 变动小 | 0.8～0.4 | 1.8 | 0.4～0.9 | 1.1 |
| | | 变动大 | | 1.4 | | 0.9 |
| 不对称 | | 变动小 | 0.6～1.2 | 1.4 | 0.3～0.6 | 0.9 |
| | | 变动大 | | 1.15 | | 0.7 |
| 悬臂 | | 变动小 | 0.3～0.4 | 0.8 | 0.2～0.25 | 0.55 |
| | | 变动大 | | 0.6 | | 0.44 |

　　注：① 大、小齿轮皆为硬齿面时，$\phi_d$ 应取表中偏下限值；若皆为软齿面或仅大齿轮为软齿面时，$\phi_d$ 可取表中偏上限的数值。

　　② 括号内的数值用于人字齿轮，此时 $b$ 为人字齿轮的总宽度。

　　③ 金属切削机床的齿轮传动，当传递的功率不大时，$\phi_d$ 可小到 0.2。

　　④ 非金属齿轮可取 $\phi_d=0.5 \sim 1.2$。

　　圆柱齿轮的实用齿宽，在按 $b = \phi_d d_1$ 计算后再做适当圆整，而且常将小齿轮的齿宽在圆整值的基础上人为地加宽 5～10mm，以防止大小齿轮因装配误差产生轴向错位时导致啮合齿宽减小而增大轮齿单位齿宽的工作载荷。

## 7.6.2　齿轮的许用应力

　　本书荐用的齿轮的疲劳极限是用 $m = 3～5\,mm$、$\alpha = 20°$、$b = 10～50\,mm$、$\upsilon = 10\,m/s$，齿面粗糙度约为 0.8 的直齿圆柱齿轮副试件，按失效概率为 1%，经持久疲劳试验确定的。对一般的齿轮传动，因绝对尺寸、齿面粗糙度、圆周速度及润滑等对实际所用齿轮的疲劳极限的影响不大，通常都不予考虑，故只要考虑应力循环次数对疲劳极限的影响即可。

　　齿轮的许用应力按下式计算

$$[\sigma] = \frac{K_N \sigma_{\lim}}{S} \tag{7-10}$$

式中，$S$ 为疲劳强度安全系数。对接触疲劳强度计算，由于点蚀破坏发生后只引起噪声、振动增大，并不立即导致不能继续工作的后果，故可取 $S = S_H = 1$。但对弯曲疲劳强度来说，如果一旦发生断齿，就会引起严重的事故，因此在进行齿根弯曲疲劳强度计算时取 $S = S_F = 1.25～1.5$。$K_N$ 为考虑应力循环次数影响的系数，称为寿命系数。弯曲疲劳寿命系数 $K_{FN}$ 查图 7.21；接触疲劳寿命系数 $K_{HN}$ 查图 7.22。两图中应力循环次数 $N$ 的计算方法是：设 $n$ 为齿轮的转速（单位为 r/min）；$j$ 为齿轮每转一圈时，同一齿面啮合的次数；$L_h$ 为齿轮的工作寿命（单位为 h），则齿轮的工作应力循环次数 $N$ 按下式计算：

$$N = 60njL_h \tag{7-11}$$

式中，$\sigma_{\lim}$ 为齿轮的疲劳极限。弯曲疲劳极限值用 $\sigma_{FE}$ 代入，$\sigma_{FE} = \sigma_{F\lim} \cdot Y_{ST}$，查图 7.24 中的 $\sigma_{F\lim}$，$Y_{ST}$ 为试验齿轮的应力校正系数，通常可取 $Y_{ST} = 1$，若齿轮的工作条件是双向受载，则 $Y_{ST} = 0.7$；接触疲劳极限值用 $\sigma_{H\lim}$ 代入，查图 7.23。

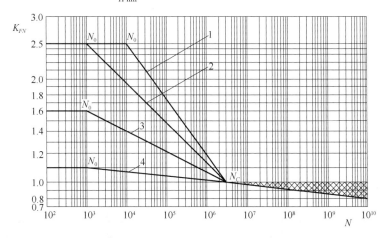

图 7.21　弯曲疲劳寿命系数 $K_{FN}$（$N > N_C$ 时，可根据经验在网纹区内取 $K_{FN}$ 值）

1-调质钢；球墨铸铁(珠光体、贝氏体)；珠光体可锻铸铁；2-渗碳淬火的渗碳钢；全齿廓火焰或感应淬火的钢、球墨铸铁；
3-渗氮的渗氮钢；球墨铸铁(铁素体)；灰铸铁；结构钢；4-碳氮共渗的调质钢、渗碳钢

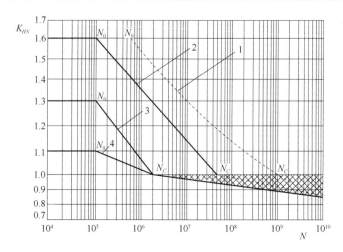

**图 7.22 接触疲劳寿命系数 $K_{HN}$（$N > N_C$ 时，可根据经验在网纹区内取 $K_{HN}$ 值）**

1-允许一定点蚀时的结构钢，调质钢，球墨铸铁(珠光体、贝氏体)，珠光可锻铸铁，渗碳淬火钢的渗碳钢；

2-结构钢，调质钢，渗碳淬火钢，火焰或感应淬火的钢、球墨铸铁(珠光体、贝氏体)、珠光可锻铸铁；

3-灰铸铁；球墨铸铁(铁素体)；渗氮的渗氮钢；调质钢、渗碳钢；4-碳氮共渗的调质钢、渗碳钢

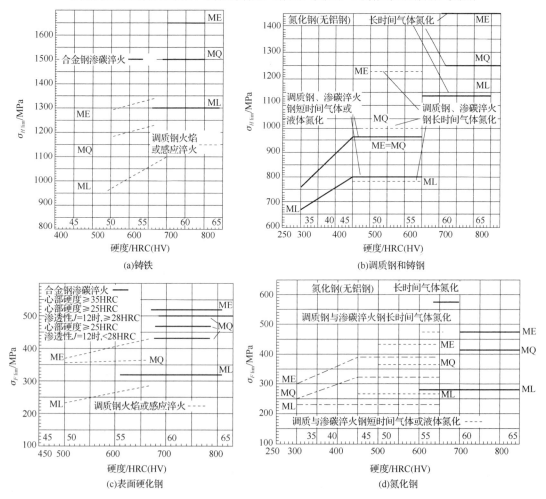

**图 7.23 齿轮的弯曲疲劳强度极限 $\sigma_{F.lim}$**

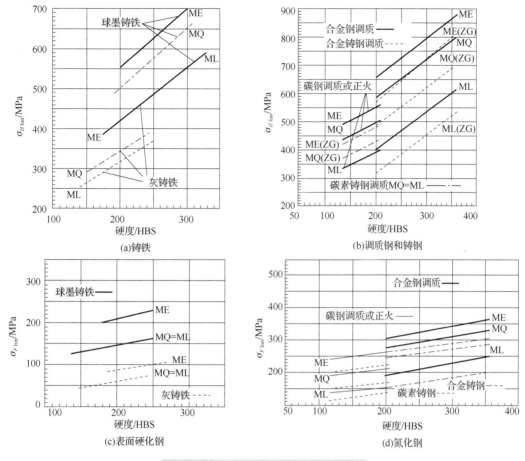

图 7.24 齿轮的接触疲劳强度极限 $\sigma_{H.\lim}$

由于材料品质的不同，对齿轮的疲劳强度极限共给出了代表材料品质的三个等级 ME、MQ 和 ML，其中 ME 是齿轮材料品质和热处理质量很高时的疲劳强度极限取值线，MQ 是齿轮材料品质和热处理质量达到中等要求时的疲劳强度极限取值线，ML 是齿轮材料品质和热处理质量达到最低要求时的疲劳强度取值线。GB/T 3480—1997 的强度极限图中还列有 MX 线，它是齿轮材料对淬透性及金相组织有特别考虑的调质合金钢的疲劳强度极限的取值线。

图 7.23、图 7.24 所示的极限应力值，一般选取其中间偏下值，即在 MQ 及 ML 中间选值。使用图 7.23 及图 7.24 时，若齿面硬度超过图中荐用的范围，可大体按外插法查取相应的极限应力值。图 7.24 所示为脉动循环应力的极限应力。对称循环应力的极限应力值仅为脉动循环应力的 70%。

夹布塑胶的弯曲疲劳许用应力 $[\sigma_F]=50\,\text{MPa}$，接触疲劳许用应力 $[\sigma_H]=110\,\text{MPa}$。

### 7.6.3　齿轮精度选择

渐开线圆柱齿轮标准（GB/T 10095.1—2008 和 GB/T 10095.2—2008）中，规定了 13 个精度等级，其中 0 级为最高精度等级，12 级为最低精度等级，常用的是 6～9 级精度。根据误差的特性及误差对传动性能的主要影响，国家标准又将齿轮的各项公差分成 3 个组，分别反映传递运动的准确性、传动的平稳性和载荷分布的均匀性。各类机器所用齿轮传动的精度等级范围见表 7-13，按载荷及速度推荐的齿轮传动精度等级如图 7.25 所示。

表 7-13　各类机器所用的齿轮传动的精度等级范围

| 机器名称 | 精度等级 | 机器名称 | 精度等级 |
|---|---|---|---|
| 汽轮机 | 3～6 | 拖拉机 | 6～8 |
| 金属切削机床 | 3～8 | 通用减速器 | 6～8 |
| 航空发动机 | 4～8 | 锻压机床 | 6～9 |
| 轻型汽车 | 5～8 | 起重机 | 7～10 |
| 载重汽车 | 7～9 | 农业机械 | 8～11 |

注：主传动齿轮或重要的齿轮传动，精度等级偏上限选择；辅助传动的齿轮或一般齿轮传动，精度等级居中或偏下限选择。

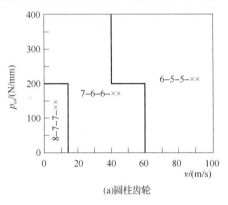
(a)圆柱齿轮

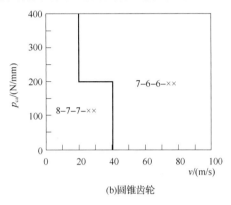
(b)圆锥齿轮

图 7.25　齿轮传动的精度选择

【应用实例 7.1】　设计一带式运输机的二级直齿圆柱齿轮减速器高级齿轮传动，已知传递的功率 $P = 5.5\text{kW}$，小齿轮转速 $n_1 = 960\text{ r/min}$，传动比 $i = u = 4.2$，运输机每日工作 8 小时，预期寿命 10 年，每年工作 254 天，载荷平稳，转向不变。

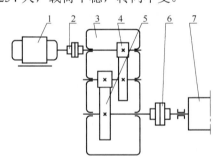

图 7.26　带式输送机传动件简图

1-电动机；2-联轴器；3-减速器；4-高速级齿轮传动；5-低速级齿轮传动；6-联轴器；7-输送机滚筒

**解**　设计计算步骤如下。

| 计算与说明 | 主要结果 |
|---|---|
| 1. 选择齿轮的材料、热处理、精度及齿数<br>(1)运输机为一般工作机器，速度不高，故选用 8 级精度（GB/T 10095—2008）。<br>(2)选择材料。由表 7-2，选小齿轮材料为 45 号钢，调质，齿面硬度为 230HBW；大齿轮材料为 45 号钢，正火，齿面硬度为 190HBW，硬度相差 40HBW，合适。<br>(3)选小齿轮齿数 $z_1 = 24$，则大齿轮齿数 $z_2 = iz_1 = 4.2 \times 24 = 100.8$，圆整取 $z_2 = 101$。<br>实际齿数比<br>$$u' = \frac{z_2}{z_1} = \frac{101}{24} = 4.21$$ | 小齿轮<br>材料：45 号钢<br>热处理：调质<br>齿面硬度：230HBW<br>齿数：$z_1 = 24$ |

| 计算与说明 | 主要结果 |
|---|---|
| 齿数比误差为 $$\frac{|u'-u|}{u}=\frac{|4.21-4.2|}{4.2}=0.24\%<5\%\ (允许)$$ 由于两齿轮均为齿面硬度≤350HBW 的软齿面，故可按齿面接触疲劳强度计算，然后校核齿根弯曲疲劳强度 | 大齿轮<br>材料：45 号钢<br>热处理：正火<br>齿面硬度：190HBW<br>齿数：$z_2=101$ |

2．按齿面接触疲劳强度设计
设计公式

$$d_1\geqslant\sqrt[3]{\frac{2KT_1}{\phi_d}\cdot\frac{u\pm1}{u}\left(\frac{Z_H\cdot Z_E}{[\sigma_H]}\right)^2}$$

1）确定公式中的各计算参数
(1) 试选载荷系数 $K_t=1.8$（$t$ 表示试选）。

(2) 计算小齿轮传递的转矩

$$T_1=9.55\times10^6\times\frac{P_1}{n_1}=9.55\times10^6\times\frac{5.5}{960}=5.47\times10^4\ (\text{N·mm})$$

（主要结果：$T_1=54.7\times10^4\ \text{N·mm}$）

(3) 由表 7-12 选取齿宽系数 $\phi_d=1.0$（非对称布置）。

(4) 由表 7-10 查得材料的弹性影响系数 $Z_E=189.8\ \sqrt{\text{MPa}}$。

(5) 区域系数 $Z_H=2.5$。

(6) 由图 7.23(b) 按齿面硬度查得小齿轮的接触疲劳强度极限 $\sigma_{H\lim1}=500\ \text{MPa}$（适当延伸），大齿轮的接触疲劳强度极限 $\sigma_{H\lim2}=470\text{MPa}$。

（主要结果：$\sigma_{H.\lim1}=500\ \text{MPa}$；$\sigma_{H.\lim2}=470\ \text{MPa}$）

(7) 由式(7-13)计算应力循环次数

$$N_1=60n_1jL_h=60\times960\times1\times(10\times254\times8)=1.17\times10^9$$

$$N_2=N_1/u=1.17\times10^9/4.2=2.78\times10^8$$

(8) 由图 7.21 取接触疲劳寿命系数 $K_{HN1}=0.92$，$K_{HN2}=0.97$

(9) 计算接触疲劳许用应力。取失效概率为 1%，安全系数 S=1，由式(7-12)得

$$[\sigma_H]_1=\frac{K_{HN1}\sigma_{H\lim1}}{S}=0.92\times500=460\text{MPa}$$

$$[\sigma_H]_2=\frac{K_{HN2}\sigma_{H\lim2}}{S}=0.97\times460=446.2\text{MPa}$$

2）设计计算
(1) 试算小齿轮分度圆直径 $d_{1t}$，代入 $[\sigma_H]$ 中较小的值。

$$d_{1t}\geqslant\sqrt[3]{\frac{2KT_1}{\phi_d}\cdot\frac{u\pm1}{u}\left(\frac{Z_H\cdot Z_E}{[\sigma_H]}\right)^2}$$

$$=\sqrt[3]{\frac{2\times1.8\times5.47\times10^4}{1}\cdot\frac{4.21+1}{4.21}\left(\frac{189.8\times2.5}{446.2}\right)^2}=57.29(\text{mm})$$

（主要结果：$d_{1t}=57.29\ \text{mm}$）

(2) 计算圆周速度 $v$。

$$v=\frac{\pi d_{1t}n_1}{60\times1000}=\frac{3.14\times57.29\times960}{60\times1000}=2.88(\text{m/s})$$

(3) 计算齿宽 $b$。

$$b=\phi_d\times d_{1t}=1\times57.29=57.29(\text{mm})$$

(4) 计算齿宽与齿高之比 $\dfrac{b}{h}$。

模数　　$m_t=\dfrac{d_{1t}}{z_1}=\dfrac{57.29}{24}=2.387(\text{mm})$

（主要结果：$m_t=2.387\ \text{mm}$）

齿高　　$h=2.25m_t=2.25\times2.387=5.37(\text{mm})$

$$\frac{b}{h}=\frac{57.29}{5.37}=10.67$$

(5) 计算载荷系数。
根据 $v=2.88$m/s，8 级精度，由图 7.11 查得动载荷系数

$$K_v=1.13$$

| 计算与说明 | 主要结果 |
|---|---|
| 直齿轮 $$K_{H\alpha} = K_{F\alpha} = 1$$ 由表 7-6 查得使用系数 $$K_A = 1$$ 由表 7-8 用插值法查得 8 级精度、小齿轮相对支承非对称布置时，$$K_{H\beta} = 1.456$$ 由 $\frac{b}{h} = 10.67$，$K_{H\beta} = 1.456$ 查图 7.16 的 $K_{F\beta} = 1.41$；故载荷系数 $$K = K_A K_v K_{H\alpha} K_{H\beta} = 1 \times 1.13 \times 1 \times 1.456 = 1.645$$ | $K = 1.645$ |
| (6) 按实际的载荷系数校正所算得的分度圆直径为 $$d_1 = d_{1t} \sqrt[3]{\frac{K}{K_t}} = 57.29 \times \sqrt[3]{\frac{1.645}{1.8}} = 57.49 (\text{mm})$$ | $d_1 = 57.49$ mm |
| (7) 计算模数 $m$。 $$m = \frac{d_1}{z_1} = \frac{57.49}{24} = 2.395 (\text{mm})$$ 取标准模数 $m = 2.5 \text{mm}$。 | $m = 2.5$ mm |
| (8) 计算分度圆直径、中心距、齿宽 $$d_1 = mz_1 = 2.5 \times 24 = 60 (\text{mm})$$ $$d_2 = mz_2 = 2.5 \times 101 = 252.5 (\text{mm})$$ $$a = \frac{d_1 + d_2}{2} = \frac{60 + 252.5}{2} = 156.25 (\text{mm})$$ 计算齿宽 $$b = \phi_d d_1 = 1 \times 60 = 60 (\text{mm})$$ 取 $b_1 = 65 \text{mm}$，$b_2 = 60 \text{mm}$ | $d_1 = 60$ mm $d_2 = 252.5$ mm $a = 156.25$ mm $b_1 = 65$ mm $b_2 = 60$ mm |
| 3．校核齿根弯曲疲劳强度 校核公式 $$\sigma_F = \frac{K F_t Y_{Fa} Y_{Sa}}{bm} \leqslant [\sigma_F]$$ 1) 确定公式中的各个计算参数 (1) 载荷系数。 $$K = K_A K_v K_{F\alpha} K_{F\beta} = 1 \times 1.13 \times 1 \times 1.41 = 1.593$$ (2) 齿形系数与应力校正系数。 小齿轮：$Y_{Fa1} = 2.65$，$Y_{Sa1} = 1.58$。 大齿轮：$Y_{Fa2} = 2.1808$，$Y_{Sa1} = 1.7808$。 (3) 计算弯曲疲劳许用应力。 由图 7.24(b) 查得小齿轮的弯曲疲劳强度极限 $\sigma_{FE1} = 215 \text{MPa}$。 由图 7.24(b) 查得大齿轮的弯曲疲劳强度极限 $\sigma_{FE2} = 190 \text{MPa}$。 由图 7.21 查得弯曲疲劳寿命系数 $K_{FN1} = 0.89$，$K_{FN2} = 0.92$。 取弯曲疲劳安全系数 $S = 1.3$，则 $$[\sigma_F]_1 = \frac{K_{FN1} \sigma_{FE1} Y_{ST}}{S} = \frac{0.89 \times 215 \times 1}{1.3} = 147.19 (\text{MPa})$$ $$[\sigma_F]_2 = \frac{K_{FN2} \sigma_{FE2} Y_{ST}}{S} = \frac{0.92 \times 190 \times 1}{1.3} = 134.46 (\text{MPa})$$ (4) 小齿轮所受的圆周力 $$F_t = 2T_1 / d_1 = 2 \times 5.47 \times 10^4 / 60 = 1823 (\text{N})$$ 2) 校核计算 $$\sigma_{F1} = \frac{K F_t Y_{Fa1} Y_{Sa1}}{bm} = \frac{1.593 \times 1823 \times 2.65 \times 1.58}{60 \times 2.5} = 81.06 (\text{MPa}) \leqslant [\sigma_F]_1$$ $$\sigma_{F2} = \sigma_{F1} \frac{Y_{Fa2} Y_{Sa2}}{Y_{Fa1} Y_{Sa1}} = 81.06 \times \frac{2.1808 \times 1.7808}{2.65 \times 1.58} = 75.18 (\text{MPa}) \leqslant [\sigma_F]_2$$ 所以大小齿轮的弯曲疲劳强度均足够。 4．齿轮的结构设计(略) | $\sigma_{FE1} = 215$ MPa $\sigma_{FE2} = 190$ MPa |

# 7.7 标准斜齿圆柱齿轮传动的强度计算

## 7.7.1 轮齿的受力分析

在斜齿轮传动中，作用在齿面上的法向载荷 $F_n$ 仍垂直于齿面。如图 7.27 所示，作用于主动轮上的 $F_n$ 位于法面 $Pabc$ 内，与节圆柱的切面 $Pa'ae$ 倾斜一法向啮合角 $\alpha_n$。力 $F_n$ 可沿齿轮的周向、径向及轴向分解成三个相互垂直的分力。

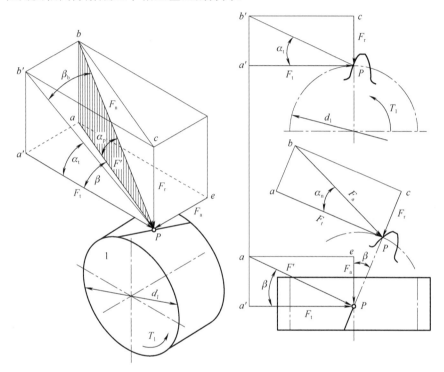

图 7.27 斜齿轮的轮齿受力分析

首先，将力 $F_n$ 在法面内分解成沿径向的分力(径向力) $F_r$ 和在 $Pa'ae$ 面内的分力 $F'$，然后再将力 $F'$ 在 $Pa'ae$ 面内分解成沿周向的分力(圆周力) $F_t$ 及沿轴向的分力(轴向力) $F_a$，各力的方向如图 7.28 所示。

各力的大小为

$$
\begin{cases}
F_t = \dfrac{2T_1}{d_1} \\[2mm]
F_r = \dfrac{F_t \tan \alpha_n}{\cos \beta} \\[2mm]
F_a = F_t \tan \beta \\[2mm]
F_n = \dfrac{F_t}{\cos \alpha_n \cos \beta} = \dfrac{F_t}{\cos \alpha_t \cos \beta_b}
\end{cases}
\tag{7-12}
$$

式中，$\beta$ 为节圆螺旋角，对标准斜齿轮即分度圆螺旋角；$\beta_b$ 为啮合平面的螺旋角，即基圆螺旋角；$\alpha_n$ 为法向压力角，对标准斜齿轮，$\alpha_n = 20°$；$\alpha_t$ 为端面压力角。

斜齿圆柱齿轮圆周力和径向力方向的判定与直齿圆柱齿轮相同。轴向力 $F_a$ 的作用方向用主动轮左右手法则判断，如图 7.28 所示。

需要强调指出，用左右手法则判断轴向力的方向时，仅适用于主动轮。主动轮为左右旋

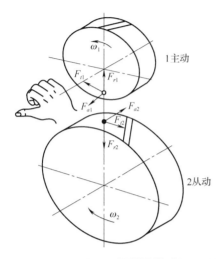

时，伸出左右手，四指指向与主动轮旋转方向相同，手握主动轮轴线，则大拇指所指方向就是作用在主动齿轮上的轴向力 $F_{a1}$ 的方向，从动轮轴向力 $F_{a2}$ 的大小与 $F_{a1}$ 相等，而方向相反。

从动轮轮齿上的载荷也可分解为 $F_r$、$F_t$ 和 $F_a$ 各力，它们分别与主动轮上的各力大小相等方向相反。

由式(7-12)可知，轴向力 $F_a$ 与 $\tan\beta$ 成正比。为了不使轴承承受过大的轴向力，斜齿圆柱齿轮传动的螺旋角 $\beta$ 不宜选得过大，$\beta = 8° \sim 20°$。在人字齿轮传动中，同一个人字齿上按力学分析所得的两个轴向分力大小相等、方向相反，轴向分力的合力为零。因而人字齿轮的螺旋角 $\beta$ 可取较大的数值($15° \sim 40°$)，传递的功率也较大。人字齿轮传动的受力分析及强度计算都可沿用斜齿轮传动的公式。

图 7.28　斜齿圆柱齿轮传动轴向力方向判断

### 7.7.2　计算载荷

由式(7-1)可知，轮齿上的计算载荷与啮合轮齿齿面上接触线的长度有关。对于斜齿轮，如图 7.29 所示，啮合区中的实线为实际接触线，每一条全齿宽的接触线长为 $\dfrac{b}{\cos\beta_b}$，接触线总长为所有啮合齿上接触线长度之和，即接触区内几条实线长度之和。在啮合过程中，啮合线总长一般是变动的，据研究，可用 $\dfrac{b\varepsilon_\alpha}{\cos\beta_b}$ 作为总长度的代表值。因此

$$p_{ca} = \frac{KF_n}{L} = \frac{KF_t}{\dfrac{b\varepsilon_\alpha}{\cos\beta_b}\cos\alpha_t\cos\beta_b} = \frac{KF_t}{b\varepsilon_\alpha\cos\alpha_t}$$

式中，$\varepsilon_\alpha$ 为斜齿轮传动的端面重合度，可按机械原理所述公式计算，或由图 7.30 查取。

斜齿轮的纵向重合度 $\varepsilon_\beta$ 可按以下公式计算：

$$\varepsilon_\beta = \frac{b\sin\beta}{\pi m_n} = 0.318\phi_d z_1 \tan\beta$$

斜齿轮计算中的载荷系数 $K = K_A K_v K_\alpha K_\beta$，其中使用系数 $K_A$ 和齿向载荷分布系数 $K_\beta$ 的查取与直齿轮相同；动载系数 $K_v$ 可由图 7.11 中查取；齿间载荷分配系数 $K_{H\alpha}$ 与 $K_{F\alpha}$ 可根据斜齿轮的精度等齿面硬化情况和载荷大小由表 7-7 查取。

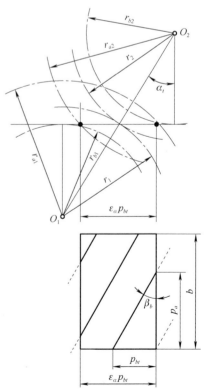

图 7.29　斜齿圆柱齿轮传动的啮合区

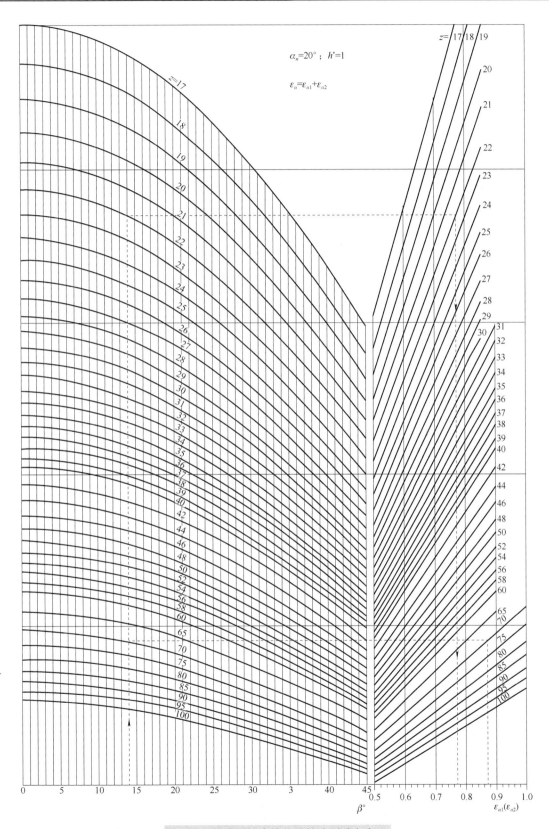

图 7.30 标准圆柱齿轮传动的端面重合度 $\varepsilon_\alpha$

### 7.7.3 齿根弯曲疲劳强度计算

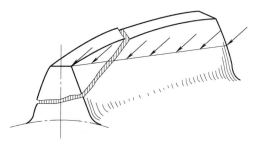

图 7.31　斜齿圆柱齿轮受载及折断

如图 7.31 所示，斜齿轮齿面上的接触线为一斜线。受载时，轮齿的失效形式为局部折断。斜齿轮的弯曲强度，若按轮齿局部折断分析则较烦琐。现对比直齿轮的弯曲强度计算，仅就其计算特点做必要的说明。

首先由式(7-12)可知，斜齿轮的计算载荷要比直齿轮的多计入一个参数 $\varepsilon_\alpha$，其次还应计入反映螺旋角 $\beta$ 对轮齿弯曲强度影响的因素，即计入螺旋角影响系数 $Y_\beta$。由上述特点，参照式(7-4)及式(7-5)可得斜齿轮轮齿的弯曲疲劳强度公式为

$$\sigma_F = \frac{KF_t Y_{Fa} Y_{Sa} Y_\beta}{b m_n \varepsilon_\alpha} \leqslant [\sigma_F] \tag{7-13}$$

$$m_n \geqslant \sqrt[3]{\frac{2KT_1 Y_\beta \cos^2\beta}{\phi_d z_1^2 \varepsilon_\alpha} \frac{Y_{Fa} Y_{Sa}}{[\sigma_F]}} \tag{7-14}$$

式中，$Y_{Fa}$ 为斜齿轮的齿形系数，可近似地按当量齿数 $z_v \approx \dfrac{z}{\cos^3\beta}$ 由表 7-9 查取；$Y_{Sa}$ 为斜齿轮的应力校正系数，可近似地按当量齿数 $z_v$ 由表 7-9 查取；$Y_\beta$ 为螺旋角影响系数，数值查图 7.32。

式(7-13)为设计计算公式，式(7-14)为校核公式。两式中 $\sigma_F$、$[\sigma_F]$ 的单位为 MPa、$m_n$ 的单位为 mm，其余各符号的意义和单位同前。

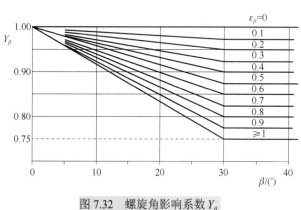

图 7.32　螺旋角影响系数 $Y_\beta$

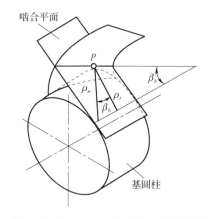

图 7.33　斜齿圆柱齿轮法面曲率半径

### 7.7.4 齿面接触疲劳强度计算

斜齿轮的齿面接触疲劳强度仍按式(7-6)计算，节点的综合曲率 $1/\rho_\Sigma$ 仍按(7-7)计算。如图 7.33 所示，对于渐开线斜齿圆柱齿轮，在啮合平面内，节点 $P$ 处的法面曲率半径 $\rho_n$ 与端面曲率半径 $\rho_t$ 的关系由几何关系为

$$\rho_n = \frac{\rho_t}{\cos\beta_b} \tag{7-15}$$

斜齿轮端面上节点的曲率半径为

$$\rho_t = \frac{d \sin \alpha_t}{2}$$

因而由式(7-7)得

$$\frac{1}{\rho_\Sigma} = \frac{1}{\rho_{n1}} + \frac{1}{\rho_{n2}} = \frac{2\cos\beta_b}{d_1\sin\alpha_t}\left(\frac{u\pm1}{u}\right)$$

将上式及式(7-15)代入式(7-6)，得

$$\sigma_H = \sqrt{\frac{p_{ca}}{\rho_\Sigma}} \cdot Z_E = \sqrt{\frac{KF_t}{bd_1\varepsilon_\alpha}\frac{u\pm1}{u}}\sqrt{\frac{2\cos\beta_b}{\sin\alpha_t\cos\alpha_t}} \cdot Z_E \leqslant [\sigma_H]$$

令

$$Z_H = \sqrt{\frac{2\cos\beta_b}{\sin\alpha_t\cos\alpha_t}} \tag{7-16}$$

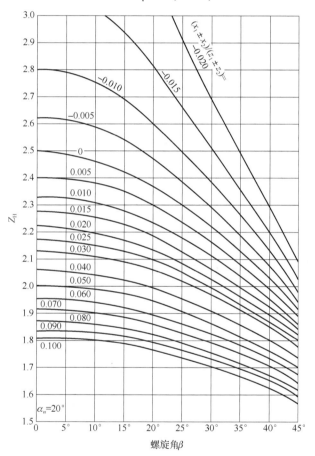

图 7.34 区域系数 $Z_H$（$\alpha_n = 20°$）

$Z_H$ 称为区域系数。图 7.34 为法向压力角 $\alpha_n = 20°$ 的标准齿轮的 $Z_H$ 值。于是得

$$\sigma_H = \sqrt{\frac{KF_t}{bd_1\varepsilon_\alpha}\frac{u\pm1}{u}} \cdot Z_H \cdot Z_E \leqslant [\sigma_H] \tag{7-17}$$

同前理，由式(7-17)可得

$$d_1 \geqslant \sqrt[3]{\frac{2KF_t}{\phi_d\varepsilon_\alpha}\frac{u\pm1}{u}\left(\frac{Z_HZ_E}{[\sigma_H]}\right)^2} \tag{7-18}$$

式(7-18)为设计计算公式，式(7-17)为校核公式。两式中 $\sigma_H$、$[\sigma_H]$ 的单位为 MPa，$d_1$ 的

单位为 mm，其余各符号的意义和单位同前。

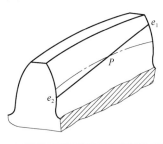

图 7.35　斜齿轮齿面上的接触线

应该注意，对于斜齿圆柱齿轮传动，因齿面上的接触线是倾斜的（图 7.35），所以在同一齿面上就会有齿顶面（其上接触线段为 $e_1P$）与齿根面（其上接触线段为 $e_2P$）同时参与啮合的情况（直齿轮传动，齿面上的接触线与轴线平行，就没有这种现象）。

如前所述，齿轮齿顶面比齿根面具有较高的接触疲劳强度。设小齿轮的齿面接触疲劳强度比大齿轮的高（即小齿轮的材料较好，齿面硬度较高），那么，当大齿轮的齿根面产生点蚀，$e_2P$ 一段接触线已不能再承受原来所分担的载荷，而要部分地由齿顶面上的 $e_1P$ 一段接触线来承担时，因同一齿面上，齿顶面的接触疲劳强度较高，所以即使承担的载荷有所增大，只要还未超过其承载能力，大齿轮的齿顶面仍然不会出现点蚀；同时，因小齿轮齿面的接触疲劳强度较高，与大齿轮齿顶面相啮合的小齿轮的齿根面，也未因载荷增大而出现点蚀。这就是说，在斜齿轮传动中，当大齿轮的齿根面产生点蚀时，仅实际承载区由大齿轮的齿根面向齿顶面有所转移而已，并不导致斜齿轮传动的失效（直齿轮传动齿面上的接触线为一平行于轴线的直线，大齿轮齿根面点蚀时，纵然小齿轮不坏，这对齿轮也不能再继续工作了）。因此，斜齿轮传动齿面的接触疲劳强度应同时取决于大、小齿轮。实用中斜齿轮传动的许用接触应力约可取为 $[\sigma_H] = \dfrac{[\sigma]_1 + [\sigma]_2}{2}$，当 $[\sigma_H] > 1.23[\sigma_H]_2$ 时，应取 $[\sigma_H] = 1.23[\sigma_H]_2$。$[\sigma_H]_2$ 为较软齿面的许用接触应力。

## 7.7.5　斜齿轮传动的参数选择

### 1.　螺旋角 $\beta$

螺旋角 $\beta$ 是斜齿轮的主要参数之一。增大螺旋角可以增大重合度，提高传动的平稳性和增大承载能力，但螺旋角过大将增加轴承的负担，使轴系结构复杂。一般取 $\beta = 7° \sim 20°$，对于人字齿轮，由于轴向力互相抵消，$\beta$ 可取大一些。

### 2.　螺旋角和中心距

在实际工程中，常用螺旋角配凑中心距。如要求中心距为 0 或 5 结尾的整数。其配凑方法如下：设计时，先选定 $z_1$、$z_2$，初定 $\beta$，由强度计算确定 $m_n$（取标准值），然后按下式计算中心距

$$a = \frac{m_n(z_1 + z_2)}{2\cos\beta}$$

圆整成要求的中心距，再由下式重新计算 $\beta$

$$\beta = \arccos\frac{m_n(z_1 + z_2)}{2a}$$

齿轮传动其他参数的选择参见直齿轮传动。

【应用实例 7.2】　　将应用实例 7.1 改为设计斜齿圆柱齿轮传动。

解　　设计计算步骤如下。

| 计算与说明 | 主要结果 |
|---|---|
| 1. 选择齿轮的材料、热处理、精度、齿数及螺旋角 | 小齿轮 |
| (1)运输机为一般工作机器，速度不高，故选用 8 级精度(GB/T 10095—2008)。 | 材料：45 号钢 |
| (2)材料选择。由表 7-2，选小齿轮材料为 45 号钢，调质，齿面硬度为 230HBW；大齿轮 | 调质 |
| 材料为 45 号钢，正火，齿面硬度为 190HBW，硬度相差 40HBW，合适 | 大齿轮 |

| 计算与说明 | 主要结果 |
|---|---|
| (3)选小齿轮齿数 $z_1 = 27$，则大齿轮齿数 $z_2 = iz_1 = 4.2 \times 27 = 113.4$，圆整取 $z_2 = 113$。<br><br>实际齿数比　　　$u' = \dfrac{z_2}{z_1} = \dfrac{113}{27} = 4.185$<br><br>齿数比误差为　　$\dfrac{\|u' - u\|}{u} = \dfrac{\|4.2 - 4.185\|}{4.2} = 0.36\% < 5\%$　（允许）<br><br>初选螺旋角　　　$\beta = 15°$<br><br>由于两齿轮均为齿面硬度≤350HBS 的软齿面，故可按齿面接触疲劳强度计算，然后校核齿根弯曲疲劳强度 | 材料：45 号钢<br>正火<br>$z_1 = 27$<br>$z_2 = 113$<br>$\beta = 15°$ |
| 2.按齿面接触疲劳强度设计<br>设计公式<br>$$d_1 \geqslant \sqrt[3]{\frac{2KT_1}{\phi_d \varepsilon_\alpha} \cdot \frac{u \pm 1}{u} \left(\frac{Z_H Z_E}{[\sigma_H]}\right)^2}$$<br>1)确定公式中的各计算参数<br>(1)试选载荷系数 $K_t = 1.8$（$t$ 表示试选）。<br>(2)计算小齿轮传递的转矩。<br>$$T_1 = 9.55 \times 10^6 \times \frac{P_1}{n_1} = 9.55 \times 10^6 \times \frac{5.5}{960} = 5.47 \times 10^4 \ (\text{N} \cdot \text{mm})$$<br>(3)由图 7.34 选取区域系数　　　$Z_H = 2.45$<br>(4)由图 7.30 查得<br>$$\varepsilon_{\alpha 1} = 0.77, \quad \varepsilon_{\alpha 2} = 0.87, \quad \varepsilon_\alpha = \varepsilon_{\alpha 1} + \varepsilon_{\alpha 2} = 0.77 + 0.87 = 1.64$$<br>(5)许用接触应力<br>$$[\sigma_H] = \frac{[\sigma_H]_1 + [\sigma_H]_2}{2} = \frac{460 + 446.2}{2} = 453.1 (\text{MPa})$$<br>其余参数均与应用实例 7.1 相同。<br>2)设计计算<br>(1)试算小齿轮分度圆直径 $d_{t1}$，代入 $[\sigma_H]$ 中较小的值。<br>$$d_{t1} \geqslant \sqrt[3]{\frac{2K_t T_1}{\phi_d \varepsilon_\alpha} \cdot \frac{u \pm 1}{u} \left(\frac{Z_H Z_E}{[\sigma_H]}\right)^2}$$<br>$$= \sqrt[3]{\frac{2 \times 1.8 \times 5.47 \times 10^4}{1 \times 1.64} \cdot \frac{4.185 + 1}{4.185} \left(\frac{2.45 \times 189.8}{453.1}\right)^2} = 53.91 (\text{mm})$$<br>(2)计算圆周速度 $v$<br>$$v = \frac{\pi d_{1t} n_1}{60 \times 1000} = \frac{3.14 \times 53.91 \times 960}{60 \times 1000} = 2.71 (\text{m/s})$$<br>(3)计算齿宽 $b$<br>$$b = \varphi_d \times d_{1t} = 1 \times 53.91 = 53.91 (\text{mm})$$<br>(4)计算齿宽与齿高之比 $\dfrac{b}{h}$<br>模数　　$m_{nt} = \dfrac{d_{1t} \cdot \cos\beta}{z_1} = \dfrac{53.91 \cdot \cos 15°}{27} = 1.93 (\text{mm})$<br>齿高　　$h = 2.25 m_t = 2.25 \times 1.96 = 4.34 (\text{mm})$<br>$$\frac{b}{h} = \frac{53.91}{4.34} = 12.42$$<br>(5)计算纵向重合度 $\varepsilon_\beta$<br>$$\varepsilon_\beta = 0.318 \phi_d z_1 \tan\beta = 0.318 \times 27 \times \tan 15° = 2.3$$<br>(6)计算载荷系数。<br>根据 $v = 2.71$ m/s，8 级精度，由图 7.11 查得动载系数 $K_v = 1.1$。<br>由表 7-6 查得使用系数 $K_A = 1$。<br>由表 7-8 用值法查得 8 级精度、小齿轮相对支承非对称布置时，$K_{H\beta} = 1.454$。<br>由 $\dfrac{b}{h} = 12.42$，$K_{H\beta} = 1.454$，查图 7.16 得 $K_{F\beta} = 1.48$。<br>由表 7-7 查得 $K_{H\alpha} = K_{F\alpha} = 1.2$。<br>$$K = K_A K_v K_{H\alpha} K_{H\beta} = 1 \times 1.1 \times 1.2 \times 1.454 = 1.919$$ | $T_1 = 5.47 \times 10^4$ N · mm<br><br><br><br><br><br><br><br><br>$d_{t1} = 53.91$ mm<br><br><br><br><br><br><br>$m_{nt} = 1.93$mm |

续表

| 计算与说明 | 主要结果 |
|---|---|
| (7)按实际的载荷系数校正所算得的分度圆直径，得<br><br>$$d_1 = d_{1t}\sqrt[3]{\frac{K}{K_t}} = 53.91 \times \sqrt[3]{\frac{1.919}{1.8}} = 55.07(\text{mm})$$<br><br>(8)计算模数 $m$<br><br>$$m_n = \frac{d_1 \cos\beta}{z_1} = \frac{55.07 \times \cos15°}{27} = 1.97(\text{mm})$$<br><br>取标准模数 $m = 2\text{mm}$。<br>(9)计算并圆整中心距、修正螺旋角、齿宽、分度圆直径。<br><br>$$a = \frac{m_n(z_1 + z_2)}{2\cos\beta} = \frac{2 \times (27+113)}{2\cos15°} = 144.94(\text{mm})$$<br><br>圆整中心距 $a = 145\text{mm}$。<br>圆整中心距后修正螺旋角 $\beta$。<br><br>$$\beta = \arccos\frac{m_n(z_1 + z_2)}{2a} = \arccos\frac{2 \times (27+113)}{2 \times 145} = 15.09° = 15'5'24''$$<br><br>分度圆直径<br><br>$$d_1 = m_n z_1 / \cos\beta = 2.5 \times 27 / \cos15.09° = 69.91(\text{mm})$$<br>$$d_2 = m_n z_2 / \cos\beta = 2.5 \times 113 / \cos15.09° = 292.59(\text{mm})$$<br><br>计算齿宽<br><br>$$b = \phi_d d_1 = 1 \times 69.91 = 69.91(\text{mm})$$<br><br>取 $b_1 = 70\text{mm}$，$b_2 = 65\text{mm}$ | $m = 2\ \text{mm}$<br><br><br>$a = 145\ \text{mm}$<br><br>$\beta = 15°5'24''$<br><br>$d_1 = 69.91\ \text{mm}$<br>$d_2 = 292.59\ \text{mm}$<br><br>$b_1 = 70\ \text{mm}$<br>$b_2 = 65\ \text{mm}$ |
| 3．校核齿根弯曲疲劳强度<br>校核公式<br>$$\sigma_F = \frac{KF_t Y_{Fa} Y_{Sa} Y_\beta}{bm_n\varepsilon_\alpha} \leqslant [\sigma_F]$$<br><br>1)确定公式中的各个计算参数<br>(1)载荷系数。<br>$$K = K_A K_v K_{F\alpha} K_{F\beta} = 1 \times 1.1 \times 1.2 \times 1.48 = 1.9536$$<br>(2)小齿轮所受的圆周力。<br>$$F_t = 2T_1 / d_1 = 2 \times 5.47 \times 10^4 / 69.91 = 1564.87$$<br>(3)齿形系数与应力校正系数。<br>由<br>$$z_{v1} = z_1 / \cos^3\beta = 27 / \cos^3 15.09° = 30$$<br>$$z_{v2} = z_2 / \cos^3\beta = 113 / \cos^3 15.09° = 126$$<br>查表 7-9 得 $Y_{Fa1} = 2.52$，$Y_{Sa1} = 1.625$，$Y_{Fa2} = 2.16$，$Y_{Sa1} = 1.80$。<br>(4)由图 7.28 查得螺旋角影响系数 $Y_{\beta1} = Y_{\beta2} = 0.85$。<br>(5)计算弯曲疲劳许用应力。<br>由图 7.24(b)查得小齿轮的弯曲疲劳强度极限 $\sigma_{FE1} = 215\text{MPa}$；<br>由图 7.24(b)查得大齿轮的弯曲疲劳强度极限 $\sigma_{FE2} = 190\text{MPa}$；<br>由图 7.21 查得弯曲疲劳寿命系数 $K_{FN1} = 0.89$，$K_{FN2} = 0.92$。<br>取弯曲疲劳安全系数 $S = 1.3$，则<br>$$[\sigma_F]_1 = \frac{K_{FN1}\sigma_{FE1}}{S} = \frac{0.89 \times 215}{1.3} = 147.19(\text{MPa})$$<br>$$[\sigma_F]_2 = \frac{K_{FN2}\sigma_{FE2}}{S} = \frac{0.92 \times 190}{1.3} = 134.46(\text{MPa})$$<br>2)校核计算<br>$$\sigma_{F1} = \frac{KF_t Y_{Fa1} Y_{Sa1} Y_{\beta1}}{bm_n\varepsilon_\alpha}6$$<br>$$= \frac{1.9536 \times 1564.87 \times 2.52 \times 1.625 \times 0.85}{65 \times 2 \times 1.64} = 49.91(\text{MPa}) \leqslant [\sigma_F]_1$$<br>$$\sigma_{F2} = \sigma_{F1} \times \frac{Y_{Fa2}Y_{Sa2}}{Y_{Fa1}Y_{Sa1}} = 49.91 \times \frac{2.52 \times 1.625}{2.16 \times 1.8} = 52.57(\text{MPa}) \leqslant [\sigma_F]_2$$<br>所以大小齿轮的弯曲疲劳强度均足够 | $z_{v1} = 30$<br>$z_{v2} = 126$ |
| 4．齿轮的结构设计<br>　　以大齿轮为例。因 $d_{a2} = d_2 + 2h_{an}^* m_n = 292.59 + 2 \times 2 = 296.59(\text{mm}) < 500(\text{mm})$，故采用腹板式齿轮结构。其零件工作图见图 7.36 | |

| 法向模数 | $m_n$ | 2 |
|---|---|---|
| 齿数 | $Z_2$ | 113 |
| 齿形角 | $\alpha_n$ | 20° |
| 齿顶高系数 | $h_a^*$ | 1.0 |
| 螺旋角 | $\beta$ | 15°5′24″ |
| 螺旋方向 | | 右 |
| 变位系数 | $X$ | 0 |
| 精度等级 | 9-8-8-HK | GB10095—88 |
| 中心距 | $a\pm f_a$ | 145±0.0315 |

| 配对齿轮 | 图号 | | |
|---|---|---|---|
| | 齿数 | $Z_1$ | 27 |
| 公差组 | 检验项目 | | 公差值 |
| I | $F_1''$ | | 0.090 |
| | $F_w$ | | 0.050 |
| II | $f_i''$ | | 0.032 |
| III | $F_b$ | | 0.025 |
| | $F_{bx}$ | | 0.025 |
| 公法线 平均长度 | | | $76.967^{-0.0181}_{-0.0233}$ |
| 齿厚 | 跨齿数 $K$ | | 13 |

技术要求

1. 正火处理190HBS
2. 未注明圆角半径$R\approx 3$mm
3. 未注明倒角$1.5\times 45°$

标题栏

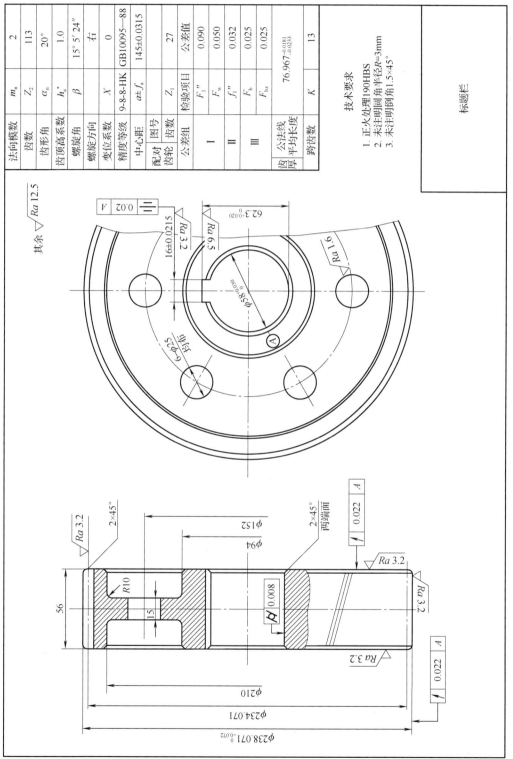

图 7.36 大齿轮零件工作图

# 7.8　标准直齿圆锥齿轮传动的强度计算

　　直齿圆锥齿轮传动可实现轴线呈任意夹角相交轴之间的传动，本节只介绍轴交角 $\Sigma = 90°$ 的标准直齿锥齿轮传动的强度计算。

　　由于直齿圆锥齿轮沿齿宽方向的轮齿的大小不相等，所以刚度也不相同，引起载荷沿齿宽方向分布不均匀，受力分析和强度计算都很复杂。为简化强度计算，把直齿圆锥齿轮传动看成齿宽中点处背锥上的当量直齿圆柱齿轮的传动。用该当量直齿圆柱齿轮传动的强度计算代替原直齿圆锥齿轮传动的强度计算，代入圆锥齿轮参数，从而得到直齿圆锥齿轮传动的强度计算公式。

## 7.8.1　设计参数

　　直齿圆锥齿轮传动是以大端参数为标准值的。在强度计算时，以齿宽中点处的当量齿轮作为计算的依据。对轴交角 $\Sigma = 90°$ 的直齿圆锥齿轮传动，其齿数比 $u$、锥距 $R$（图 7.37）、分度圆直径 $d_1$、$d_2$，平均分度圆直径 $d_{m1}$、$d_{m2}$，当量齿轮的分度圆直径 $d_{v1}$、$d_{v2}$ 之间的关系如表 7-14 所示。

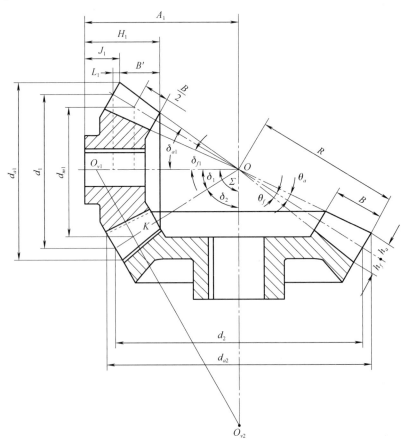

图 7.37　直齿锥齿轮传动的几何参数

表 7-14 ∑ = 90° 直齿锥齿轮传动的主要几何参数

| 名称 | 几何参数关系 |
|---|---|
| 齿数比 $u$ | $u = \dfrac{z_2}{z_1} = \dfrac{d_2}{d_1} = \cot \delta_1 = \tan \delta_2$ |
| 锥距 $R$ | $R = \sqrt{\left(\dfrac{d_1}{2}\right)^2 + \left(\dfrac{d_2}{2}\right)^2} = d_1 \dfrac{\sqrt{u^2+1}}{2}$ |
| 齿宽系数 $\phi_R$ | $\phi_R = \dfrac{b}{R} \leqslant \dfrac{1}{3}$ ，通常取 $\phi_R = 0.25 \sim 0.3$ |
| 分度圆锥角 $\delta$ | $\cos \delta_1 = r_2 / R = r_2 / \sqrt{r_1^2 + r_2^2} = u / \sqrt{u^2+1}$ <br> $\cos \delta_2 = r_1 / R = r_1 / \sqrt{r_1^2 + r_2^2} = 1 / \sqrt{u^2+1}$ |
| 当量齿数 $z_v$ | $z_v = \dfrac{d_v}{m_m} = \dfrac{z}{\cos \delta}$ |
| 齿宽中点的平均模数 $m_m$ | $m_m = m(1 - 0.5\phi_R)$ |
| 平均分度圆直径 $d_{m1}$、 $d_{m2}$ | $d_{m1} = d_1(1 - 0.5\phi_R) \quad d_{m2} = d_2(1 - 0.5\phi_R)$ <br> $d_{mk} = d_k(1 - 0.5\phi_R)$ ， $k = 1,2$ |
| 当量齿数的分度圆直径 $d_{v1}$、 $d_{v2}$ | $d_{vk} = d_{mk} / \cos \delta_k = d_k(1 - 0.5\phi_R)\sqrt{u^2+1}/u$ ， $u = 1,2$ |
| 当量齿数比 $u_v$ | $u_v = d_{v2} / d_{v1} = (z_2 / \cos \delta_2)/(z_1 / \cos \delta_1) = u / \tan \delta_1 = u^2$ |

## 7.8.2 轮齿的受力分析

忽略轮齿的变形，认为直齿圆锥齿轮齿面间的法向载荷 $F_n$ 集中作用在平均分度圆锥齿宽中点处的法向平面内，即在齿宽中点的法向截面 $N-N$（$Pabc$ 平面）内（图 7.38）。与圆柱齿轮一样，将法向载荷 $F_n$ 分解为切于分度圆锥面的周向分力（圆周力）$F_t$ 及垂直于分度圆锥母线的分力 $F'$，再将力 $F'$ 分解为径向分力 $F_r$ 及轴向分力 $F_a$。小锥齿轮轮齿上所受各力的方向如图 7.38 所示，各力的大小分别为

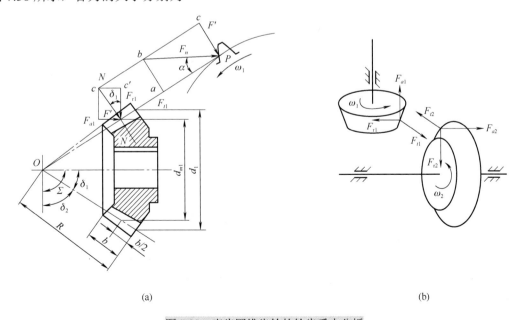

(a)                                    (b)

图 7.38 直齿圆锥齿轮的轮齿受力分析

$$\begin{cases} F_t = \dfrac{2T_1}{d_{m1}} \\ F_{r1} = F_t \tan\alpha \cos\delta_1 = F_{a2} \\ F_{a1} = F_t \tan\alpha \sin\delta_1 = F_{r2} \\ F_n = F_t / \cos\alpha \end{cases} \qquad (7\text{-}19)$$

直齿圆锥齿轮轴向力的方向分别指向各自的大端,其他各分力的判断和直齿圆柱齿轮相同。且 $F_{r1}$ 与 $F_{a2}$ 及 $F_{a1}$ 与 $F_{r2}$ 大小相等,方向相反。

### 7.8.3 齿根弯曲疲劳强度计算

直齿圆锥齿轮的齿根弯曲疲劳强度可近似地按齿宽中点处的当量直齿圆柱齿轮考虑。由直齿圆柱齿轮的弯曲应力公式,代入圆锥齿轮的参数(忽略与重合度有关的参数,如 $K_\alpha$、$Y_\varepsilon$ 的影响)经整理得

$$\sigma_F = \frac{2KT_{v1}Y_{Fa}Y_{Sa}}{bd_{v1}m_m} = \frac{2K\dfrac{T_1}{\cos\delta_1}Y_{Fa}Y_{Sa}}{b\dfrac{d_{m1}}{\cos\delta_1}m_m} \leqslant [\sigma_F]$$

即

$$\sigma_F = \frac{4KT_1Y_{Fa}Y_{Sa}}{\phi_R(1-0.5\phi_R)^2 z_1^2 m^3 \sqrt{u^2+1}} \leqslant [\sigma_F] \qquad (7\text{-}20)$$

根据式(7-20)得设计公式

$$m \geqslant \sqrt[3]{\frac{4KT_1}{\phi_R(1-0.5\phi_R)^2 z_1^2 \sqrt{u^2+1}} \times \frac{Y_{Fa}Y_{Sa}}{[\sigma_F]}} \qquad (7\text{-}21)$$

式中,$T_{v1}$ 为小当量齿轮传递的扭矩,N·mm;$d_{v1}$ 为小当量齿轮的分度圆直径,mm;$u_v$ 为当量直齿圆柱齿轮传动的齿数比;$K$ 为直齿锥齿轮的载荷系数,直齿锥齿轮由于制造精度较低,齿面载荷分配不均匀的程度较大,一般认为全部载荷由一对齿承担,因此锥齿轮的载荷系数为 $K = K_A K_v K_\beta$,其中使用系数 $K_A$ 可由表7-2查取;动载系数 $K_v$ 可按图7.11中低一级的精度线及 $v_m$(m/s)查取;齿向载荷分布系数可按下式计算

$$K_{H\beta} = K_{F\alpha} = 1.5K_{H\beta be}$$

式中,$K_{H\beta be}$ 为轴承系数,可从表7-15中查取。$Y_{Fa}$、$Y_{Sa}$ 分别为齿形系数及应力校正系数,按当量齿数 $z_v$ 查表7-9;$\sigma_F$、$[\sigma_F]$ 的单位为MPa,$m$ 的单位为mm,其余符号的意义和单位同前。

表7-15 轴承系数 $K_{H\beta be}$

| 应用 | 小轮和大轮的支撑 | | |
|---|---|---|---|
| | 两者都是两端支承 | 一个两端支承一个悬臂 | 两者都是悬臂 |
| 飞机 | 1.00 | 1.10 | 1.25 |
| 车辆 | 1.00 | 1.10 | 1.25 |
| 工业用、船舶用 | 1.10 | 1.25 | 1.50 |

### 7.8.4 齿面接触疲劳强度计算

锥齿轮的齿面接触疲劳强度,仍按直齿圆锥齿轮齿宽中点处的当量圆柱齿轮计算,工作齿宽即为锥齿轮的齿宽 $b$。按式(7-6)计算齿面接触疲劳强度时,式中的综合曲率为

$$\frac{1}{\rho_\Sigma} = \frac{1}{\rho_{v1}} + \frac{1}{\rho_{v2}} \tag{7-22a}$$

得

$$\frac{1}{\rho_\Sigma} = \frac{2\cos\delta_1}{d_{m1}\sin\alpha}\left(1 + \frac{1}{u_v}\right) \tag{7-22b}$$

将式(7-22b)及 $u_v = u^2$、$\cos\delta_1 = \dfrac{u}{\sqrt{u^2+1}}$、式(7-1)、式(7-19)等代入式(7-6),并令接触线

长度式 $L = b$,得

$$\sigma_H = \sqrt{\frac{p_{ca}}{\rho_\Sigma}} \cdot Z_E = \sqrt{\frac{2KT_{v1}}{bd_{v1}^2} \times \frac{u_v \pm 1}{u_v}} = Z_E Z_H \sqrt{\frac{4KT_1}{\phi_R(1 - 0.5\phi_R)^2 d_1^3 u}} \leqslant [\sigma_H] \tag{7-23}$$

由此得设计公式为

$$d_1 \geqslant \sqrt[3]{\left(\frac{Z_E Z_H}{[\sigma_H]}\right)^2 \frac{4KT_1}{\phi_R(1 - 0.5\phi_R)^2 u}} \tag{7-24}$$

式(7-24)为设计计算公式;式(7-23)为校核公式。两式中 $\sigma_H$、$[\sigma_H]$ 的单位为 MPa,$d_1$ 的单位为 mm,其余符号的意义和单位同前。

# 7.9  变位齿轮传动强度计算概述

变位齿轮传动的受力分析及强度计算的原理与标准齿轮传动的一样。

经变位修正后的轮齿齿形有变化,故轮齿弯曲强度计算式中的齿形系数 $Y_{Fa}$ 及应力校正系数 $Y_{Sa}$ 也随之改变,但进行弯曲强度计算时,仍沿用标准齿轮传动的公式。

在一定的齿数范围内(如 80 齿以内),正变位齿轮的齿厚增加(即 $Y_{Fa}$ 减小),尽管齿根圆角半径有所减小(即 $Y_{Sa}$ 有所增大),但 $Y_{Fa}Y_{Sa}$ 的乘积仍然减小。因而对齿轮采取正变位修正,可以提高轮齿的弯曲强度。

在变位齿轮传动中,分别以 $x_2$、$x_1$ 代表大、小齿轮的变位系数,$x_\Sigma$ 代表配对齿轮的变位系数和,即 $x_\Sigma = x_1 + x_2$。对于 $x_\Sigma = 0$ 的高度变位齿轮传动,轮齿的接触强度未变,故高度变位齿轮传动的接触强度计算仍沿用标准齿轮传动的公式。对于 $x_\Sigma \neq 0$ 的角度变位齿轮传动,其轮齿接触强度的变化由区域系数 $Z_H$ 来体现。

角度变位的直齿圆柱齿轮传动的区域系数为

$$Z_H = \sqrt{\frac{2}{\cos^2\alpha \tan\alpha'}}$$

式中,$\alpha'$ 为齿轮变位后的节点啮合角。

角度变位的斜齿圆柱齿轮传动的区域系数为

$$Z_H = \sqrt{\frac{2\cos\beta_b}{\cos^2\alpha_t \tan\alpha_t'}}$$

式中,$\alpha_t$、$\alpha_t'$ 分别为变位斜齿轮传动的端面压力角及端面啮合角。

$x_\Sigma > 0$ 的角度变位齿轮传动,节点的啮合角 $\alpha' > \alpha$(或 $\alpha_t' > \alpha_t$),可使区域系数 $Z_H$ 减小,因而提高了轮齿的接触强度。

渐开线齿轮传动可借适当的变位修正获得所需要的特性，满足一定的使用要求。为了提高外啮合齿轮传动的弯曲强度和接触强度，增强耐磨性及抗胶合能力，推荐采用的变位系数列于表 7-16 中。按表中所列变位系数设计制造的齿轮传动皆能确保轮齿不产生根切与干涉、端面重合度 $\varepsilon_\alpha \geqslant 1.2$ 及齿顶厚 $S_a \geqslant 0.25m_n$。对于斜齿圆柱齿轮或直齿锥齿轮，按当量齿数 $z_v$ 查表，所得变位系数对斜齿圆柱齿轮为法向数值（$x_{n1}$、$x_{n2}$）。

锥齿轮传动通常不做角度变位。但为使大、小齿轮轮齿的弯曲强度相近，可对锥齿轮传动进行切向变位修正。

**表 7-16　提高啮合齿轮传动强度的变位系数推荐用值**

| $Z_1$ $Z_{v1}$ | $X$ ($x_{n2}$) 适用性 | $Z_2(z_{v2})$ | | | | | | | | | | | | | | |
|---|---|---|---|---|---|---|---|---|---|---|---|---|---|---|---|---|
| | | 22 | | 28 | | 34 | | 42 | | 50 | | 65 | | 80 | | 100 | |
| | | $X_1$ | $X_2$ | $X_1$ | $X_2$ | $X_1$ | $X_2$ | $X_1$ | $X_2$ | $X_1$ | $X_2$ | $X_1$ | $X_2$ | $X_1$ | $X_2$ | $X_1$ | $X_2$ |
| 15 | I | 0.28 | 0.75 | 0.26 | 1.04 | 0.23 | 1.32 | 0.20 | 1.53 | 0.25 | 1.65 | 0.26 | 1.87 | 0.30 | 2.14 | 0.36 | 2.32 |
| | II | 0.73 | 0.32 | 0.79 | 0.35 | 0.83 | 0.34 | 0.92 | 0.32 | 0.97 | 0.31 | 0.80 | 0.04 | 0.73 | -0.15 | 0.71 | -0.22 |
| | III | 0.55 | 0.54 | 0.60 | 0.63 | 0.63 | 0.72 | 0.68 | 0.88 | 0.66 | 1.02 | 0.67 | 1.22 | 0.67 | 1.36 | 0.66 | 1.70 |
| 18 | I | 0.58 | 0.64 | 0.40 | 1.02 | 0.30 | 1.30 | 0.29 | 1.48 | 0.30 | 1.63 | 0.41 | 1.89 | 0.48 | 2.08 | 0.52 | 2.31 |
| | II | 0.81 | 0.38 | 0.89 | 0.38 | 0.93 | 0.37 | 1.02 | 0.36 | 1.05 | 0.36 | 1.10 | 0.40 | 1.14 | 0.40 | 1.00 | 0.28 |
| | III | 0.60 | 0.63 | 0.63 | 0.72 | 0.67 | 0.82 | 0.68 | 0.94 | 0.70 | 1.11 | 0.71 | 1.35 | 0.71 | 1.61 | 0.71 | 1.90 |
| 22 | I | 0.68 | 0.68 | 0.59 | 0.94 | 0.48 | 1.20 | 0.40 | 1.48 | 0.43 | 1.60 | 0.53 | 1.80 | 0.61 | 1.99 | 0.65 | 2.19 |
| | II | 0.95 | 0.39 | 1.04 | 0.40 | 1.08 | 0.38 | 1.18 | 0.38 | 1.20 | 0.42 | 1.10 | 0.36 | 1.15 | 0.26 | 1.12 | 0.22 |
| | III | 0.67 | 0.67 | 0.71 | 0.81 | 0.74 | 0.90 | 0.76 | 1.03 | 0.76 | 1.17 | 0.76 | 1.44 | 0.76 | 1.73 | 0.76 | 1.98 |
| 28 | I | | | 0.86 | 0.86 | 0.80 | 1.08 | 0.72 | 1.33 | 0.64 | 1.60 | 0.70 | 1.82 | 0.75 | 2.04 | 0.80 | 2.22 |
| | II | — | | 1.26 | 0.42 | 1.30 | 0.36 | 1.24 | 0.31 | 1.20 | 0.25 | 1.17 | 0.18 | 1.16 | 0.12 | 1.12 | 0.08 |
| | III | | | 0.85 | 0.85 | 0.86 | 1.00 | 0.88 | 1.12 | 0.91 | 1.26 | 0.88 | 1.56 | 0.87 | 1.85 | 0.86 | 2.12 |
| 34 | I | | | | | 1.00 | 1.00 | 0.88 | 1.30 | 0.80 | 1.58 | 0.83 | 1.79 | 0.89 | 1.97 | 0.94 | 2.18 |
| | II | — | | — | | 1.34 | 0.34 | 1.26 | 0.26 | 1.25 | 0.20 | 1.20 | 0.15 | 1.16 | 0.07 | 1.13 | 0.00 |
| | III | | | | | 1.00 | 1.00 | 1.00 | 1.16 | 1.00 | 1.31 | 0.99 | 1.55 | 0.98 | 1.80 | 1.00 | 2.15 |

# 7.10　齿轮的结构设计

通过齿轮传动的强度计算，只能确定出齿轮的主要尺寸，如齿数、模数、齿宽、螺旋角、分度圆直径等，而齿圈、轮辐、轮毂等的结构形式及尺寸大小，通常都由结构设计而定。

齿轮的结构设计与齿轮的几何尺寸、毛坯、材料、加工方法、使用要求及经济性等因素有关。进行齿轮的结构设计时，必须综合考虑上述各方面的因素。通常是先按齿轮的直径大小，选定合适的结构形式，然后再根据推荐用的经验数据，进行结构设计。

对于直径很小的钢制齿轮（图 7.39），当为圆柱齿轮时，若齿根圆到键槽底部的距离 $e < 2m_t$（$m_t$ 为端面模数）；当为锥齿轮时，按齿轮小端尺寸计算而得的 $e < 1.6m_t$ 时，均应将齿轮和轴做成一体，称为齿轮轴（图 7.40）。当 $e$ 值超过上述尺寸时，齿轮与轴以分开制造为合理。

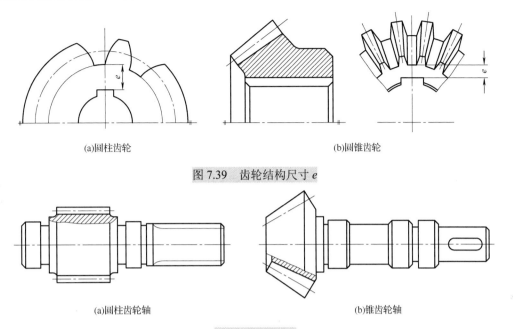

(a)圆柱齿轮　　　　　　　　　　(b)圆锥齿轮

图 7.39　齿轮结构尺寸 e

(a)圆柱齿轮轴　　　　　　　　　(b)锥齿轮轴

图 7.40　齿轮轴

当齿顶圆直径 $d_a \leqslant 160\text{mm}$ 时，可以做成实心结构的齿轮(图 7.39 及图 7.41)。但航空产品中的齿轮，虽 $d_a \leqslant 160\text{mm}$，也有做成腹板式的(图 7.42)。当齿顶圆直径 $d_a \leqslant 500\text{mm}$ 时，可做成腹板式结构(图 7.42)，腹板上开孔的数目按结构尺寸大小及需要确定。

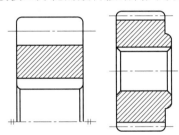

图 7.41　实心结构的齿轮

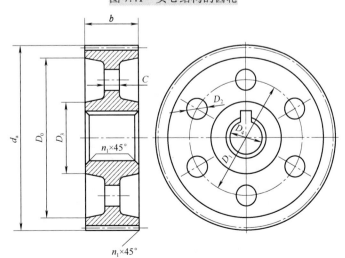

(a)

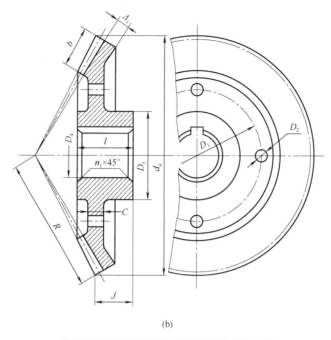

(b)

图 7.42　腹板式结构的齿轮（$d_a \leqslant 500\text{mm}$）

$D_1 \approx (D_0 + D_3)/2$；$D_2 \approx (0.25 \sim 0.35)(D_0 - D_3)$；$D_3 \approx 1.6D_4$（钢材）；$D_3 \approx 1.7D_4$（铸铁）；$n_1 \approx 0.5m_n$；$r \approx 5$ mm。

圆柱齿轮：$D_0 \approx d_a - (10 \sim 14)m_n$；$C \approx (0.2 \sim 0.3)B$。锥齿轮：$l \approx (1 \sim 1.2)D_4$；$C \approx (3 \sim 4)m$；尺寸 $J$ 由结构设计而定；$\Delta_1 = (0.1 \sim 0.2)B$。

常用齿轮的 $C$ 值不应小于 10mm，航空用齿轮可取 $C \approx 3 \sim 6$mm

齿顶圆直径 $d_a > 300\text{mm}$ 的铸造锥齿轮，可做成带加强肋的腹板式结构（图 7.43），加强肋的厚度 $C_1 \approx 0.8C$，其他结构尺寸与腹板式相同。

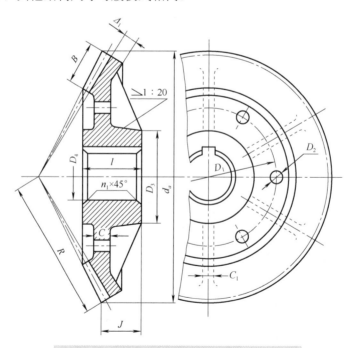

图 7.43　带加强肋的腹板式锥齿轮（$d_a > 300\text{mm}$）

当齿顶圆直径 $400\text{mm} < d_a < 1000\text{mm}$ 时，可做成轮辐截面为"十"字形的轮辐式结构的齿轮(图 7.44)。

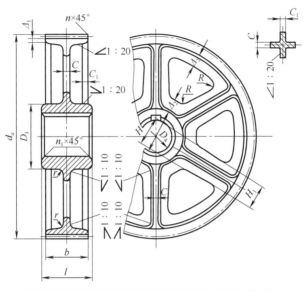

图 7.44 轮辐式结构的齿轮($400\text{mm} < d_a < 1000\text{mm}$)

$B < 240\text{ mm}$；$D_3 \approx 1.6 D_4$(钢材)；$D_3 \approx 1.7 D_4$(铸铁)；$\Delta_1 = (3\sim4)m_n$，但不应小于 8mm；$\Delta_2 \approx (1\sim1.2)\Delta_1$；$H \approx 0.8 D_4$(铸钢)；

$H \approx 0.9 D_4$(铸铁)；$C \approx \dfrac{H}{5}$；$C_1 \approx \dfrac{H}{6}$；$R \approx 0.5H$；$1.5 D_4 > l \geqslant B$；轮毂数常取为 6

为了节约贵重金属，对于尺寸较大的圆柱齿轮，可做成组装齿圈式的结构(图 7.45)。齿圈用钢制，而轮芯则用铸铁或铸钢。

用尼龙等工程塑料模压出来的齿轮，也可参照图 7.41 或图 7.42 所示的结构及尺寸进行结构设计。用夹布塑胶等非金属板材制造的齿轮结构见图 7.46。

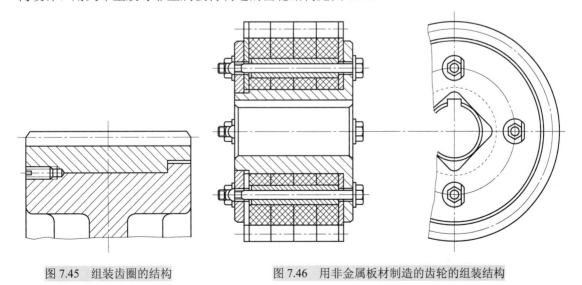

图 7.45 组装齿圈的结构　　　图 7.46 用非金属板材制造的齿轮的组装结构

进行齿轮结构设计时，还要进行齿轮和轴的连接设计。通常采用单键连接。但当齿轮转速较高时，要考虑轮芯的平衡及对中性。这时齿轮和轴的连接应采用花键或双键连接。对于沿轴滑移的齿轮，为了操作灵活，也应采用花键或双导键连接。关于键和花键连接参看第 6 章。

# 7.11 齿轮传动的润滑

齿轮在传动时，相啮合的齿面间有相对滑动，因此就要发生摩擦和磨损，增加动力消耗，降低传动效率。特别是高速传动，就要需要考虑齿轮的润滑。

轮齿啮合面间加注润滑剂，可以避免金属直接接触，减少轮齿接触表面间的摩擦和磨损，同时还可以起到降低噪声、减缓冲击、散热等作用。因此，对齿轮传动进行适当的润滑，可以大为改善轮齿的工作状况，确保运转正常及预期的寿命，提高齿轮传动的效率。

## 7.11.1 齿轮传动的润滑方式

齿轮传动装置布置不同，其润滑方式也不同。

开式及半开式齿轮传动，或速度较低的闭式齿轮传动，通常用人工做周期性加油润滑，所用润滑剂为润滑油或润滑脂。

通用的闭式齿轮传动，其润滑方法根据齿轮的圆周速度大小而定。

(1) 油池润滑。当齿轮的圆周速度 $v < 12\,\text{m/s}$ 时，常将大齿轮的轮齿浸入油池中进行浸油润滑(图 7.47)。这样，齿轮在转动时，就把润滑油带到啮合的齿面上，同时也将油甩到箱壁上，借以散热。齿轮浸入油中的深度可视齿轮的圆周速度大小而定，对圆柱齿轮通常不宜超过一个齿高，但一般亦不应小于 10mm；对锥齿轮应浸入全齿宽，或至少应浸入齿宽的一半。在多级齿轮传动中，可借带油轮将油带到未浸入油池内的齿轮的齿面上(图 7.48)。

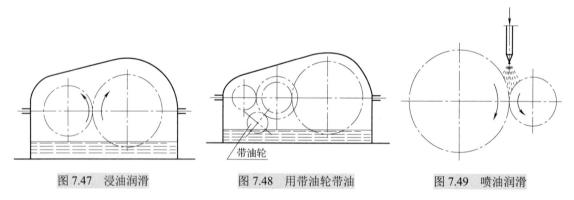

| 图 7.47 浸油润滑 | 图 7.48 用带油轮带油 | 图 7.49 喷油润滑 |

油池中的油量取决于齿轮传递的功率。对单级传动，每传递 1 kW 的功率，需油量为 0.35～0.7L。对于多级传动，需油量按级数成倍地增加。

(2) 喷油润滑。当齿轮的圆周速度 $v > 12\,\text{m/s}$ 时，应采用喷油润滑(图 7.49)，即由油泵或中心供油站以一定的压力供油，借喷嘴将润滑油喷到轮齿的啮合面上。当 $v \leqslant 25\,\text{m/s}$ 时，喷嘴位于轮齿啮入边或啮出边均可；当 $v > 25\,\text{m/s}$ 时，喷嘴位于轮齿啮出的一边，以便借润滑油及时冷却刚啮合过的轮齿，同时亦对轮齿进行润滑。

## 7.11.2 润滑剂的选择

齿轮传动常用的润滑剂为润滑油或润滑脂。所用的润滑油或润滑脂的牌号按表 7-17 选取；润滑油的黏度按表 7-18 选取。

表 7-17 齿轮传动常用的润滑剂

| 名称 | 牌号 | 运动黏度 $v$ / cSt(40℃) | 应用 |
|---|---|---|---|
| 重负载工业齿轮油 | 100 | 90～110 | 适用于工业设备齿轮的润滑 |
| | 150 | 135～165 | |
| | 220 | 198～242 | |
| | 320 | 288～352 | |
| 中负载工业齿轮油 | 68 | 61.2～74.8 | 适用于煤炭、水泥和冶金等工业部门的大型闭式齿轮传动装置的润滑 |
| | 100 | 90～110 | |
| | 150 | 135～165 | |
| | 220 | 198～242 | |
| | 320 | 288～352 | |
| | 460 | 414～506 | |
| 普通开式齿轮油 | | 100 | 主要适用于开式齿轮、链条和钢丝绳的润滑 |
| | 68 | 60～75 | |
| | 100 | 90～110 | |
| | 150 | 135～165 | |
| Pinnacle 极压齿轮油 | 150 | 150 | 用于润滑采用极压润滑剂的各种车用及工业设备的齿轮 |
| | 220 | 216 | |
| | 320 | 316 | |
| | 460 | 451 | |
| | 680 | 652 | |
| 钙钠基润滑脂 | 1 号 | | 适用于 80～100℃，有水分或较潮湿的环境中工作的齿轮传动，但不适于低温工作情况 |
| | 2 号 | | |

注：表中所列仅为齿轮油的一部分，必要时可参阅有关资料。$1St=10^{-4}m^2/s$。$1cSt=10^{-2}m^2/s$。

表 7-18 齿轮传动润滑黏度推荐用值

| 齿轮材料 | 强度极限 $\sigma_B$ /MPa | 圆周速度 $v$/(m/s) | | | | | | |
|---|---|---|---|---|---|---|---|---|
| | | < 0.5 | 0.5～1 | 1～2.5 | 2.5～5 | 5～12.5 | 12.5～25 | > 25 |
| | | 运动黏度 $v$ / cSt(50℃) | | | | | | |
| 塑料、铸铁、青铜 | — | 177 | 118 | 81.5 | 59 | 44 | 32.4 | — |
| 钢 | 450～1000 | 266 | 177 | 118 | 81.5 | 59 | 44 | 32.4 |
| 碳钢或表面淬火的钢 | 1250～1580 | 444 | 266 | 266 | 177 | 118 | 81.5 | 59 |

注：① 多级齿轮传动，采用各级传动圆周速度的平均值来选取润滑油黏度；
② 对于 $\sigma_B > 800$ MPa 的镍铬钢制齿轮(不渗碳)的润滑油黏度应取高一档的数值。

# 本 章 小 结

本章主要介绍了齿轮传动的类型及特点，齿轮传动的失效形式及其设计准则，齿轮的材料及热处理的选择，齿轮传动的受力分析及强度计算。本章重点是齿轮传动的失效形式、设计准则、受力分析、强度计算以及齿轮传动的设计方法。本章对齿轮结构设计和圆弧齿轮、曲线齿锥齿轮、准双曲面齿轮传动等也作了说明。

# 习　题

## 一、选择题

1. 一般参数的闭式软齿面齿轮传动的主要失效形式是_____。
  A. 齿面点蚀　　　　　　　　　　　B. 轮齿折断
  C. 齿面塑性变形　　　　　　　　　D. 齿面胶合

2. 高速重载且散热条件不良的闭式齿轮传动，其最可能出现的失效形式是_____。
  A. 轮齿折断　　　　　　　　　　　B. 齿面磨粒磨损
  C. 齿面塑性变形　　　　　　　　　D. 齿面胶合

3. 对齿轮轮齿材料性能的基本要求是_____。
  A. 齿面要硬，齿芯要软　　　　　　B. 齿面要硬，齿芯要韧
  C. 齿面要软，齿芯要软　　　　　　D. 齿面要软，齿芯要韧

4. 家用电器和录像机中的齿轮，传递功率很小，但要求传动平稳、低噪声和无润滑，比较适宜的齿轮材料是_____。
  A. 铸铁　　　　　B. 铸钢　　　　　C. 锻钢　　　　　D. 工程塑料

5. 灰铸铁齿轮常用于_____的场合。
  A. 低速、无冲击和大尺寸　　　　　B. 高速有较大冲击
  C. 有较大冲击和小尺寸

6. 材料为 20Cr 的齿轮要达到硬齿面，适宜的热处理方法是_____。
  A. 整体淬火　　　B. 渗碳淬火　　　C. 调质　　　　　D. 表面淬火

7. 设计一对材料相同的钢制软齿面齿轮传动，一般使小齿轮齿面硬度 HBS1 和大齿轮面硬度 HBS2 的关系为_____。
  A. HBS1<HBS2　　B. HBS1=HBS2　C. HBS1>HBS2

8. 圆锥齿轮强度计算基准在_____。
  A. 大端　　　　　B. 小端　　　　　C. 齿宽中点　　　D. 法面

9. 设计闭式软齿面的齿轮传动时，齿数 $z_1$ 的选择原则是_____。
  A. 越多越好　　　B. 越少越好　　　C. $z_1 \geqslant 17$，不产生根切即可
  D. 在保证齿根具有足够的抗弯疲劳强度的前提下，齿数多些有利

10. 齿根弯曲强度计算中的齿形系数 $Y_{Fa}$ 与_____无关。
  A. 齿数　　　　　B. 变位系数　　　C. 模数　　　　　D. 斜齿轮的螺旋角

## 二、填空题

1. 齿轮传动的主要失效形式有_____、_____、_____、_____。

2. 在齿轮传动中，主动轮所受的圆周力 $F_{t1}$ 方向与其回转方向_____，而从动轮所受的圆周力 $F_{t2}$ 方向与其回转方向_____。

3. 一对齿轮啮合时，其大、小齿轮的接触应力_____，许用接触应力_____，大、小齿轮的弯曲应力一般也_____。（相等、不相等）

4. 对于闭式软齿面齿轮传动，主要按_____强度进行设计，而按_____强度进行校核，这时影响齿轮强度的几何参数是_____。

5. 设计闭式硬齿面齿轮传动时，当直径 $d_1$ 一定时，应取_____的齿数，使

增大，以提高轮齿的弯曲强度。

6. 减小齿轮动载荷的主要措施有＿＿＿＿＿＿，＿＿＿＿＿＿。

7. 直齿锥齿轮强度计算时，应以＿＿＿＿＿＿为计算的依据。

8. 齿轮设计中，在选择齿轮的齿数 $z$ 时，对闭式软齿面齿轮传动，一般 $z_1$ 选得＿＿＿＿＿＿
些；对开式齿轮传动，一般 $z_1$ 选得＿＿＿＿＿＿些。

## 三、受力分析题

1. 图 7.50 为二级斜齿轮传动。试在图中标出：(1)轴 Ⅱ、Ⅲ 的转向；(2)为使中间轴受力较小，标出未知旋向的齿轮螺旋线方向；(3)齿轮 2、3 所受各分力方向。

2. 图 7.51 为二级圆锥斜齿轮传动。为使中间轴受力较小，试在图中标出：(1)轴 Ⅱ、Ⅲ 的转向；(2)未知齿轮的螺旋线方向；(3)齿轮 2、3 所受各分力方向。

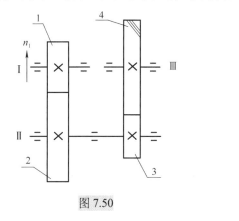

图 7.50

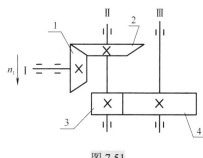

图 7.51

## 四、思考题

1. 齿轮传动常见的失效形式有哪些？闭式硬齿面、闭式软齿面和开式齿轮传动的设计计算准则分别是什么？

2. 在不改变材料和尺寸的情况下，如何提高轮齿的抗折断能力？

3. 齿面点蚀首先发生在轮齿上的什么部位？为什么？为防止点蚀可采取哪些措施？

4. 计算齿轮强度时为什么要引入载荷系数 $K$？$K$ 由哪几部分组成？

5. 圆柱齿轮传动中大齿轮和小齿轮的接触应力是否相等？如大、小齿轮的材料及热处理情况相同，则它们的许用接触应力是否相等？

6. 齿轮设计中为什么要使小齿轮硬度比大齿轮硬度高？小齿轮宽度比大齿轮宽？

7. 齿形系数与模数有关吗？影响齿形系数的因素有哪些？

# 第8章　蜗杆传动设计

引入案例

西安微电机厂购入矽钢片纵剪机(图8.1)，传动部分为钢蜗杆、磷青铜蜗轮，制造厂来技术人员安装试车及使用说明书均推荐使用68#机械油润滑。试车时，蜗杆与蜗轮啮合处冒油烟，蜗轮磨损严重，有铜粉混入油中，形成稠黄混合液，在蜗轮下沉积大量粗铜粉。后改用3#锂基脂试车20余天，齿轮约磨损1/5。

分析：低速重载传动，齿面间滑动摩擦处于边界润滑或混合润滑，油膜难以形成，不含极压抗磨添加剂的油、脂只能形成物理吸附膜，温度高，条件苛刻，膜脱附，失去润滑。改用150#极压齿轮油，没换蜗轮，运行四年，原磨痕消除，并越来越光。

图8.1　矽钢片纵剪机组

# 8.1　概　　述

蜗杆传动由一个带有螺纹的蜗杆和一个带有齿的蜗轮组成(图 8.2),用于传递空间两交错轴之间的运动和动力,通常两轴交错角为 90°。一般以蜗杆为主动件作减速传动。如果蜗杆导程角较大,也可以用蜗轮为主动件作增速传动。蜗杆根据其螺旋线的旋向不同,有右旋和左旋之分,通常采用右旋蜗杆。由于蜗杆传动具有传动比大,工作平稳,噪声小和蜗轮主动时可自锁等优点,因此它广泛应用于各种机器和仪器设备中。

## 8.1.1　蜗杆传动的类型

按照蜗杆形状的不同,蜗杆传动可分为圆柱蜗杆传动 [图 8.2(a)]、环面蜗杆传动 [图 8.2(b)] 和锥蜗杆传动 [图 8.2(c)]。其中圆柱蜗杆传动在工程中应用最广。

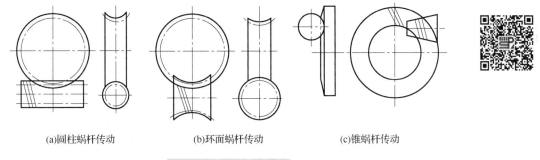

(a)圆柱蜗杆传动　　　　　(b)环面蜗杆传动　　　　　(c)锥蜗杆传动

图 8.2　蜗杆传动的类型

圆柱蜗杆传动又分为普通圆柱蜗杆传动和圆弧齿圆柱蜗杆传动。普通圆柱蜗杆轴向截面上的齿形为直线(或近似为直线),而圆弧齿圆柱蜗杆轴向截面上的齿形为内凹圆弧线。由于圆弧齿圆柱蜗杆传动的承载能力大、传动效率高、尺寸小,因此,目前动力传动的标准蜗杆减速器多采用圆弧齿圆柱蜗杆传动。普通圆柱蜗杆传动根据加工蜗杆时所用刀具及安装位置的不同,又可分为多种形式。根据不同的齿廓曲线,普通圆柱蜗杆可分为阿基米德蜗杆(ZA蜗杆)、渐开线蜗杆(ZI 蜗杆)、法向直廓蜗杆(ZN 蜗杆)和锥面包络蜗杆(ZK 蜗杆)等四种。其中阿基米德蜗杆传动最为简单,也是认识其他蜗杆传动的基础。

阿基米德蜗杆(ZA 蜗杆)见图 8.3。蜗杆的螺旋齿用刀刃为直线的车刀车削而成。车制该蜗杆时,使刀刃顶平面通过蜗杆轴线,其轴面齿廓是直线,端面齿廓是阿基米德螺旋线。阿基米德蜗杆加工容易,但因不能磨削,故难以获得高精度。一般用于低速、轻载或不太重要的传动。

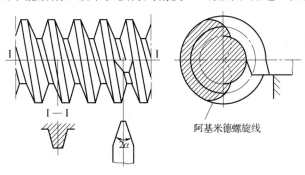

图 8.3　阿基米德蜗杆(ZA 蜗杆)

渐开线蜗杆(ZI 蜗杆)见图 8.4。加工该蜗杆时，车刀刀刃顶平面切于蜗杆基圆柱，ZI 蜗杆端面齿廓为渐开线，在切于基圆柱的轴向截面内，齿形一侧为直线，另一侧为凸面曲线。该蜗杆可用滚铣刀滚铣，也可用平面砂轮磨削。

法向直廓蜗杆(ZN 蜗杆)见图 8.5。车制该蜗杆时，车刀刀刃置于垂直螺旋线的法面 $N\text{-}N$ 内，切制出的蜗杆法面齿形为直边梯形，端面内的齿形为延伸渐开线。该蜗杆可用直母线砂轮磨齿。

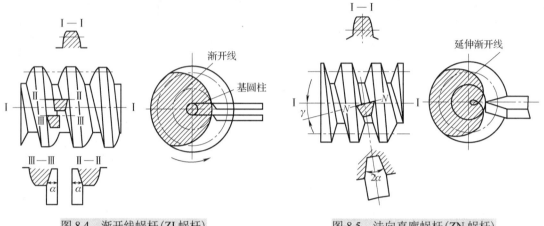

图 8.4  渐开线蜗杆(ZI 蜗杆)          图 8.5  法向直廓蜗杆(ZN 蜗杆)

锥面包络蜗杆(ZK 蜗杆)见图 8.6。该蜗杆采用直母线双锥面盘铣刀或砂轮置于蜗杆齿槽内加工制成，加工时盘铣刀或砂轮在蜗杆的法面内绕其轴线做回转运动，蜗杆做螺旋运动，这时铣刀或砂轮回转曲面的包络面即蜗杆的螺旋齿面，在蜗杆的任意截面 $N\text{—}N$ 及 $I\text{—}I$ 内，蜗杆的齿廓都是曲线。

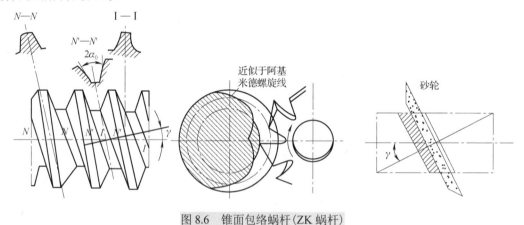

图 8.6  锥面包络蜗杆(ZK 蜗杆)

## 8.1.2  蜗杆传动的特点

### 1. 蜗杆传动的主要优点

(1)能实现大的传动比。在动力传动中，一般传动比 $i=10\sim80$；在分度机构或手动机构中，传动比可达 300；若只传递运动，传动比可达 1000。由于传动比大，零件数目又少，因而结构紧凑。

(2)在蜗杆传动中，由于蜗杆齿是连续不断的螺旋齿，它和蜗轮齿是逐渐进入啮合及逐渐退出啮合的，同时啮合的齿对又较多，故冲击载荷小，传动平稳，噪声低。

(3)当蜗杆的导程角小于啮合面的当量摩擦角时，蜗杆传动便具有自锁性。

(4)结构紧凑，简单。

**2. 蜗杆传动的主要缺点**

(1)蜗杆传动与螺旋齿轮传动相似，在啮合处有相对滑动。当滑动速度很大，工作条件不够良好时，会产生较严重的摩擦与磨损，从而引起过分发热，使润滑情况恶化。因此，摩擦损失较大，效率低；当传动具有自锁性时，效率仅为 0.4 左右。

(2)为了减轻齿面的磨损及防止胶合，蜗轮一般使用贵重的减摩材料制造，故成本高。

(3)对制造和安装误差较为敏感，安装时对中心距的尺寸精度要求较高。

### 8.1.3　普通圆柱蜗杆传动的精度

《圆柱蜗杆、蜗轮精度》(GB/T 10089—2018)对蜗杆、蜗轮和蜗杆传动规定了 12 个精度等级，1 级精度最高，依次降低。与齿轮公差相仿，蜗杆、蜗轮和蜗杆传动的公差也分成三个公差组。

普通圆柱蜗杆传动的精度，一般以 6～9 级应用得最多。表 8-1 中列出 6～9 级精度等级的应用范围及蜗轮圆周速度。

表 8-1　普通圆柱蜗杆传动的精度及其应用

| 精度等级 | 蜗轮圆周速度 $v_2/(\mathrm{m \cdot s^{-1}})$ | 适用范围 |
|---|---|---|
| 6 | >5 | 中等精度机床分度机构；发动机调节系统传动 |
| 7 | ≤5 | 中等精度、中等速度、中等功率减速器 |
| 8 | ≤3 | 不重要的传动，速度较低的间歇工作动力装置 |
| 9 | ≤1.5 | 一般手动、低速、间歇、开式传动 |

# 8.2　普通圆柱蜗杆传动的主要参数及几何尺寸计算

普通圆柱蜗杆传动中，通过蜗杆轴线并垂直于蜗轮轴线的平面称为蜗杆传动的中间平面。在中间平面内，蜗杆相当于一个齿条，蜗轮的齿廓为渐开线。蜗轮与蜗杆的啮合就相当于渐开线齿轮与齿条的啮合，见图 8.7。因此，蜗杆传动的设计计算都以中间平面为准。

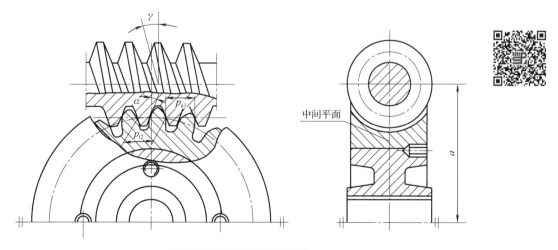

图 8.7　普通圆柱蜗杆传动

### 8.2.1　普通圆柱蜗杆传动的主要参数及其选择

普通圆柱蜗杆传动的主要参数有模数 $m$、压力角 $\alpha$、蜗杆的头数 $z_1$、蜗轮的齿数 $z_2$ 及蜗杆分度圆直径 $d_1$ 等。进行蜗杆传动的设计时，首先要正确地选择参数。

#### 1. 模数 $m$ 和压力角 $\alpha$

由于中间平面为蜗杆的轴面和蜗轮的端面，故蜗杆传动的正确啮合条件是

$$\begin{cases} m_{a1} = m_{t2} = m \\ \alpha_{a1} = \alpha_{t2} = \alpha \\ \gamma = \beta \end{cases} \tag{8-1}$$

式中，$m_{a1}$、$\alpha_{a1}$ 分别为蜗杆的轴面模数和轴向压力角；$m_{t2}$、$\alpha_{t2}$ 分别为蜗轮的端面模数和端面压力角；$m$ 为标准模数，见表 8-2；$\gamma$ 为蜗杆的导程角；$\beta$ 为蜗轮的螺旋角，$\gamma$ 与 $\beta$ 两者应大小相等，旋向相同。

ZA 型蜗杆的轴向压力角 $\alpha_a = 20°$ 为标准值，其余三种 ZI、ZN、ZK 型蜗杆的法向压力角 $\alpha_n = 20°$ 为标准值，蜗杆的轴向压力角与法向压力角的关系为

$$\tan \alpha_a = \frac{\tan \alpha_n}{\cos \gamma} \tag{8-2}$$

表 8-2　普通圆柱蜗杆基本尺寸和参数及其与蜗轮参数的匹配

| 中心距 $a$ /mm | 模数 $m$ /mm | 分度圆直径 $d_1$ /mm | 蜗杆头数 $z_1$ | 直径系数 $q$ | $m^2 d_1$ /mm³ | 分度圆导程角 $\gamma$ | 蜗轮齿数 $z_2$ | 变位系数 $x_2$ |
|---|---|---|---|---|---|---|---|---|
| 40 | 1 | 18 | 1 | 18.00 | 18 | 3°10′47″ | 62 | 0 |
| 50 | | | | | | | 82 | 0 |
| 40 | | 20 | | 16.00 | 31.25 | 3°34′35″ | 49 | -0.500 |
| 50 | 1.25 | 22.4 | 1 | 17.92 | 35 | 3°11′38″ | 62 | +0.040 |
| 63 | | | | | | | 82 | +0.440 |
| 50 | 1.6 | 20 | 1 | 12.50 | 51.2 | 4°34′26″ | 51 | -0.500 |
| | | | 2 | | | 9°05′25″ | | |
| | | | 4 | | | 17°44′41″ | | |
| 63 | | 28 | 1 | | 71.68 | 3°16′14″ | 61 | +0.125 |
| 80 | | | | | | | 82 | +0.250 |
| 40 | | 22.4 | 1 | 11.20 | 89.6 | 5°06′08″ | 29 | -0.100 |
| (50) | | | 2 | | | 10°07′29″ | (39) | (-0.100) |
| (63) | 2 | | 4 | | | 19°39′14″ | (51) | (+0.400) |
| | | | 6 | | | 28°10′43″ | | |
| 80 | | 35.5 | 1 | 17.75 | 142 | 3°13′28″ | 62 | +0.125 |
| 100 | | | | | | | 82 | |
| 50 | | 28 | 1 | 11.20 | 175 | 5°06′08″ | 29 | -0.100 |
| (63) | | | 2 | | | 10°07′29″ | (39) | (+0.100) |
| (80) | 2.5 | | 4 | | | 19°39′14″ | (53) | (-0.100) |
| | | | 6 | | | 28°10′43″ | | |
| 100 | | 45 | 1 | 18.00 | 281.25 | 3°10′47″ | 62 | 0 |

续表

| 中心矩 $a$ /mm | 模数 $m$ /mm | 分度圆直径 $d_1$ /mm | 蜗杆头数 $z_1$ | 直径系数 $q$ | $m^2 d_1$ /mm³ | 分度圆导程角 $\gamma$ | 蜗轮齿数 $z_2$ | 变位系数 $x_2$ |
|---|---|---|---|---|---|---|---|---|
| 63 (80) (100) | 3.15 | 35.5 | 1 | | | 5°04′15″ | 29 (39) (53) | -0.1349 (+0.2619) (-0.3889) |
| | | | 2 | 11.27 | 352.25 | 10°03′48″ | | |
| | | | 4 | 11.27 | 352.25 | 19°32′29″ | | |
| | | | 6 | | | 28°01′50″ | | |
| 125 | | 56 | 1 | 17.778 | 555.66 | 3°13′10″ | 62 | -0.2063 |
| 80 (100) (125) | 4 | 40 | 1 | | | 5°42′38″ | 31 (41) (51) | -0.500 (-0.500) (+0.750) |
| | | | 2 | 10.00 | 640 | 11°18′36″ | | |
| | | | 4 | | | 21°48′05″ | | |
| | | | 6 | | | 30°57′50″ | | |
| 160 | | 71 | 1 | 17.75 | 1136 | 3°13′28″ | 62 | +0.125 |
| 100 (125) (160) (180) | 5 | 50 | 1 | | | 5°42′38″ | 31 (41) (53) (61) | -0.500 (-0.500) (+0.500) (+0.500) |
| | | | 2 | 10.00 | 1250 | 11°18′36″ | | |
| | | | 4 | | | 21°48′05″ | | |
| | | | 6 | | | 30°57′50″ | | |
| 200 | | 90 | 1 | 18.00 | 2250 | 3°10′47″ | 62 | 0 |
| 125 (160) (180) (200) | 6.3 | 63 | 1 | | | 5°42′38″ | 31 (41) (48) (53) | -0.6587 (-0.1032) (-0.4286) (+0.2460) |
| | | | 2 | 10.00 | 2500.47 | 11°18′36″ | | |
| | | | 4 | | | 21°48′05″ | | |
| | | | 6 | | | 30°57′50″ | | |
| 250 | | 112 | 1 | 17.778 | 4445.28 | 3°13′10″ | 61 | +0.2937 |
| 160 (200) (225) (250) | 8 | 80 | 1 | | | 5°42′38″ | 31 (41) (47) (52) | -0.500 (-0.500) (-0.375) (+0.250) |
| | | | 2 | 10.00 | 5120 | 11°18′36″ | | |
| | | | 4 | | | 21°48′05″ | | |
| | | | 6 | | | 30°57′50″ | | |

注：① 本表摘自 GB/T 10085—1988；
　　② 括号中的参数不适用于蜗杆头数 $z_1$ =6 时。

**2. 蜗杆的分度圆直径 $d_1$ 和蜗杆直径系数 $q$**

在蜗杆传动中，为了保证蜗杆与配对蜗轮的正确啮合，常用与蜗杆具有同样尺寸的蜗轮滚刀来加工与其配对蜗轮。这样，只要有一种尺寸的蜗杆，就得有一种对应的蜗轮滚刀。对于同一模数，可以有很多不同直径的蜗杆，因而对每一模数就要配备很多蜗轮滚刀。显然，这样很不经济。为了限制蜗轮滚刀的数目及便于滚刀的标准化，就对每一标准模数规定了一定数量的蜗杆分度圆直径 $d_1$ ，而把比值

$$q = \frac{d_1}{m} \tag{8-3}$$

称为蜗杆的直径系数。由于 $d_1$ 与 $m$ 值均为标准值，所以得出的 $q$ 不一定是整数。

**3. 蜗杆的头数 $z_1$**

蜗杆的头数 $z_1$ 通常为 1、2、4、6。当要求蜗杆传动具有大的传动比或蜗轮主动自锁时，取 $z_1$ =1，此时传动效率较低；当要求蜗杆传动具有较高的传动效率时，取 $z_1$ =2、4、6。一般情况下，蜗杆的头数 $z_1$ 可根据传动比按表 8-3 选取。

表8-3　蜗杆头数选取

| 传动比 $i$ | 5～8 | 7～16 | 15～32 | 30～80 |
|---|---|---|---|---|
| 蜗杆头数 $z_1$ | 6 | 4 | 2 | 1 |

### 4. 蜗轮的齿数 $z_2$ 和传动比 $i_{12}$

蜗轮的齿数主要由传动比来确定,蜗轮的齿数 $z_2 = i_{12} z_1$。在蜗杆传动中,为了避免蜗轮轮齿发生根切,理论上应使 $z_{2\min} \geqslant 17$。但当 $z_2 < 26$ 时,啮合区要显著减小,将影响传动的平稳性,所以通常规定 $z_{2\min} \geqslant 28$。而当 $z_2 > 80$ 时,由于蜗轮直径较大,蜗杆的支承跨度也相应增大,从而降低了蜗杆的刚度。故在动力蜗杆传动中,常取 $z_2 = 28 \sim 80$。

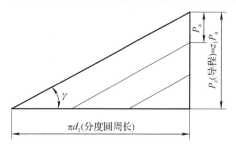

图 8.8　导程角与导程的关系

### 5. 蜗杆分度圆上的导程角 $\gamma$

蜗杆的直径系数 $q$ 和蜗杆头数 $z_1$ 选定之后,蜗杆分度圆柱上的导程角 $\gamma$ 也就确定了。由图 8.8 可知,

$$\tan \gamma = \frac{p_z}{\pi d_1} = \frac{z_1 p_a}{\pi d_1} = \frac{z_1 m}{d_1} = \frac{z_1}{q} \tag{8-4}$$

### 6. 蜗杆传动的标准中心距 $a$

蜗杆传动的标准中心距为

$$a = \frac{1}{2}(d_1 + d_2) = \frac{1}{2}(q + z_2)m \tag{8-5}$$

## 8.2.2　普通圆柱蜗杆传动的几何尺寸计算

普通圆柱蜗杆传动的几何尺寸及其计算公式见图 8.9 和表 8-4。

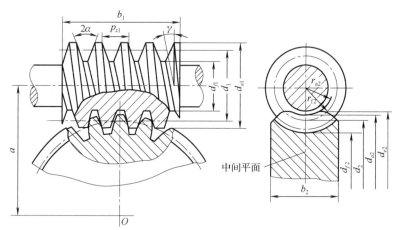

图 8.9　普通圆柱蜗杆传动的基本几何尺寸

表8-4　蜗杆传动主要几何尺寸计算公式

| 名称 | 代号 | 计算公式 |
|---|---|---|
| 齿顶高 | $h_a$ | $h_a = h_a^* m = m \quad (h_a^* = 1)$ |
| 齿根高 | $h_f$ | $h_f = (h_a^* + c^*)m = 1.2m \quad (c^* = 0.2)$ |
| 全齿高 | $h$ | $h = h_a + h_f = 2.2m$ |
| 分度圆直径 | $d$ | $d_1$ 由蜗杆确定,$d_2 = mz_2$ |

续表

| 名称 | 代号 | 计算公式 |
|---|---|---|
| 齿顶圆直径 | $d_a$ | $d_{a1}=d_1+2h_a$，　$d_{a2}=d_2+2h_a$ |
| 齿根圆直径 | $d_f$ | $d_{f1}=d_1-2h_f$，　$d_{f2}=d_2-2h_f$ |
| 中心距 | $a$ | $a=(d_1+d_2)/2$ |
| 蜗轮咽喉母圆半径 | $r_{a2}$ | $r_{a2}=a-d_{a2}/2$ |
| 蜗轮外圆直径 | $d_{e2}$ | 当 $z_1=1$ 时，　$d_{e2}\le d_{a2}+2m$<br>当 $z_1=2$ 时，　$d_{e2}\le d_{a2}+1.5m$<br>当 $z_1=4$，6 时，　$d_{e2}\le d_{a2}+m$ |
| 蜗轮齿宽 | $b_2$ | 当 $z_1\le2$ 时，　$b_2\le0.75d_{a1}$<br>当 $z_1>2$ 时，　$b_2\le0.67d_{a1}$ |
| 蜗杆导程角 | $\gamma$ | $\tan\gamma=mz_1/d_1$ |
| 蜗杆螺旋部分长度 | $b_1$ | 当 $z_1\le2$ 时，　$b_1\ge(11+0.06z_2)m$<br>当 $z_1>2$ 时，　$b_1\ge(12.5+0.09z_2)m$ |

## 8.2.3　蜗杆传动的变位

为了配凑中心距或提高蜗杆传动的承载能力及传动效率，常采用变位蜗杆传动。变位方法与齿轮传动的变位方法相似，也是在切削时，利用刀具相对于蜗轮毛坯的径向位移来实现变位。但是在蜗杆传动中，由于蜗杆的齿廓形状和尺寸要与加工蜗轮的滚刀形状与尺寸相同，所以为了保持刀具尺寸不变，蜗杆尺寸是不能变动的，因而只能对蜗轮进行变位。图 8.10 表示了几种变位情况(图中 $a'$、$z_2'$ 分别为变位后的中心距及蜗轮齿数，$x_2$ 为蜗轮变位系数)。变位后，蜗轮的分度圆和节圆仍旧重合，只是蜗杆在中间平面上的节线有所改变，不再与其分度线重合。

蜗杆传动变位的目的一般为配凑中心距或配凑传动比，使之符合推荐值。图 8.10(b)所示为标准蜗杆传动，变位蜗杆传动根据传动使用场合的不同，可以在下述两种变位方式中选取一种。

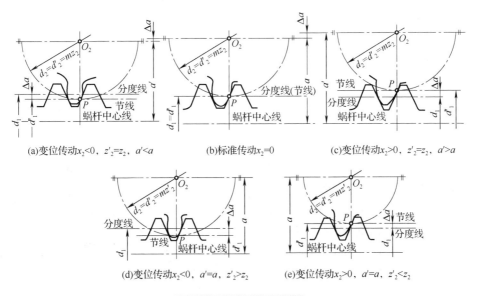

(a)变位传动$x_2<0$，$z_2'=z_2$，$a'<a$　　(b)标准传动$x_2=0$　　(c)变位传动$x_2>0$，$z_2'=z_2$，$a'>a$

(d)变位传动$x_2<0$，$a'=a$，$z_2'>z_2$　　(e)变位传动$x_2>0$，$a'=a$，$z_2'<z_2$

图 8.10　蜗杆传动的变位

(1) 变位前后，蜗轮的齿数不变（$z'_2 = z_2$），蜗杆传动的中心距改变（$a' \neq a$），如图 8.10（a）、(c)所示，其中心距的计算如下：

$$a' = a + x_2 m = \frac{d_1 + d_2 + 2x_2 m}{2}$$
(8-6)

(2) 变位前后，蜗杆传动的中心距不变（$a' = a$），蜗轮的齿数变化（$z'_2 \neq z_2$），如图 8.10（d）、(e)所示，$z'_2$ 可计算如下：

因　　　　　$$\frac{d_1 + d_2 + 2x_2 m}{2} = \frac{m}{2}(q + z'_2 + 2x_2) = \frac{m}{2}(q + z_2)$$

故　　　　　$$z'_2 = z_2 - 2x_2$$
(8-7)

则　　　　　$$x_2 = \frac{z_2 - z'_2}{2}$$
(8-8)

由此可见，当 $x_2 > 0$ 时，齿数变少，轮齿变厚，强度增大；当 $x_2 < 0$ 时，齿数变多，轮齿变薄，强度降低。

# 8.3　圆柱蜗杆传动的失效形式、设计准则和材料选择

### 1. 蜗杆传动的失效形式

与齿轮传动一样，蜗杆传动的失效形式也有点蚀（齿面接触疲劳破坏）、齿根折断、齿面胶合及过度磨损等。由于蜗杆传动的相对滑动速度大、效率低、发热量大，因此其主要失效形式为轮齿的胶合、点蚀和磨损。但因对于胶合和磨损尚未建立起简明而有效的计算方法，因此蜗杆传动目前常作齿面接触疲劳强度或齿根弯曲疲劳强度的条件性计算。

在蜗杆传动中，由于蜗轮的材料较弱，所以失效多发生在蜗轮轮齿上，故一般只对蜗轮轮齿进行承载能力计算。

### 2. 蜗杆传动的设计准则

在开式传动中多发生齿面磨损和轮齿折断，因此应以保证齿根弯曲疲劳强度作为开式传动的主要设计准则。

在闭式传动中，蜗杆副多因齿面胶合或点蚀而失效。因此，通常是按蜗轮轮齿的齿面接触疲劳强度进行设计，对 $z_2 \geqslant 90$ 的蜗轮还应按蜗轮轮齿的齿根弯曲疲劳强度进行校核。此外，闭式蜗杆传动，由于散热较为困难，还应作热平衡核算。

由上述蜗杆传动的失效形式可知，蜗杆、蜗轮的材料不仅要求具有足够的强度，更重要的是具有良好的磨合和耐磨性能。

### 3. 蜗杆传动的常用材料

针对蜗杆传动的主要失效形式，要求蜗杆蜗轮的材料组合具有良好的减磨和耐磨性。对于闭式传动的材料，还要注意抗胶合性能，并满足强度要求。

蜗杆一般采用碳素钢或合金钢制造（表 8-5），高速重载蜗杆常用 15Cr 或 20Cr，并经渗碳淬火；也可用 40、45 钢或 40Cr 并经淬火。这样可以提高表面硬度，增加耐磨性。通常要求蜗杆淬火后的硬度为 40～55HRC，经氮化处理后的硬度为 55～62HRC。一般不太重要的低速中载的蜗杆，可采用 40 或 45 钢，并经调质处理，其硬度为 220～300HBW。

表 8-5　蜗杆材料及工艺要求

| 蜗杆材料 | 热处理 | 硬度 | 表面粗糙度/μm |
|---|---|---|---|
| 40Cr、40CrNi、42SiMn、35CrMo | 表面淬火 | 40～55HRC | 1.6～0.80 |
| 20Cr、20CrMnTi、12CrNi3A | 表面渗碳淬火 | 58～63HRC | 1.6～0.80 |
| 45、40Cr、42CrMo、35SiMn | 调质 | <350HBW | 6.3～3.2 |
| 38CrMoA1A、50CrV、35CrMo | 表面渗氮 | 60～70HRC | 3.2～1.6 |

常用的蜗轮材料为铸锡青铜(ZCuSn10P1，ZCuSn5Pb5Zn5)、铸铝铁青铜(ZCuA110Fe3)及灰铸铁(HT150，HT200)等。铸锡青铜耐磨性最好，但价格较高，用于滑动速度 $v_s \geqslant 3\text{m/s}$ 的重要传动；铸铝铁青铜的耐磨性较铸锡青铜差一些，但价格较便宜，一般用于滑动速度 $v_s \leqslant 4\text{m/s}$ 的传动；如果滑动速度不高($v_s < 2\text{m/s}$)，可采用灰铸铁(HT150 或 HT200)制造。

# 8.4　普通圆柱蜗杆传动承载能力计算

## 8.4.1　蜗杆传动的受力分析

蜗杆传动的受力分析和斜齿圆柱齿轮传动相似。在进行蜗杆传动的受力分析时，通常不考虑摩擦力的影响。

### 1. 力的大小

图 8.11 所示是以右旋蜗杆为主动件，并沿图示的方向旋转时，蜗杆螺旋面上的受力情况。蜗杆与蜗轮啮合传动，轮齿间的相互作用力为法向力 $F_n$，它作用于法向截面 $Pabc$ 内，见图 8.11(a)。法向力 $F_n$ 分解为相互垂直的三个分力，即圆周力 $F_{t1}$、径向力 $F_{r1}$ 和轴向力 $F_{a1}$。显然，在蜗杆和蜗轮间，相互作用着 $F_{t1}$ 和 $F_{a2}$、$F_{a1}$ 和 $F_{t2}$、$F_{r1}$ 和 $F_{r2}$ 这三对大小相等、方向相反的力，见图 8.11(c)。

当不计摩擦力时，各力的大小按下列公式计算：

$$F_{t1} = F_{a2} = \frac{2T_1}{d_1} \tag{8-9}$$

$$F_{a1} = F_{t2} = \frac{2T_2}{d_2} \tag{8-10}$$

$$F_{r1} = F_{r2} = F_{t2} \tan \alpha \tag{8-11}$$

$$F_n = \frac{F_{a1}}{\cos \alpha_n \cos \gamma} = \frac{F_{t2}}{\cos \alpha_n \cos \gamma} = \frac{2T_2}{d_2 \cos \alpha_n \cos \gamma} \tag{8-12}$$

式中，$T_1$、$T_2$ 分别为作用在蜗杆和蜗轮上的公称转矩，N·mm。$T_2 = T_1 i_{12} \eta$，其中 $i_{12}$ 为传动比，$\eta$ 为蜗杆传动的效率；$d_1$、$d_2$ 分别为蜗杆和蜗轮的分度圆直径，mm。

### 2. 力的方向

蜗杆和蜗轮上各分力方向判别方法与斜齿轮传动相同。在确定各力的方向时，尤其需注意蜗杆所受轴向力方向的确定。因为轴向力的方向是由螺旋线的旋向和蜗杆的转向来决定的，右(左)旋蜗杆所受轴向力的方向可用右(左)手法则确定。所谓右(左)手法则，是指右(左)手握拳时，以四指所示的方向表示蜗杆的回转方向，则拇指伸直时所指的方向就表示蜗杆所受轴向力 $F_{a1}$ 的方向，见图 8.11(c)。至于蜗杆圆周力 $F_{t1}$ 的方向，总是与力作用点的线速度方向相反的；径向力 $F_{r1}$ 的方向则总是指向轴心。关于蜗轮上各力的方向，可由图 8.11(c)所示的关系定出。

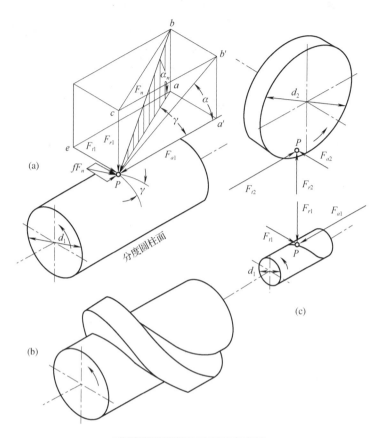

图 8.11　蜗杆传动的受力分析

## 8.4.2　蜗杆传动强度计算

由于材料和结构等因素，蜗杆螺旋齿的强度要比蜗轮轮齿的强度高，因而在强度计算中一般只计算蜗轮轮齿的强度。

### 1. 蜗轮齿面接触疲劳强度计算

蜗轮的齿面接触疲劳强度计算的原始公式仍来源于赫兹公式。接触应力 $\sigma_H$（单位为 MPa）为

$$\sigma_H = \sqrt{\frac{KF_n}{L_0\rho_\Sigma}}Z_E \tag{8-13}$$

式中，$F_n$ 为啮合齿面上的法向载荷，N；$L_0$ 为接触线总长，mm；$K$ 为载荷系数；$Z_E$ 为材料的弹性系数，$\mathrm{MPa}^{1/2}$，对于青铜或铸铁蜗轮与钢蜗杆配对时，取 $Z_E = 160\mathrm{MPa}^{1/2}$；$\rho_\Sigma$ 为综合曲率半径。

将以上公式中的法向载荷 $F_n$ 用蜗轮分度圆直径 $d_2$（mm）与蜗轮转矩 $T_2$（N·mm）的关系式，再将 $d_2$、$L_0$、$\rho_\Sigma$ 等换算成中心矩 $a$（mm）的函数后，经过整理可得蜗轮齿面接触疲劳强度的校核公式为

$$\sigma_H = Z_E Z_\rho \sqrt{KT_2 / a^3} \leqslant [\sigma_H] \tag{8-14}$$

式中，$Z_\rho$ 为蜗杆传动的接触线长度和曲率半径对接触强度的影响系数，简称接触系数，可从图 8.12 中查得。$K$ 为载荷系数，$K = K_A K_V K_\beta$。其中 $K_A$ 为使用系数，查表 8-6。$K_V$ 为动载

荷系数，由于蜗杆传动一般较平稳，动载荷要比齿轮传动的小得多，故 $K_V$ 值可取定如下：对于精确制造，且蜗轮圆周速度 $v_2 \leqslant 3m/s$ 时，取 $K_V = 1.0 \sim 1.1$；$v_2 > 3m/s$ 时，$K_V = 1.1 \sim 1.2$。$K_\beta$ 为齿向载荷分布系数，当蜗杆传动在平稳载荷下工作时，载荷分布不均现象将由于工作表面良好的磨合而得到改善，此时可取 $K_\beta = 1$；当载荷变化较大，或有冲击振动时，可取 $K_\beta = 1.3 \sim 1.6$。$[\sigma_H]$ 为蜗轮齿面的接触应力与许用接触应力，MPa，见表 8-7 和表 8-8。

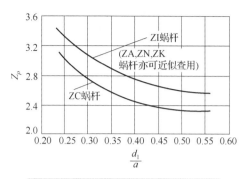

图 8.12　圆柱蜗杆传动的接触系数 $Z_\rho$

表 8-6　使用系数 $K_A$

| 工作类型 | I | II | III |
|---|---|---|---|
| 载荷性质 | 均匀、无冲击 | 不均匀、小冲击 | 不均匀、大冲击 |
| 每小时启动次数 | <25 | 25～50 | >50 |
| 启动载荷 | — | 较大 | 大 |
| $K_A$ | 1 | 1.15 | 1.2 |

当蜗轮材料为强度极限 $\sigma_B < 300MPa$ 的锡青铜时，因蜗轮主要为接触疲劳失效，故应先从表 8-7 中查出蜗轮的基本许用接触应力 $[\sigma_H]'$，再按 $[\sigma_H] = K_{HN} \cdot [\sigma_H]'$ 算出许用接触应力的值。

$K_{HN}$ 为接触强度的寿命系数，$K_{HN} = \sqrt[8]{\dfrac{10^7}{N}}$。其中，应力循环次数 $N = 60 j n_2 L_h$，此处 $n_2$ 为蜗轮转数，单位为 r/min；$L_h$ 为工作寿命，单位为 h；$j$ 为蜗轮每转一转每个轮齿啮合的次数。

若蜗轮材料为灰铸铁或高强度青铜（$\sigma_B \geqslant 300MPa$），蜗杆传动的承载能力主要取决于齿面胶合强度。但因目前尚无完善的胶合强度计算公式，故采用接触疲劳强度计算是一种条件性计算，在查取蜗轮齿面的许用接触应力时，要考虑相对滑动速度的大小。由于胶合不属于疲劳失效，$[\sigma_H]$ 的值与应力循环次数 $N$ 无关，因而可直接从表 8-8 中查出许用接触应力 $[\sigma_H]$ 的值。

表 8-7　铸锡青铜蜗轮的基本许用接触应力 $[\sigma_H]'$　　　　　　单位：MPa

| 蜗轮材料 | 铸造方法 | 蜗杆齿面硬度 | |
|---|---|---|---|
| | | ≤45HRC | >45HRC |
| 铸锡磷青铜 ZCuSn10P1 | 砂模铸造 | 150 | 180 |
| | 金属模铸造 | 220 | 268 |
| 铸锡锌铅青铜 ZCuSn5Pb5Zn5 | 砂模铸造 | 113 | 135 |
| | 金属模铸造 | 128 | 140 |

表 8-8　灰铸铁及铸铝铁青铜蜗轮的许用接触应力 $[\sigma_H]$　　　　　　单位：MPa

| 蜗轮材料 | 蜗杆材料 | 滑动速度 $v_s$ / (m/s) | | | | | | |
|---|---|---|---|---|---|---|---|---|
| | | <0.25 | 0.25 | 0.5 | 1 | 2 | 3 | 4 |
| 灰铸铁 HT150 | 20 或 20Cr 渗碳、淬火、45 钢淬火，齿面硬度大于 45HRC | 206 | 166 | 150 | 127 | 95 | — | — |
| 灰铸铁 HT200 | | 250 | 202 | 182 | 154 | 115 | — | — |
| 铸铝铁青铜 ZCuAl10Fe3 | | — | — | 250 | 230 | 210 | 180 | 160 |
| 灰铸铁 HT150 | 45 钢或 Q275 | 172 | 139 | 125 | 106 | 79 | — | — |
| 灰铸铁 HT200 | | 208 | 168 | 152 | 128 | 96 | — | — |

注：蜗杆未经淬火时，需将表中 $[\sigma_H]$ 值降低 20%。

从式(8-14)中可得到按蜗轮齿面接触疲劳强度条件设计计算的公式为

$$a \geqslant \sqrt[3]{KT_2 \left( \frac{Z_E Z_\rho}{[\sigma_H]} \right)^2}$$  (8-15)

算出蜗杆传动的中心距 $a$ 后，可根据预定的传动比 $i(z_2 / z_1)$ 从表 8-2 中选择合适的 $a$ 值，以及相应的蜗杆、蜗轮的参数。

**2. 蜗轮齿根弯曲疲劳强度计算**

在蜗轮齿数 $z_2 > 90$ 或开式传动中，蜗轮轮齿常因弯曲强度不足而失效。在闭式蜗杆传动中通常只作弯曲强度的校核计算，但这种计算是必须进行的。因为校核蜗轮轮齿的弯曲强度不只是为了判别其弯曲断裂的可能性，对于承受重载的动力蜗杆副，蜗轮轮齿的弯曲变形量直接影响蜗杆副的运动平稳性精度。

由于蜗轮的形状较复杂，且与中间平面平行的截面上的轮齿厚度是变化的。因此，蜗轮轮齿的弯曲疲劳强度难以精确计算，只能进行条件性的概略估算。按照斜齿圆柱齿轮的计算方法，经推导可得蜗轮齿根弯曲疲劳强度的校核公式为

$$\sigma_F = \frac{1.53 K T_2}{d_1 d_2 m} Y_{F_{a2}} Y_\beta \leqslant [\sigma_F]$$  (8-16)

将 $d_2 = m z_2$ 代入式(8-16)并整理，得设计式：

$$m^2 d_1 \geqslant \frac{1.53 K T_2}{z_2 [\sigma_F]} Y_{F_{a2}} Y_\beta$$  (8-17)

式中，$[\sigma_F]$ 为蜗轮的许用弯曲应力，MPa，其值 $[\sigma_F] = K_{FN} \cdot [\sigma_F]'$，其中 $[\sigma_F]'$ 为考虑齿根应力修正系数后的基本许用弯曲应力，见表 8-9；$K_{FN}$ 为寿命系数，$K_{FN} = \sqrt[9]{10^6 / N}$，$N$ 为应力循环次数，计算方法同前。当 $N > 25 \times 10^7$ 时，取 $N = 25 \times 10^7$；当 $N < 10^5$ 时，取 $N = 10^5$。$Y_{F_{a2}}$ 为齿形系数，按蜗轮当量齿数 $z_{V2} = z_2 / \cos^3 \gamma$ 及蜗轮的变位系数 $x_2$ 查图 8.13。$Y_\beta$ 为螺旋角系数，$Y_\beta = 1 - \gamma / 140°$。

表 8-9    蜗轮材料的基本许用弯曲应力 $[\sigma_F]'$    单位：MPa

| 蜗轮材料 | | 铸造方法 | $[\sigma_F]'$ | |
| --- | --- | --- | --- | --- |
| | | | 单侧工作 | 双侧工作 |
| ZCuSn10P1 | | 砂模铸造 | 40 | 29 |
| | | 金属模铸造 | 56 | 40 |
| ZCuSn5Pb5Zn5 | | 砂模铸造 | 26 | 22 |
| | | 金属模铸造 | 32 | 26 |
| ZCuAl10Fe3 | | 砂模铸造 | 80 | 57 |
| | | 金属模铸造 | 90 | 64 |
| 灰铸铁 | HT150 | 砂模铸造 | 40 | 28 |
| | HT200 | 砂模铸造 | 48 | 34 |

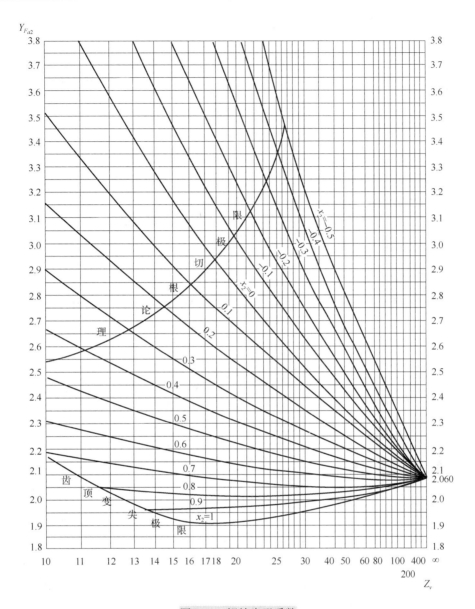

图 8.13　蜗轮齿形系数

## 8.4.3　蜗杆传动刚度计算

蜗杆受力后如产生过大的变形，就会造成轮齿上的载荷集中，影响蜗杆与蜗轮的正确啮合，所以蜗杆还需进行刚度校核。校核蜗杆的刚度时，通常是把蜗杆螺旋部分看作以蜗杆齿根圆直径为直径的轴段，主要是校核蜗杆的弯曲刚度，其最大挠度 $y$（单位为 mm）可按下式作近似计算，并得其刚度条件为

$$y = \frac{\sqrt{F_{t1}^{2} + F_{r1}^{2}}}{48EI} l^{3} \leqslant [y] \tag{8-18}$$

式中，$y$ 为蜗杆弯曲变形的最大挠度，mm；$I$ 为蜗杆危险截面的惯性矩，$I = \pi d_{f1}^{4}/64$ 其中 $d_{f1}$ 为蜗杆齿根圆直径，mm；$E$ 为蜗杆材料的拉、压弹性模量，通常 $E = 2.06 \times 10^{5}$ MPa；$l$ 为蜗

杆两端支承间的跨度，mm，视具体结构而定，初步计算时可取 $l \approx 0.9d_2$，其中 $d_2$ 为蜗轮分度圆直径，mm；$[y]$ 为许用最大挠度值，$[y] = d_1/1000$，此处 $d_1$ 为蜗杆分度圆直径，mm。

# 8.5 蜗杆传动的效率、相对滑动速度、润滑及热平衡计算

## 8.5.1 蜗杆传动的效率

闭式蜗杆传动的功率损耗一般包括三部分，即由啮合摩擦损耗、轴承摩擦损耗和零件搅油时的溅油损耗组成，因此总效率为

$$\eta = \eta_1\eta_2\eta_3 \tag{8-19}$$

式中，$\eta_1$、$\eta_2$、$\eta_3$ 分别为单独考虑啮合摩擦损耗、轴承摩擦损耗和溅油损耗时的效率。而蜗杆传动的总效率，主要取决于啮合摩擦损耗时的效率 $\eta_1$。当蜗杆主动时

$$\eta = (0.95 \sim 0.97)\frac{\tan\gamma}{\tan(\gamma + \rho_v)} \tag{8-20}$$

式中，$\gamma$ 为蜗杆导程角；$\rho_v$ 为蜗杆与蜗轮轮齿齿面间的当量摩擦角，其值可根据滑动速度 $v_s$ 由表 8-10 选取。

表 8-10 圆柱蜗杆传动的 $v_s$、$f_v$、$\rho_v$

| 蜗轮齿圈材料 | 锡青铜 | | | | 无锡青铜 | | 灰铸铁 | | | |
|---|---|---|---|---|---|---|---|---|---|---|
| 蜗杆齿面硬度 | ≥45HRC | | 其他 | | ≥45HRC | | ≥45HRC | | 其他 | |
| 滑动速度 $v_s$/(m/s) | $f_v$ | $\rho_v$[②] | $f_v$ | $\rho_v$ | $f_v$ | $\rho_v$[②] | $f_v$ | $\rho_v$[②] | $f_v$ | $\rho_v$ |
| 0.01 | 0.110 | 6°17′ | 0.120 | 6°51′ | 0.180 | 10°12′ | 0.180 | 10°12′ | 0.190 | 10°45′ |
| 0.05 | 0.090 | 5°09′ | 0100 | 5°43′ | 0.140 | 7°58′ | 0.140 | 7°58′ | 0.160 | 9°05′ |
| 0.10 | 0.080 | 4°34′ | 0.090 | 5°09′ | 0.130 | 7°24′ | 0.130 | 7°24′ | 0.140 | 7°58′ |
| 0.25 | 0.065 | 3°43′ | 0.075 | 4°17′ | 0.100 | 5°43′ | 0.100 | 5°43′ | 0.120 | 6°51′ |
| 0.50 | 0.055 | 3°09′ | 0.065 | 3°43′ | 0.090 | 5°09′ | 0.090 | 5°09′ | 0.100 | 5°43′ |
| 1.0 | 0.045 | 2°35′ | 0.055 | 3°09′ | 0.070 | 4°00′ | 0.070 | 4°00′ | 0.090 | 5°09′ |
| 1.5 | 0.040 | 2°17′ | 0.050 | 2°52′ | 0.065 | 3°43′ | 0.065 | 3°43′ | 0.080 | 4°34′ |
| 2.0 | 0.035 | 2°00′ | 0.045 | 2°35′ | 0.055 | 3°09′ | 0.055 | 3°09′ | 0.070 | 4°00′ |
| 2.5 | 0.030 | 1°43′ | 0.040 | 2°17′ | 0.050 | 2°52′ | — | — | — | — |
| 3.0 | 0.028 | 1°36′ | 0.035 | 2°00′ | 0.045 | 2°35′ | — | — | — | — |
| 4.0 | 0.024 | 1°22′ | 0.031 | 1°47′ | 0.040 | 2°17′ | — | — | — | — |
| 5.0 | 0.022 | 1°16′ | 0.029 | 1°40′ | 0.035 | 200 | — | — | — | — |
| 8.0 | 0.018 | 1°02′ | 0.026 | 1°29′ | 0.030 | 143 | — | — | — | — |
| 10.0 | 0.016 | 0°55′ | 0.024 | 1°22′ | — | — | — | — | — | — |
| 15.0 | 0.014 | 0°48′ | 0.020 | 1°09′ | — | — | — | — | — | — |
| 24.0 | 0.013 | 0°45′ | — | — | — | — | — | — | — | — |

注：① 如滑动速度与表中数值不一致时，可用插值法求得 $f_v$ 和 $\rho_v$ 值。

② 适用于蜗杆齿面经磨削或抛光并仔细磨合、正确安装、采用黏度合适的润滑油进行充分润滑时。

当蜗杆为主动件时，蜗杆传动的效率可由表 8-11 近似选取。当蜗轮主动具有自锁性时，其正行程传动效率 $\eta < 0.5$。

表 8-11 蜗杆传动的效率

| 蜗杆头数 $z_1$ | 1 | 2 | 4 | 6 |
|---|---|---|---|---|
| 传动效率 $\eta$ | 0.7~0.8 | 0.8~0.86 | 0.86~0.91 | 0.90~0.92 |

注：蜗杆转速高，齿面相对滑动速度大时 $\eta$ 取较大值，反之取较小值。

## 8.5.2 蜗杆传动的相对滑动速度

蜗杆传动与螺旋传动相似，齿面相对滑动速度较大。齿面相对滑动速度（图 8.14）为

$$v_s = \frac{v_1}{\cos\gamma} = \frac{\pi d_1 n_1}{60 \times 1\,000 \cos\gamma} \qquad (8-21)$$

式中，$v_1$ 为蜗杆分度圆的圆周速度，m/s；$d_1$ 为蜗杆分度圆直径，mm；$n_1$ 为蜗杆的转速，r/min。

## 8.5.3 蜗杆传动的润滑

润滑对蜗杆传动来说，具有特别重要的意义。因为当润滑不良时，传动效率将显著降低，并且会带来剧烈的磨损和产生胶合破坏的危险，所以往往采用黏度大的矿物油进行良好的润滑，在润滑油中还常加入添加剂，使其提高抗胶合能力。

蜗杆传动所采用的润滑油、润滑方法及润滑装置与齿轮传动的基本相同。

### 1. 润滑油

润滑油的种类很多，需根据蜗杆、蜗轮配对材料和运转条件合理选用。在钢蜗杆配青铜蜗轮时，常用的润滑油见表 8-12，也可参照《机械设计手册》有关资料进行选取。

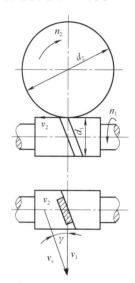

图 8.14 蜗杆传动滑动速度

表 8-12 蜗杆传动常用润滑油

| CKE 轻负荷蜗轮蜗杆油 | 220 | 320 | 460 | 680 |
|---|---|---|---|---|
| 运动黏度 $v_{40}$ / cSt | 198~242 | 288~352 | 414~506 | 612~748 |
| 闪点(开口)/℃不小于 | 180 | | | |
| 倾点/℃不小于 | -6 | | | |

注：其余指标参看 SH 0094—1991。

### 2. 润滑油黏度及给油方法

润滑油黏度及给油方法，一般根据相对滑动速度及载荷类型进行选择。对于闭式传动，常用的润滑油黏度及给油方法见表 8-13；对于开式传动，则采用黏度较高的齿轮油或润滑脂。

表 8-13 蜗杆传动的润滑油黏度荐用值及给油方法

| 蜗杆传动的相对滑动速度 $v_s$ /(m·s⁻¹) | 0~1 | 0~2.5 | 0~5 | >5~10 | >10~15 | >15~25 | >25 |
|---|---|---|---|---|---|---|---|
| 载荷类型 | 重 | 重2 | 中 | (不限) | (不限) | (不限) | (不限) |
| 运动黏度 $v_{40}$ / cSt | 900 | 500 | 350 | 220 | 150 | 100 | 80 |
| 给油方法 | 油池润滑 | | | 喷油润滑或油池润滑 | 喷油润滑时的喷油压力/MPa | | |
| | | | | | 0.7 | 2 | 3 |

如果采用喷油润滑，喷油嘴要对准蜗杆啮入端。蜗杆正反转时，两边都要装有喷油嘴，而且要控制一定的油压。

### 3. 润滑油量

对闭式蜗杆传动采用油池润滑时，在搅油损耗不致过大的情况下，应有适当的油量。这样不仅有利于动压油膜的形成，而且有助于散热。对于蜗杆下置式或蜗杆侧置式的传动，浸油深度应为蜗杆的一个齿高；对于蜗杆上置式的传动，浸油深度约为蜗轮外径的1/3。

## 8.5.4 蜗杆传动的热平衡计算

由于蜗杆传动的效率低，所以工作时发热量大，在闭式传动中，如果产生的热量不能及时散逸，将因油温不断升高而使润滑油稀释，从而增大摩擦损失，甚至发生胶合破坏。因此，对于连续运转的动力蜗杆传动，还应进行热平衡计算，以保证油温处于规定的范围内。

在热平衡状态下，蜗杆传动单位时间内由摩擦功耗产生的热量等于箱体散发的热量，即

$$1000P(1-\eta) = K_s a(t_i - t_0), \qquad t_i = \frac{1000P(1-\eta)}{K_s A} + t_0 \tag{8-22}$$

式中，$P$ 为蜗杆传递的功率，kW；$K_s$ 为箱体表面散热系数，kW/(m² · ℃)，可取 $K_s$ =8.15～17.45 kW/(m² · ℃)，当周围空气流通良好时，取偏大值；$t_0$ 为周围空气温度，℃；常温可取 20℃；$t_i$ 为热平衡时油的工作温度，一般限制在 60～70℃，最高不超过 80℃；$\eta$ 为传动效率；$A$ 为箱体有效散热面积，即指箱体外壁与空气接触而内壁被油飞溅到的箱体表面积，m²。

当传动温升过高，在 $t$>80℃时，说明有效散热面积不足，则需采取措施，以增大蜗杆传动的散热能力。常用方法如下。

(1)增加散热面积。采用在箱体外加散热片，散热片表面积按总面积的50%计算，见图 8.15。

(2)在蜗杆的端部加装风扇(图 8.15)，加速空气流通，提高散热效率。

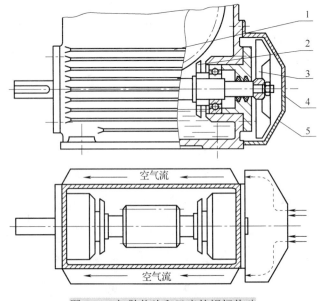

**图 8.15 加散热片和风扇的蜗杆传动**

1-散热片；2-溅油轮；3-风扇；4-过滤网；5-集气罩

(3)传动箱内装循环冷却管路，见图 8.16。

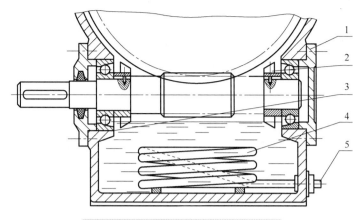

图 8.16 装有循环冷却管路的蜗杆传动

1-闷盖；2-溅油轮；3-透盖；4-蛇形管；5-冷却水出、入接口

# 8.6 圆柱蜗杆和蜗轮的结构

## 8.6.1 蜗杆的结构

由于蜗杆螺旋部分的直径不大，所以通常和轴做成一体，称为蜗杆轴，结构形式如图 8.17 所示。其中图 8.17(a) 所示的结构无退刀槽，加工螺旋部分时只能用铣制的办法；图 8.17(b) 所示的结构则有退刀槽，螺旋部分可以车制，也可以铣制，但这种结构的刚度比前一种差。当蜗杆螺旋部分的直径较大时，可以将蜗杆与轴分开制作。

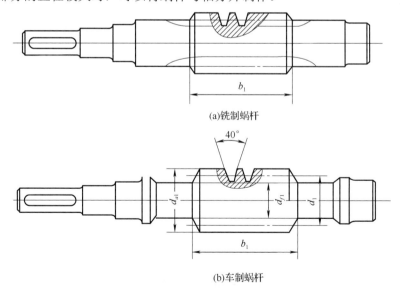

(a)铣制蜗杆

(b)车制蜗杆

图 8.17 蜗杆的结构

## 8.6.2 蜗轮的结构

蜗轮的结构形式取决于蜗轮所用的材料和蜗轮的尺寸大小。常用的结构形式有以下几种。

(1)整体式 [图 8.18(a)]。主要用于铸铁蜗轮或尺寸很小的青铜蜗轮。

（2）齿圈式。为了节约贵重有色金属，对尺寸较大的蜗轮通常采用组合式结构，即齿圈用有色金属制造，而轮心用钢或铸铁制造。采用过盈连接［图 8.18(b)］、螺栓连接［图 8.18(c)］、拼铸［图 8.18(d)］等方式将其组合到一起。

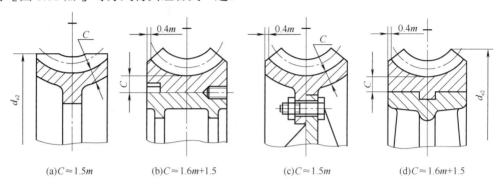

$(a)C\approx 1.5m$　　　$(b)C\approx 1.6m+1.5$　　　$(c)C\approx 1.5m$　　　$(d)C\approx 1.6m+1.5$

图 8.18　蜗轮的结构

**【应用实例 8.1】**　设计一起重设备用的蜗杆传动，载荷有中等冲击，蜗杆轴由电机驱动，传递的额定功率 $P_1=10.3\text{kW}$，$n_1=1460\text{r}/\text{min}$，$n_2=120\text{r}/\text{min}$，间歇工作，平均约为每日 2h，要求工作寿命为 10 年(每年按 250 工作日计)。

**解**　设计计算步骤如下。

| 计算与说明 | 主要结果 |
| --- | --- |
| 1. 选择蜗杆类型、材料和精度等级 | 选用 ZI 型蜗杆传动 |
| （1）类型选择。 | 蜗杆选用 45 号钢，表面淬火 |
| 根据题目要求，采用开式渐开线蜗杆(ZI 蜗杆)传动。 | 处理，齿面硬度 40～55HRC |
| （2）材料选择。 | 蜗轮选用 ZCuSn10P1，金属 |
| 因为要求 $n_1=1460\text{r}/\text{min}$，$n_2=120\text{r}/\text{min}$，所以 $i=n_1/n_2=12.17$，故按非标准中心距设计。 | 模铸造 |
| 蜗杆用 45 号钢，蜗杆螺旋齿面要求淬火，查表 8-5，硬度为 45～55HRC；蜗轮选用 ZCuSn10P1，金属模铸造。 | 8 级精度 |
| （3）精度选择。 | |
| 查表 8-1，选 8 级精度 | |
| 2. 按齿根弯曲疲劳强度设计 | |
| （1）确定作用在蜗轮上的转矩。按 $z_1=2$ 估取效率 $\eta=0.8$，蜗轮上的转矩为 | |
| $$T_2=9.55\times 10^6\frac{P_1}{n_1}i\eta=9.55\times 10^6\times\frac{10.3\times 12.17\times 0.8}{1460}=655946(\text{N}\cdot\text{mm})$$ | $T_2$=655946N·mm |
| （2）确定各计算系数。由表 8-6 查得 $K_A=1.15$，取 $K_\beta=1.5$，$K_v=1.1$，则载荷系数 | |
| $$K=K_A K_\beta K_v=1.15\times 1.5\times 1.1=1.9$$ | $K=1.9$ |
| $$z_2=iz_1=12.17\times 2\approx 24$$ | $z_1=2$ |
| 假设 $\gamma=14°02'10''$，当量齿数为 | $z_2=24$ |
| $$z_{v2}=\frac{z_2}{\cos^3\gamma}=\frac{24}{(\cos 14.04°)^3}=26.29$$ | |
| 由图 8.13 查得齿形系数 $Y_{\text{Fa2}}=2.64$。螺旋角影响系数 | |
| $$Y_\beta=1-\frac{\gamma}{140°}=1-\frac{14.04°}{140°}=0.90$$ | |
| （3）确定许用弯曲应力。由表 8-9 查得蜗轮的基本许用弯曲应力为 $[\sigma_F]'=40\text{MPa}$。 | |
| 蜗杆传动的工作寿命 $L_h=10\times 300\times 2=6000(\text{h})$，蜗轮轮齿的应力循环次数 | |
| $$N=60jn_2L_h=60\times 1\times 120\times 6000=4.3\times 10^7$$ | |
| 寿命系数 | |
| $$K_{FN}=\sqrt[9]{\frac{10^6}{N}}=\sqrt[9]{\frac{10^6}{4.3\times 10^7}}=0.66$$ | |

续表

| 计算与说明 | 主要结果 |
|---|---|
| 许用弯曲应力 $$[\sigma_F] = [\sigma_F]' K_{FN} = 40 \times 0.66 = 26.4 (\text{MPa})$$ (4)计算 $m^2 d_1$ $$m^2 d_1 = \frac{1.53 K T_2}{z_2 [\sigma_F]} Y_{Fa} Y_\beta = \frac{1.53 \times 1.9 \times 655946}{24 \times 26.4} \times 26.4 \times 0.9 = 7157$$ 取模数 $m = 10\text{mm}$，蜗杆分度圆直径 $d_1 = 80\text{mm}$。实际中心距 $$a = \frac{1}{2}(q + z_2)m = \frac{1}{2} \times (8 + 24) \times 10 = 160(\text{mm})$$ | $[\sigma_F] = 26.4\text{MPa}$ $a = 160\text{mm}$ |
| 3. 蜗杆与蜗轮的主要参数和几何尺寸 (1)蜗杆：由表 8-2 查得蜗杆头数 $z_1 = 2$，直径系数 $q = 8$，分度圆导程角 $\gamma = 14°02'10''$。 轴向齿距 $$\gamma = 14°02'10''$$ 齿顶圆直径 $$d_{a1} = d_1 + 2h_a^* m = 100\text{mm}$$ 齿根圆直径 $$d_{f1} = d_1 - 2m(h_a^* + c^*) = 56\text{mm}$$ 蜗杆轴向齿厚 $$s_a = 0.5\pi m = 15.71\text{mm}$$ (2)蜗轮：蜗轮齿数 $z_2 = 24$，不变位。 验算传动比 $i = z_2 / z_1 = 12$，这时传动比误差为 $(12 - 12.17)/12.17 = -1.4\%$，是允许的。 蜗轮分度圆直径 $$d_2 = mz_2 = 10 \times 24 = 240(\text{mm})$$ 蜗轮喉圆直径 $$d_{a2} = d_2 + 2h_a^* m = 240 + 2 \times 10 \times 1 = 260(\text{mm})$$ 蜗轮齿根圆直径 $$d_{f2} = d_2 - 2m(h_a^* + c^*) = 240 - 2 \times 10 \times (1 + 0.2) = 216(\text{mm})$$ 蜗轮咽喉母圆半径 $$r_{g2} = a - 0.5 d_{a2} = 160 - 0.5 \times 260 = 30(\text{mm})$$ | $m = 10\text{mm}$ $d_1 = 80\text{mm}$ $\gamma = 14°02'10''$ $d_{a1} = 100\text{mm}$ $d_{f1} = 56\text{mm}$ $z_2 = 24$ $i = 12$ $d_2 = 240\text{mm}$ $d_{a2} = 260\text{mm}$ $d_{f2} = 216\text{mm}$ $\beta = 14°02'10''$ |
| 4. 热平衡核算(略) | |
| 5. 绘制工作图(略) | |

# 本 章 小 结

本章主要介绍了蜗杆传动的几何参数的计算及选择方法，蜗杆传动的失效形式及其设计准则，蜗杆传动的受力分析及强度计算，蜗杆传动的效率及热平衡计算。本章重点是蜗杆传动受力分析、强度计算、热平衡计算以及蜗杆传动的设计方法。本章对蜗杆蜗轮结构设计和圆弧圆柱蜗杆传动也作了说明。

# 习 题

## 一、选择题

1. 计算蜗杆传动的传动比时，公式_____是错误的。

　　A. $i = \varpi_1 / \varpi_2$　　　B. $i = n_1 / n_2$　　　C. $i = d_1 / d_2$　　　D. $i = z_1 / z_2$

2. 蜗杆传动中较为理想的材料组合是_____。

　　A. 钢和铸铁　　　B. 钢和青铜　　　C. 钢和钢　　　D. 钢和铝合金

3. 为了减少蜗轮滚刀型号，有利于刀具标准化，规定_____为标准值。

　　A. 蜗轮齿数　　　　　　　　　B. 蜗轮分度圆直径

　　C. 蜗杆头数　　　　　　　　　D. 蜗杆分度圆直径

4. 蜗杆传动的当量摩擦系数随齿面滑动速度的增大而_____。

　　A. 增大　　　B. 减小　　　C. 不变　　　D. 可能增大也可能减小

5. 阿基米德蜗杆的_____模数，应符合标准数值。

　　A. 法向　　　B. 端面　　　C. 轴向

6. 与齿轮传动相比较，_____不能作为蜗杆传动的优点。

　　A. 传动平稳，噪声小　　　　　B. 传动效率高

　　C. 可产生自锁　　　　　　　　D. 传动比大

7. 在蜗杆传动中，当需要自锁时，应使蜗杆导程角_____当量摩擦角。

　　A. 小于　　　B. 大于　　　C. 等于

8. 对闭式蜗杆传动进行热平衡计算，其主要目的是防止温升过高导致_____。

　　A. 材料的力学性能下降　　　　B. 润滑油不变

　　C. 蜗杆热变形过小　　　　　　D. 润滑条件恶化

9. 在蜗杆传动中，引进蜗杆直径系数 $q$ 的目的是_____。

　　A. 便于蜗杆尺寸的计算　　　　B. 容易实现蜗杆传动中心距的标准化

　　C. 提高蜗杆传动的效率　　　　D. 减少蜗轮滚刀的数量，利于刀具标准化

## 二、填空题

1. 蜗杆传动的主要失效形式是_____、_____和_____。

2. 在蜗杆传动中，产生自锁的条件是_____。

3. 对闭式蜗杆传动，蜗杆副多因_____或_____而失效，故通常是按_____强度进行设计，而按_____强度进行校核；对于开式蜗杆传动，则多发生_____和_____，所以，通常只需按_____强度进行设计。

4. 蜗杆传动中，蜗杆的头数根据_____和_____选定；蜗轮的齿数主要是根据_____确定。

5. 蜗杆传动中，蜗轮的轮缘通常采用_____、蜗杆常采用_____制造。

6. 蜗杆传动中，蜗轮的螺旋线方向与蜗杆的螺旋线方向_____，蜗杆的_____与蜗轮的螺旋角相等。

7. 蜗杆传动的滑动速度越大，所选润滑油的黏度值应越_____。

8. 对闭式蜗杆传动热平衡计算，其主要目的是防止温升过高导致_____。

## 三、简答题

1. 何谓蜗杆传动的中间平面？中间平面上的参数在蜗杆传动中有何重要意义？

2. 为什么普通圆柱蜗杆传动的承载能力主要取决于蜗轮轮齿的强度，用碳钢和合金钢制造蜗轮有何不利？

## 四、作图、分析和设计计算题

1. 如图 8.19 所示蜗杆传动，$T_1 = 20\text{N} \cdot \text{m}$，$m = 4\text{mm}$，$z_1 = 2$，$d_1 = 50\text{mm}$，蜗轮齿数 $z_2 = 50$，传动的啮合效率 $\eta = 0.75$，试确定：(1)蜗轮的转向；(2)蜗杆和蜗轮上作用力的大小和方向。

2. 如图 8.20 蜗杆传动和圆锥齿轮传动的组合。已知输出轴上的锥齿轮 $z_4$ 的转向 $n_4$。（1）欲使中间轴上的轴向力能部分抵消，试确定蜗杆传动的螺旋线方向和蜗杆的转向；（2）在图中标出各轮轴向力的方向。

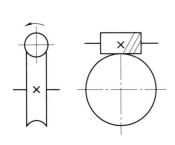

图 8.19 蜗杆传动

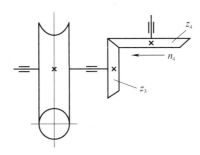

图 8.20 蜗杆与圆锥齿轮传动

3. 试设计一由电动机驱动的 ZA 型单级闭式蜗杆减速器。已知电动机功率为 8.5kW，转速 1200r/min，传动比为 21，载荷较平稳，但有不大的冲击，单向传动，工作寿命 12000h。

# 第四篇　轴系零部件及弹簧设计

## 第9章　轴的设计

### 引入案例

活塞压缩机是石油和化工企业的重要设备。随着科学技术和制造水平的不断进步，压缩机的可靠性也在不断提高，但是，压缩机的各种断裂事故仍然时有发生，2007 年 7 月大庆油田某油气处理站的一台天然气增压压缩机在启机后突然发生曲轴断轴事故。该压缩机的型号为 2D12-70/0.1–13 型往复式石油气压缩机。事故发生时，压缩机油泵的油压正常，对主机盘车无卡阻，机组启动 2～3s 出现声音异常，随即迅速停机。现场组织设备技术人员对机组进行解体检查，发现曲轴曲拐径处断裂，一、二级连杆断裂，十字头及滑道损坏，一段活塞顶在缸头。经过初步分析，判断为曲轴先发生断裂，造成后续一系列零部件损坏。因此，为了查明事故原因，避免类似事故的发生，重点针对曲轴断口进行了检测和分析。

1. 曲轴的断裂部位

压缩机曲轴箱内的损坏情况参见图 9.1。压缩机曲轴断裂位置分为两处，一处位于一级曲拐径的右侧根部，另一处位于二级曲拐径的右侧根部，如图 9.2 所示。

图 9.1 压缩机曲轴箱内的损坏情况

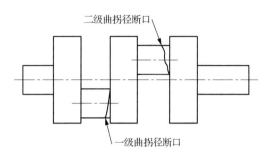

图 9.2 曲轴的断口部位示意图

2. 结论

(1)曲轴的曲拐径断口宏观呈现倾斜的撕裂状形貌,没有平坦的断面区域,断口微观呈现典型的脆性解理形貌特征,由此可以判断曲拐径为过载脆性断裂。

(2)曲轴球墨铸铁材质的金相组织中存在粗大的石墨相区域,而且二级曲拐径根部存在粗大的铸造气孔和疏松,这些组织和铸造缺陷造成曲拐径处承载能力下降。

(3)断轴过程推断:曲拐径根部的粗大气孔和疏松等缺陷处在运行期间逐渐萌生了微裂纹,在 2007 年 7 月的启机加速过程中,载荷瞬间加大,曲拐径处由于承载能力下降而发生突然断裂,导致断轴事故。

3. 措施

(1)为避免人员伤亡,规定在压缩机启机过程中,距压缩机 5m 范围内不允许站人,机组运行平稳 10min 后,再对机组进行巡检。

(2)加强检修过程管理,对压缩机关键部件应采取有效的检测方法,如超声检测、磁粉探伤、着色检验等,并做详细的记录;对修复后的配件,在下次修理过程中进行复检,并开展关键部件修后质量跟踪。

(3)严格控制设备零配件的购置渠道和加工修理过程,主要零部件必须由生产厂家提供有效的检测报告或合格证明,确保关键部件在选择材质、加工工艺、修理工艺等过程得到控制。

# 9.1 概 述

## 1. 轴的功用和分类

轴是机器中的重要零件之一,用来支承旋转的机械零件,如齿轮、蜗轮、带轮等,并传递运动和动力。

根据承受载荷的不同,轴可分为转轴、心轴和传动轴三种。转轴既传递转矩又承受弯矩,如齿轮减速器中的轴(图 9.3)。心轴则只承受弯矩而不传递转矩,如铁路车辆的轴(图 9.4)、自行车的前轴(图 9.5)。传动轴只传递转矩而不承受弯矩或弯矩很小,如汽车的传动轴(图 9.6)。

按轴线的形状,轴还可分为:直轴(图 9.3～图 9.6)、曲轴(图 9.7)和挠性钢丝轴(图 9.8)。直轴根据外形的不同,可分为光轴和阶梯轴两种。曲轴常用于往复式机械中。挠性钢丝轴是由几层紧贴在一起的钢丝层构成的,可以把转矩和旋转运动灵活地传到任何位置。

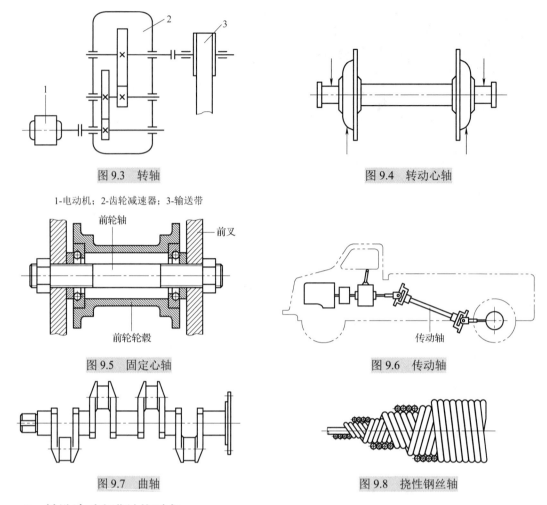

图 9.3　转轴

图 9.4　转动心轴

1-电动机；2-齿轮减速器；3-输送带

图 9.5　固定心轴

图 9.6　传动轴

图 9.7　曲轴

图 9.8　挠性钢丝轴

### 2. 轴设计时应满足的要求

轴的失效形式有断裂、磨损、振动和变形。为了保证轴具有足够的工作能力和可靠性，设计轴时应满足：具有足够的强度和刚度、良好的振动稳定性和合理的结构。由于轴的工作条件不同，对轴的要求也不同，如机床主轴，对于刚度要求严格，主要应满足刚度的要求；对于一些高速轴，如高速磨床主轴、汽轮机主轴等，对振动稳定性的要求应特别加以考虑，以防止共振造成机器的严重破坏。一般情况下的转轴，其失效形式为交变应力下的疲劳断裂，因此轴的工作能力主要取决于疲劳强度。

轴的设计，主要是根据工作要求并考虑制造工艺等因素，选用合适的材料，初算轴径进行轴的结构设计，定出轴的结构形状和尺寸，再进行轴的工作能力计算。

### 3. 轴的材料

轴的常用材料种类很多，选择时应主要考虑以下因素：轴的强度、刚度及耐磨性要求；轴的热处理方法；机械加工工艺要求；材料的来源和价格等。

轴的材料常采用碳素钢和合金钢。

碳素钢比合金钢价廉，对应力集中的敏感性低，35、45、50等优质碳素结构钢因具有较高的综合力学性能，应用较多，其中以45钢应用最广泛。为了改善其力学性能，应进行正火或调质处理。不重要或受力较小的轴，则可采用Q235、Q275等普通碳素结构钢。

合金钢比碳素钢具有更好的力学性能和热处理性能，但价格较贵，多用于承载很大而尺寸、质量受限或有较高耐磨性、防腐性要求的轴。例如，滑动轴承的高速轴，常用 20Cr、20CrMnTi 等低碳合金结构钢，经渗碳淬火后可提高轴颈的耐磨性；汽轮发电机转子轴在高温、高速和重载条件下工作，必须具有良好的高温力学性能，常采用 40CrNi、40MnB 等合金结构钢。值得注意的是：钢材的种类和热处理对其弹性模量的影响甚小，因此，采用合金钢或通过热处理来提高轴的刚度并无实效。此外，合金钢对应力集中的敏感性较高，因此设计合金钢轴时，更应从结构上避免或减小应力集中，并减小其表面结构中的粗糙度。

轴的毛坯一般用圆钢或锻钢，有时也可采用铸钢或球墨铸铁。例如，用球墨铸铁制造曲轴、凸轮轴，具有成本低廉、吸振性较好、对应力集中的敏感性较低和强度较好等优点。

表 9-1 列出了轴的常用材料及其主要力学性能。

表 9-1 轴的常用材料及其主要力学性能

| 材料及热处理 | 毛坯直径/mm | 硬度/HBW | 强度极限 $\sigma_b$/MPa | 屈服极限 $\sigma_s$/MPa | 弯曲疲劳极限 $\sigma_{-1}$/MPa | 应用说明 |
|---|---|---|---|---|---|---|
| Q235 | ≤100 | | 400～420 | 225 | 170 | 用于不重要或载荷不大的轴 |
| | >100～250 | | 375～390 | 215 | | |
| 35 正火 | ≤100 | 149～187 | 520 | 270 | 250 | 塑性好和强度适中可做一般曲轴、转轴等 |
| 45 正火 | ≤100 | 170～217 | 590 | 295 | 255 | 用于较重要的轴，应用最为广泛 |
| 45 调质 | ≤200 | 217～255 | 640 | 355 | 275 | |
| 40Cr 调质 | 25 | 241～286 | 1000 | 800 | 500 | 用于载荷较大，而无很大冲击的重要的轴 |
| | ≤100 | | 735 | 540 | 355 | |
| | >100～300 | | 685 | 490 | 335 | |
| 40MnB 调质 | 25 | 241～286 | 1000 | 800 | 485 | 性能接近于 40Cr，用于重要的轴 |
| | ≤200 | | 750 | 500 | 335 | |
| 35CrMo 调质 | ≤100 | 207～269 | 750 | 550 | 390 | 用于重载荷的轴 |
| 20Cr 渗碳淬火回火 | 15 | 表面 56～62HRC | 640 | 390 | 305 | 用于要求强度、韧性及耐磨性均较高的轴 |
| | ≤60 | | | | | |
| QT400-15 | — | 156～197HRC | 400 | 300 | 145 | 结构复杂的轴 |
| QT600-3 | — | 197～269HRC | 600 | 420 | 215 | 结构复杂的轴 |

# 9.2　轴的结构设计

轴的结构设计就是确定轴的合理外形和全部结构尺寸。

轴的结构设计的主要要求是：①满足制造安装要求，轴应便于加工，轴上零件要方便装拆；②满足零件定位要求，轴和轴上零件有准确的工作位置，各零件要牢固而可靠地相对固定；③改善受力状况，减少应力集中。由于影响轴的结构的因素较多，且其结构形式又要随着具体情况而异，所以轴没有标准的结构形式。设计时，必须针对不同情况进行具体的分析。下面讨论轴的结构设计中要解决的几个主要问题。

## 9.2.1　拟订轴上零件的装配方案

拟订轴上零件的装配方案是进行轴的结构设计的前提，它决定着轴的基本形式。所谓装配方案，就是预定出轴上主要零件的装配方向、顺序和相互关系。为了方便轴上零件的装拆，常将轴做成阶梯形。如图 9.9 中的装配方案是：依次将齿轮、套筒、右端滚动轴承、轴承盖和半联轴器从轴的右端安装，另一滚动轴承从左端安装。这样就对各轴段的粗细顺序作了初步安排。拟订装配方案时，一般应考虑几个方案，进行分析比较与选择。

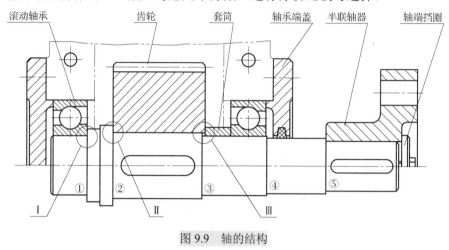

图 9.9　轴的结构

## 9.2.2　轴上零件轴向和周向定位

### 1. 轴上零件的轴向定位和固定

阶梯轴上截面变化的部位称为轴肩或轴环，利用轴肩和轴环进行轴向定位，其结构简单、可靠，并能承受较大轴向力。轴肩分为定位轴肩(图 9.9 中的①处轴肩使左端轴承内圈定位；②处轴肩使齿轮在轴上定位；⑤处轴肩使右端半联轴器定位)和非定位轴肩(图 9.9 中的③处和④处的轴肩)。

常见的轴向固定方法、特点与应用见表 9-2。其中轴肩、轴环、套筒、轴端挡圈及圆螺母应用更为广泛。为保证轴上零件沿轴向固定，可将表 9-2 中各种方法联合使用；为确保固定可靠，与轴上零件相配合的轴段长度应比轮毂略短，如表 9-2 中的套筒结构简图所示，$l = B - (1 \sim 3)\,\text{mm}$。

表 9-2　轴上零件的轴向固定方法及应用

| 轴向固定方法及结构简图 | | 特点和应用 | 设计注意要点 |
|---|---|---|---|
| 轴肩与轴环 | I　　　　　　　II | 简单可靠，不需附加零件，能承受较大轴向力。广泛应用于各种轴上零件的固定。<br>该方法会使轴径增大，阶梯处形成应力集中，且阶梯过多将不利于加工 | 为保证零件与定位面靠紧，轴上过渡圆角半径 $r$ 应小于零件圆角半径 $R$ 或倒角尺寸 $c$，即 $r<c<h$，$r<R<h$。<br>一般取定位轴肩高度 $h=(0.07 \sim 0.1)d$，轴环宽度 $b \geqslant 1.4h$ |

续表

| 轴向固定方法及结构简图 | 特点和应用 | 设计注意要点 |
|---|---|---|
| 套筒 | 简单可靠，简化了轴的结构且不削弱轴的强度。<br>常用于轴上两个近距离零件间的相对固定。<br>不宜用于高转速轴 | 套筒内径与轴一般为动配合，套筒结构、尺寸可视需要灵活设计，但一般套筒壁厚大于 3mm |
| 轴端挡圈<br>轴端挡圈(GB/T 891—1986，GB/T 892—1986) | 工作可靠，能承受较大轴向力，应用广泛 | 只用于轴端。<br>应采用止动垫片等防松措施 |
| 圆锥面 | 装拆方便，且可兼作周向固定。<br>宜用于高速、冲击及对中性要求高的场合 | 只用于轴端。<br>常与轴端挡圈联合使用，实现零件的双向固定 |
| 圆螺母<br>圆螺母GB/T 812—1988　止动垫圈(GB/T 858—1988) | 固定可靠，可承受较大轴向力，能实现轴上零件的间隙调整。<br>常用于轴上两零件间距较大处，亦可用于轴端 | 为减小对轴强度的削弱，常用细牙螺纹。<br>为防松，需加止动垫圈或使用双螺母 |
| 弹性挡圈<br>弹性挡圈(GB/T 894—2017) | 结构紧凑、简单，装拆方便，但受力较小，且轴上切槽将引起应力集中。<br>常用于轴承的固定 | 轴上切槽尺寸见GB/T 894—2017 |
| 紧定螺钉与锁紧挡圈<br>紧定螺钉(GB/T 71—1985)　锁紧挡圈(GB/T 884—1986) | 结构简单，但受力较小，且不适于高速场合 | |

## 2. 轴上零件的周向固定

轴上零件周向固定的目的是使其能同轴一起转动并传递转矩。轴上零件的周向固定，大多采用平键、花键、销、紧定螺钉或过盈配合等连接形式，常见的固定方法见图9.10。

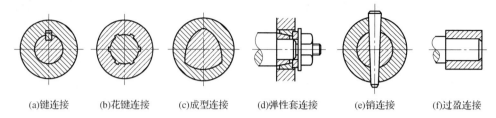

(a)键连接    (b)花键连接    (c)成型连接    (d)弹性套连接    (e)销连接    (f)过盈连接

图9.10  轴上零件的周向固定方法

### 9.2.3  各轴段直径和长度的确定

零件在轴上的装配方案及定位方式确定后，轴的形状便大体确定。各轴段所需的直径与轴上的载荷大小有关。初步确定轴的直径时，通常还不知道支反力的作用点，不能决定弯矩的大小和分布情况，因而还不能按轴所受的具体载荷及其引起的应力来确定轴的直径。但在进行轴的结构设计前，通常已能求得轴所受的扭矩。因此，可按轴所受的扭矩初步估算轴所需的直径(见9.3节)。将初步求出的直径作为承受扭矩的轴段的最小直径$d_{min}$，然后再按轴上零件的装配方案和定位要求，从$d_{min}$处逐一确定各段的直径。在实际设计中，轴的最小直径$d_{min}$亦可凭设计者的经验取定，或参考同类机器用类比的方法确定。

有配合要求的轴段，应尽量采用标准直径。安装标准件(如滚动轴承、联轴器和密封圈等)部位的轴径，应取为相应的标准件的孔径值及所选配合的公差。

确定各轴段长度时，应尽可能使结构紧凑，同时还要保证零件所需的装配或调整空间，一般先从与传动件轮毂相配轴段开始，然后分别确定各轴段的长度。轴的各段长度主要是根据各零件与轴配合部分的轴向尺寸和相邻零件间必要的空间来确定的。为了保证轴向定位可靠，与齿轮和联轴器等零件相配合部分的轴段长度一般应比轮毂长度短2~3mm。

### 9.2.4  提高轴强度的常用措施

轴和轴上零件的结构工艺以及轴上零件的安装布置等对轴的强度有很大的影响，所以应在这些方面进行充分考虑，以提高轴的承载，减小轴的尺寸和机器的质量，降低制造成本。

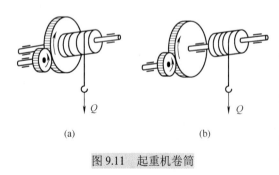

(a)            (b)

图9.11  起重机卷筒

**1. 改进轴上零件的结构以减小轴的载荷**

通过改进轴上零件的结构可以减小轴的载荷。例如，在起重机卷筒的两种不同方案中，图9.11(a)的结构是大齿轮和卷筒联成一体，转矩经大齿轮直接传给卷筒，卷筒轴只受弯矩而不传递转矩；而图9.11(b)的方案是大齿轮将扭矩通过轴传到卷筒，因而卷筒轴既受弯矩又受扭矩。这样，起重同样载荷$Q$，图9.11(a)中轴的直径显然可以比图9.11(b)中的轴径小。

**2. 合理布置轴上的零件以减小轴的载荷**

当动力需从两个轮输出时，为了减小轴上的载荷，应尽量将输入轮置在中间[图9.12(a)]，当输入转矩为$T_1+T_2$而$T_1>T_2$时，轴的最大转矩为$T_1$；而将输入轮放在一侧时[图9.12(b)]，

轴的最大转矩为 $T_1 + T_2$。

此外，在车轮轴中，如把轴毂配合面分为两段〔图 9.13(b)〕，可以减小轴的弯矩，从而提高其强度和刚度。把转动的心轴〔图9.13(a)〕改成固定的心轴〔图 9.13(b)〕，可使轴不承受交变应力。

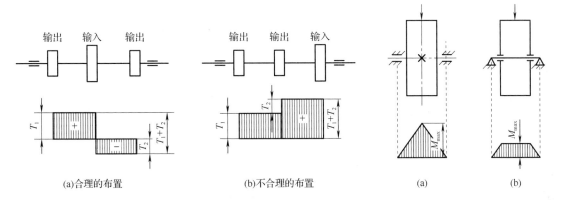

图 9.12 轴上零件的两种布置方案       图 9.13 两种不同结构产生的轴弯矩

### 3. 减小轴的应力集中

在零件截面发生变化处会产生应力集中现象，从而削弱材料的强度。因此，进行结构设计时，应尽量减小应力集中，特别是合金材料对应力集中比较敏感，应当特别注意。在阶梯轴的截面尺寸变化处应采用圆角过渡，且圆角半径不宜过小。另外，设计时尽量不要在轴上开横孔、切口或凹槽，必须开横孔时须将边倒圆。在重要轴的结构中，可采用卸载槽 $B$〔图 9.14(a)〕、过渡肩环〔图 9.14(b)〕或凹切圆角〔图 9.14(c)〕增大轴肩圆角半径，以减小局部应力。在轮毂上做出卸载槽 $B$〔图 9.14(d)〕，也能减小过盈配合处的局部应力。

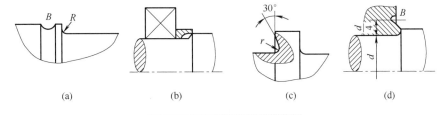

图 9.14 减小应力集中的措施

### 4. 改进轴的表面质量，提高轴的疲劳强度

轴的表面结构中的粗糙度和表面强化处理方法也会对轴的疲劳强度产生影响。轴的表面越粗糙，疲劳强度也越低。因此，应合理减小轴的表面及圆角处的加工粗糙度值。当采用对应力集中特别敏感的高强度材料制作轴时，表面质量尤应予以注意。

表面强化处理的方法有：表面高频淬火等热处理；表面渗碳、氰化、氮化等化学热处理；碾压、喷丸等强化处理。通过碾压喷丸进行表面强化处理时，可使轴的表面产生预压应力，从而提高轴的抗疲劳能力。

## 9.2.5 结构工艺性要求

轴的形状，从满足强度和节省材料考虑，最好是等强度的抛物线回转体。但这种形状的轴既不便于加工，也不便于轴上零件的固定，从加工考虑，最好是直径不变的光轴，但光轴不利于轴上零件的装拆和定位。由于阶梯轴接近于等强度，而且便于加工以及轴上零件的定位和装拆，所以实际上轴的形状多呈阶梯形。

为了便于切削加工，一根轴上的圆角应尽可能取相同的半径，退刀槽取相同的宽度，倒角尺寸相同；一根轴上各键槽应开在轴的同一轴面上，若开有键槽的轴段直径相差不大，尽可能采用相同宽度的键槽(图 9.15)，以减少换刀的次数；需要磨削的轴段，应留有砂轮越程槽［图 9.16(a)］，以便磨削时砂轮可以磨到轴肩的端部；需切削螺纹的轴段，应留有退刀槽，以保证螺纹牙均能达到预期的高度［图 9.16(b)］。为了便于加工和检验，轴的直径应取圆整值；与滚动轴承相配合的轴颈直径应符合滚动轴承内径标准；有螺纹的轴段直径应符合螺纹标准直径。为了便于装配，轴端应加工出倒角(一般为 45°)，以免装配时把轴上零件的孔壁擦伤［图 9.16(c)］；过盈配合零件装入端常加工出导向锥面［图 9.16(d)］，以使零件能较顺利地压入。

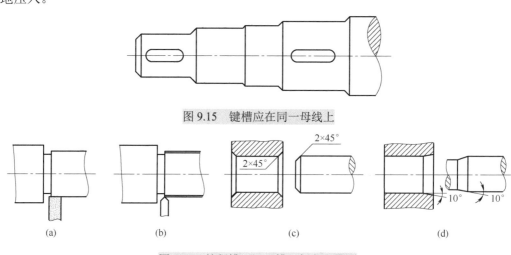

图 9.15　键槽应在同一母线上

图 9.16　越程槽、退刀槽、倒角和锥面

# 9.3　轴 的 工 作 能 力 计 算

轴的工作能力计算主要包括强度计算、刚度计算和振动稳定性计算。

## 9.3.1　轴的强度计算

轴的强度计算应根据轴的承载情况，采用相应的计算方法。常见的轴的强度计算有以下两种。

### 1. 按扭转强度计算

对于只传递转矩的圆截面轴，其强度条件为

$$\tau = \frac{T}{W_T} = \frac{9.55 \times 10^6 P}{0.2d^3 n} \leq [\tau] \tag{9-1}$$

式中，$\tau$ 为转矩 $T$(N·mm)在轴上产生的扭剪应力，MPa；$[\tau]$ 为材料的许用剪切应力，MPa；$W_T$ 为抗扭截面系数，mm³，对圆截面轴 $W_T = \frac{\pi d^3}{16} \approx 0.2d^3$；$P$ 为轴所传递的功率，kW；$n$ 为轴的转速，r/min；$d$ 为轴的直径，mm。

对于既传递转矩又承受弯矩的轴，也可用上式初步估算轴的直径；但必须把轴的许用扭剪应力$[\tau]$（表 9-3）适当降低，以补偿弯矩对轴的影响。将降低后的许用应力代入式(9-1)，并改写为设计公式

$$d \geqslant \sqrt[3]{\frac{9.55 \times 10^6}{0.2[\tau]}} \sqrt[3]{\frac{p}{n}} = C\sqrt[3]{\frac{p}{n}} \tag{9-2}$$

式中，$C$ 为由轴的材料和承载情况确定的系数（表 9-3）。应用式(9-2)求出的 $d$ 值作为轴最细处的直径。

表 9-3　常用材料的$[\tau]$值和$C$值

| 轴的材料 | $[\tau]$/MPa | $C$ | 轴的材料 | $[\tau]$/MPa | $C$ |
|---|---|---|---|---|---|
| Q235，20 | 15～25 | 149～126 | 45 | 25～45 | 126～103 |
| Q275，35 | 20～35 | 135～112 | 40Cr，35SiMn | 35～55 | 112～97 |

注：当作用在轴上的弯矩比转矩小或只传递转矩时，$C$ 取较小值；否则取较大值。

应当指出，当轴截面上开有键槽时，应增大轴径以考虑键槽对轴强度的削弱。对于直径 $d > 100\text{mm}$ 的轴，有一个键槽时，轴径增大 3%；有两个键槽时，应增大 7%。对于直径 $d \leqslant 100\text{mm}$ 的轴，有一个键槽时，轴径增大 5%～7%；有两个键槽时，应增大 10%～15%。然后将轴径圆整为标准直径。应当注意，这样求出的直径，只能作为承受扭矩作用的轴段的最小直径 $d_{\min}$。

此外，也可采用经验公式来估算轴的直径。例如，在一般减速器中，高速输入轴的直径可按与其相连的电动机轴的直径 $D$ 估算，$d = (0.8 \sim 1.2)D$；各级低速轴的轴径可按同级齿轮中心距 $a$ 估算，$d = (0.3 \sim 0.4)a$。

### 2. 按弯扭合成强度计算

通过轴的结构设计，轴的主要结构尺寸，轴上零件的位置，以及外载荷和支反力的作用位置均已确定，轴上的载荷（弯矩和扭矩）已可以求得，因而可按弯扭合成强度条件对轴进行强度校核计算。一般的轴用这种方法计算即可。

现以图 9.17 所示的输出轴为例来介绍轴的许用弯曲应力校核轴强度的方法，其计算步骤如下。

(1) 做出轴的计算简图（即力学模型）。轴所受的载荷是从轴上零件传来的。计算时，常将轴上的分布载荷简化为集中力，其作用点取为载荷分布段的中点。作用在轴上的扭矩，一般从传动件轮毂宽度的中点算起。通常把轴当作置于铰链支座上的梁，支反力的作用点与轴承的类型和布置方式有关，可按图 9.18 来确定。

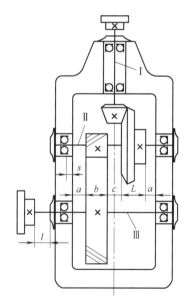

图 9.17　圆锥-圆柱齿轮减速器简图

图 9.18(b) 中的 $a$ 值可查滚动轴承样本或《机械设计手册》，图 9.18(d) 中的 $e$ 值与滑动轴承的宽径比 $B/d$ 有关。当 $B/d \leqslant 1$ 时，取 $e = 0.5B$；当 $B/d > 1$ 时，取 $e = 0.5d$，但不小于 $(0.25 \sim 0.35)B$；对于调心轴承，$e = 0.5B$。

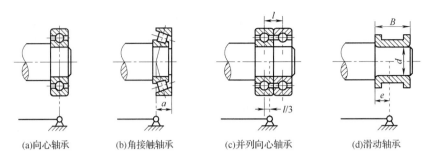

(a)向心轴承　　　　(b)角接触轴承　　　　(c)并列向心轴承　　　　(d)滑动轴承

图 9.18　轴的支反力作用点

在做计算简图时，应先求出轴上受力零件的载荷(若为空间力系，应把空间力系分解为圆周力、径向力和轴向力，然后把它们全部转化到轴上)，如图 9.19(a)所示。然后求出各支承处的水平反力 $F_{NH}$ 和垂直反力 $F_{NV}$。

(2)做出弯矩图。根据上述简图，分别按水平面和垂直面计算各力产生的弯矩，并按计算结果分别做出水平面上的弯矩图 $M_H$［图 9.19(b)］和垂直面上的弯矩图 $M_V$［图 9.19(c)］；然后按下式计算合成弯矩并做出合成弯矩图 $M$［图 9.19(d)］。

$$M = \sqrt{M_H^2 + M_V^2} \tag{9-3}$$

(3)做出扭矩图。扭矩图 $T$ 如图 9.19(e)所示。

(4)求当量弯矩。做出合成弯矩图 $M$ 和扭矩图 $T$ 后，求出当量弯矩。对于一般钢制的轴，可用第三强度理论推出

$$M_e = \sqrt{M^2 + (\alpha T)^2} \tag{9-4}$$

式中，$M_e$ 为当量弯矩，N·mm；$\alpha$ 为根据转矩性质而定的折算系数。对不变的转矩，$\alpha \approx 0.3$；当转矩脉动循环变化时，$\alpha \approx 0.6$；对于频繁正反转的轴，$\tau$ 可看为对称循环变应力，$\alpha = 1$。若转矩变化规律不清楚，一般也按脉动循环处理。

(5)选危险截面，进行轴的强度校核。

① 确定危险剖面。根据弯矩、转矩最大或弯矩、转矩较大而相对尺寸较小的原则和考虑应力集中对轴的影响选一个或几个危险截面。

② 轴的强度校核。针对某些危险截面，做弯扭合成强度校核计算。其强度条件为

$$\sigma_e = \frac{M_e}{W} = \frac{\sqrt{M^2 + (\alpha T)^2}}{W} \leqslant [\sigma_{-1b}] \tag{9-5}$$

式中，$[\sigma_{-1b}]$ 为材料在对称循环状态下的许用弯曲应力，MPa，见表 9-4。

表 9-4　轴的许用弯曲应力　　　　单位：MPa

| 材料 | $\sigma_b$ | $[\sigma_{-1b}]$ |
|---|---|---|
| 碳素钢 | 400 | 40 |
| | 500 | 45 |
| | 600 | 55 |
| | 700 | 65 |
| 合金钢 | 800 | 75 |
| | 900 | 80 |
| | 1000 | 90 |
| 铸钢 | 400 | 30 |
| | 500 | 40 |

计算轴的直径时，$W = \dfrac{\pi d^3}{32} \approx 0.1 d^3$，则式(9-5)可写成

$$d \geqslant \sqrt[3]{\dfrac{M_e}{0.1[\sigma_{-1b}]}} \tag{9-6}$$

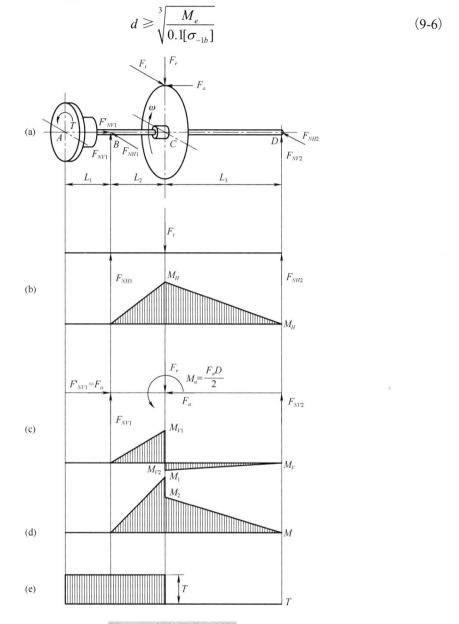

图 9.19　轴的载荷分析图

由于心轴工作时只承受弯矩而不承受扭矩，所以在应用式(9-5)时，应取 $T=0$。转动心轴的弯矩在轴截面所引起的应力是对称循环变应力。对于固定心轴，考虑启动、停车等的影响，弯矩在轴截面上所引起的应力可视为脉动循环变应力，所以在应用式(9-5)时，固定心轴的许用弯曲应力为 $[\sigma_{0b}]$（$[\sigma_{0b}]$ 为脉动循环变应力时的许用弯曲应力），$[\sigma_{0b}] \approx 1.7[\sigma_{-1b}]$。

### 3. 按疲劳强度条件进行精确校核

这种校核计算的实质在于确定变应力情况下轴的安全程度。在已知轴的外形、尺寸及载荷的基础上，即可通过分析确定出一个或几个危险截面(这时不仅要考虑弯曲应力和扭转剪应

力的大小，而且要考虑应力集中和绝对尺寸等因素影响的程度），求出计算安全系数$S_{ca}$并应使其稍大于或至少等于许用安全系数，即

$$S_{ca} = \frac{S_\sigma \cdot S_\tau}{\sqrt{S_\sigma^2 + S_\tau^2}} \geqslant [S] \tag{9-7}$$

$$S_\sigma = \frac{\sigma_{-1}}{\dfrac{K_\sigma}{\beta\varepsilon_\sigma}\sigma_a + \varphi_\sigma\sigma_m} \tag{9-8}$$

$$S_\tau = \frac{\tau_{-1}}{\dfrac{K_\tau}{\beta\varepsilon_\tau}\tau_a + \varphi_\tau\tau_m} \tag{9-9}$$

式中，$S_{ca}$为计算安全系数；$S_\sigma$、$S_\tau$分别为仅受弯矩、扭矩作用时的安全系数；$\sigma_{-1}$、$\tau_{-1}$分别为对称循环应力时试件材料的弯曲、扭转的疲劳极限，MPa；$K_\sigma$、$K_\tau$分别为受弯曲、扭转时轴的有效应力集中系数；$\beta$为轴的表面质量系数；$\varepsilon_\sigma$、$\varepsilon_\tau$分别为受弯曲、扭转时的尺寸系数；$\sigma_a$、$\tau_a$分别为弯曲、扭转的应力幅，MPa；$\varphi_\sigma$、$\varphi_\tau$分别为弯曲、扭转时平均应力折合为应力幅的等效系数；$\sigma_m$、$\tau_m$分别为弯曲、扭转的平均应力，MPa；$[S]$为许用安全系数。$[S]=1.3\sim$1.5，用于材料均匀，载荷与应力计算精确时；$[S]=1.5\sim1.8$，用于材料不够均匀，计算精确度较低时；$[S]=1.8\sim2.5$，用于材料均匀性及计算精确度很低，或轴的直径$d>200\,\text{mm}$时。

**4. 按静强度条件进行校核**

静强度校核的目的在于评定轴对塑性变形的抵抗能力。这对那些瞬时过载很大，或应力循环的不对称性较为严重的轴是很必要的。轴的静强度是根据轴上作用的最大瞬时载荷来校核的。静强度校核时的强度条件为

$$\begin{cases} S_0 = \dfrac{S_{0\sigma}S_{0\tau}}{\sqrt{S_{0\sigma}^2 + S_{0\tau}^2}} \geqslant [S_0] \\[3mm] S_{0\sigma} = \dfrac{\sigma_s}{\sigma_{max}} \\[3mm] S_{0\tau} = \dfrac{\tau_s}{\tau_{max}} \end{cases} \tag{9-10}$$

式中，$S_0$为静强度计算安全系数；$S_{0\sigma}$、$S_{0\tau}$分别为弯曲和扭转作用的静强度安全系数；$[S_0]$为静强度许用安全系数，若轴的材料塑性高（$\sigma_s/\sigma_b \leqslant 0.6$），取$[S_0]=1.2\sim1.4$；若轴的材料塑性中等（$\sigma_s/\sigma_b \leqslant 0.6\sim0.8$），$[S_0]=1.4\sim1.8$；若轴的材料塑性较低，取$[S_0]=1.8\sim2$；对铸造的轴，取$[S_0]=2\sim3$。$\sigma_s$、$\tau_s$分别为材料抗弯、抗扭屈服极限，MPa；$\sigma_{max}$、$\tau_{max}$分别为尖峰载荷所产生的弯曲、扭转应力，MPa。

## 9.3.2 轴的刚度计算

轴受弯矩作用会产生弯曲变形（图 9.20），受转矩作用会产生扭转变形（图 9.21）。如果轴的刚度不够，就会影响轴的正常工作。例如，电机转子轴的挠度过大，会改变转子与定子的间隙而影响电机的性能。又如，机床主轴的刚度不够，将会影响加工精度。

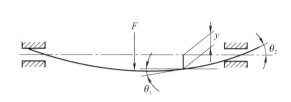

图 9.20 轴的挠度和偏转角

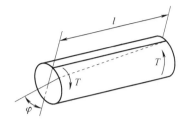

图 9.21 轴的扭转角

### 1. 刚度条件

为了使轴不致因刚度不足而失效，设计时必须根据轴的工作条件限制其变形量，即

挠度 $\qquad y \leqslant [y]$

偏转角 $\qquad \theta \leqslant [\theta]$ $\qquad$ (9-11)

扭转角 $\qquad \varphi \leqslant [\varphi]$

式中，$[y]$、$[\theta]$、$[\varphi]$ 分别为许用挠度、许用偏转角和许用扭转角，其值见表 9-5。

表 9-5 轴的许用挠度 $[y]$、许用偏转角 $[\theta]$ 和许用扭转角 $[\varphi]$

| 变形种类 | 适用场合 | 许用值 | 变形种类 | 适用场合 | 许用值 |
|---|---|---|---|---|---|
| 许用挠度 $[y]$ /mm | 一般用途的轴 | $(0.0003\sim0.0005)l$ | 许用偏转角 $[\theta]$ /rad | 滑动轴承 | $\leqslant 0.001$ |
| | 刚度要求较高的轴 | $\leqslant 0.0002l$ | | 径向球轴承 | $\leqslant 0.005$ |
| | 感应电机轴 | $\leqslant 0.1\varDelta$ | | 调心球轴承 | $\leqslant 0.05$ |
| | 安装齿轮的轴 | $(0.01\sim0.05)m_n$ | | 圆柱滚子轴承 | $\leqslant 0.0025$ |
| | 安装蜗轮的轴 | $(0.02\sim0.05)m_t$ | | 圆锥滚子轴承 | $\leqslant 0.0016$ |
| | $l$——支承间跨距 | | | 安装齿轮处的截面 | $\leqslant 0.001\sim0.002$ |
| | $\varDelta$——电机定子与转子间的空隙 | | 每米长的许用扭转角 $[\varphi]/[(°)/m]$ | 一般传动 | $0.5\sim1$ |
| | $m_n$——齿轮法面模数 | | | 较精密的传动 | $0.25\sim0.5$ |
| | $m_t$——蜗轮端面模数 | | | 重要传动 | $0.25$ |

### 2. 弯曲变形计算

计算轴在弯矩作用下所产生的挠度 $y$ 和偏转角 $\theta$ 的方法很多。在材料力学课程中已介绍过两种：①按挠曲线的近似微分方程式积分求解；②变形能法。对于等直径轴，用前一种方法较简便，对于阶梯轴，用后一种方法较适宜。

### 3. 扭转变形的计算

等直径的轴受转矩 $T$ 作用时，其扭转角 $\varphi$ 可按材料力学中的扭转变形公式求出，即

$$\varphi = \frac{Tl}{GI_P} \qquad (9-12)$$

式中，$T$ 为转矩，N·mm；$l$ 为轴受转矩作用的长度，mm；$G$ 为材料的切变模量，MPa；$I_P$ 为轴截面的极惯性矩，$mm^4$。

$$I_P = \frac{\pi d^4}{32}$$

对阶梯轴，其扭转角 $\varphi$ 的计算式为

$$\varphi = \frac{1}{G} \sum_{i=1}^{n} \frac{T_i l_i}{I_{pi}} \qquad (9-13)$$

式中，$T_i$、$l_i$、$I_{pi}$ 分别为阶梯轴第 $i$ 段上所传递的转矩、长度和极惯性矩，单位同式 (9-12)。

### 9.3.3　轴的振动稳定性计算

受周期性载荷作用的轴，如果外界载荷的频率与轴的自振频率相同或接近，就要发生共振。发生共振时的转速，称临界转速。如果轴的转速与临界转速接近或呈整数倍关系时，轴的变形将迅速增大，以致轴或轴上零件甚至整个机械受到破坏。

大多数机械中的轴，虽然不受周期性的载荷作用，但由于轴上零件材质不均，制造、安装误差等使回转零件重心偏移，回转时会产生离心力，使轴受到周期性载荷作用。因此，对于高转速的轴和受周期性外载荷的轴，都必须进行振动稳定性计算。所谓轴的振动稳定性计算，就是计算其临界转速，并使轴的工作转速远离临界转速，避免共振。

轴的临界转速可以有多个，最低的一个称为一阶临界转速 $n_{cr1}$，依次为二阶临界转速 $n_{cr2}$、三阶临界转速 $n_{cr3}$，…，在一阶临界转速下，振动激烈，最为危险，所以通常主要计算一阶临界转速。工作转速 $n$ 低于一阶临界转速的轴称为刚性轴，对于刚性轴，通常使 $n \leqslant (0.75 \sim 0.8)n_{cr1}$；工作转速 $n$ 超过一阶临界转速的轴称为挠性轴，对于挠性轴，通常使

$$1.4n_{cr1} \leqslant n \leqslant 0.7n_{cr2}$$

【应用实例 9.1】　试设计图 9.17 所示的带式运输机二级圆锥-圆柱齿轮减速器输出轴（Ⅲ轴），输入轴与电动机相连，输出轴与工作机相连，该运输机为单向转动（从Ⅲ轴左端看为逆时针方向）。已知该轴传递功率 $P = 9.4\,\text{kW}$，转速 $n = 93.6\,\text{r}/\text{min}$；大齿轮分度圆直径 $d_2 = 383.84\,\text{mm}$，齿宽 $b_2 = 80\,\text{mm}$，螺旋角 $\beta = 8°06'34''$，减速器长期工作，载荷平稳。

**解**　设计计算步骤如下。

| 计算与说明 | 主要结果 |
|---|---|
| 1. 估算轴的基本直径<br>选用 45 钢，调质处理，由表 9-1 查得 $\sigma_b = 640\,\text{MPa}$。查表 9-3，取 $C = 110$，由式（9-2）得<br>$$d \geqslant C\sqrt[3]{\frac{P}{n}} = 110 \times \sqrt[3]{\frac{9.4}{93.6}} = 51.13\,(\text{mm})$$<br>所求 $d$ 应为受扭部分的最细处，即装联轴器处的轴径（图 9.22）。但因该处有一个键槽，故轴径应增大 5%，即 $d_{\min} = 1.05 \times 51.13 = 53.69\,(\text{mm})$，则 $d_{\text{I-II}} = 53.7\,\text{mm}$。<br>为了使所选的直径 $d_{\text{I-II}}$ 与联轴器的孔径相适应，故需同时选联轴器。从《机械设计手册》中查得采用 LT9 型弹性柱套联轴器，该联轴器传递的公称力矩为 $1000\,\text{N} \cdot \text{m}$；取与轴配合的半联轴器孔径 $d_1 = 55\,\text{mm}$，故轴径 $d_{\text{I-II}} = 55\,\text{mm}$；与轴配合部分的长度 $L_1 = 84\,\text{mm}$ | $\sigma_b = 640\,\text{MPa}$，$C = 110$<br>$d \geqslant 51.13\,(\text{mm})$<br>$d_{\text{I-II}} = 55\,\text{mm}$<br>$L_1 = 84\,\text{mm}$ |
| 2. 轴的结构设计<br>1）拟定轴上零件装配方案<br>根据减速器的安装要求，图 9.17 中给出了减速器中主要零件相互关系：圆柱齿轮端面距箱体内壁的距离 $a$，圆锥齿轮与圆柱齿轮之间的轴向距离 $c$，以及滚动轴承内侧端面与箱体内壁间的距离 $s$ 等，设计时选择合适的尺寸，确定轴上主要零件的相互位置 [图 9.23（a）]。图 9.23（b）和图 9.23（c）分别为输出轴的两种装配方案。图 9.23（b）所示为圆柱齿轮、套筒、左端轴承及轴承盖和联轴器依次由轴的左端装入；而右轴承从轴的右端装入。图 9.23（c）所示为短套筒、左轴承及轴承盖和联轴器从轴的左端装入；而圆柱齿轮、长套筒和右轴承则从右端装入。比较两个方案，后者增加了一个作为轴向定位的长套筒，使机器的零件增多，且质量增大。相比之下，前一方案较为合理，故选用图 9.23（b）所示的方案 | |

| 计算与说明 | 主要结果 |
| --- | --- |

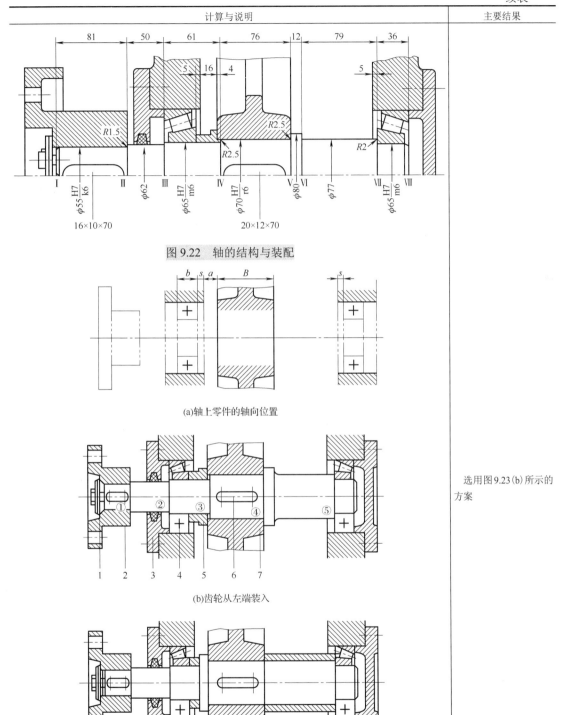

图 9.22 轴的结构与装配

(a)轴上零件的轴向位置

选用图 9.23(b)所示的
方案

(b)齿轮从左端装入

(c) 齿轮从右端装入

图 9.23 轴上零件的装入方案

1-轴端挡圈；2-联轴器；3-轴承盖；4-轴承；5-套筒；6-键；7-圆柱齿轮

| 计算与说明 | 主要结果 |
|---|---|

2) 初定各段直径(表9-6)

### 表9-6　各段直径

| 位置 | 轴径/mm | 说明 |
|---|---|---|
| 装联轴器轴 I － II | $d_{I-II} = 55$ | 已在前面步骤"1. 估算轴的基本直径"中说明 |
| 装左轴承端盖段 II －III | $d_{II-III} = 62$ | 联轴器右端用轴肩定位,故取 $d_{II-III} = 62$ mm |
| 装轴承轴段 III-IV VII-VIII | $d_{III-IV} = 65$ $= d_{VII-VIII}$ | 这两段直径由滚动轴承内孔决定。由于圆柱斜齿轮有轴向力及 $d_{III-III} = 62$mm,初选圆锥滚子轴承,型号为30313,其尺寸 $d×D×T$=65mm×140mm×36mm,故 $l_{III-IV}$=80mm(III处为非定位轴肩) |
| 装齿轮轴段 IV－V | $d_{IV-V} = 70$ | 考虑齿轮装拆方便,应使 $d_{IV-V} > d_{III-IV}$ ,取 $d_{IV-V} = 70$ mm |
| 轴环段 V－VI | $d_{V-VI} = 80$ | 考虑齿轮右端用轴环进行轴向定位,故取 $d_{V-VI}$=80mm |
| 自由段 VI-VII | $d_{VI-VII} = 77$ | 考虑右轴承用轴肩定位,由 30313 轴承查《机械设计手册》得轴肩处安装尺寸 $d_a$ =77,取 $d_{VI-VII}$=77mm |

主要结果:
$d_{I-II} = 55$mm

$d_{II-III} = 62$mm

$d_{III-IV} = 65$mm $= d_{VII-VIII}$

$d_{IV-V} = 70$mm

$d_{V-VI} = 80$mm

$d_{VI-VII} = 77$mm

3) 确定各段长度(表9-7)

### 表9-7　各段长度

| 位置 | 轴段长度/mm | 说明 |
|---|---|---|
| 装联轴器轴段 I － II | $l_{I-II} = 81$ | 因半联轴器与轴配合部分的长度 $L_1$=84mm,为保证轴端挡板压紧联轴器,而不会压在轴的端面上,故 $l_{I-II}$ 略小于 $L_1$,取 $l_{I-II}$=81mm |
| 装左轴承端盖轴段 II － III | $l_{II-III} = 50$ | 轴段 II-III 的长度由轴承端盖宽度及其固定螺钉能够拆装的空间要求决定。这里取 $l_{II-III}$=50mm(轴承端盖的宽度由减速器及轴承端盖的结构设计而定,本题取为30mm) |
| 装轴承轴段 III-IV VII-VIII | $l_{III-IV} = 61$ | 轴III-IV段的长度由滚动轴承宽度 $T$=36mm,轴承与箱体内壁距离 $s$=5～10mm(取 $s$=5),箱体内壁与齿轮距离 $a$=10～20mm(取 $a$=16mm)及大齿轮轮毂与装配轴段的长度差(此例取4mm)等尺寸决定,$l_{III-IV}$ = $T+s+a+4$ =36+5+16+4=61(mm) |
| | $l_{VII-VIII} = 36$ | 轴段VII-VIII的长度,即为滚动轴承的宽度 $T$=36mm |
| 装齿轮轴段 IV－V | $l_{IV-V} = 76$ | 轴段IV-V的长度由齿轮轮毂宽度 $B_2$=80mm决定,为保证套筒紧靠齿轮左端,使齿轮轴向固定,$l_{IV-V}$=76mm 应略小于 $B_2$,故取 $l_{IV-V}$=76mm |
| 轴环段 V－VI | $l_{V-VI} = 12$ | 轴环宽度一般为轴肩高度的 1.4 倍,即 $l_{V-VI}$=1.4$h$=1.4×(80-70)/2=7,取 $l_{V-VI}$=12mm |
| 自由段 VI-VII | $l_{VI-VII} = 79$ | 轴段VI-VII的长度由圆锥齿轮轮毂长 $L$=50mm、圆锥齿轮与圆柱斜齿轮之间距离 $c$=20mm、齿轮距箱体内壁的距离 $a$=16mm和轴承与箱体内壁距离 $s$=5mm等尺寸决定,$l_{VI-VII}$ = $L+c+a+s-l_{V-VI}$ = 50+20+16+5-12=79(mm) |

主要结果:
$l_{I-II} = 81$mm

$l_{II-III} = 50$mm

$l_{III-IV} = 61$mm

$l_{VII-VIII} = 36$mm

$l_{IV-V} = 76$mm

$l_{V-VI} = 12$mm

$l_{VI-VII} = 79$mm

4) 轴上零件的周向固定

齿轮、半联轴器与轴的周向定位均采用平键连接。按 $d_{IV-V}$ 的数据,由《机械设计手册》查得平键剖面 $b×h$=20×12(GB/T 1096—2003),键槽用键槽铣刀加工,长为70mm。为保证齿轮与轴配合良好,故选择齿轮轮毂与轴的配合代号为 H7/r6;同样,半联轴器与轴连接,选用平键为 16×10×70,半联轴器与轴的配合代号为 H7/k6。滚动轴承与轴的周向定位是靠过盈配合来保证,此处选 H7/m6。

5) 考虑轴的结构工艺性

考虑轴的结构工艺性,轴肩处的圆角半径 $R$ 的值见图 9.22,轴端倒角 $c$ = 2mm;为便于加工,齿轮和半联轴器处的键槽布置在同一轴面上

| 计 算 与 说 明 | 主 要 结 果 |
|---|---|
| 3. 轴的受力分析<br>先作出轴的受力计算简图(即力学模型),如图 9.24(a)所示。<br>1)求轴传递的转矩<br>$$T = 9.55 \times 10^6 \frac{P}{n} = 9.55 \times 10^6 \times \frac{9.4}{93.6} = 959 \times 10^3 (\text{N} \cdot \text{mm})$$<br>2)求轴上作用力<br>齿轮上的圆周力<br>$$F_{t2} = \frac{2T}{d_2} = \frac{2 \times 959 \times 10^3}{383.84} \approx 5000(\text{N})$$<br>齿轮上的径向力<br>$$F_{r2} = \frac{F_{t2} \tan \alpha_n}{\cos \beta} = \frac{5000 \times \tan 20°}{\cos 8°06'34''} \approx 1840(\text{N})$$<br>齿轮上的轴向力<br>$$F_{a2} = F_{t2} \tan \beta = 5000 \times \tan 8°06'34'' \approx 715(\text{N})$$<br>圆周力、径向力及轴向力方向如图 9.24(a)所示 | $T = 959 \times 10^3 \text{N} \cdot \text{mm}$<br><br><br><br>$F_{t2} \approx 5000\text{N}$<br><br><br>$F_{r2} \approx 1840\text{N}$<br><br><br>$F_{a2} \approx 715\text{N}$ |
| 4. 校核轴的强度<br>1)作轴的空间受力简图[图 9.24(a)]<br>2)作水平面受力图[图 9.24(b)]<br>$$R_{HD} = \frac{F_{t2} \times L_2}{L_2 + L_3} = \frac{5000 \times 79}{79 + 149} = 1730(\text{N})$$<br>3)作垂直面受力图[图 9.24(d)]<br>$$R_{VB} = \frac{F_{r2} \times L_3 - F_{a2} \times \dfrac{d_2}{2}}{L_2 + L_3} = \frac{1840 \times 149 - 715 \times \dfrac{384}{2}}{79 + 149} = 600(\text{N})$$<br>$$R_{VD} = \frac{F_{r2} \times L_2 + F_{a2} \times \dfrac{d_2}{2}}{L_2 + L_3} = \frac{1840 \times 79 + 715 \times \dfrac{384}{2}}{79 + 149} = 1240(\text{N})$$<br>4)作弯矩图,求截面 C 处的弯矩<br>(1)水平面上的弯矩图[图 9.24(c)]<br>$$M_{HC} = 258000\text{N} \cdot \text{mm}$$<br>(2)垂直面上的弯矩图[图 9.24(e)]<br>$$M_{VC2} = 184760\text{N} \cdot \text{mm}$$<br>$$M_{C_2} = \sqrt{M_{HC}^2 + M_{VC_2}^2} = \sqrt{258000^2 + 184760^2} \approx 317333(\text{N} \cdot \text{mm})$$<br>(3)合成弯矩 M[图 9.24(f)]<br>$$M_{C_1} = \sqrt{M_{HC}^2 + M_{VC_1}^2} = \sqrt{258000^2 + 47400^2} \approx 262318(\text{N} \cdot \text{mm})$$<br>$$M_{C_2} = 317333\text{N} \cdot \text{mm}$$<br>5)作转矩 T 图[图 9.24(g)]<br>$$T = 959 \times 10^3 \text{N} \cdot \text{mm}$$<br>6)作当量弯矩图[图 9.24(h)]<br>因单向回转,视扭矩为脉动循环,$\alpha \approx 0.6$,则截面 C 处的当量弯矩为<br>$$M_{e1} = \sqrt{M_{C_1}^2 + (\alpha T)^2} = \sqrt{262318^2 + (0.6 \times 959000)^2} \approx 632373(\text{N} \cdot \text{mm})$$<br>$$M_{e_2} = M_{C_2} = 317333\text{N} \cdot \text{mm}$$<br>7)按当量弯矩校核轴的强度<br>由图 9.24(h)可见,截面 C 处当量弯矩最大,故应对此校核。截面 C 处的强度故按式(9-5)得<br>$$\sigma_e = \frac{M_{e_1}}{W} = \frac{632373}{0.1 \times 70^3} = 18.4(\text{MPa})$$<br>表 9-4 查得,对于 45 钢,$[\sigma_{-1b}] = 55\text{MPa}$,$\sigma_e < [\sigma_{-1b}]$,故轴的强度足够。<br>8)判断危险截面<br>剖面 A、Ⅱ、Ⅲ、B 只受扭矩作用,虽然键槽、轴肩及过渡配合所引起的应力集中均将削弱轴的疲劳强度,但由于轴的最小直径是按扭转强度较为宽裕地确定的,所以剖面 A、Ⅱ、Ⅲ、B 均无须校核 | $R_{HD} = 1730\text{N}$<br><br><br>$R_{VB} = 600\text{N}$<br><br><br><br>$R_{VD} = 1240\text{N}$<br><br><br><br>$M_{HC} = 258000\text{N} \cdot \text{mm}$<br><br>$M_{VC2} = 184760\text{N} \cdot \text{mm}$<br><br>$M_{C_2} = 317333\text{N} \cdot \text{mm}$<br><br><br>$M_{C_1} = 262318\text{N} \cdot \text{mm}$<br><br><br><br>$T = 959 \times 10^3 \text{N} \cdot \text{mm}$<br><br><br><br>$M_{e1} \approx 632373\text{N} \cdot \text{mm}$<br>$M_{e_2} = 317333\text{N} \cdot \text{mm}$<br><br><br><br>$\sigma_e = 18.4\text{MPa}$<br>$[\sigma_{-1b}] = 55\text{MPa}$<br>$\sigma_e < [\sigma_{-1b}]$,故轴的强度足够 |

| 计算与说明 | 主要结果 |
|---|---|
| 　　从应力集中对轴的疲劳强度的影响来看，剖面Ⅳ和Ⅴ处过盈配合引起的应力集中最严重；从受载的情况来看，剖面 $C$ 上 $M_e$ 最大。剖面Ⅴ的应力集中的影响和剖面Ⅳ的相近，但剖面Ⅴ不受扭矩作用，同时轴径也较大，故不必作强度校核。剖面 $C$ 上 $M_e$ 最大但应力集中不大（过盈配合及键槽引起应力集中均在两端），而且这里轴的直径最大，故剖面 $C$ 也不必校核。剖面Ⅵ显然更不必校核。又由于键槽的应力集中系数比过盈配合的小，因而该轴只须校核Ⅳ即可。 | 因而该轴只须校核Ⅳ即可 |

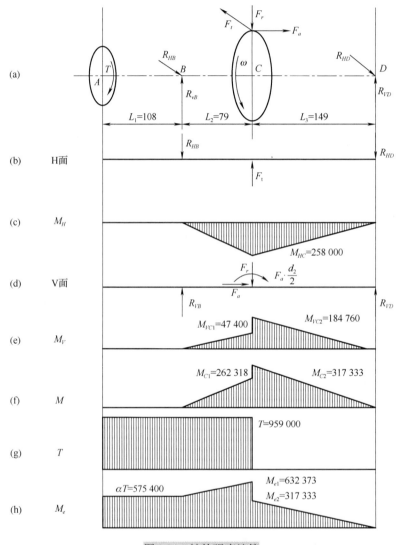

图 9.24　轴的强度计算

9）安全系数法校核轴的强度

通过前面的计算发现Ⅳ截面更危险，且有应力集中，下面以Ⅲ-Ⅳ轴段为例进行安全系数校核。

（1）疲劳极限及等效系数。

① 对称循环疲劳极限。由附录中附表 8 得

$$\sigma_{-1b} = 0.44\sigma_b = 0.44 \times 640 = 282(\text{MPa})$$

$$\tau_{-1} = 0.30\sigma_b = 0.30 \times 640 = 192(\text{MPa})$$

② 脉动循环疲劳极限。由附录中附表 8 得

$$\sigma_{0b} = 1.7\sigma_{-1b} = 1.7 \times 282 = 479.4(\text{MPa})$$

$$\tau_0 = 1.6\tau_{-1} = 1.6 \times 192 = 307.2(\text{MPa})$$

主要结果：

$\sigma_{-1b} = 282\text{MPa}$

$\tau_{-1} = 192\text{MPa}$

$\sigma_{0b} = 479.4\text{MPa}$

$\tau_0 = 307.2\text{MPa}$

| 计算与说明 | 主要结果 |
|---|---|
| ③ 等效系数 $$\varphi_\sigma = \frac{2\sigma_{-1b} - \sigma_{0b}}{\sigma_{0b}} = \frac{2\times 282 - 479.4}{479.4} = 0.18$$ $$\varphi_\tau = \frac{2\tau_{-1} - \tau_0}{\tau_0} = \frac{2\times 192 - 307.2}{307.2} = 0.25$$ | $\varphi_\sigma = 0.18$ $\varphi_\tau = 0.25$ |
| (2) IV截面上的应力。 ①弯矩 $\quad M_{\mathrm{IV}} = 262318 \times \dfrac{79-36}{79} = 142780.7(\mathrm{MPa})$ ②弯曲应力幅 $\quad \sigma_a = \sigma = \dfrac{M_{\mathrm{IV}}}{W} = \dfrac{142780.7}{0.1\times 65^3} = 5.2(\mathrm{MPa})$ ③平均弯曲应力 $\quad \sigma_m = 0$ ④扭转切应力 $\quad \tau = \dfrac{T}{W_T} = \dfrac{959000}{0.2\times 65^3} = 17.46(\mathrm{MPa})$ ⑤扭转切应力幅和平均扭转切应力 $\quad \tau_a = \tau_m = \dfrac{\tau}{2} = \dfrac{17.46}{2} = 8.73(\mathrm{MPa})$ | $M_{\mathrm{IV}} = 142780.7\mathrm{MPa}$ $\sigma_a = 5.2\mathrm{MPa}$ $\sigma_m = 0$ $\tau = 17.46\mathrm{MPa}$ $\tau_a = 8.73\mathrm{MPa}$ |
| (3) 应力集中系数。 ①有效应力集中系数。因为该截面有轴径变化，过渡圆角半径 $r = 2\mathrm{mm}$，则 $$\frac{D}{d} = \frac{70}{65} = 1.08, \quad \frac{r}{d} = \frac{2}{65} = 0.03, \quad \sigma_b = 640\ \mathrm{MPa}$$ 由附录中附表 1，$K_\sigma = 1.715$，$K_\tau = 1.3$。 如果一个截面上有多种产生应力集中的结构，则分别求出其有效应力集中系数，从中取大值。 ②表面状态系数。该截面表面粗糙度 $R = 3.2\mu\mathrm{m}$，$\sigma_b = 640\mathrm{MPa}$，由附录中附表 5，$\beta = 0.92$。 ③尺寸系数。由附录中附表 6，$\varepsilon_\sigma = 0.78$，$\varepsilon_\tau = 0.74$。 (4) 安全系数。 由式(9-7)~式(9-9)得 $$S_\sigma = \frac{\sigma_{-1}}{\frac{K_\sigma}{\beta\varepsilon_\sigma}\sigma_a + \varphi_\sigma\sigma_m} = \frac{282}{\frac{1.715}{0.92\times 0.78}\times 5.2 + 0} = 22.68$$ $$S_\tau = 10.18$$ $$S_{ca} = \frac{S_\sigma \cdot S_\tau}{\sqrt{S_\sigma^2 + S_\tau^2}} = \frac{22.68\times 10.18}{\sqrt{22.68^2 + 10.18^2}} = 9.29 > 1.5 = [S]$$ | $K_\sigma = 1.715$ $K_\tau = 1.3$ $\beta = 0.92$ $\varepsilon_\sigma = 0.78$ $\varepsilon_\tau = 0.74$ $S_\sigma = 22.68$ $S_\tau = 10.18$ $S_{ca} = 9.29$ $> 1.5 = [S]$ |
| 所以IV截面安全。其他截面的安全系数法校核可按上述分析过程自行完成 | 所以IV截面安全 |
| 5. 绘制轴的工作图，略 | |

**【应用实例 9.2】** 一钢制等直径轴，传递的转矩 $T = 7500\mathrm{N}\cdot\mathrm{m}$。已知轴的许用剪切应力 $[\tau] = 65\mathrm{MPa}$，轴的长度 $l = 2000\mathrm{mm}$，轴在全长上的扭转角 $\varphi$ 不得超过 $1°$，钢的切变模量 $G = 8\times 10^4 \mathrm{MPa}$，试求该轴的直径。

**解** 设计计算步骤如下。

| 计算与说明 | 主要结果 |
|---|---|
| 1. 按强度要求，应使 $$\tau = \frac{T}{W_T} = \frac{T}{0.2d^3} \leqslant [\tau]$$ 故轴的直径 $$d \geqslant \sqrt[3]{\frac{T}{0.2[\tau]}} = \sqrt[3]{\frac{7500\times 10^3}{0.2\times 65}} = 83.25(\mathrm{mm})$$ | $d = 83.25\mathrm{mm}$ |
| 2. 按扭转刚度要求，应使 $$\varphi = \frac{Tl}{GI_p} = \frac{32Tl}{G\pi d^4} \leqslant [\varphi]$$ 按题意 $l = 2000\mathrm{mm}$，在轴的全长上，$[\varphi] = 1° = \dfrac{\pi}{180}\ \mathrm{rad}$。故 $$d \geqslant \sqrt[4]{\frac{32Tl}{\pi G[\varphi]}} = \sqrt[4]{\frac{32\times 7500\times 10^3 \times 2000}{\pi\times 8\times 10^4 \times \dfrac{\pi}{180}}} = 102.3(\mathrm{mm})$$ 故该轴的直径取决于刚度要求。圆整后可取 $d = 105\mathrm{mm}$ | $d = 102.3\mathrm{mm}$ $d = 105\mathrm{mm}$ |

# 本 章 小 结

本章主要介绍了轴的功用、类型及材料；轴的结构设计；轴的失效形式及强度、刚度计算；轴毂连接的类型和键连接的失效形式、设计准则及平键的强度计算。本章重点是掌握轴的结构设计及强度计算方法；掌握平键连接的失效形式、选用原则及强度计算。

# 习　题

## 一、选择题

1. 在轴的设计中，采用轴环是_____。
   A. 作为轴加工时的定位面　　　　B. 为了提高轴的刚度
   C. 使轴上零件获得轴向定位　　　D. 为了提高轴的强度

2. 工作中只承受弯矩，不传递转矩的轴，称为_____。
   A. 心轴　　　　B. 转轴　　　　C. 传动轴　　　　D. 曲轴

3. 转轴设计中在初估轴径时，轴的直径是按_____来初步确定的。
   A. 弯曲强度　　　　　　　　　　B. 扭转强度
   C. 弯扭组合强度　　　　　　　　D. 轴段上零件的孔径

4. 轴的常用材料主要是_____。
   A. 铸铁　　　　B. 球墨铸铁　　　　C. 碳钢　　　　D. 瓷

5. 对轴进行表面强化处理，可以提高轴的_____。
   A. 疲劳强度　　　B. 柔韧性　　　C. 刚度　　　D. 淬性

## 二、思考题

1. 心轴、传动轴和转轴是如何分类的？试各举一实例。

2. 在轴的设计中为什么要初算轴径？有哪些方法？

3. 轴的结构设计考虑哪几方面问题？

## 三、设计计算题

1. 指出图 9.25 的结构错误，用序号标出，说明理由，并将正确的结构图画在轴心线的另一侧。

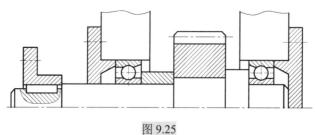

图 9.25

2. 设计某搅拌机用的单级斜齿圆柱齿轮减速器中的低速轴（包括选择两端的轴承及外伸端的联轴器），如图 9.26 所示。已知电动机功率 $P=4\text{kW}$，转速 $n_1=750\text{r}/\text{min}$；低速轴的转速 $n_2=130\text{r}/\text{min}$；大齿轮节圆直径 $d_2=300\text{mm}$，宽度 $B_2=90\text{mm}$，轮齿螺旋角 $\beta=12°$，法面压力角 $\alpha=20°$。要求：①完成轴的全部结构设计；②根据弯扭合成理论验算轴的强度；③精确校核轴的危险剖面是否安全。

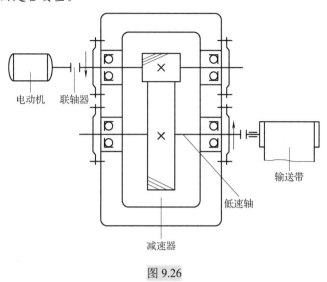

图 9.26

# 第 10 章　滑 动 轴 承

## 教学目标

(1) 掌握滑动轴承的类型和结构特点。

(2) 掌握非液体摩擦滑动轴承的条件性计算。

(3) 掌握轴瓦材料和轴瓦结构。

(4) 了解润滑油和润滑脂的性能与选择原则。

## 教学要求

| 能力目标 | 知识要点 | 权重/% | 自测分数 |
|---|---|---|---|
| 了解滑动轴承的类型、特点和应用 | 滑动轴承在高速、高精度、重载和结构上要求剖分等场合(如汽轮机、内燃机、压缩机、化工机械等)上的应用 | 10 | |
| 了解滑动轴承的结构、材料及润滑 | 整体式径向滑动轴承、剖分式径向滑动轴承及止推滑动轴承的结构，轴承的材料及选择，滑动轴承润滑剂的选用原则 | 15 | |
| 掌握滑动轴承的失效形式及轴瓦的结构 | 滑动轴承的五种失效形式，轴瓦的形式和构造、轴瓦的定位、油孔和油槽的开设 | 20 | |
| 了解其他形式的滑动轴承 | 自润滑轴承、多油楔轴承、液体静压轴承、气体润滑轴承以及磁悬浮轴承 | 10 | |
| 掌握不完全液体滑动轴承的计算 | 径向滑动轴承的计算，止推滑动轴承的计算 | 30 | |
| 掌握油膜承载机理及液体滑动轴承的计算及参数选择 | 形成流体动力润滑的必要条件，径向滑动轴承的主要几何关系，最小油膜厚度，参数选择 | 15 | |

## 引入案例

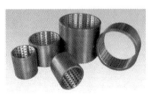

西钢厂 650 轧机后升降台下机构曲柄及摇杆部分，加油不便，轴瓦磨损快，一付瓦基本只够用一个月，磨损后间隙更大，各种粉末颗粒极易侵入，更加剧磨损，到一定程度由于间隙过大，运行中构件产生很大冲击力，往往造成构件损坏而停产。1996 年 9 月试用了镶嵌型的金属镶嵌固体自润滑轴承(图 10.1)，运行 18 个月后经考察发现，间隙配合良好，磨损量很小，也没有发生碎裂，仍可以继续使用。

图 10.1　金属镶嵌固体自润滑轴承

## 10.1　概　　述

滚动轴承承受负荷的能力比同样体积的滑动轴承小得多，因此滚动轴承的径向尺寸大。

所以，在承受大负荷的场合和要求径向尺寸小、结构要求紧凑的场合常使用滑动轴承。滚动轴承振动和噪声较大，特别是在使用后期尤为显著。因此，对精密度要求很高、又不许有振动的场合，滚动轴承难以胜任，一般选用滑动轴承的效果更佳。滚动轴承对金属屑等异物特别敏感，轴承内一旦进入异物就会产生断续的较大振动和噪声，亦会引起早期损坏。即使不发生早期损坏，滚动轴承的寿命也有一定的限度。总之，滚动轴承的寿命较滑动轴承短些。

滚动轴承与滑动轴承相比较，各有优缺点，各有一定的适用场合，因此，两者不能完全互相取代，并且各向一定的领域发展。

滑动轴承由于是面接触，在接触面之间有油膜减振，所以具有承载能力大、抗振性能好、工作平稳、噪声小等特点。在高速、高精度、重载和结构上要求剖分等场合（如图 10.2 所示的内燃机曲轴轴承）仍占有重要地位。因此滑动轴承广泛应用在汽轮机、内燃机、压缩机、化工机械、铁路机车、金属切削机床、航空发动机附件、雷达、卫星通信地面站、天文望远镜以及各种仪表中。另外，由于它结构简单、制造容易、成本低，故被广泛应用于各种简单机械中。图 10.3 所示为绕线机构中的滑动轴承。

润滑膜的形成是滑动轴承能正常工作的基本条件，影响润滑膜形成的因素有润滑方式、运动副相对运动速度、润滑剂的物理性质和运动副表面的粗糙度等。滑动轴承的设计应根据轴承的工作条件，确定轴承的结构类型、选择润滑剂和润滑方法及确定轴承的几何参数。

图 10.2　内燃机曲轴轴承

图 10.3　绕线机构中的滑动轴承

# 10.2　滑动轴承的结构、材料及润滑

## 10.2.1　滑动轴承的类型和结构

滑动轴承类型很多，按其所能承受的载荷方向的不同，可分为径向滑动轴承（承受径向载荷）和止推滑动轴承（承受轴向载荷）。按润滑剂种类可分为油润滑轴承、脂润滑轴承、水润滑轴承、气体轴承、固体润滑轴承、磁流体轴承和电磁轴承七类。按润滑膜厚度可分为薄膜润滑轴承和厚膜润滑轴承两类。根据其滑动表面间润滑状态的不同，可分为液体润滑轴承、不完全液体润滑轴承（指滑动表面间处于边界润滑或混合润滑状态）和自润滑轴承（指工作时不加润滑剂）。根据液体润滑承载机理的不同，又可分为液体动力润滑轴承（简称液体动压轴承，图 10.4）和液体静压润滑轴承（简称液体静压轴承，图 10.5）。静压滑动轴承：在滑动轴承与轴颈表面之间输入高压润滑剂以承受外载荷，使运动副表面分离的润滑方法为流体静压润滑。动压滑动轴承：利用相对运动副表面的相对运动和几何形状，借助流体黏性，把润滑剂带进摩擦面之间，依靠自然建立的流体压力膜，将运动副表面分开的润滑方法为流体动力润滑。

本章主要讨论液体动压轴承。

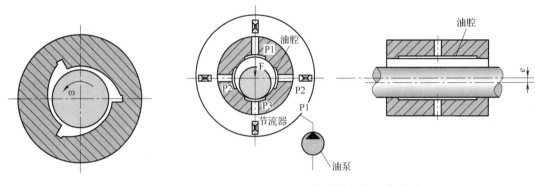

图 10.4　液体动压轴承　　　　　图 10.5　液体静压轴承

### 1. 径向滑动轴承的结构

常见的径向滑动轴承结构有整体式、剖分式和调心式。整体式径向滑动轴承(图 10.6)由

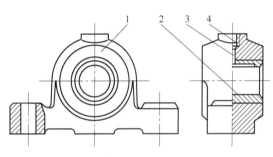

图 10.6　整体式径向滑动轴承

1-轴承座；2-整体式轴瓦；3-油孔；4-螺纹孔

轴承座 1 和整体式轴瓦 2 组成。整体式滑动轴承具有结构简单、成本低、刚度大等优点，但在装拆时需要轴承或轴作较大的轴向移动，故装拆不便。而且当轴颈与轴磨损后，无法调整其间的间隙。所以这种结构常用于轻载、不需经常装拆且不重要的场合。此类轴承已标准化，其标准号为 JB/T 2560—2007。

剖分式径向滑动轴承(图 10.7)由轴承座 1、轴承盖 2、剖分式轴瓦 7 和双头螺柱 3 等组成。为防止轴承座与轴承盖间相对横向错动，接合面要做成阶梯形或设止动销钉。这种结构装拆方便，且在接合面之间可加装垫片，通过调整垫片的厚薄，可以调整轴瓦和轴颈间的间隙，以补偿磨损造成的间隙增大。此类轴承也已标准化，其标准号为 JB/T 2561—2007。

调心式滑动轴承(图 10.8)的轴瓦 3 和轴承座 1 及轴承盖 2 之间以球面形成配合，使得轴

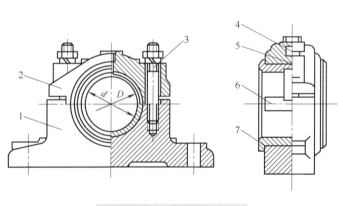

图 10.7　剖分式径向滑动轴承

1-轴承座；2-轴承盖；3-双头螺柱；4-螺纹孔；5-油孔；6-油槽；7-剖分式轴瓦

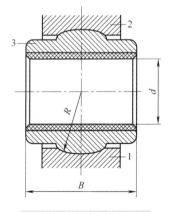

图 10.8　调心式滑动轴承

1-轴承座；2-轴承盖；3-轴瓦

瓦和轴相对于轴承座可在一定范围内摆动,从而避免安装误差或轴的弯曲变形较大时,造成轴颈与轴瓦端部的局部接触所引起的剧烈偏磨和发热。但球面加工不易,所以这种结构一般只用在轴承的宽度和直径之比大,即宽径比 $B/d$ 较大的场合。

**2. 止推滑动轴承**

止推滑动轴承(图10.9)由轴承座和止推轴径组成。常用的结构形式有空心式[图10.9(a)]、单环式 [图 10.9(b)、(c)] 和多环式 [图 10.9(d)]。通常不用实心式轴颈,因其端面上的压力分布很不均匀,靠近中心处的压力很高,对润滑极为不利。空心式轴颈接触端面上的压力分布较均匀,润滑条件较实心式有所改善。单环式利用轴颈的环形断面止推,结构简单,润滑方便,广泛用于低速、轻载的场合。多环式轴颈不仅能承受较大的轴向载荷,有时还可以承受双向的轴向载荷。由于各环间载荷分布不均,其单位面积的承载能力比单环式低 50%。图 10.9 中各结构形式的尺寸如下。

图 10.9(a)空心式: $d_2$ 由轴的结构设计拟定, $d_1 = (0.4 \sim 0.6)d_2$ ,若结构上无限制,应取 $d_1 = 0.5d_2$ 。

图 10.9(b)单环式: $d_1, d_2$ 由轴的结构设计拟定。

图 10.9(c)单环式与图 10.9(d)多环式: $d$ 由轴的结构设计拟定, $d_2 = (1.2 \sim 1.6)d$ , $d_1 = 1.1d$ , $h = (0.12 \sim 0.15)d$ , $h_0 = (2 \sim 3)h$ 。

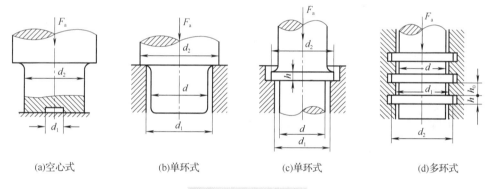

(a)空心式　　　　(b)单环式　　　　(c)单环式　　　　(d)多环式

图 10.9　止推滑动轴承

## 10.2.2　滑动轴承的失效形式、常用材料及轴瓦结构

**1. 滑动轴承的失效形式**

(1)磨粒磨损。进入轴承间隙的硬颗粒(如灰尘、沙粒等)有的嵌入轴承表面,有的游离于间隙中并随轴一起转动,它们都将对轴颈和轴承表面起研磨作用。 在启动、停车或轴颈与轴承发生边缘接触时,将加剧轴承磨损,导致几何形状改变、精度丧失、轴承间隙加大,使轴承性能在预期寿命前急剧恶化。

(2)刮伤。进入轴承间隙中的硬颗粒或轴颈表面粗糙的轮廓顶峰,在轴瓦上画出线状伤痕,导致轴承因刮伤而失效。

(3)咬黏(胶合)。当轴承温升过高,载荷过大,油膜破裂时,或在润滑油供应不充足条件下,轴颈和轴承的相对运动表面材料发生黏附与迁移,从而造成轴承损坏。咬黏有时甚至可能导致相对运动中止。

(4)疲劳剥落。在载荷反复作用下,轴承表面出现与滑动方向垂直的疲劳裂纹,当裂纹向轴承衬与衬背结合面扩展后,造成轴承衬材料的剥落。它与轴承衬和衬背因结合不良或结合力不足造成轴承衬的剥离有些相似,但疲劳剥落周边不规则,结合不良造成的剥离则周边比较光滑。

(5) 腐蚀。润滑剂在使用中不断氧化,所生成的酸性物质对轴承材料有腐蚀性,特别是对铸造铜铅合金中的铅,易受腐蚀而形成点状的脱落。氧对锡基巴氏合金的腐蚀,会使轴承表面形成一层由 $SnO_2$ 和 $SnO$ 混合组成的黑色硬质覆盖层,它能擦伤轴颈表面,并使轴承间隙变小。此外,硫对含银或含铜的轴承材料的腐蚀,润滑油中水分对铜铅合金的腐蚀,都应予以注意。

以上列举了常见的几种失效形式,由于工作条件不同,滑动轴承还可能出现气蚀(气体冲蚀零件表面引起的机械磨损)、流体侵蚀(流体冲蚀零件表面引起的机械磨损)、电侵蚀(电化学或电离作用引起的机械磨损)和微动磨损(发生在名义上相对静止,实际上存在循环的微幅滑动的两个紧密接触的零件表面上)等损伤。各种失效形式的实例如图 10.10 所示。表 10-1 为某汽车用滑动轴承故障原因的平均比率。

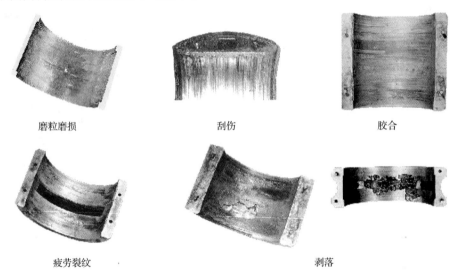

磨粒磨损          刮伤          胶合

疲劳裂纹                    剥落

图 10.10　各种失效形式的实

表 10-1　汽车用滑动轴承故障原因的平均比率

| 故障原因 | 不干净 | 润滑油不足 | 安装误差 | 对中不良 |
|---|---|---|---|---|
| 比率/% | 38.3 | 11.1 | 15.9 | 8.1 |
| 故障原因 | 腐蚀 | 制造精度低 | 气蚀 | 其他 |
| 比率/% | 5.6 | 5.5 | 2.8 | 6.7 |

## 2. 滑动轴承的常用材料

轴承和轴承衬的材料统称为轴承材料。针对上述失效形式,轴承材料性能应着重满足以下主要要求。

(1) 良好的减磨性、耐磨性和抗咬黏性。减磨性是指材料副具有较低的摩擦系数。耐磨性是指材料具有较高的抗磨性能(通常用磨损率来表示)。抗咬黏性是指材料的耐热性和抗黏附性。

(2) 良好的摩擦顺应性、嵌入性和磨合性。摩擦顺应性是指材料通过表层弹塑性变形来补偿初始配合不良的能力。嵌入性是指容纳硬质颗粒嵌入性能。磨合性是指轴瓦与轴颈表面经短期轻载运转后，易于形成相互吻合的表面粗糙度的能力。

(3) 足够的机械强度和抗腐蚀性。

(4) 良好的导热性、工艺性和经济性。

应该指出，没有一种轴承材料能够全面具备上述性能，因而必须针对各种具体情况，仔细分析后合理选用。

常用的轴承材料可分为三大类：①金属材料，如轴承合金、铜合金、铝基合金和铸铁等；②多孔质金属材料；③非金属材料，如工程塑料、碳-石墨等。下面择其主要者略做介绍。

(1) 轴承合金（又称白合金、巴氏合金）。轴承合金是锡、铅、锑、铜的合金，它以锡或铅作基体，其内含有锑锡或铜锡的硬晶粒。硬晶粒起抗磨作用，软基体则增加材料的塑性。轴承合金的弹性模量和弹性极限都很低，在所有轴承材料中，它的嵌入性及摩擦顺应性最好，很容易和轴颈磨合，也不易与轴发生咬黏。但轴承合金的强度很低，不能单独制作轴瓦，只能贴附在钢、铸铁［图 10.11(a) 及 (b)］或者青铜［图 10.11(c)］上作轴承衬。轴承合金适用于重载、中高速场合，价格较贵。

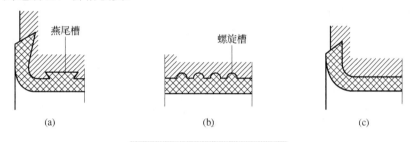

图 10.11　浇铸轴承合金的轴瓦

(2) 铜合金。铜合金具有较高的强度，较好的减摩性和耐磨性。由于青铜的减摩性和耐磨性比黄铜好，故青铜是最常用的材料。青铜的强度高，承载能力大，耐磨性与导热性都优于轴承合金。它可以在较高的温度(250℃)下工作。但它的可塑性差，不易跑合，与之相配的轴颈必须淬硬。青铜可以单独做成轴瓦。为了节省有色金属，也可将青铜浇铸在钢或铸铁轴瓦内壁上。青铜有锡青铜、铅青铜和铝青铜等几种，其中锡青铜的减摩性和耐磨性最好，应用较广。但锡青铜比轴承合金硬度高，磨合性及嵌入性差，适用于重载及中速场合。铅青铜抗黏附能力强，适用于高速、重载轴承。铝青铜的强度及硬度较高，抗黏附能力较差，适用于低速、重载轴承。

(3) 铝基轴承合金。铝基轴承合金在许多国家获得广泛应用。它具有相当好的耐蚀性和较高的疲劳强度，摩擦性能也较好。这些品质使得铝基轴承合金在部分领域取代了较贵的轴承合金和青铜。铝基轴承合金可以制成单金属零件(如轴套、轴承等)，也可以制成双金属零件，双金属轴瓦以铝基轴承合金为轴承衬，以钢做衬背。

(4) 灰铸铁及耐磨铸铁。普通灰铸铁或加有镍、铬、钛等合金成分的耐磨灰铸铁，或者球磨铸铁，都可以用作轴承材料。这类材料中的片状或球状石墨在材料表面上覆盖后，可以形成一层起润滑作用的石墨层，故具有一定的耐磨性和减摩性。此外，石墨能吸附碳氢化合物，有助于提高边界润滑性能，故采用灰铸铁做轴承材料时，应加润滑油。由于铸铁性脆、磨合性差，故只适用于低速轻载和不受冲击载荷的场合。

(5) 多孔质金属材料。这是用不同金属粉末经压制、烧结而成的轴承材料。这种材料是多孔结构的，孔隙占体积的 10%～35%。使用前先把轴瓦在热油中浸渍数小时，使孔隙中充满润滑油，因而通常把这种材料制成的轴承称为含油轴承。它具有自润滑性。工作时，由于轴颈转动的抽吸作用及轴承发热时油的膨胀作用，油便进入摩擦表面间起润滑作用；不工作时，因毛细管作用，油便被吸回到轴承内部，故在相当长时间内，即使不加润滑油仍能很好地工作。如果定期给以供油，则使用效果更佳。但由于其韧性较小，故宜用于平稳无冲击载荷及中低速情况。常用的有多孔铁和多孔质青铜。多孔铁多用于制作磨粉机轴套、机床油泵衬套、内燃机凸轮轴衬套等。多孔质青铜常用来制作电唱机、电风扇、纺织机械及汽车发电机的轴承。我国已有专门制造含油轴承的工厂，需用时可根据《机械设计手册》选用。

(6)非金属材料。非金属材料中应用最多的是各种塑料(聚合物材料)，如酚醛树脂、尼龙、聚四氟乙烯等。聚合物的特性是：与许多化学物质不起反应，抗腐蚀能力特别强，如聚四氟乙烯(PTFE)能抗强酸弱碱；具有一定的自润滑性，可以在无润滑条件下工作，在高温条件下具有一定的润滑能力；具有包容异物的能力(嵌入性好)，不易擦伤配合表面；减摩性及耐磨性都较好。

常用金属轴承材料的性能见表 10-2。

常用非金属和多孔质金属轴承材料性能见表 10-3。

表 10-2　常用金属轴承材料的性能

| 材料类别 | 牌号(名称) | 最大许用值(1) | | | 最高工作温度 $t/℃$ | 轴颈硬度 /HBS | 性能比较(2) | | | | 备注 |
|---|---|---|---|---|---|---|---|---|---|---|---|
| | | $[p]$ /MPa | $[v]$ /(m/s) | $[pv]$ /(MPa·m/s) | | | 抗咬黏性 | 顺应嵌入性 | 耐蚀性 | 疲劳强度 | |
| 锡基轴承合金 | ZCuSnSb10-6 | 平稳载荷 | | | 150 | 150 | 1 | 1 | 1 | 5 | 用于高速、重载下工作的重要轴承，变载荷下易于疲劳，价贵 |
| | | 25 | 80 | 20 | | | | | | | |
| | ZCuSnSb8-4 | 冲击载荷 | | | | | | | | | |
| | | 20 | 60 | 15 | | | | | | | |
| 铅基轴承合金 | ZCuPbSb16-16-2 | 15 | 12 | 10 | 150 | 150 | 1 | 1 | 3 | 5 | 用于中速、中载的轴承，不易受显著冲击，可作为锡锑轴承合金的代用品 |
| | ZCuPbSb15-5-3 | 5 | 8 | 5 | | | | | | | |
| 锡青铜 | ZCuSn10P1 (10-1 锡青铜) | 15 | 10 | 15 | 280 | 300-400 | 3 | 5 | 1 | 1 | 用于中速、重载及受变载荷的轴承 |
| | ZCuSn5Pb5Zn5 (5-5-5 锡青铜) | 8 | 3 | 15 | | | | | | | 用于中速、中载的轴承 |
| 铅青铜 | ZCuPb30 (30 铅青铜) | 25 | 12 | 30 | 280 | 300 | 3 | 4 | 4 | 2 | 用于高速、重载轴承，能承受变载和冲击 |
| 铝青铜 | ZCuAl10Fe3 (10-3 铝青铜) | 15 | 4 | 12 | 280 | 300 | 5 | 5 | 5 | 2 | 最宜用于润滑充分的低速、重载轴承 |
| 黄铜 | ZCuZn16Si4 (硅黄铜) | 12 | 2 | 10 | 200 | 200 | 5 | 5 | 1 | 1 | 用于低速、中载轴承 |
| | ZCuZn40Mn2 (锰黄铜) | 10 | 1 | 10 | | | | | | | 用于高速、中载轴承，是较新的轴承材料 |
| 铝基轴承合金 | 2%铝锡合金 | 28～35 | 14 | — | 140 | 300 | 4 | 3 | 1 | 2 | 强度高、耐腐蚀、表面性能好。可用于增压强化柴油机轴承 |

续表

| 材料类别 | 牌号(名称) | 最大许用值(1) | | | 最高工作温度 t/℃ | 轴颈硬度/HBS | 性能比较(2) | | | | 备注 |
|---|---|---|---|---|---|---|---|---|---|---|---|
| | | [p]/MPa | [v]/(m/s) | [pv]/(MPa·m/s) | | | 抗咬黏性 | 顺应嵌入性 | 耐蚀性 | 疲劳强度 | |
| 三元电镀合金 | 铝-硅-镉镀层 | 14～35 | — | — | 170 | 200～300 | 1 | 2 | 2 | 2 | 镀铅锡青铜作中间层,再镀 10～30μm 三元减摩层,疲劳强度高,嵌入性好 |
| 银 | 镀层 | 28～35 | — | — | 180 | 300～400 | 2 | 3 | 1 | 1 | 镀银,上附薄层铅,再镀铟,常用于飞机发动机,柴油机轴承 |
| 耐磨铸铁 | HT300 | 0.1～6 | 3～0.75 | 0.3～4.5 | 150 | <150 | 4 | 5 | 1 | 1 | 宜用于低速、轻载的不重要轴承,价廉 |
| 灰铸铁 | HT150-HT250 | 1～4 | 2～0.5 | | | | | | | | |

注：① [pv] 为不完全液体润滑下的许用值。

② 性能比较：1～5 依次由好到差。

### 表 10-3 常用非金属和多孔质金属轴承材料性能

| 轴承材料 | | 最大许用值 | | | 最高工作温度 t/℃ | 备注 |
|---|---|---|---|---|---|---|
| | | [p]/MPa | [v]/(m/s) | [pv]/(MPa·m/s) | | |
| 非金属材料 | 酚醛树脂 | 41 | 13 | 0.18 | 120 | 由棉织物、石棉等填料经酚醛树脂黏结而成。抗咬合性好,强度、抗振性也极好,能耐酸碱,导热性差,重载时需用水或油充分润滑,易膨胀,轴承间隙宜取大些 |
| | 尼龙 | 14 | 3 | 0.11(0.05m/s) | 90 | 摩擦系数低,耐磨性好,无噪声。金属瓦上覆以尼龙薄层,能受中等载荷。加入石墨、二硫化钼等填料可提高其力学性能、刚性和耐磨性。加入耐热成分的尼龙可提高工作温度 |
| | | | | 0.09(0.5m/s) | | |
| | | | | <0.09(5m/s) | | |
| 非金属材料 | 聚碳酸酯 | 7 | 5 | 0.03(0.05m/s) | 105 | 聚碳酸酯、醛缩醇、聚酰亚胺等都是较新的塑料。物理性能好,易于喷射成型,比较经济。醛缩醇和聚碳酸酯稳定性好,填充石墨的聚酰亚胺温度可达280℃ |
| | | | | 0.01(0.5m/s) | | |
| | | | | <0.01(5m/s) | | |
| | 醛缩醇 | 14 | 3 | 0.1 | 100 | |
| | 聚酰亚胺 | — | — | 4(0.05m/s) | 260 | |
| | 聚四氟乙烯 | 3 | 1.3 | 0.04(0.05m/s) | 250 | 摩擦系数很低,自润滑性能好,能耐任何化学药品的侵蚀,适用温度范围宽(>280℃时,有少量有害气体放出),但成本高,承载能力低。用玻璃丝、石墨为填料,则承载能力和[pv]值可大为提高 |
| | | | | 0.06(0.5m/s) | | |
| | | | | <0.09(5m/s) | | |
| | PTFE 织物 | 400 | 0.8 | 0.9 | 250 | |
| | 填充 PTFE | 17 | 5 | 0.5 | 250 | |
| | 碳-石墨 | 4 | 13 | 0.5(干) | 400 | 有自润滑性极高的导磁性和导电性,耐蚀能力强,常用于水泵和风动设备中的轴套 |
| | | | | 5.25(润滑) | | |
| | 橡胶 | 0.34 | 5 | 0.53 | 65 | 橡胶能隔振、降低噪声、减小动载、补偿误差。导热性差,需加强冷却,温度高易老化。常用于有水、泥浆等的工业设备中 |

续表

| 轴承材料 | | 最大许用值 | | | 最高工作温度 $t/℃$ | 备注 |
|---|---|---|---|---|---|---|
| | | $[p]/MPa$ | $[v]/(m/s)$ | $[pv]/(MPa·m/s)$ | | |
| 多孔质金属材料 | 多孔铁<br>(Fe 95%，Cu 2%，石墨和其他 3%) | 55(低速，间歇) | 7.6 | 1.8 | 125 | 成本低、含油量多、耐磨性好、强度高，应用广泛 |
| | | 21(0.013m/s) | | | | |
| | | 4.8(0.51~0.76m/s) | | | | |
| | | 2.1(0.76~1m/s) | | | | |
| | 多孔青铜 | 27(低速，间歇) | 4 | 1.6 | 125 | 孔隙度大的多用于高速、轻载轴承，孔隙度小的多用于摆动或往复运动的轴承。长期运转而不补充润滑剂的应降低[pv]值。高温或连续工作的应定期补充润滑剂 |
| | | 14(0.013m/s) | | | | |
| | | 3.4(0.51~0.76m/s) | | | | |
| | | 1.8(0.76~1m/s) | | | | |

### 3. 轴瓦结构

#### 1) 轴瓦的形式和构造

常用的轴瓦有整体式和剖分式。为了改善轴瓦表面的摩擦性质，常在其内径面上浇铸一层或两层减摩材料，通常称为轴承衬，所以轴瓦又有双金属轴瓦和三金属轴瓦。

整体式轴瓦按照材料和加工方法不同，分为整体轴套(图 10.12)和单层、双层或多层材料的卷制轴套(图 10.13)。非金属整体式轴瓦既可以是整体非金属轴套，也可以是在钢套上镶衬非金属材料。

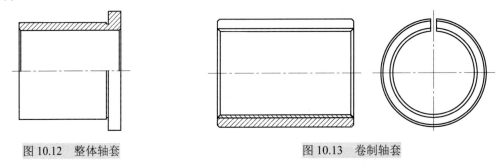

图 10.12 整体轴套          图 10.13 卷制轴套

剖分式轴瓦有薄壁轴瓦和厚壁轴瓦。

薄壁轴瓦由于能用双金属连续轧制等新工艺进行大量生产，故质量稳定，成本低，但轴瓦刚性小，装配时不再修刮轴瓦内圆表面，轴瓦受力后，其形状完全取决于轴承座的形状，因此，轴瓦和轴承座均需精密加工。薄壁轴瓦在汽车发动机、柴油机上得到广泛应用。

厚壁轴瓦用铸造方法制造(图 10.14)，内表面可附有轴承衬，常将轴承合金用离心铸造法浇注在铸铁、钢或青铜轴瓦的内表面上。为使轴承合金与轴瓦贴附的好，常在轴瓦表面上制出各种形式的榫头、凹沟或螺纹。

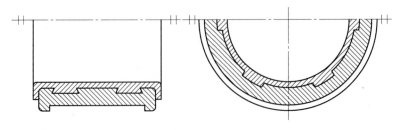

图 10.14 对开式厚壁轴瓦

**2) 轴瓦的定位**

轴瓦只起支承作用。为防止轴瓦在轴承座中轴向移动和周向转动，常用销钉或止动螺钉将轴瓦定位(图 10.15)，也可将其两端做出凸缘来进行轴向定位(图 10.16)，或者在轴瓦剖分面上冲出定位唇(凸耳)以供定位用(图 10.17)。

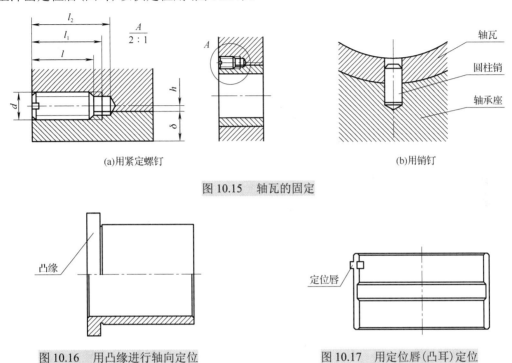

(a)用紧定螺钉       (b)用销钉

图 10.15　轴瓦的固定

图 10.16　用凸缘进行轴向定位　　　　　图 10.17　用定位唇(凸耳)定位

**3) 油孔及油槽**

为了使润滑油能顺利导入轴承，并能分布到整个摩擦表面而得到较好的润滑状态，常在轴瓦上开设油孔和油沟(图 10.18)。对于液体动压径向轴承，有轴向油槽和周向油槽两种形式。油沟和油孔的开设原则是：①油沟的轴向长度应比轴瓦长度短(油沟长度约为轴瓦长度的80%)，以免油从两端流失；②油沟和油孔应开在非承载区，以免降低轴承的承载能力。

轴向油槽分为单轴向油槽和双轴向油槽。对于整体式径向轴承，轴颈单向旋转时，载荷方向变化不大，单轴向油槽最好开在最大油膜厚度位置(图 10.19)，以保证润滑油从压力最小的地方输入轴承。剖分式径向轴承，常把轴向油槽开在轴承剖分面处(剖分面与载荷作用线成90°)，如果轴颈双向旋转，可在轴承剖分面上开设双轴向油槽(图 10.20)，通常轴向油槽应较轴承宽度稍短，以便在轴瓦两端留出封油面，防止润滑油从端部大量流失。周向油槽适用于载荷方向变动范围超过180°的场合，它常设在轴承宽度中部，把轴承分为两个独立部分；当宽度相同时，设有周向油槽轴承的承载能力低于设有轴向油槽的轴承。对于不完全液体润滑径向轴承，常用油槽形状见图 10.21，可以将油槽从非承载区延伸到承载区。油槽尺寸可查有关《机械设计手册》。

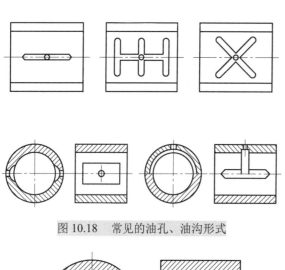

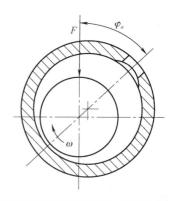

图 10.18　常见的油孔、油沟形式

图 10.19　单轴向油槽最好开在最大油膜厚度位置

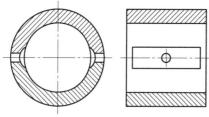

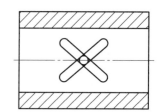

图 10.20　双轴向油槽开在非承载区

图 10.21　不完全液体润滑径向轴承常用油槽形状

### 10.2.3　滑动轴承润滑剂的选用

滑动轴承种类繁多，其在传动结构中的重要程度以及使用条件往往有较大差异，因而选用润滑剂时原则也各不相同。下面对滑动轴承的常用润滑剂的选择方法简要介绍。

润滑剂的作用是减小摩擦阻力、降低磨损、冷却和吸振等，润滑剂有液态的、固态的和气体及半固态的，液体的润滑剂称为润滑油，半固体的、在常温下呈油膏状的为润滑脂。

**1. 润滑油及其选择**

润滑油是滑动轴承中应用最广的润滑剂，润滑油的主要物理性能指标是黏度，黏度表征液体流动的内摩擦性能，黏度越大，其流动性越差。润滑油的另一个物理性能指标是油性，表征润滑油在金属表面上的吸附能力。油性越大，对金属的吸附能力越强，油膜越容易形成。润滑油的选择应综合考虑轴承的承载量、轴颈转速、润滑方式、滑动轴承的表面粗糙度等因素。

一般原则如下。

(1)在高速轻载的工作条件下，为了减小摩擦功耗可选择黏度小的润滑油。

(2)在重载或冲击载荷工作条件下，应采用油性大、黏度大的润滑油，以形成稳定的润滑膜。

(3)静压或动静压滑动轴承可选用黏度小的润滑油。

(4)粗糙或未经跑合的表面应选择黏度高的润滑油。

流体动力润滑轴承的润滑油黏度的选取，可经过计算进行校核。

**2. 润滑脂及其选择**

轴颈速度小于 $1\sim2\text{m/s}$ 的滑动轴承可以采用润滑脂，润滑脂用矿物油、各种稠化剂(如钙、钠、锂、铝等金属皂)和水调和而成，润滑脂的稠度(锥入度)大，承载能力大，但物理和化学性质不稳定，不宜在温度变化大的条件下使用，多用于难以经常供油、低速重载或摆动运动的轴承中。

选择润滑脂品种的一般原则如下。

(1)轴承载荷大，转速低时，应选择锥入度小的润滑脂，反之要选择锥入度大的。高速轴承选用锥入度小些、机械安定性好的润滑脂。特别注意的是润滑脂的基础油的黏度要低一些。

(2)选择的润滑脂的滴点一般高于工作温度 20～30℃，在高温连续运转的情况下，注意不要超过润滑脂的允许使用温度范围。

(3)滑动轴承在水淋或潮湿环境中工作时，应选择抗水性能好的钙基、铝基或锂基润滑脂。

(4)选用具有较好黏附性的润滑脂。选择润滑脂牌号时可以参考表 10-4。

表 10-4　选择润滑脂牌号

| 压力[$p$]/MPa | 轴颈圆周速度[$v$] | 最高工作温度/℃ | 选用的牌号 |
|---|---|---|---|
| 1 | 1m/s 以下 | 75 | 选用 3 号钙基脂 |
| 1～6.5 | 0.5～5m/s | 55 | 选用 2 号钙基脂 |
| >6.5 | 0.5m/s 以下 | 75 | 选用 3 号钙基脂 |
| <6.5 | 0.5～5m/s | 120 | 选用 2 号锂基脂 |
| >6.5 | 0.5～5m/s | 110 | 选用 2 号钙-钠基脂 |
| 1～6.5 | 1m/s 以下 | 50～100 | 选用 2 号锂基脂 |
| >6.5 | 0.5m/s | 60 | 选用 2 号压延机脂 |

滑动轴承用润滑脂的润滑周期如下。

偶然工作，不重要零件：轴转速<200r/min，润滑周期 5 天一次；轴转速>200r/min，润滑周期 3 天一次。

间断工作：轴转速<200r/min，润滑周期 2 天一次；轴转速>200r/min，润滑周期 1 天一次。

连续工作，工作温度小于 40℃：轴转速<200r/min，润滑周期 1 天一次；轴转速>200r/min，润滑周期每班一次。

连续工作，工作温度 40～100℃：轴转速<200r/min，润滑周期每班一次；轴转速>200r/min，润滑周期每班两次。

### 3. 固体润滑剂和气体润滑剂

固体润滑是指利用固体粉末、薄膜或整体材料来减少作相对运动两表面的摩擦与磨损并保护表面免于损伤的作用。按照经济合作与发展组织制定的摩擦学名词术语，固体润滑的定义是：能保护相对运动表面免于损伤并减少其摩擦与磨损而使用的任何固体粉末或薄膜。在固体润滑过程中，固体润滑剂和周围介质要与摩擦表面发生物理、化学反应生成固体润滑膜，降低摩擦磨损。固体润滑剂有石墨、二硫化钼($MoS_2$)和聚四氟乙烯(PTFE)等多种品种。

固体润滑剂概念应用较晚，1829 年伦尼(Rennie)进行了石墨和猪油复合材料的摩擦试验。二硫化钼在 20 世纪 30 年代第一次用作润滑剂，目前固体润滑剂已在许多机械产品中应用，可在许多特殊、严酷工况条件下如高温、高负荷、超低温、超高真空、强氧化或还原气氛、强辐射等环境条件下有效地润滑，简化润滑维修，为航天、航空与原子能工业发展所必不可少的技术。例如，大型可展开天线定向机构和铰链处的固体润滑，空间机器人采用的谐波齿轮减速器的固体润滑等。常用的固体润滑剂有石墨、二硫化钼和滑石粉。

气体润滑剂常用空气，多用于高速以及不能用润滑油或润滑脂处。

# 10.3  非液体摩擦滑动轴承的设计计算

采用润滑脂、滴油润滑的轴承，由于得不到足够的油量，在相对运动表面间难以产生完整的承载油膜，轴承只能在混合摩擦状态下工作，属于非液体滑动轴承。如前所述，非液体摩擦滑动轴承的主要失效形式为磨损和胶合，其次是表面压馈和点蚀。因此其设计准则就是要防止轴承在预期的工作寿命期内发生过度磨损和胶合破坏。但因磨损和胶合过程相当复杂，影响因素又很多，目前只能作条件性验算，其设计过程为：首先根据轴承的工作情况确定轴承类型、材料和尺寸，再对其性能作条件性验算。设计的已知条件为：轴颈直径、转速、载荷大小和性质以及工作状况等。

## 10.3.1  径向滑动轴承的设计计算

### 1. 确定轴承类型、结构及轴瓦材料

根据轴承工作条件和要求、载荷的大小和性质，确定轴承的类型和结构，并参考表 10-2，选取轴瓦材料。

### 2. 选取轴承的宽径比

宽径比不宜过大，一般情况下 $B/d = 0.5 \sim 1.5$，在选定 $B/d$ 后，即可计算出轴承的长度。

### 3. 校核轴承的工作能力

(1)验算轴承的压强 $p$。

为防止轴瓦的过度磨损，就应控制其单位面积的压力，即

$$p = \frac{F}{Bd} \leqslant [p] \tag{10-1}$$

式中，$F$ 为轴承承受的径向载荷，N；$B$ 为轴承的有效宽度，mm；$d$ 为轴颈直径，mm；$[p]$ 为轴瓦材料的许用压强，MPa。

(2)验算轴承的 $pv$ 值。

为防止轴承工作时产生过多的热量而导致摩擦面的胶合破坏，就应控制单位时间内单位面积的摩擦功耗 $fpv$，因摩擦系数 $f$ 可近似认为是常数，所以只需控制 $pv$，即

$$pv = \frac{F}{Bd} \cdot \frac{\pi nd}{60 \times 1000} = \frac{Fn}{19100B} \leqslant [pv] \tag{10-2}$$

式中，$v$ 为轴颈的圆周速度，m/s；$n$ 为轴颈的转速，r/min；$[pv]$ 为轴瓦材料的许用 $pv$ 值，MPa·m/s。

(3)当压力比较小时，$p$ 和 $pv$ 值的验算均合格的轴承，由于滑动速度过高，也会发生因磨损过快而报废，故还应保证

$$v \leqslant [v] \tag{10-3}$$

式中，$[v]$ 为许用的圆周速度，m/s。

### 4. 确定轴承与轴颈间的配合

为保证轴承的旋转精度和运动的灵活性，应选择适当的配合。具体选择时可参考表 10-5。

表 10-5  滑动轴承的配合

| 精度等级 | 配合代号 | 应用场合 |
| --- | --- | --- |
| 7 | H7/g6 | 磨床和车床分度头主轴承 |
| 7 | H7/f7 | 铣床、钻床及车床的轴承，发动机曲轴和连杆的轴承、减速器的轴承 |

续表

| 精度等级 | 配合代号 | 应用场合 |
|---|---|---|
| 9 | H9/f9 | 电机、离心泵、风扇轴承、内燃机主轴承和连杆轴承 |
| 7 | H7/e8 | 汽轮发电机轴、内燃机凸轮轴、高速转轴、刀架丝杆等轴承 |
| 11 | H11/b11、H11/d11 | 农业机械轴承 |

### 10.3.2  止推滑动轴承的设计计算

止推滑动轴承的设计与径向轴承基本相同，这里仅指出其不同之处。

**1. 验算轴承压强**

$$p = \frac{F_a}{K \cdot A} = \frac{F_a}{zK\frac{\pi}{4}\left(d_2^2 - d_1^2\right)} \leqslant [p] \tag{10-4}$$

式中，$F_a$ 为轴承的轴向载荷，N；$z$ 为支承环数；$K$ 为考虑油槽使支承面积减小的因子，一般取 $K = 0.9 \sim 0.95$；$d_2$ 为轴环外径，mm；$d_1$ 为轴环内径，mm，通常 $d_1 = (0.6 \sim 0.8)\, d_2$；$[p]$ 为压强的许用值，MPa，见表 10-6。

**2. $pv$ 值的验算**

$$pv_m = \frac{p\pi d_m n}{60 \times 1000} \leqslant [pv] \tag{10-5}$$

式中，$v_m$ 为轴承的平均直径处的圆周速度，m/s；$d_m$ 为支承面的平均直径，$d_m = 0.5(d_1 + d_2)$，mm；$[pv]$ 为 $pv$ 的许用值；MPa·m/s，见表 10-6。

表 10-6  止推滑动轴承的 $[p]$，$[pv]$ 值

| 轴材料 | 轴承材料 | $[p]$/MPa | $[pv]$/(MPa·m/s) |
|---|---|---|---|
| 未淬火钢 | 铸铁 | 2.0～2.5 | 1～2.5 |
| | 青铜 | 4.0～5.0 | |
| | 轴承合金 | 5.0～6.0 | |
| 淬火钢 | 青铜 | 7.5～8.0 | 1～2.5 |
| | 轴承合金 | 8.0～9.0 | |
| | 淬火钢 | 12～15 | |

**【应用实例 10.1】**  已知一支承起重机卷筒的径向滑动轴承所受的载荷 $F = 25\,000\,\text{N}$，轴颈直径 $d = 90\,\text{mm}$，轴的转速 $n = 20\,\text{r/min}$，试设计此轴承。

**解**  设计计算步骤如下。

| 计算与说明 | 主要结果 |
|---|---|
| 1. 选择轴承类型和轴瓦材料<br>因轴承受径向载荷，并考虑使用条件，选用剖分式径向轴承。此轴承载荷大，速度低，根据表 10-2 选择轴瓦材料为 ZCuSn5Pb5Zn5，其 $[p]$=8MPa，$[pv]$=10MPa·m/s。 | $[p] = 8\,\text{MPa}$<br>$[pv] = 10\,\text{MPa·m/s}$ |
| 2. 计算轴承宽度 $B$<br>选取轴承宽径比 $B/d = 1.0$，则轴承宽度 $B = d = 90\text{mm}$。 | $B = d = 90\,\text{mm}$ |
| 3. 校核轴承工作能力<br>$$p = \frac{F}{Bd} = \frac{25000}{90 \times 90} = 3.1(\text{MPa})$$<br>$$pv = \frac{Fn}{19100B} = \frac{25000 \times 20}{19100 \times 90} = 0.29(\text{MPa·m/s})$$ | |
| 4. 选择适当的配合<br>参考表 10-5，选取配合为 H9/f9 | 选取配合为 H9/f9 |

# 10.4　液体动力润滑径向滑动轴承的设计计算

在摩擦表面之间维持一定厚度的润滑油膜，使相对运动的两摩擦表面完全隔开，这种轴承称为液体摩擦轴承，依靠摩擦表面间的相对运动速度和油的黏性而在油膜中自动产生压力场，并以此油膜压力平衡外载荷，从而保持一定油膜厚度的轴承称为液体动压轴承。描述润滑油膜压强规律的数学表达式称为雷诺方程。本节将讨论流体动力润滑理论的基本方程(即雷诺方程)及其在液体动力润滑径向滑动轴承设计计算中的应用。

## 10.4.1　流体动力润滑的基本方程

流体动力润滑理论的基本方程是流体膜压力分布的微分方程。它是从黏性流体动力学的基本方程出发，作了一些假设条件后得出的，这些假设条件是：流体为牛顿流体；流体膜中流体的流动是层流；忽略压力对流体黏度的影响；略去惯性力及重力的影响；认为流体不可压缩；流体膜中的压力沿膜厚方向不变。

图 10.22 是两块成楔形间隙的平板，间隙中充满润滑油。设板 A 沿 $x$ 轴方向以速度 $v$ 移动；另一板 B 为静止。再假定油在两平板间沿 $z$ 轴方向没有流动(可视此运动副在 $z$ 轴方向的尺寸为无限大)。现从层流运动的油膜中取一微单元体进行分析。

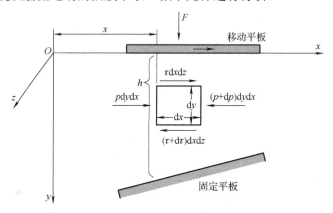

图 10.22　两平板间油膜场中微单元体受力图

由图 10.22 可见，作用在此微单元体右面和左面的压力分别为 $p$ 及 $\left(p + \dfrac{\partial p}{\partial x}\mathrm{d}x\right)$，作用在单元体上、下两面的切应力分别为 $\tau$ 及 $\left(\tau + \dfrac{\partial \tau}{\partial y}\mathrm{d}y\right)$。研究楔形油膜中一个微单元体上的受力平衡条件，根据 $x$ 方向的平衡条件 $\sum F_x = 0$，即

$$p\mathrm{d}y\mathrm{d}z + \tau\mathrm{d}x\mathrm{d}z - \left(p + \frac{\partial p}{\partial x}\mathrm{d}x\right)\mathrm{d}y\mathrm{d}z - \left(\tau + \frac{\partial \tau}{\partial y}\mathrm{d}y\right)\mathrm{d}x\mathrm{d}z = 0$$

整理后得
$$\frac{\partial p}{\partial x} = -\frac{\partial \tau}{\partial y} \tag{10-6}$$

根据牛顿流体摩擦定律 $\tau = -\eta\dfrac{\mathrm{d}v}{\mathrm{d}y}$，得 $\dfrac{\partial \tau}{\partial y} = -\eta\dfrac{\partial^2 v}{\partial y^2}$，

代入上式得
$$\frac{\partial p}{\partial x} = \eta \cdot \frac{\partial^2 v}{\partial y^2} \tag{10-7}$$

该式表示了压力沿 $x$ 轴方向的变化与速度沿 $y$ 轴方向的变化关系。

**1. 油层的速度分布**

将上式改写成
$$\frac{\partial^2 v}{\partial y^2} = \frac{1}{\eta} \cdot \frac{\partial p}{\partial x} \tag{10-7a}$$

对 $y$ 积分后得
$$\frac{\partial v}{\partial y} = \frac{1}{\eta}\left(\frac{\partial p}{\partial y}\right)y + C_1 \tag{10-7b}$$

$$v = \frac{1}{2\eta}\left(\frac{\partial p}{\partial y}\right)y^2 + C_1 y + C_2 \tag{10-7c}$$

根据边界条件决定积分常数 $C_1$ 及 $C_2$：当 $y = 0$ 时，$v = V$；$y = h$（$h$ 为相应于所取单元体处的油膜厚度）时，$v = 0$，则得

$$C_1 = -\frac{h}{2\eta} \cdot \frac{\partial p}{\partial x} - \frac{V}{h}; \quad C_2 = V$$

代入式(10-7c)后，即得

$$v = h\frac{V(h-y)}{h} - \frac{y(h-y)}{2\eta} \cdot \frac{\partial p}{\partial x} \tag{10-7d}$$

由上可见，$v$ 由两部分组成：式中前一项表示速度呈线性分布，这是直接由剪切流引起的；后一项表示速度呈抛物线分布，这是由油流沿 $x$ 方向的变化所产生的压力流所引起的。

**2. 润滑油流量**

当无侧漏时，润滑油在单位时间内流经任意截面上单位宽度面积的流量为

$$Q = \int_0^h v \mathrm{d}y \tag{10-7e}$$

将式(10-7d)代入式(10-7e)并积分后，得

$$Q = \int_0^h \left[\frac{V(h-y)}{h} - \frac{y(h-y)}{2\eta} \cdot \frac{\partial p}{\partial x}\right]\mathrm{d}y = \frac{Vh}{2} - \frac{h^3}{12\eta} \cdot \frac{\partial p}{\partial x} \tag{10-7f}$$

设在 $p = p_{\max}$ 处的油膜厚度为 $h_0$（即 $\frac{\partial p}{\partial x} = 0$ 时，$h = h_0$），在该截面处的流量为

$$Q = \frac{Vh_0}{2} \tag{10-7g}$$

当润滑油连续流动时，各截面的流量相等，由此得

$$\frac{Vh_0}{2} = \frac{Vh}{2} - \frac{h^3}{12\eta} \cdot \frac{\partial p}{\partial x}$$

整理后得
$$\frac{\partial p}{\partial x} = \frac{6\eta V}{h^3}(h - h_0) \tag{10-8}$$

式(10-8)称为无限宽轴承液体动压基本方程，又称一维雷诺方程。它是计算流体动力润滑滑动轴承(简称流体动压轴承)的基本方程。可以看出，油膜压力的变化与润滑油的黏度、表面滑动速度和油膜厚度及其变化有关。

从式(10-8)可看出，如两块平板互相平行，即在任何 $x$ 位置处都是 $h = h_0$，则 $\frac{\partial p}{\partial x} = 0$，亦即油压 $p$ 沿 $x$ 方向无变化，则油膜场中如无外压供应，油膜不能自动产生动压。

如果两块平板沿动平板运动速度 $v$ 方向呈收缩形间隙，则动平板依靠黏性将润滑油由间隙 $h$ 大的空间带向间隙小的空间，由此而使油的压强高于环境压力。式(10-7)中油压沿 $x$ 方向的变化率与油膜厚度 $h$ 之间的关系，如图 10.23 所示。由式可知，在 $h>h_0$ 段，速度分布曲线呈凹形，$\dfrac{\partial p}{\partial x}>0$，即油压随 $x$ 的增加而增大，这在图中相当于从油膜大端到 $h_0$ 这一部分；而在 $h<h_0$ 段，速度分布曲线呈凸形，$\dfrac{\partial p}{\partial x}<0$，即油压随 $x$ 的增加而减小，这在图中相当于从 $h_0$ 向右到油膜小端。在其间必有一处的油流速度变化规律不变，此处 $\dfrac{\partial p}{\partial x}=0$，其压力 $p$ 达到最大值，此时 $h=h_0$。由于油膜沿着 $x$ 方向各处的油压都大于入口和出口的油压，因而能承受一定的外载荷。当轴承油膜承载能力与外载荷 $F$ 平衡时，油膜场维持在一定油膜厚度下工作。

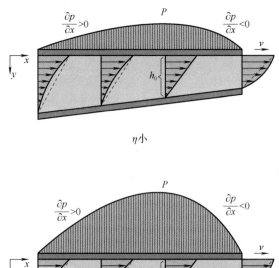

图 10.23　两相对运动平板间油层中的压力分布

对式(10-8)积分一次，令 $\dfrac{\partial p}{\partial x}=0$ 处的油膜厚度为 $h_0$，则由一维雷诺方程得到油楔承载机理可知，两相对运动表面间要建立动压而保持连续油膜(即形成动力油膜)的必要条件是：相对运动的两表面间必须形成收敛的楔形间隙。

被油膜分开的两表面必须有一定的相对滑动速度，运动方向为使油从大口流进，小口流出。

润滑油必须有一定的黏度，供油要充分。

这三条通常称为形成动压油膜的必要条件，缺少其中任何一条都不可能形成动压效应，构成动压轴承。除此之外，为了保证动压轴承完全在液体摩擦状态下工作，轴承工作时的最小油膜厚度 $h_{\min}$ 必须大于油膜允许值。同时，考虑到轴承工作时，不可避免存在摩擦，引起轴承升温，因此，还必须控制轴承的温升不超过允许值。另外，动压轴承在启动和停车时，处于非液体摩擦状态，受到平均压强 $p$、滑动速度 $v$ 及 $pv$ 值的限制。

实际轴承都是有限宽的，因此雷诺方程是二维的，即

$$\frac{\partial}{\partial x}\left(\frac{h^3}{\eta}\cdot\frac{\partial p}{\partial x}\right)+\frac{\partial}{\partial z}\left(\frac{h^3}{\eta}\cdot\frac{\partial p}{\partial z}\right)=6v\frac{\mathrm{d}h}{\mathrm{d}x} \tag{10-9}$$

$z$ 为轴承宽度方向坐标。

雷诺方程描述了油膜场中各点油压 $p$ 的分布规律，它是液体润滑理论的基础。

## 10.4.2 径向滑动轴承形成流体动力润滑的过程

径向滑动轴承的轴颈与轴承孔间必须留有间隙，如图 10.24 所示，当轴颈静止时，轴颈处于轴承孔的最低位置，并与轴瓦接触。此时，两表面间自然形成一收敛的楔形空间。当轴颈开始转动时，速度极低，带入轴承间隙中的油量较少，这时轴瓦对轴颈摩擦力的方向与轴颈表面圆周速度方向相反，迫使轴颈在摩擦力作用下沿孔壁向右爬升。随着转速的增大，轴颈表面的圆周速度增大，带入楔形空间的油量也逐渐增多。这时，右侧楔形油膜产生了一定的动压力，将轴颈向左浮起。当轴颈达到稳定运转时，轴颈便稳定在一定的偏心位置上。这时，轴承处于流体动力润滑状态，油膜产生的动压力与外载荷 $F$ 相平衡。此时，由于轴承内的摩擦阻力仅为液体的内阻力，故摩擦系数达到最小值。

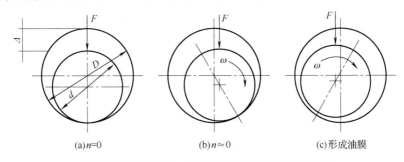

(a)$n=0$        (b)$n\approx0$        (c)形成油膜

图 10.24 径向滑动轴承形成流体动压润滑的过程

## 10.4.3 径向滑动轴承的几何关系和承载量系数

图 10.25 为轴承工作时轴颈的位置。如图所示，轴承和轴颈的连心线 $OO_1$ 与外载荷 $F$（载荷作用在轴颈中心上）的方向形成一偏位角 $\varphi_\alpha$。轴承孔和轴颈分别用 $D$ 和 $d$ 表示，则轴承直径间隙为

$$\Delta = D - d \tag{10-10}$$

半径间隙为轴承孔半径 $R$ 与轴颈半径 $r$ 之差，则

$$\delta = R - r = \Delta/2 \tag{10-11}$$

直径间隙与轴颈公称直径之比称为相对间隙，以 $\psi$ 表示，则

$$\psi = \Delta/d = \delta/r \tag{10-12}$$

轴颈在稳定运转时，其中心 $O$ 与轴承中心 $O_1$ 的距离，称为偏心距，用 $e$ 表示。偏心距与半径间隙的比值，称为偏心率，以 $\chi$ 表示，则 $\chi = e/\delta$。

于是由图 10.25 可见，最小油膜厚度为

$$h_{\min} = \delta - e = \delta(1-\chi) = r\psi(1-\chi) \tag{10-13}$$

对于径向滑动轴承，采用极坐标描述比较方便。取轴颈中心 $O$ 为极点，连心线 $OO_1$ 为极轴，对应于任意角 $\varphi$（包括 $\varphi_0$，$\varphi_1$，$\varphi_2$ 均由 $OO_1$ 算起）的油膜厚度为 $h$，$h$ 的大小可在 $\triangle AOO_1$

中应用余弦定理求得，即

$$R^2 = e^2 + (r+h)^2 - 2e(r+h)\cos\varphi \tag{10-14}$$

解式（10-14）得

$$r+h = e\cos\varphi \pm R\sqrt{1-\left(\frac{e}{R}\right)^2\sin^2\varphi}$$

若略去 $\left(\dfrac{e}{R}\right)^2\sin^2\varphi$，并取正号，则得任意位置的油膜厚度为

$$h = \delta(1+\chi\cos\varphi) = r\psi(1+\chi\cos\varphi) \tag{10-15}$$

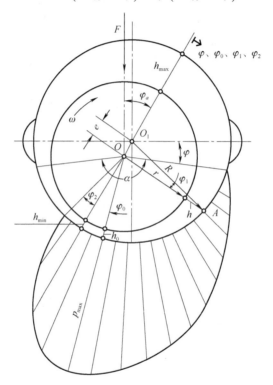

图 10.25　径向滑动轴承的几何参数和油压分布

在压力最大处的油膜厚度为

$$h_0 = \delta(1+\chi\cos\varphi_0) \tag{10-16}$$

式中，$\varphi_0$ 为最大压力处的极角。

将雷诺方程写成极坐标形式，即 $dx = rd\varphi$，$V = r\varpi$ 及 $h$，$h_0$ 代入雷诺方程后得极坐标形式的雷诺方程

$$\frac{dp}{d\varphi} = 6\eta\frac{\varpi}{\psi^2}\cdot\frac{\chi(\cos\varphi-\cos\varphi_0)}{(1+\chi\cos\varphi)^3} \tag{10-17}$$

将式（10-17）从油膜起始角 $\varphi_1$ 到任意角 $\varphi$ 进行积分，得任意位置的压力，即

$$p_p = 6\eta\frac{\varpi}{\psi^2}\int_{p_1}^{p}\frac{\chi(\cos\varphi-\cos\varphi_0)}{(1+\chi\cos\varphi)^3}d\varphi \tag{10-18}$$

压力 $p_p$ 在外载荷方向上的分量为

$$p_{py} = p_p \cos\left[180° - (\varphi_\alpha + \varphi)\right] = -p_p \cos(\varphi_\alpha + \varphi) \tag{10-19}$$

把式 (10-19) 在 $\varphi_1$ 到 $\varphi_2$ 的区间内积分，就得出在轴承单位宽度上的油膜承载力，即

$$p_y = \int_{p_1}^{p} p_{py}\mathrm{d}\varphi = -\int_{p_1}^{p} p_p \cos(\varphi_\alpha + \varphi)r\mathrm{d}\varphi$$

$$= 6\frac{\eta\varpi r}{\psi^2}\int_{p_1}^{p}\frac{\chi(\cos\varphi - \cos\varphi_0)}{(1 + \chi\cos\varphi)^3}\mathrm{d}\varphi\left[-\cos(\varphi_\alpha + \varphi)\right]\mathrm{d}\varphi \tag{10-20}$$

为了求出油膜的承载能力，理论上只需将 $p_y$ 乘以轴承宽度 $B$ 即可。但在实际轴承中，由于油可能从轴承的两个端面流出，故必须考虑端泄的影响。这时，压力沿轴承宽度的变化呈抛物线分布，而且其油膜压力也比无限宽轴承的压力低，所以乘以系数 $C'$，$C'$ 的值取决于宽度比 $B/d$ 和偏心率 $\chi$ 的大小。这样，在 $\varphi$ 角和距轴承中线为 $z$ 处的油膜压力的数学表达式为

$$p_y' = p_y C'\left[1 - \left(\frac{2z}{B}\right)^2\right] \tag{10-21}$$

因此，对有限长轴承的总承载能力为

$$F = \int_{-B/2}^{+B/2} p_y'\mathrm{d}z$$

$$= \frac{6\eta\varpi r}{\psi^2}\int_{-B/2}^{+B/2} p_y'\int_{p_1}^{p_2}\int_{p_1}^{p}\frac{\chi(\cos\varphi - \cos\varphi_0)}{(1 + \chi\cos\varphi)^3}\mathrm{d}\varphi\left[-\cos(\varphi_a + \varphi)\mathrm{d}\varphi\right]\cdot C'\left[1 - \left(\frac{2z}{B}\right)^2\right]\mathrm{d}z \tag{10-22}$$

由式 (10-22) 得

$$F = \frac{\eta\varpi\mathrm{d}B}{\psi^2}C_p$$

式中

$$C_p = 3\int_{-B/2}^{+B/2}\int_{\phi_1}^{\phi_2}\int_{\varphi_1}^{\varphi}\frac{\chi(\cos\varphi - \cos\varphi_0)}{B(1 + \chi\cos\varphi)^3}\mathrm{d}\varphi\left[-\cos(\varphi_a + \varphi)\mathrm{d}\varphi\right]C'\left[1 - \left(\frac{2z}{B}\right)^2\right]\mathrm{d}z \tag{10-23}$$

于是得

$$C_p = \frac{F\psi^2}{\eta\varpi\mathrm{d}B} = \frac{F\psi^2}{2\eta VB} \tag{10-24}$$

式中，$C_p$ 为无量纲的量，称为承载量系数；$\eta$ 为润滑油在轴承平均工作温度下的动力黏度，Pa·s；$B$ 为轴承宽度，mm；$F$ 为外载荷，N；$V$ 为轴颈圆周速度，m/s。

$C_p$ 的积分非常困难，因而采用数值积分的方法进行计算，并作成相应的线图或表格供设计应用。由式 (10-23) 可知在给定边界条件时，$C_p$ 是轴颈在轴承中位置的函数，其值取决于轴承的包角 $\alpha$（入油口和出油口所包轴颈的夹角），相对偏心率 $\chi$ 和宽径比 $B/d$。当轴承的包角 $\alpha$（$\alpha = 120°$，$180°$ 或 $360°$）给定时，经过一系列的换算，$C_p$ 可表示为：$C_p \propto (\chi, B/d)$。

若轴承是在非承载区内进行无压力供油，且设液体动压力是在轴颈与轴承衬的 $180°$ 的弧内产生的，则不同 $\chi$ 和 $B/d$ 的承载量系数 $C_p$ 值见表 10-7。

表 10-7   不同 $\chi$ 和 $B/d$ 的承载量系数 $C_p$ 值

| $B/d$ | $\chi$ | | | | | | | | | | | | | |
|---|---|---|---|---|---|---|---|---|---|---|---|---|---|---|
| | 0.3 | 0.4 | 0.5 | 0.6 | 0.65 | 0.7 | 0.75 | 0.8 | 0.85 | 0.9 | 0.925 | 0.95 | 0.975 | 0.99 |
| | 承载量系数 $C_p$ | | | | | | | | | | | | | |
| 0.3 | 0.0522 | 0.0826 | 0.128 | 0.203 | 0.259 | 0.347 | 0.475 | 0.699 | 1.122 | 2.074 | 3.352 | 5.73 | 15.15 | 50.52 |
| 0.4 | 0.0893 | 0.141 | 0.216 | 0.339 | 0.431 | 0.573 | 0.776 | 1.079 | 1.775 | 3.195 | 5.055 | 8.393 | 21.00 | 65.26 |
| 0.5 | 0.133 | 0.209 | 0.317 | 0.493 | 0.622 | 0.819 | 1.098 | 1.572 | 2.428 | 4.261 | 6.615 | 10.706 | 25.62 | 75.86 |
| 0.6 | 0.182 | 0.238 | 0.427 | 0.655 | 0.819 | 1.070 | 1.418 | 2.001 | 3.036 | 5.214 | 7.956 | 12.64 | 29.17 | 83.21 |
| 0.7 | 0.234 | 0.361 | 0.538 | 0.816 | 1.014 | 1.312 | 1.720 | 2.399 | 3.580 | 6.029 | 9.072 | 14.14 | 31.88 | 88.90 |
| 0.8 | 0.287 | 0.439 | 0.647 | 0.972 | 1.199 | 1.538 | 1.965 | 2.754 | 4.053 | 6.721 | 9.992 | 15.37 | 33.99 | 92.89 |
| 0.9 | 0.339 | 0.515 | 0.754 | 1.118 | 1.371 | 1.745 | 2.248 | 3.067 | 4.459 | 7.294 | 10.753 | 16.37 | 35.66 | 96.35 |
| 1.0 | 0.391 | 0.589 | 0.853 | 1.253 | 1.528 | 1.929 | 2.469 | 3.372 | 4.808 | 7.772 | 11.38 | 17.18 | 37.00 | 98.95 |
| 1.1 | 0.440 | 0.658 | 0.947 | 1.377 | 1.669 | 2.097 | 2.664 | 3.580 | 5.106 | 8.186 | 11.91 | 17.86 | 38.12 | 101.15 |
| 1.2 | 0.487 | 0.723 | 1.033 | 1.489 | 1.796 | 2.247 | 2.838 | 3.787 | 5.364 | 8.533 | 12.35 | 18.43 | 39.04 | 102.90 |
| 1.3 | 0.529 | 0.784 | 1.111 | 1.590 | 1.912 | 2.379 | 2.990 | 3.968 | 5.586 | 8.831 | 12.73 | 18.91 | 39.81 | 104.42 |
| 1.5 | 0.610 | 0.891 | 1.248 | 1.763 | 2.099 | 2.600 | 3.242 | 4.266 | 5.947 | 9.304 | 13.34 | 19.68 | 41.07 | 106.84 |
| 2.0 | 0.763 | 1.091 | 1.483 | 2.070 | 2.446 | 2.981 | 3.671 | 4.778 | 6.545 | 10.091 | 14.34 | 20.97 | 43.11 | 110.79 |

### 10.4.4   最小油膜厚度 $h_{min}$

由最小油膜厚度公式(10-13)及承载量系数表 10-7 可知,在其他条件不变的情况下,$h_{min}$ 越小则偏心率 $\chi$ 越大,轴承的承载能力就越大。然而,最小油膜厚度是不能无限缩小的,因为它受到轴颈和轴承表面粗糙度、轴的刚性及轴承与轴颈的几何形状误差等的限制。为确保轴承能处于液体摩擦状态,最小油膜厚度必须等于或大于许用油膜厚度 $[h]$,即

$$h_{min} = r\psi(1-x) \geqslant [h]$$
$$[h] = S(R_{z1} + R_{z2}) \tag{10-25}$$

式中,$R_{z1}$、$R_{z2}$ 分别为轴颈和轴承孔微观不平度视点高度,对一般轴承,可分别取 $R_{z1}$ 和 $R_{z2}$ 值为 3.2μm 和 6.3μm,或 1.6μm 和 3.2μm;对重要轴承可取为 0.8μm 和 1.6μm,或 0.2μm 和 0.4μm。$S$ 为安全系数,考虑表面几何形状误差和轴颈挠曲变形等,常取 $S \geqslant 2$。

### 10.4.5   轴承的热平衡计算

轴承工作时,摩擦功耗将转变为热量,使润滑油温度升高。如果油的平均温度超过计算承载能力时所假定的数值,则轴承承载能力就要降低。因此要计算油的温升 $\Delta t$,并将其限制在允许的范围内。

轴承运转中达到热平衡状态的条件是:单位时间内轴承摩擦所产生的热量 $H$ 等于同时间内流动的油所带走的热量 $H_1$ 与轴承散发的热量 $H_2$ 之和,即

$$H = H_1 + H_2 \tag{10-26}$$

轴承中的热量是由摩擦损失的功转变而来的。因此,每秒钟在轴承中产生的热量 $H$ 为

$$H = fpV \tag{10-27a}$$

由流出的油带走的热量 $H_1$ 为

$$H_1 = Q\rho c(t_0 - t_i) \tag{10-27b}$$

式中,$Q$ 为耗油量,按耗油量系数求出,$m^3/s$;$\rho$ 为润滑油的密度,对矿物油为 850～900kg/$m^3$;

$c$ 为润滑油的比热容，对矿物油为 $1675\sim2090\text{J}/(\text{kg}\cdot\text{℃})$；$t_0$ 为油的出口温度，℃；$t_i$ 为油的入口温度，通常由于冷却设备的限制，取为 $35\sim40\text{℃}$。

　　除了润滑油带走的热量，还可以由轴承的金属表面通过传导和辐射把一部分热量散发到周围介质中。这部分热量与轴承的散热表面的面积、空气流动速度等有关，很难精确计算。因此，通常采用近似计算。若以 $H_2$ 代表这部分热量，并以油的出口温度 $t_0$ 代表轴承温度，油的入口温度代表周围介质的温度，则

$$H_2 = \alpha_s \pi dB(t_0 - t_i) \tag{10-27c}$$

式中，$\alpha_s$ 为轴承的表面传热系数，随轴承结构的散热条件而定。对于轻型结构的轴承，或周围介质温度高和难以散热的环境(如轧钢机轴承)，取 $\alpha_s = 50\ \text{W}/(\text{m}^2\cdot\text{K})$；中型结构或一般通风条件，取 $\alpha_s = 80\ \text{W}/(\text{m}^2\cdot\text{K})$；在良好冷却条件下(如周围介质温度很低，轴承附近有其他特殊用途的水冷或气冷的冷却设备)工作的重型轴承，可取 $\alpha_s = 140\ \text{W}/(\text{m}^2\cdot\text{K})$。热平衡时，$H = H_1 + H_2$，即 $fpV = Q\rho c(t_0 - t_i) + \alpha_s \pi dB(t_0 - t_i)$。

　　于是得出为了达到热平衡而必需的润滑油温度差 $\Delta t$ 为

$$\Delta t = t_0 - t_i = \frac{\dfrac{f}{\psi}p}{c\rho\dfrac{Q}{\psi VBd} + \dfrac{\pi\alpha_s}{\psi V}} \tag{10-28}$$

式中，$\dfrac{Q}{\psi VBd}$ 为耗油量系数，无量纲数，可根据轴承的宽径比 $B/d$ 及偏心率 $\chi$ 由图查出。

　　$f$ 为摩擦系数，其计算公式为 $f = \dfrac{\pi}{\psi}\cdot\dfrac{\eta\omega}{p} + 0.55\psi\xi$，式中 $\xi$ 为随轴承宽径比而变化的系数，对于 $B/d<1$ 的轴承，$\xi = (d/B)^{1.5}$；当 $B/d\geqslant1$ 时，$\xi=1$；$\omega$ 为轴颈角速度，rad/s，$B$、$d$ 的单位为 mm；$p$ 为轴承的平均压力，Pa；$\eta$ 为滑油的动力黏度，Pa·s。

　　用式(10-28)只是求出了平均温度差，实际上轴承上各点的温度是不相同的。润滑油从入口到流出轴承，温度逐渐升高，因而在轴承中不同处的油的黏度也将不同。研究结果表明，在利用承载量系数公式计算轴承的承载能力时，可以采用润滑油平均温度时的黏度。润滑油的平均温度 $t_m = (t_i + t_0)/2$，而温升 $\Delta t = t_0 - t_i$，所以润滑油的平均温度 $t_0$ 按下式计算：

$$t_m = t_i + \frac{\Delta t}{2} \tag{10-29}$$

为了保证轴承的承载能力，建议平均温度不超过 75℃。

　　设计时，通常是先给定平均温度 $t_m$，按式(10-29)求出的温升 $\Delta t$ 来校核油的入口温度 $t_i$，即

$$t_i = t_m - \frac{\Delta t}{2} \tag{10-30}$$

　　若 $t_i > 35\sim40\text{℃}$，则表示轴承热平衡易于建立，轴承的承载能力尚未用尽。此时应降低给定的平均温度，并允许适当地加大轴瓦及轴颈的表面粗糙度，再行计算。

　　若 $t_i < 35\sim40\text{℃}$，则表示轴承不易达到热平衡状态。此时需加大间隙，并适当地降低轴承及轴颈的表面粗糙度，再作计算。此外要说明的是，轴承的热平衡计算中的耗油量仅考虑了速度供油量，即由旋转轴颈从油槽带入轴承间隙的热量，忽略了油泵供油时，油被输入轴承间隙时的压力供油量，这将影响轴承温升计算的精确性。因此，它适用于一般用途的液体动力润滑径向轴承的热平衡计算，对于重要的液体动压轴承计算可参考相关手册。

### 10.4.6　参数选择

#### 1. 宽径比 B/d

一般轴承的宽径比 $B/d$ 在 $0.3 \sim 1.5$。宽径比小，有利于提高运转稳定性，增大端泄漏量以降低温升。但轴承宽度减小，轴承承载力也随之降低。

高速重载轴承温升高，宽径比宜取小值；需要对轴有较大支承刚性，宽径比宜取大值；高速轻载轴承，如对轴承刚性无过高要求，可取小值；需要对轴有较大支承刚性的机床轴承，宜取较大值。

一般机器常用的 $B/d$ 值为：汽轮机 $B/d=0.3 \sim 1$；电动机、发电机、离心泵，齿轮变速器 $B/d=6.0 \sim 1.5$；机床、拖拉机 $B/d=0.8 \sim 1.2$；轧钢机 $B/d=0.6 \sim 0.9$。

#### 2. 相对间隙 ψ

相对间隙主要根据载荷和速度选取。速度越高，$\psi$ 值应越大；载荷越大，$\psi$ 值应越小。此外，直径大、宽径比小，调心性能好，加工精度高时，$\psi$ 值取小值，反之取大值。

一般轴承，按转速取 $\psi$ 值的经验公式为

$$\psi \approx \frac{\left(n/60\right)^{4/9}}{10^{31/9}} \tag{10-31}$$

式中，$n$ 为轴颈转速，r/min。

一般机器中常用的 $\psi$ 值为：汽轮机、电动机、齿轮减速器 $\psi=0.001 \sim 0.002$；轧钢机、铁路车辆 $\psi=0.0002 \sim 0.0015$；机床、内燃机 $\psi=0.0002 \sim 0.00125$；鼓风机、离心泵 $\psi=0.001 \sim 0.003$。

#### 3. 黏度 η

这是轴承设计中的一个重要参数。它对轴承的承载能力、功耗和温升都有不可忽视的影响。轴承工作时，油膜各处温度是不同的，通常认为轴承温度等于油膜的平均温度。平均温度的计算是否准确，将直接影响润滑油黏度的大小。平均温度过低，则油的黏度较大，算出的承载能力偏高；反之，则承载能力偏低。设计时，可先假定轴承平均温度，（一般取 $t_m = 50 \sim 75℃$）初选黏度，进行初步设计计算。最后再通过热平衡计算来验算轴承入口油温 $t_i$ 是否在 $35 \sim 40℃$，否则应重新选择黏度再作计算。

对于一般轴承，也可按轴颈转速 $n$ 先初估油的动力黏度，即

$$\eta = \frac{\left(n/60\right)^{-1/3}}{10^{7/6}} \tag{10-32}$$

由 $v = \eta/\rho$ 计算相应的运动黏度 $v'$，选定平均油温 $t_m$，参照表 10-7 选定全损耗系统用油的牌号。然后查图 10.26，重新确定 $t_m$ 时的运动黏度 $v_{t_m}$ 及动力黏度 $\eta_{t_m}$。最后再验算入口油温。

【应用实例 10.2】　设计一机床用的液体动力润滑径向滑动轴承，载荷垂直向下，工作情况稳定，采用对开式轴承。已知工作荷载 $F=100000$N，轴颈直径 $d=200$mm，转速 $n=400$r/min，在水平剖分面单侧供油。

**解**　设计计算步骤如下。

| 计算与说明 | 主要结果 |
|---|---|
| 1. 选择轴承宽径比<br>根据机床常用的宽径比范围，取宽径比为 1 | 取宽径比为 1 |

续表

| 计算与说明 | 主要结果 |
|---|---|
| 2．计算轴承宽度<br><br>$$B = (B/d) \times d = 1 \times 200 = 200 \text{(mm)}$$ | 轴承宽度 $B$=200mm |
| 3．计算轴颈圆周速度<br><br>$$v = \frac{\pi d n}{60 \times 1000} = \frac{\pi \times 200 \times 400}{60 \times 1000} = 4.19 \text{(m/s)}$$ | 轴颈圆周速度<br>$v = 4.19\text{m/s}$ |
| 4．计算轴颈工作压力<br><br>$$p = \frac{F}{dB} = \frac{100000}{0.2 \times 0.2} = 2.5 \text{(MPa)}$$ | $p = 2.5\text{MPa}$ |
| 5．选择轴瓦材料。查常用金属轴承材料性能表，在保证 $p \leqslant [p]$、$v \leqslant [v]$、$pv \leqslant [pv]$ 的条件下，选定轴承材料为 ZCuSn10P1 | 选定轴承材料为<br>ZCuSn10P1 |
| 6．初估润滑油黏度<br><br>$$\eta' = \frac{(n/60)^{-1/3}}{10^{7/6}} = \frac{(400/60)^{-1/3}}{10^{7/6}} = 0.036 \text{(Pa·s)}$$ | $\eta' = 0.036\text{Pa·s}$ |
| 7．计算相应的运动黏度，取润滑油密度 $\rho = 900\text{kg/m}^3$。<br><br>$$v' = \frac{\eta'}{\rho} \times 10^6 = \frac{0.036}{900} \times 10^6 = 40.2 \text{(mm}^2\text{/s)}$$ | $v' = 40.2\text{mm}^2\text{/s}$ |
| 8．选择平均油温。现选平均油温 $t_m = 50℃$ | $t_m$=50℃ |
| 9．选定润滑油牌号。参照表选定全损耗用油 L-AN68 | 润滑油牌号 L-AN68 |
| 10．按 $t_m$=50℃ 查出 L-AN68 的运动黏度为 $v_{50} = 40$ m/s | $v_{50} = 40\text{m/s}$ |
| 11．换算出 L-AN68 50℃时的动力黏度<br><br>$$\eta_{50} = \rho v_{50} \times 10^{-6} = 900 \times 40 \times 10^{-6} \approx 0.036 \text{(Pa·s)}$$ | $\eta_{50} \approx 0.036\text{Pa·s}$ |
| 12．计算相对间隙<br><br>$$\psi \approx \frac{(n/60)^{4/9}}{10^{31/9}} = \frac{(400/60)^{4/9}}{10^{31/9}} \approx 0.00084$$ | $\psi = 0.00084$ |
| 13．计算直径间隙<br><br>$$\Delta = \psi d = 0.00084 \times 200 = 0.17 \text{(mm)}$$ | $\Delta = 0.17\text{mm}$ |
| 14．计算承载量系数<br><br>$$C_p = \frac{F\psi^2}{2\eta VB} = \frac{100000 \times (0.00084)^2}{2 \times 0.036 \times 4.19 \times 0.2} = 1.17$$ | $C_p = 1.17$ |
| 15．求出轴承偏心率。根据 $C_p$ 及 $B/d$ 的值查表，并经过插算求出偏心率 $\chi = 0.713$ | $\chi = 0.713$ |
| 16．计算最小油膜厚度<br><br>$$h_{\min} = \frac{d}{2}\psi(1-\chi) = \frac{200}{2} \times 0.00084 \times (1-0.713) = 24.1 \text{(μm)}$$ | $h_{\min} = 24.1\text{μm}$ |
| 17．确定轴颈轴承孔表面粗糙十点高度。按加工精度要求取轴颈表面粗糙度等级为 $\sqrt{Ra\,1.6}$，轴承孔表面粗糙度等级为 $\sqrt{Ra\,1.6}$，查得轴颈 $R_{a1} = 0.0032\text{mm}$，轴承孔 $R_{a2} = 0.0063\text{mm}$ | $R_{a1} = 0.0032\text{mm}$<br>$R_{a2} = 0.0063\text{mm}$ |
| 18．计算许用油膜厚度。取安全系数 $S$=2，则<br><br>$$[h] = S(R_{a1} + R_{a2}) = 2 \times (0.0032 + 0.0063) = 19 \text{(μm)}$$<br>因 $h_{\min} > [h]$，故满足工作可靠性要求 | $[h] = 19\text{μm}$ |
| 19．计算轴承与轴颈的摩擦系数。因轴承的宽径比 $B/d$=1，取随宽径比变化的系数 $\xi = 1$，由摩擦系数计算式：<br><br>$$f = \frac{\pi}{\psi} \cdot \frac{\eta \varpi}{p} + 0.55\psi\xi$$<br><br>$$= \frac{\pi \times 0.036(2\pi \times 400/60)}{0.00084 \times 2.5 \times 10^6} + 0.55 \times 0.00084 \times 1 = 0.0027$$ | $f = 0.0027$ |
| 20．查出耗油量系数。由宽径比 $B/d$=1 及偏心率 $\chi$=0.713 查图，得耗油量系数<br><br>$$Q/\psi VBd = 0.145$$ | 耗油量系数=0.145 |
| 21．计算润滑油温升。按润滑油密度 $\rho = 900\text{kg/m}^3$，取比热容 $c = 1800\text{J/(kg·℃)}$，表面传热系数 $\alpha_s = 80\text{W/(m}^2\text{·K)}$，则<br><br>$$\Delta t = \frac{\left(\dfrac{f}{\psi}\right)p}{cp\left(\dfrac{Q}{\psi VBd}\right) + \dfrac{\pi\alpha_s}{\psi V}} = \frac{\dfrac{0.0027}{0.00084} \times 2.5 \times 10^6}{1800 \times 900 \times 0.145 + \dfrac{\pi \times 80}{0.00084 \times 4.19}} = 26.23 \text{(℃)}$$ | $\Delta t = 26.23℃$ |

续表

| 计算与说明 | 主要结果 |
|---|---|
| 22. 计算润滑油入口温度<br><br>$$t_i = t_m - \frac{\Delta t}{2} = 50 - \frac{26.23}{2} = 36.885(℃)$$<br><br>因一般取 $t_i = 30 \sim 40℃$，故上述入口温度合适 | $t_i = 36.885℃$ |
| 23. 选择配合根据直径间隙 $\Delta = 0.25\text{mm}$，按《产品几何技术规范(GPS)极限与配合公差带和配合的选择》(GB/T 1801—2009)选配合 F6/d7，查得轴承孔尺寸公差为 $\phi200^{+0.079}_{+0.050}$，轴颈尺寸公差为 $\phi200^{-0.170}_{-0.216}$ | |
| 24. 求最大最小间隙。因 $\Delta = 0.25\text{mm}$ 在 $\Delta_{\max}$ 与 $\Delta_{\min}$ 之间，故所选配合合适。 | $\Delta = 0.25\text{mm}$ |
| 25. 校核轴承的承载能力。最小油膜厚度及润滑油温升分别按 $\Delta_{\max}$ 及 $\Delta_{\min}$ 进行校核，如果在允许值范围内，则绘制轴承工作图；否则需要重新选择参数，再作设计及校核计算 | |

# 本 章 小 结

本章主要介绍了滑动轴承的特点及应用，滑动轴承的类型，轴瓦的结构，滑动轴承的失效形式及材料，不完全液体滑动轴承的计算，液体滑动轴承的计算及参数选择。本章重点是滑动轴承轴瓦的结构及不完全液体滑动轴承的计算。本章对其他形式的滑动轴承也作了简单介绍。

# 习　　题

## 一、选择题

1. 非液体摩擦滑动轴承正常工作时，其工作面的摩擦状态是_____。

    A. 完全液体摩擦状态　　　　　　　　B. 干摩擦状态

    C. 边界摩擦或混合摩擦状态

2. 滑动轴承中，相对间隙 $\psi$ 是_____与公称直径之比。

    A. 半径间隙　　　　　　　　　　　　B. 直径间隙

    C. 最小油膜厚度 $h_{\min}$ 　　　　　　　　D. 压力分布

3. 通过直接求解雷诺方程，可以求出轴承间隙中润滑油的_____。

    A. 流量分布　　　　B. 流速分布　　　　C. 温度分布　　　　D. 压力分布

4. 设计动压径向滑动轴承时，若轴承宽径比取得较大，则_____。

    A. 端泄流量大，承载能力低，温度高

    B. 端泄流量大，承载能力低，温度低

    C. 端泄流量小，承载能力高，温度低

    D. 端泄流量小，承载能力高，温度高

5. 液体摩擦动压向心滑动轴承中，承载量系数 $C_p$ 是_____的函数。

    A. 偏心率 $\chi$ 与相对间隙 $\psi$ 　　　　　　B. 相对间隙 $\psi$ 与宽径比 $B/d$

    C. 宽径比 $B/d$ 与偏心率 $\chi$ 　　　　　　D. 润滑油黏度 $\eta$、轴颈公称直径 $d$ 与偏心率 $\chi$

6. 径向滑动轴承的偏心率应当是偏心距 $e$ 与_____之比。

    A. 轴承半径间隙　　　　　　　　　　B. 轴承相对间隙

    C. 轴承半径

7. 液体动压向心滑动轴承，若向心外载荷不变，减小相对间隙 $\psi$ ，则承载能力_____，而发热_____。

    A. 增大           B. 减小           C. 不变

8. 计算滑动轴承的最小油膜厚度 $h_{min}$ ，其目的是_____。

    A. 验算轴承是否获得液体摩擦        B. 计算轴承的内部摩擦力

    C. 计算轴承的耗油量             D. 计算轴承的发热量

9. 滑动轴承材料应有良好的嵌入性是指_____。

    A. 摩擦系数小    B. 抗黏着磨损    C. 容纳硬污粒以防磨粒磨损

    D. 顺应对中误差    E. 易于跑合

10. 巴氏合金用来制造_____。

    A. 单层金属轴瓦           B. 双层或多层金属轴瓦

    C. 含油轴承轴瓦           D. 非金属轴瓦

11. 温度升高时，润滑油的黏度_____。

    A. 随之升高    B. 保持不变    C. 随之降低    D. 可能升高也可能降低

12. 与滚动轴承相比较，下述各点中，_____不能作为滑动轴承的优点。

    A. 径向尺寸小           B. 启动容易

    C. 运转平稳，噪声低       D. 可用于高速情况下

## 二、简答题

1. 滑动轴承的特点和应用场合。

2. 滑动轴承设计包括哪些主要内容？

3. 滑动轴承上开设油沟应注意哪些问题？

4. 根据液体摩擦滑动轴承的承载机理，试述形成动压油膜的必要条件。

## 三、作图、分析和设计计算题

1. 简述向心滑动轴承建立液体动压润滑的过程，每个阶段的特征，画简图表示，并画出形成动压润滑后油压沿圆周分布的大致情况。

2. 有一混合润滑滑动轴承，轴颈直径 $d=80\text{mm}$ ，$B/d=1.4$ ，$[p]=80\text{MPa}$ ，$[v]=3\text{m/s}$ ，$[pv]=15\text{MPa·m/s}$ ，求当轴转速 $n=500\text{r/min}$ 时，此轴承允许的最大工作载荷。

3. 有一非液体润滑的向心滑动轴承，宽径比(即长径比) $B/d=1$ ，轴颈直径 $d=80\text{mm}$ ，已知轴承材料的许用值为 $[p]=5\text{MPa}$ ，$[v]=5\text{m/s}$ ，$[pv]=10\text{MPa·m/s}$ ，要求轴承在 $n_1=320\text{r/min}$ 和 $n_2=640\text{r/min}$ 两种转速下均能正常工作，试求轴承的许用载荷。

# 第11章 滚 动 轴 承

## 引入案例

以轿车变速器球轴承的寿命提高过程为例进行介绍。

1. 问题的提出

广泛用于轿车变速器中的球轴承,原先其实际使用寿命比按标准方法汁算出的额定寿命短,表现为早期疲劳剥落和噪声很高。轿车其他部位轴承的寿命均高于额定寿命。

2. 失效分析

经审查齿轮箱的品质良好,轴承安装配合正常,润滑充分,原来对润滑油未进入轴承的上半部的怀疑被排除。但所有内圈沟道都有压痕或压坑或有表面龟裂型疲劳剥落,而不是次表层剥落型破坏,供油充分时不致发生此种现象。发现沟道表面混入铁、铜、铝、锌等金属颗粒和橡胶、泥沙、塑料等非金属屑。

经过判断这些异物及其所造成的压痕破坏了油膜的完整性,成为引起轴承早期失效的原因,并经试验验证。

3. 解决办法

曾采取过加大钢球型、特殊热处理型甚至双列球型和真空重熔钢轴承,代价越来越昂贵,而寿命提高幅度不大。

最后研制成"密封清洁"型轴承,获得了很大的成功。这种轴承就是将原用标准轴承两侧各加一个特殊结构的橡胶密封圈,特点在于这种密封圈主要用来防止污物侵入轴承,而与主要目的在于保持油脂的一般轴承密封圈不同。

通过上例分析我们得出滚动轴承的寿命在轿车的正常使用上很重要,其实滚动轴承的应用很广泛,在其他很多机械产品上都得到应用。滚动轴承是关系国民经济发展的关键机械基础件,其技术水平和产品质量对主机的性能和质量有着重要影响,轴承被誉为机械装备的"关节"。

# 11.1 概 述

轴承是支承轴或轴上回转体的部件。根据其工作时接触面间的摩擦性质分为滚动轴承和滑动轴承两大类。滚动轴承依靠元件间的滚动接触来承受载荷,相对于滑动轴承,滚动轴承具有摩擦阻力小、效率高、起动容易、润滑简便等优点,故在中速、中载和一般工作条件下运转的机器中得到广泛应用。其缺点是耐冲击性能较差、高速时寿命低及噪声和振动较大。滚动轴承是标准件,由轴承厂大批量生产,在机械设计中只需根据工作条件熟悉标准,选用合适的滚动轴承类型和代号,并在综合考虑定位、配合、调整、装拆、润滑和密封等因素情况下进行组合结构设计。

本章主要讨论如何根据具体工作条件正确选择轴承的类型和计算所需的尺寸,并进行轴承的组合设计。

## 11.1.1 滚动轴承的基本构造

滚动轴承的基本构造如图 11.1 所示,它由内圈 1、外圈 2、滚动体 3、保持架 4 等四部分组成,特殊情况下可以无内圈或外圈,而由与之相配的轴颈或轴承座孔壁代替。为了适应使用要求,有的轴承带防尘盖、密封圈以及安装调整用的紧定套等。内圈与轴颈装配,外圈与轴承座装配。通常是内圈随轴回转,外圈不动。但也有外圈回转而内圈不动或内、外圈分别按不同转速回转的使用情况。当内、外圈相对转动时,滚动体

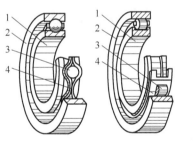

图 11.1 滚动轴承的基本构造

1-内圈;2-外圈;3-滚动体;4-保持架

在内、外圈的滚道间滚动。内、外圈上的凹槽滚道,可降低接触应力和限制滚动体轴向移动。滚动体是滚动轴承的核心元件,它使相对运动表面间的滑动摩擦变为滚动摩擦,其形状和数量直接影响轴承的承载能力。常用的滚动体有球和滚子两类(图 11.2)。保持架使滚动体沿圆周均匀分布,避免滚动体在运动中相互接触。

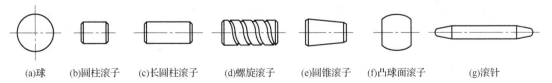

(a)球　(b)圆柱滚子　(c)长圆柱滚子　(d)螺旋滚子　(e)圆锥滚子　(f)凸球面滚子　(g)滚针

图 11.2 滚动体的类型

在某些情况下，可以没有内圈、外圈或保持架。这时轴颈或轴承座就起内圈或外圈的作用。还有一些轴承，除了以上四种基本零件外还增加了其他特殊零件或具有特殊结构以满足日益发展的生产需要。如在外圈上加止动环或带密封盖；带有支座、法兰、拉紧和吊挂的带座轴承；适用于各种机械角传动的关节轴承；带离合器的轴承甚至可剖分式的等在特殊工况下应用的滚动轴承。

### 11.1.2　滚动轴承的材料

滚动轴承的性能和可靠性，在很大程度上取决于轴承元件的材料。轴承的内、外圈和滚动体，主要采用强度高、耐磨性好的轴承铬锰碳钢（GCr15、GCr15SiMn 等）制造，热处理后硬度为 60～65HRC。

20 世纪六七十年代，国外开始研究陶瓷轴承。陶瓷具有强度高、耐磨性好、刚度高、耐腐蚀、耐高温、电绝缘、不导磁、密度小等一系列金属材料不具备的性能。适用于做轴承的陶瓷材料主要有氮化硅（$Si_3N_4$）、氧化锆（$ZrO_2$）、氧化铝（$Al_2O_3$）等，其中 $Si_3N_4$ 综合性能最优，是陶瓷轴承的首选材料。陶瓷轴承可应用于航天、航空、高真空领域，高速、高精度、高温、强磁场或防腐蚀等场合。

保持架选用较软材料制造，冲压保持架一般用低碳钢板冲压制成，它与滚动体有较大间隙，工作时噪声较大。实体保持架常用铜合金、铝合金或酚醛胶布做成，有较好的定心准确度。

滚动轴承的类型、尺寸、公差等已有国家标准，并实行了专业化生产。本章主要介绍如何根据具体工作条件正确地选择轴承的类型和尺寸，以及轴承的组合设计（包括轴承的安装、调整、配合、润滑、密封等）。

# 11.2　滚动轴承的类型、代号和选择

### 11.2.1　滚动轴承的类型

滚动轴承中在套圈与滚动体接触处的法线和垂直于轴承轴心线的平面间的夹角 α 称为公称接触角（表 11-1）。公称接触角越大，承受轴向载荷的能力越强。按轴承所能承受的载荷方向或公称接触角的不同，可分为向心轴承和推力轴承。

表 11-1　各类轴承的公称接触角

| 类型 | 向心轴承 | | 推力轴承 | |
|---|---|---|---|---|
| | 径向接触轴承 | 向心角接触轴承 | 推力角接触轴承 | 轴向接触轴承 |
| 公称接触角 α | α=0° | 0°<α≤45° | 45°<α<90° | α=90° |
| 图例 | | | | |

#### 1. 向心轴承

向心轴承主要用于承受径向载荷，其公称接触角 0°≤α≤45°。按其公称接触角的不同，可细分两类。

（1）公称接触角 $\alpha=0°$ 的向心轴承，称为径向接触轴承，如深沟球轴承、圆柱滚子轴承等。

（2）公称接触角 $0°<\alpha\leqslant45°$ 的向心轴承，称为向心角接触轴承，如角接触球轴承、圆锥滚子轴承等。

**2. 推力轴承**

推力轴承主要用于承受轴向载荷，其公称接触角 $45°<\alpha\leqslant90°$。按公称接触角的不同，又可分为两类。

（1）公称接触角 $\alpha=90°$ 的推力轴承，称为轴向接触轴承，如推力球轴承、推力圆柱滚子轴承等。

（2）公称接触角 $45°<\alpha<90°$ 的推力轴承，称为推力角接触轴承，如推力角接触球轴承、推力调心滚子轴承等。

我国常用滚动轴承的类型、名称及代号见表 11-2。

## 11.2.2 滚动轴承的性能和特点

滚动轴承因其结构类型多样而具有不同的性能和特点。表 11-2 给出了常用滚动轴承的类型、代号、结构、性能及适用场合，可供选用轴承时参考。

表 11-2 常用滚动轴承的类型、代号、结构、性能及适用场合

| 类型及代号 | 结构简图 | 载荷方向 | 允许偏位角 | 基本额定动载荷比[①] | 极限转速比[②] | 轴向承载能力 | 性能和特点 | 适用场合及举例 |
|---|---|---|---|---|---|---|---|---|
| 双列角接触球轴承 0 | | | $2'\sim10'$ | — | 高 | 较大 | 可同时承受径向和轴向载荷。也可承受纯轴向载荷（双向），承载能力大 | 适用于刚性大、跨距大的轴（固定支承），常用于蜗杆减速器、离心机等 |
| 调心球轴承 1 | | | $1.5°\sim3°$ | $0.6\sim0.9$ | 中 | 少量 | 不能承受纯轴向载荷，能自动调心 | 适用于多支点传动轴、刚性小的轴以及难以对中的轴 |
| 调心滚子轴承 2 | | | $1.5°\sim3°$ | $1.8\sim4$ | 低 | 少量 | 承载能力最大，但不能承受纯轴向载荷，能自动调心 | 常用于其他种类轴承不能胜任的重负荷情况，如轧钢机、大功率减速器、破碎机、吊车走轮等 |
| 推力滚子轴承 2 | | | $2°\sim3°$ | $1\sim1.6$ | 中 | 大 | 比推力轴承有更大轴向承载能力，且能承受少量径向载荷，极限转速高于 5 类轴承，能自动调心，价格高 | 适用于重载荷和要求调心性能好的场合，如大型立式水轮机主轴等 |

续表

| 类型及代号 | 结构简图 | 载荷方向 | 允许偏位角 | 基本额定动载荷比① | 极限转速比② | 轴向承载能力 | 性能和特点 | 适用场合及举例 |
|---|---|---|---|---|---|---|---|---|
| 圆锥滚子轴承<br>3<br>31300<br>(a=28°48′39″)<br>其他(a=10°～18°) |  |  | 2′ | 1.1～2.1<br>1.5～2.5 | 中<br>中 | 很大<br>很大 | 内、外圈可分离，游隙可调，摩擦系数大，常成对使用。31300型不宜承受纯径向载荷，其他型号不宜承受纯轴向载荷 | 适用于刚性较大的轴。应用很广，如减速器、车轮轴、轧钢机、起重机、机床主轴等 |
| 双列深沟球轴承<br>4 |  |  | 2′～10′ | 1.5～2. | 高 | 少量 | 当量摩擦系数小，高转速时可用来承受不大的纯轴向载荷 | 适用于刚性较大的轴，常用于中等功率电机、减速器、运输机的托辊、滑轮等 |
| 推力球轴承<br>5 |  |  | 不允许 | 1 | 低 | 大 | 轴线必须与轴承座底面垂直，不适用于高转速 | 常用于起重机吊钩、蜗杆轴、锥齿轮轴、机床主轴等 |
| 双向推力轴承<br>5 |  |  |  |  |  |  |  |  |
| 深沟球轴承<br>6 |  |  | 2′～10′ | 1 | 高 | 少量 | 当量摩擦系数最小，高转速时可用来承受不大的纯轴向载荷 | 适用于刚性较大的轴，常用于小功率电机、减速器、运输机的托辊、滑轮等 |
| 角接触球轴承<br>70000C(α=15°)<br>70000AC(α=25°)<br>70000B(α=40°) |  |  | 2′～10′ | 1～1.4<br>1～1.3<br>1～1.2 | 高 | 一般较大更大 | 可同时承受径向载荷和轴向载荷，也可承受纯轴向载荷 | 适用于刚性较大跨距较大的轴及须在工作中调整游隙时，常用于蜗杆减速器、离心机、电钻、穿孔机等 |
| 外圈无挡边圆柱滚子轴承<br>N |  |  | 2′～4′ | 1.5～3 | 高 | 0 | 内外圈可分离，滚子用内圈凸缘定位，内外圈允许少量的轴向移动 | 适用于刚性很大，对中良好的轴，常用于大功率电机、机床主轴、人字齿轮减速器等 |
| 滚针轴承<br>NA |  |  | 不允许 | — | 低 | 0 | 径向尺寸最小，径向承载能力很大，摩擦系数较大，旋转精度低 | 适用于径向载荷很大而径向尺寸受限制的地方，如万向联轴器、活塞销、连杆销等 |

注：① 额定动载荷比：指同一尺寸系列各种类型和结构形式的轴承的额定动载荷与深沟球轴承(推力轴承则与推力球轴承)的额定动载荷之比。
② 极限转速比：指同一尺寸系列/P0级精度的各种类型和结构形式的轴承脂润滑时的极限转速与深沟球轴承脂润滑时的极限转速的粗略比较。各种类型轴承极限转速之间采取下列比例关系：高为深沟球轴承极限转速的90%～100%；中为深沟球轴承极限转速的60%～90%；低为深沟球轴承极限转速的60%以下。

### 11.2.3 滚动轴承的代号

滚动轴承的规格、品种繁多，为了便于组织生产和选用，国家标准规定用统一的代号来表示轴承在结构、尺寸、精度、技术性能等方面的特点和差异。根据 GB/T 272—2017，滚动轴承代号的构成见表 11-3，其中基本代号是轴承代号的基础，前置代号和后置代号都是对轴承代号的补充，只有在对轴承结构、形状、材料、公差等级、技术要求等有特殊要求时才能使用，一般情况下可部分或全部省略。

表 11-3 滚动轴承代号的构成

| 前置代号 | 基本代号 | | | | | 后置代号 | | | | | | | |
|---|---|---|---|---|---|---|---|---|---|---|---|---|---|
| | 五 | 四 | 三 | 二 | 一 | 1 | 2 | 3 | 4 | 5 | 6 | 7 | 8 |
| | | 尺寸系列代号 | | | | | | | | | | | |
| 轴承分部件代号 | 类型代号 | 宽(高)度系列代号 | 直径系列代号 | 内径代号 | | 内部结构代号 | 密封与防尘结构代号 | 保持架及其材料代号 | 特殊轴承材料代号 | 公差等级代号 | 游隙代号 | 多轴承配置代号 | 其他代号 |

**1. 基本代号**

基本代号是轴承代号的核心，它表示轴承的基本类型、结构和尺寸。前置代号和后置代号都是轴承代号的补充，只有在遇到对轴承结构、形状、材料、公差等级、技术要求等有特殊要求时才使用，一般情况时可部分或全部省略。轴承的基本代号由类型代号、尺寸系列代号和内径代号构成。

**1)内径代号**

轴承公称内径大小用基本代号右起的第一、二位数字表示。对常用的内径 $d=20\sim480$mm（其中 22、28、32 除外）的轴承，代号乘以 5 即其内径 $d$ 的尺寸，如 05 表示 $d=25$mm，10 表示 $d=50$mm 等。对于内径 $d<20$mm 和 $d\geqslant500$mm 的轴承，其内径表示方法见表 11-4。

表 11-4 滚动轴承内径代号

| 轴承内径 $d$/mm | | 内径代号 | 示例 |
|---|---|---|---|
| 10~17 | 10 | 00 | 深沟球轴承 6201 内径 $d=12$mm |
| | 12 | 01 | |
| | 15 | 02 | |
| | 17 | 03 | |
| 20~495 (22、28、32 除外) | | 用内径除以 5 得的商数表示。当商为个位数时，需要在十位处用 0 占位 | 深沟球轴承 6210，内径 $d=50$mm 圆柱滚子轴承 N2208，内 $d=40$mm |
| ≥500 以及 22、28、32 | | 用内径毫米数直接表示，并在尺寸系列代号与内径代号之间用"/"号隔开 | 深沟球轴承 62/500，内径 $d=500$mm 62/22，内径 $d=22$mm |

**2)尺寸系列代号**

尺寸系列代号用两位数字表示。右起的第三位数字表示轴承的直径系列代号，第四位数字表示宽度系列(向心轴承)或高度系列(推力轴承)代号。直径系列是指结构相同、内径相同的轴承在外径和宽度方面的变化系列。有超特轻、超轻、特轻、轻、中、重等系列，用 0～9 的数字表示。例如，向心轴承中 0 表示窄系列，1 表示特轻系列，2 表示轻系列，3 表示中系列，4 表示重系列。推力轴承除了用 1 表示特轻系列外，其余同向心轴承的表示。宽度（或高度）系列是指结构、内径和外径都相同的轴承，在宽度（或高度）方面的变化系列用 0～9 的数字表示。如向心轴承中 0 表示窄系列，1 表示正常系列，2 表示宽系列；如推力轴承中 1 表示正常系列，7 表示特低系列，9 表示低系列等。在标准中查出带有括号的 0、1、2 表示的宽度系列在轴承代号中不标出。滚动轴承尺寸系列代号见表 11-5。

**表 11-5　滚动轴承尺寸系列代号**

| 直径系列 | 向心轴承 | | | | | | | | 推力轴承 | | | |
| --- | --- | --- | --- | --- | --- | --- | --- | --- | --- | --- | --- | --- |
| | 宽度系列代号 | | | | | | | | 高度系列代号 | | | |
| | 8 | 0 | 1 | 2 | 3 | 4 | 5 | 6 | 7 | 9 | 1 | 2 |
| | 宽度尺寸　⟶ | | | | | | | | 高度尺寸　⟶ | | | |
| | 尺寸系列代号 | | | | | | | | | | | |
| 7 | — | — | 17 | — | 37 | — | — | — | — | — | — | — |
| 8 | — | 08 | 18 | 28 | 38 | 48 | 58 | 68 | — | — | — | — |
| 9 | — | 09 | 19 | 29 | 39 | 49 | 59 | 69 | — | — | — | — |
| 0 | — | 00 | 10 | 20 | 30 | 40 | 50 | 60 | 70 | 90 | 10 | — |
| 1 | — | 01 | 11 | 21 | 31 | 41 | 51 | 61 | 71 | 91 | 11 | — |
| 2 | 82 | 02 | 12 | 22 | 32 | 42 | 52 | 62 | 72 | 92 | 12 | 22 |
| 3 | 83 | 03 | 13 | 23 | 33 | — | — | — | 73 | 93 | 13 | 23 |
| 4 | — | 04 | — | 24 | — | — | — | — | 74 | 94 | 14 | 24 |
| 5 | — | — | — | — | — | — | — | — | — | 95 | — | — |

注：表中"—"表示不存在此种组合。

**3) 类型代号**

用数字或字母表示不同类型的轴承，共 12 类轴承，常用滚动轴承的类型代号见表 11-2。

**2. 前置代号**

用字母表示轴承的分部件。故对于一套完整的轴承就无此代号。如用 L 表示可分离轴承的可分离内圈或外圈，K 表示滚子和保持架组件等，部分代号及含义见表 11-6。

**表 11-6　前置代号**

| 代号 | 含义 | 示例 |
| --- | --- | --- |
| L | 可分离轴承的可分离内圈或外圈 | LNU207　LN207 |
| R | 不带可分离内圈或外圈的轴承<br>（滚针轴承仅适用于 NA 型） | RNU207　RNA6904 |
| K | 滚子和保持架组件 | K81107 |
| WS | 推力圆柱滚子轴承轴圈 | WS81107 |
| GS | 推力圆柱滚子轴承座圈 | GS81107 |

**3. 后置代号**

用字母或字母加数字表示轴承的结构、公差、材料、游隙等 8 组内容见表 11-3。

(1) 内部结构代号表示同一类型轴承的不同内部结构，用字母表示。如 C、AC 和 B 分别代表角接触球轴承的公称接触角 $\alpha=15°$、$25°$ 和 $40°$，B 还表示圆锥滚子轴承增大接触角，C 还表示 C 型调心滚子轴承；D 为剖分式轴承；E 代表内部结构设计改进，增大轴承承载能力的加强型等。代号示例如 7210B、7210AC、NU207E，内部结构部分代号见表 11-7。

表 11-7　内部结构部分代号

| 代号 | 含义 | 示例 | 代号 | 含义 |
|---|---|---|---|---|
| C | 角接触球轴承　公称接触角 $\alpha = 15°$ | 7210C | D | 剖分式轴承 |
| AC | 角接触球轴承　公称接触角 $\alpha = 25°$ | 7210AC | ZW | 滚针保持架组件双列 |
| B | 角接触球轴承　公称接触角 $\alpha = 40°$ | 7210B | | |
| | 角接触球轴承　接触角加大 | 32310B | | |
| E | 加强型，改进结构设计，增大承载能力 | NU207E | | |

(2)公差等级代号用字母 P 和数字表示，轴承公差等级分 0、6X、6、5、4、2 共 6 级，分别表示为/P0、/P6X、/P6、/P5、/P4、/P2，精度依次递增。0 级为普通级，在后置代号中不标出。示例如 6203、6203/P6。

(3)游隙代号。常用的轴承径向游隙系列分为 1 组、2 组、0 组、3 组、4 组、5 组共 6 个组别，径向游隙依次由小到大。0 组游隙是常用的游隙组别，在轴承代号中不标注，其余的游隙组别在轴承代号中分别用/C1、/C2、/C3、/C4、/C5 表示。代号示例如 6210、6210/C4。

公差等级代号和游隙代号同时表示时可以简化，如 6210/P6/C3 表示轴承公差等级 P6 级，径向游隙 3 组。

(4)配置代号。①表示配置组中轴承数目：如/D 表示两套轴承；/T 表示三套轴承。②表示配置组中轴承排列：如成对安装的轴承有三种配置形式(图 11.3)，分别用三种代号表示。/DB 为背对背安装；/DF 为面对面安装；/DT 为串联安装。代号示例如 32208/DF、7210C/DT。

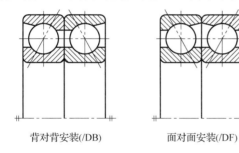

背对背安装(/DB)　　　　面对面安装(/DF)　　　　串联安装(/DT)

图 11.3　成对轴承配置安装

实际应用的滚动轴承类型很多，相应的轴承代号比较复杂。以上介绍的代号是最基本、最常用的部分，熟悉了这部分代号，就可以识别和查选常用的轴承。关于滚动轴承详细的代号方法可查阅 GB/T 272—2017。

**【应用实例 11.1】**　说明轴承代号 6208、7311C/P5、30310、N105/P5 的含义。

**解**　详细说明如下。

| 轴承代号 | 含义 |
|---|---|
| 6208 | 表示内径为40mm，直径系列为轻系列，宽度系列为窄系列，正常结构，0级公差，0组游隙的深沟球轴承(尺寸系列代号(0)2 中的 0 省略) |
| 7311C/P5 | 表示内径为55mm，直径系列为中系列，宽度系列为窄系列，接触角 $\alpha = 15°$，5 级公差，0 组游隙的角接触球轴承(尺寸系列代号(0)3 中的 0 省略) |
| 30310 | 表示内径为50mm，直径系列为中系列，宽度系列为窄系列，正常结构，0级公差，0组游隙的圆锥滚子轴承(尺寸系列代号(0)3 中的 0 不能省略) |
| N105/P5 | 表示直径系列为特轻系列，内径为25mm，5 级公差，0 组游隙的圆柱滚子轴承 |

### 11.2.4 滚动轴承的类型选择

选择滚动轴承的类型，一般从以下几个方面进行考虑。

**1. 轴承载荷的大小、方向和性质**

选择滚动轴承类型的主要依据是轴承所承受的载荷的大小、方向和性质。向心类轴承主要承受径向载荷；推力类轴承承受轴向载荷。7 类角接触球轴承、3 类圆锥滚子轴承可用于承受径向载荷 $F_r$ 大于轴向载荷 $F_a$ 的联合载荷作用。公称接触角 $\alpha$ 越大的型号能承受的轴向载荷 $F_a$ 也越大。6 类深沟球轴承公称接触角 $\alpha$ 为零，但内、外圈轴向相对移动后也形成一定的 $\alpha$ 角，故也能承受一定的较小轴向载荷。

总之根据载荷的大小、方向，选择轴承类型时，一般是对纯轴向载荷，选用推力轴承，对于纯径向载荷，选用 6 类深沟球轴承或 N 类圆柱滚子轴承或 NA 类滚针轴承。相同条件下，滚子轴承(滚动体初始线接触)的承载能力高于球轴承(滚动体初始点接触)。

**2. 轴承的转速**

一般情况下工作转速的高低并不影响轴承的类型选择，只有在转速较高时才会有比较显著的影响。因此，轴承标准中对各种类型、各种规格尺寸的轴承都规定了极限转速 $n_{\lim}$ 值。

根据工作转速选择轴承类型时，可参考以下几点：①球轴承比滚子轴承具有较高的极限转速和旋转精度，高速时应优先选用球轴承；②为减小离心惯性力，高速时宜选用同一直径系列中外径较小的轴承。当用一个外径较小的轴承承载能力不能满足要求时，可再装一个相同的轴承，或者考虑采用宽系列的轴承。外径较大的轴承宜用于低速重载场合；③推力轴承的极限转速都很低，当工作转速高、轴向载荷不十分大时，可采用角接触球轴承或深沟球轴承替代推力轴承；④保持架的材料和结构对轴承转速影响很大。实体保持架比冲压保持架允许更高的转速。

**3. 调心性能要求**

轴承按能否调心分调心轴承(1 类、2 类)和非调心轴承两类。非调心轴承因存在内部游隙，也有程度不一的调心性。所谓调心性是指轴承自动补偿轴与座孔中心线的相对偏斜，从而保证轴承正常工作的能力。调心轴承的调心性当然最好。一般来说，球轴承因是点接触，其调心性优于线接触的滚子轴承。在滚子轴承中，滚针轴承的调心性最差。所以，滚子轴承用于刚性较高的轴。对刚性低的轴，细而长的轴或多支承的静不定轴，宜用调心轴承。应当指出，当某轴采用调心轴承时，该轴的全部支承均应采用调心轴承，否则调心轴承的作用丧失殆尽。

**4. 轴承的游动和轴向位移**

当一根轴的两个支承距离较远，或工作前与工作中有较大温差时，为了适应轴和外壳不同热膨胀的影响，防止支承卡死，只需把一端的轴承轴向固定，而另一端的轴承可以轴向游动。内圈或外圈无挡边的短圆柱滚子轴承或滚针轴承，特别适合于作为游动轴承使用。如果采用其他类型的轴承作游动轴承，如深沟球轴承或调心滚子轴承，则安装时轴承外圈不作轴向固定，且与座孔的配合应较松，以保证外圈相对座孔能作轴向窜动。角接触球轴承或圆锥滚子轴承不能作为游动轴承。

### 5. 安装与拆卸

在机械要求定期检查检修，轴承的拆、装比较频繁的情况下，宜选用内外圈可以分离的轴承(如 N、3 型等)。当轴承在长轴上安装时，为便于装拆，可选用带内锥孔的轴承(图 11.4)。

### 6. 经济性

选择轴承时应考虑经济性和供应情况。球轴承比滚子轴承价廉。轴承公差等级越高，价越贵，故选择高精度轴承须慎重，同型号尺寸公差等级为 P0、P6、P5、P4、P2 的滚动轴承价格比约为 1∶1.5∶2∶7∶10。总之，选择轴承类型时，要全面考虑各种要素，从多种方案中择优选取。

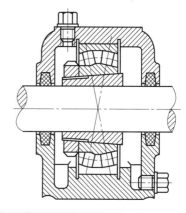

图 11.4　安装在开口圆锥紧定套上的轴承

# 11.3　滚动轴承的工作情况

## 11.3.1　滚动轴承的受力分析

### 1. 滚动轴承工作时轴承元件的受载情形

滚动轴承只受轴向载荷作用时，可认为各滚动体受载均匀，但在承受径向载荷时，情况就有所不同。如图 11.5 所示，深沟球轴承在工作的某一瞬间，径向载荷 $F_r$ 通过轴颈作用于内圈，位于上半圈的滚动体不受力，载荷由下半圈的滚动体传到外圈再传到轴承座。假定轴承内、外圈的几何形状不变，下半圈滚动体与套圈的接触变形量的大小，决定了各滚动体承受载荷的大小。从图中可以看出，处于力作用线正下方位置的滚动体变形量最大，承载也就最大，而 $F_r$ 作用线两侧的各滚动体，承载逐渐减小。各滚动体从开始受载到受载终止所滚过的区域称为承载区，其他区域称为非承载区。由于轴承内存在游隙，故实际承载区的范围将小于 $180°$。如果轴承在承受径向载荷的同时再作用有一定的轴向载荷，则可以使承载区扩大。

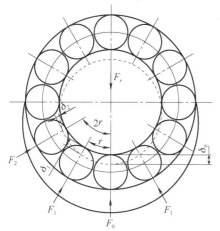

图 11.5　深沟球轴承中径向载荷的分布

### 2. 轴承工作时轴承元件的应力分析

轴承工作时，由于内、外圈相对转动，滚动体与套圈的接触位置是时刻变化的。当滚动体进入承载区后，所受载荷及接触应力即由零逐渐增至最大值(在 $F_r$ 作用线正下方)，然后再逐渐减至零，其变化趋势如图 11.6(a)中虚线所示。就滚动体上某一点而言，由于滚动体相对内、外套圈滚动，每自转一周，分别与内、外套圈接触一次，故它的载荷和应力按周期性不稳定脉动循环变化，如图 11.6(a)中实线所示。

对于固定的套圈(图 11.5 中为外圈)，处于承载区的各接触点，按其所在位置的不同，承受的载荷和接触应力是不相同的。对于套圈滚道上的每一个具体点，在滚动体滚过该点的瞬间，便承受一次载荷，再一次滚过另一个滚动体时，接触载荷和应力是不变的。这说明固定套圈在承载区内的某一点上承受稳定脉动循环载荷，如图 11.6(b) 所示。

其受载情况类似于滚动体的受载情况。就其滚道上某一点而言，处于非承载区时，载荷及应力为零。进入承载区后，每与滚动体接触一次就受载一次，且在承载区的不同位置，其接触载荷和应力也不一样，如图 11.6(a) 中实线所示，在 $F_r$ 作用线正下方，载荷和应力最大。

总之，滚动轴承中各承载元件所受载荷和接触应力是周期性变化的。

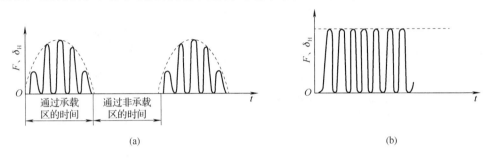

图 11.6　轴承元件上的载荷及应力变化

## 11.3.2　滚动轴承主要失效形式

### 1. 疲劳点蚀

根据轴承的载荷和应力分析知道，滚动体和套圈的工作表面产生周期变化的接触应力，致使工作面的表层形成疲劳微细裂纹，随着时间的推移和润滑剂在裂纹中的高压作用，裂纹扩展直至表层金属发生片状或点状剥落的现象称为疲劳点蚀。轴承运转时一旦发生疲劳剥落，振动和噪声急剧增大导致轴承失效。通常所谓的滚动轴承寿命，即指接触疲劳寿命，简称疲劳寿命。

### 2. 磨损

轴承运转时，滚动体与套圈及保持架间均存在滑动，导致轴承接触表面磨损。尤其在润滑剂不洁、密封不良情况下，金属粉末、氧化物或其他硬质颗粒侵入轴承内部，磨损加剧并呈磨粒磨损特征。磨损会使游隙增大，旋转精度降低、噪声增大、摩擦系数增大和温升增高，最终导致轴承失效。轴承由于磨损而丧失工作能力前的累计总转数，或者一定转速下的工作小时数，称为轴承的磨损寿命。

### 3. 塑性变形

滚动轴承在冲击载荷或过载条件下工作时，套圈滚道表面可能产生与滚动体位置相对应的塑性变形，导致轴承运转时发生剧烈的振动和噪声。塑性变形是在载荷的瞬时作用下发生的，故与疲劳不同，与时间无关，因而不存在寿命问题。

### 4. 烧伤

轴承运转时若温升剧增，会使润滑剂失效和金属表层组织改变，严重时产生金属黏结造成轴承卡死。这种现象称为烧伤。烧伤是瞬时发生的，呈黏着磨损特征，不存在寿命问题。防止烧伤的主要措施是：改进轴承设计；减少滑动摩擦；添加抗极压添加剂；改善润滑和冷却条件；采用有自润滑性能的金属镀层的保持架等。

### 5. 润滑脂失效

很多滚动轴承采用脂润滑。在脂润滑的轴承中，润滑脂会逐渐失去正常的润滑性能，导致摩擦温升剧增，造成滚动表面烧伤。这种失效的表现形式虽然也是烧伤，却是由于润滑脂的逐渐恶化而引起的。从开始运转直到出现润滑脂失效的轴承累计工作小时数称为润滑脂寿命。

### 11.3.3 计算准则

为保证轴承正常工作，应对上述主要失效形式进行相应的工作能力计算、接触疲劳寿命计算、接触静强度计算、磨损寿命计算和(或)润滑脂寿命计算。此外，现今出现应用弹性流体动力润滑(EHL)理论计算轴承油膜厚度的方法。试验表明，当油膜厚度大于两接触体表面粗糙度的 3～4 倍时，轴承的寿命可提高一倍以上。考虑到磨损寿命计算和润滑脂寿命计算迄今未臻完善，本章主要阐明轴承的接触疲劳寿命和接触静强度计算。通常的计算准则如下。

(1)对于一般工作条件下的轴承，主要失效是疲劳点蚀，应按疲劳寿命计算轴承，也就是进行额定寿命计算。若有过载或冲击、振动载荷，还需进行静载荷计算。

(2)对于转速较低或摆动的轴承，失效形式是塑性变形，应按静强度计算轴承，也就是进行静载荷计算。

应当指出，轴承装置设计对轴承正常工作有很大的影响，本章后面将对此作专门叙述。

# 11.4 滚动轴承的校核计算

## 11.4.1 滚动轴承的基本额定寿命

对于一个具体的轴承而言，轴承的寿命是指轴承中任何一个套圈或滚动体材料首次出现疲劳扩展之前，一个套圈相对于另一个套圈的转数或者在一定转速下的工作小时数。大量试验结果表明，一批型号相同的轴承(即结构、尺寸、材料、热处理及加工方法等都相同的轴承)，即使在完全相同的条件下工作，它们的寿命也是极不相同的，其寿命差异最大可达几十倍。因此，不能以一个轴承的寿命代表同型号一批轴承的寿命。

用一批同类型和同尺寸的轴承在同样工作条件下进行疲劳试验，得到轴承实际转数 $L$ 与这批轴承中不发生疲劳破坏的百分率(即可靠度 $R$，其值等于某一转数时能正常工作的轴承数占投入试验的轴承总数的百分比)之间的关系曲线如图 11.7 所示。从图中可以看出，在一定的运转条件下，对应于某一转数，一批轴承中只有一定百分比的轴承能正常工作到该转数；转数增加，轴承的损坏率将增加，而能正常工作到该转数的轴承所占的百分比则相应地减少。

对于一般机械中所用的滚动轴承，通常用基本额定寿命来表示其寿命。基本额定寿命是指一组在同一条件下运转的、近于相同的滚动轴承，10%的轴承发生点蚀破坏而 90%的轴承未发生点蚀破坏前的转数或在一定

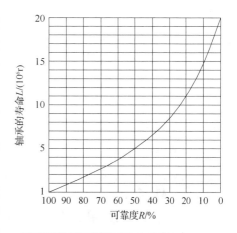

图 11.7 滚动轴承的寿命—可靠度曲线

转速下的工作小时数，以 $L_{10}$(单位为 $10^6$ r)或 $L_k$(单位为 h)表示。按基本额定寿命选用的一批同型号轴承，可能有 10%的轴承发生提前破坏，有 90%的轴承寿命超过其额定寿命，其中有

些轴承甚至能再工作一个、两个或更多的额定寿命周期。对于一个具体的轴承而言，它的基本额定寿命可以理解为：能顺利地在额定寿命周期内正常工作的概率为90%，而在额定寿命期到达前就发生点蚀破坏的概率为10%。

## 11.4.2 滚动轴承的基本额定动负荷

轴承的寿命与所受载荷的大小有关，工作负荷越大，接触应力也就越大，承载元件所能经受的应力变化次数也就越少，轴承的寿命就越短。图11.8是用深沟球轴承6207进行寿命试验得出的负荷与寿命关系曲线，即负荷—寿命曲线。试验表明，其他轴承也存在类似的关系曲线。

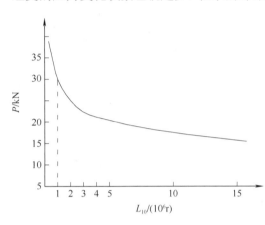

图 11.8　滚动轴承的负荷—寿命曲线

滚动轴承在基本额定寿命恰好等于 $10^6$ r 时所能承受的载荷，称为基本额定动负荷，对径向接触轴承，用 $C_r$ 表示，指的是纯径向载荷，并称为径向基本额定动负荷；对轴向接触轴承，用 $C_a$ 表示，指的是纯轴向载荷，称为轴向基本额定动负荷；对角接触向心轴承，指的是使套圈间产生纯径向位移的载荷的径向分量；对角接触推力轴承，指的是使套圈间产生纯轴向位移的载荷的轴向分量。在基本额定动负荷的作用下，轴承工作寿命为 $10^6$ r 时的可靠度，一般为90%。

不同型号的轴承有不同的基本额定动负荷值，它表征了具体型号轴承的承载能力。各型号轴承的基本额定动负荷值可查轴承样本或《机械设计手册》。

## 11.4.3 滚动轴承的寿命计算公式

滚动轴承载荷与寿命的关系曲线如图11.8所示。曲线方程为

$$P^\varepsilon l_{10} = 常数 \tag{11-1}$$

式中，$P$ 为轴承所受的当量动负荷，N；$\varepsilon$ 为轴承的寿命指数，球轴承 $\varepsilon=3$，滚子轴承 $\varepsilon=10/3$；$L_{10}$ 为轴承的基本额定寿命，$10^6$ r。

因 $L_{10}=1$ 时 $P=C$，故有 $P^\varepsilon l_{10} = C^\varepsilon \times 1$。同时考虑温度及载荷特性对轴承寿命的影响，可推得

$$L_{10} = \left( \frac{f_t C}{f_p P} \right)^\varepsilon \tag{11-2}$$

式中，$f_p$ 为载荷系数，见表11-8，用来考虑附加载荷如冲击力、不平衡作用力、惯性力以及轴挠曲或轴承座变形产生的附加力等对轴承寿命的影响，即对当量动负荷 $P$ 进行修正；$f_t$ 为温度系数，见表11-9，用于较高温度($t>120℃$)工作条件下对轴承样本中给出的基本额定动负荷值进行修正。

实际计算中习惯用小时数表示寿命。设轴承的转速为 $n$，有 $10^6 L_{10} = 60nL_h$，可推得

$$L_h = \frac{16667}{n} \left( \frac{f_t C}{f_p P} \right)^\varepsilon \tag{11-3}$$

若已经给定轴承的预期寿命 $L_h'$ (表11-10)、转速 $n$ 和当量动负荷值 $P$，要求确定所求轴承的基本额定动负荷 $C$，可通过式(11-4)求得轴承的计算动负载 $C'$，再查相关《机械设计手册》

确定 $C$。

$$C' = \frac{f_p p}{f_t}\left(\frac{60 n L'_h}{10^6}\right)^{1/\varepsilon} \qquad (11\text{-}4)$$

表 11-8 载荷系数 $f_p$

| 载荷性质 | $f_p$ | 举 例 |
|---|---|---|
| 无冲击或轻微冲击 | 1.0～1.2 | 电动机、汽轮机、通风机、水泵等 |
| 中等冲击或中等惯性力 | 1.2～1.8 | 动力机械、起重机、造纸机、冶金机械、选矿机、卷扬机、机床等 |
| 强大冲击 | 1.8～3.0 | 破碎机、轧钢机、钻探机、振动筛等 |

表 11-9 温度系数 $f_t$

| 轴承工作温度/℃ | ≤120 | 125 | 150 | 175 | 200 | 225 | 250 | 300 | 350 |
|---|---|---|---|---|---|---|---|---|---|
| 温度系数 $f_t$ | 1.00 | 0.95 | 0.90 | 0.85 | 0.80 | 0.75 | 0.70 | 0.6 | 0.5 |

表 11-10 推荐的轴承预期寿命 $L'_h$

| 机器类型 | | 预期寿命 $L'_h$ / h |
|---|---|---|
| 不经常使用的仪器或设备，如闸门开闭装置等 | | 300～3000 |
| 间断使用的机器 | 短期或间断使用的机械，中断使用不致引起严重后果，如手动工具等 | 3000～8000 |
| | 间断使用的机械，中断使用后果严重，如发动机辅助设备、流水作业线自动传送装置、升降机、车间吊车、不常使用的机床等 | 8000～12000 |
| 每日 8h 工作的机械 | 每日 8h 工作的机械(利用率不高)，如一般的齿轮传动、某些固定电动机等 | 12000～20000 |
| | 每日 8h 工作的机械(利用率较高)，如金属切削机床、连续使用的起重机、木材加工机械等 | 20000～30000 |
| 24h 连续工作的机械 | 24h 连续工作的机械，如矿山升降机、输送滚道用滚子等 | 40000～60000 |
| | 24h 连续工作的机械，中断使用后果严重，如纤维生产设备或造纸设备、发电站主电机、矿井水泵、船舶螺旋桨轴等 | 100000～200000 |

## 11.4.4 滚动轴承的当量动负荷

由前所述，基本额定动负荷分径向基本额定动负荷和轴向基本额定动负荷。当轴承既承受径向载荷又承受轴向载荷时，为能应用额定动负荷值进行轴承的寿命计算，就必须把实际载荷转换为与基本额定动负荷的载荷条件相一致的当量动负荷。当量动负荷是一个假想的载荷，在它的作用下，滚动轴承具有与实际载荷作用时相同的寿命。对于向心轴承，当量动载荷为一大小和方向恒定的径向载荷，称为径向当量动载荷，以 $P_r$ 表示。对于推力轴承，当量动载荷为一恒定的中心轴向载荷，称为轴向当量动载荷，以 $P_a$ 表示。

通过大量的试验和理论分析，研究了联合载荷对轴承寿命的影响，并建立了各类轴承的当量动载荷的计算公式。当量动载荷 $P(P_r$ 或 $P_a)$ 的一般计算公式为

$$P = X F_r + Y F_a \qquad (11\text{-}5)$$

式中，$X$、$Y$ 分别为径向载荷系数和轴向载荷系数。其中式(11-5)中的 $X$、$Y$ 查有关手册。

表 11-11 中 $e$ 为判别系数，是计算当量动负荷时判别是否计入轴向载荷影响的界限值。当 $F_a / F_r > e$ 时，表示轴向载荷影响较大，计算当量动负荷时，必须考虑 $F_a$ 的作用。当 $F_a / F_r \leqslant e$ 时，表示轴向载荷影响小，计算当量动负荷时，在一些轴承中可以忽略 $F_a$ 的影响。

表 11-11　径向载荷系数 $X$ 和轴向载荷系数 $Y$

| 轴承类型 | | $F_a/C_{0r}$ [1] | $e$ | 单列轴承 | | | | 双列轴承 | | | |
|---|---|---|---|---|---|---|---|---|---|---|---|
| | | | | $F_a/F_r \leq e$ | | $F_a/F_r > e$ | | $F_a/F_r \leq e$ | | $F_a/F_r > e$ | |
| | | | | $X$ | $Y$ | $X$ | $Y$ | $X$ | $Y$ | $X$ | $Y$ |
| 深沟球轴承 | | 0.014 | 0.19 | | | | 2.30 | | | | 2.3 |
| | | 0.028 | 0.22 | | | | 1.99 | | | | 1.99 |
| | | 0.056 | 0.26 | | | | 1.71 | | | | 1.71 |
| | | 0.084 | 0.28 | | | | 1.55 | | | | 1.55 |
| | | 0.11 | 0.30 | 1 | 0 | 0.56 | 1.45 | 1 | 0 | 0.56 | 1.45 |
| | | 0.17 | 0.34 | | | | 1.31 | | | | 1.31 |
| | | 0.28 | 0.38 | | | | 1.15 | | | | 1.15 |
| | | 0.42 | 0..42 | | | | 1.04 | | | | 1.04 |
| | | 0.56 | 0.44 | | | | 1.00 | | | | 1 |
| 角接触球轴承 | $\alpha=15°$ | 0.015 | 0.38 | | | | 1.47 | | 1.65 | | 2.39 |
| | | 0.029 | 0.4 | | | | 1.40 | | 1.57 | | 2.28 |
| | | 0.058 | 0.43 | | | | 1.30 | | 1.46 | | 2.11 |
| | | 0.087 | 0.46 | | | | 1.23 | | 1.38 | | 2 |
| | | 0.12 | 0.47 | 1 | 0 | 0.44 | 1.19 | 1 | 1.34 | 0.72 | 1.93 |
| | | 0.17 | 0.50 | | | | 1.12 | | 1.26 | | 1.82 |
| | | 0.29 | 0.55 | | | | 1.02 | | 1.14 | | 1.66 |
| | | 0.44 | 0.56 | | | | 1.00 | | 1.12 | | 1.63 |
| | | 0.58 | 0.56 | | | | 1.00 | | 1.12 | | 1.63 |
| | $\alpha=25°$ | — | 0.68 | 1 | 0 | 0.41 | 0.87 | 1 | 0.92 | 0.67 | 1.41 |
| | $\alpha=40°$ | — | 1.14 | 1 | 0 | 0.35 | 0.57 | 1 | 0.55 | 0.57 | 0.93 |
| 双列角接触球轴承<br>($\alpha=30°$) | | — | 0.8 | — | — | — | — | 1 | 0.78 | 0.63 | 1.24 |
| 4 点接触球轴承<br>($\alpha=35°$) | | — | 0.95 | 1 | 0.66 | 0.6 | 1.07 | — | — | — | — |
| 圆锥滚子轴承 | | — | $\dfrac{1.5}{\tan\alpha}$ [2] | 1 | 0 | 0.4 | $\dfrac{0.4}{\cot\alpha}$ | 1 | $\dfrac{0.45}{\cot\alpha}$ | 0.67 | $\dfrac{0.67}{\cot\alpha}$ |
| 调心球轴承 | | — | $\dfrac{1.5}{\tan\alpha}$ | — | — | — | — | 1 | $\dfrac{0.42}{\cot\alpha}$ | 0.65 | $\dfrac{0.65}{\cot\alpha}$ |
| 推力调心滚子轴承 | | — | 0.55 | — | — | 1.2 | 1 | — | — | — | — |

注：① 相对轴向载荷 $F_a/C_{0r}$ 中的 $C_{0r}$ 为轴承的径向基本额定静载荷，由《机械设计手册》查取。与 $F_a/C_{0r}$ 中间值相应的 $e$、$Y$ 值可用线性内插法求得。

　　② 由接触角 $\alpha$ 确定的各项 $e$、$Y$ 值，也可根据轴承型号从《机械设计手册》中直接查得。

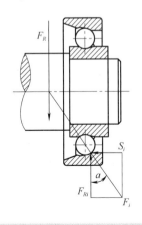

图 11.9　径向载荷产生的派生轴向力

### 11.4.5　角接触球轴承和圆锥滚子轴承的径向载荷与轴向载荷计算

　　球轴承和圆锥滚子轴承都有一个接触角，当内圈承受径向载荷 $F_R$ 作用时，承载区内各滚动体将受到外圈法向反力 $F_{ni}$ 的作用，如图 11.9 所示。$F_i$ 的径向分量 $F_{Ri}$ 都指向轴承的中心，它们的合力与 $F_R$ 相平衡；轴向分量 $S_i$ 都与轴承的轴线相平行，合力记为 $S$，称为轴承内部的派生轴向力，方向由轴承外圈的宽边一端指向窄边一端，有迫使轴承内圈与外圈脱开的趋势。$S$ 要由轴上的轴向载荷来平衡，其大小可用力学方法由径向载荷 $F_R$ 计算得到。当轴承在 $F_R$ 作用下有半圈滚动体受载时，$S$ 的计算公式见表 11-12。

表 11-12  角接触球轴承和圆锥滚子轴承的派生轴向力

| 轴承类型 | 角接触球轴承 | | | 圆锥滚子轴承 |
|---|---|---|---|---|
| | 7000C | 7000AC | 7000B | |
| 派生轴向力 $S$ | $eF_R$ | $0.68 F_R$ | $1.14 F_R$ | $F_R/(2Y)$<br>（$Y$ 是 $F_A/F_R > e$ 时的载荷） |

由于角接触球轴承和圆锥滚子轴承在受到径向载荷后会产生派生轴向力，所以，为了保证轴承的正常工作，这两类轴承一般都成对使用。图 11.10 是角接触球轴承的两种安装方式，图 11.10(a) 中两端轴承外圈窄边相对，称为正装或面对面安装。它使支反力作用点 $O_1$、$O_2$ 相互靠近，支承跨距缩短。图 11.10(b) 中两端轴承外圈宽边相对，称为反装或背对背安装。这种安装方式使两支反力作用点 $O_1$、$O_2$ 相互远离，支承跨距加大。精确计算时，支反力作用点 $O_1$、$O_2$ 距其轴承端面的距离可从轴承样本或有关标准中查得。一般计算中当跨距较大时，为简化计算可取轴承宽度的中点为支反力作用点。

根据径向平衡条件，当已知作用在轴上的径向力 $F_R$ 的大小和方位时，很容易求得轴承所承受的径向载荷 $F_r$。

计算成对安装的角接触球轴承和圆锥滚子轴承每一端轴承所承受的轴向载荷时，不能只考虑作用于轴上的轴向外载荷，还应考虑两端轴承上因径向载荷而产生的派生轴向力的影响。

设图 11.10 中轴与轴承受到的外界载荷分别为 $F_R$ 和 $F_A$，分析计算过程如下。

(1) 以轴及与其配合的轴承内圈为分离体，作受力简图，判别两端轴承的派生轴向力 $F_S$ 的方向，并给轴承编号：将 $F_S$ 与 $F_A$ 方向一致的轴承标为 2，另一端轴承标为 1 [图 11.10(a)、(b)]。

(2) 由 $F_A$ 计算径向载荷 $F_{r1}$ 和 $F_{r2}$，再由 $F_{r1}$、$F_{r2}$ 计算派生轴向力 $F_{S1}$ 和 $F_{S2}$。

(3) 计算轴承的轴向载荷 $F_{A1}$ 和 $F_{A2}$。

① 若 $F_A + F_{S2} \geqslant F_{S1}$，见图 11.10，轴有向左窜动的趋势，轴承 1 被"压紧"，轴承 2 被"放松"。轴承 1 上轴承座或端盖必然产生阻止分离体向左移动的平衡力 $S_1'$，即 $S_1' + F_{S1} = F_{S2} + F_A$，由此推得作用在轴承 1 上的轴向力

$$F_{A1} = S_1' + F_{S1} = F_A + F_{S2} \tag{11-6}$$

同时轴承 2 要保证正常工作，它所受的轴向载荷必须等于其派生轴向力，故有

$$F_{A2} = F_{S2} \tag{11-7}$$

② 若 $F_A + F_{S2} < F_{S1}$，见图 11.10，轴有向右窜动的趋势，轴承 1 被"放松"，轴承 2 被"压紧"。同理可推得

$$F_{A2} = S_2' + F_{S2} = F_{S1} - F_A \tag{11-8}$$

$$F_{A1} = F_{S1} \tag{11-9}$$

综上所述，计算轴向载荷的关键是判断哪个为紧端轴承，哪个为松端轴承。松端轴承的轴向载荷等于其派生轴向力；紧端轴承的轴向载荷等于外部轴向载荷与松端轴承派生轴向力的代数和。

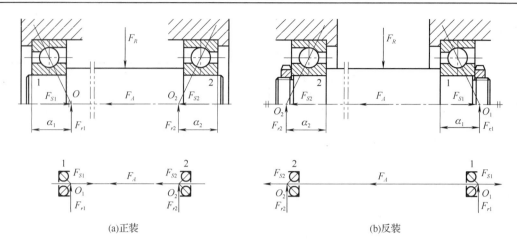

图 11.10　角接触球轴承安装方式及受力分析

### 11.4.6　滚动轴承的静强度计算

对于静止不转动的轴承(包括极低速转动 $n \leqslant 10\text{r/min}$ 和缓慢摆动的轴承),接触应力为静应力或应力变化次数很少,失效形式为由静载荷或冲击载荷引起的滚动体与内、外圈滚道接触处的过大的塑性变形(不会出现疲劳点蚀),应进行轴承的静强度计算。《滚动轴承　额定静载荷》(GB/T 4662—2012)规定:使受载最大滚动体与滚道接触处产生的接触应力达到一定值(如对调心球轴承为 4600MPa、滚子轴承为 4000MPa)时的载荷称为基本额定静负荷,用 $C_0$ 表示。轴承样本中列有各种型号轴承的 $C_0$ 值,供设计时查用。

滚动轴承的静强度校核公式为

$$\frac{C_0}{P_0} \geqslant S_0 \tag{11-10}$$

式中, $S_0$ 为静强度安全系数,见表 11-13; $P_0$ 为当量静负荷,N。

表 11-13　静强度安全系数 $S_0$

| 轴承使用情况 | 使用要求、载荷性质及使用场合 | $S_0$ |
|---|---|---|
| 旋转轴承 | 对旋转精度和平稳性要求较高,或受强大冲击载荷一般情况 | 1.2~2.5 |
| | 对旋转精度和平稳性要求较低,没有冲击或振动 | 0.8~1.2 |
| | | 0.5~0.8 |
| 不旋转或摆动轴承 | 水坝闸门装置 | ≥1 |
| | 吊桥 | ≥1 |
| | 附加动载荷较小的大型起重机吊钩 | ≥1 |
| | 附加动载荷很大的小型装卸起重机吊钩 | ≥1 |
| | 各种使用场合下的推力调心滚子轴承 | ≥1 |

当量静负荷 $P_0$ 是一个假想载荷。在当量静负荷作用下,轴承内受载最大滚动体与滚道接触处的塑性变形总量,与实际载荷作用下的塑性变形总量相同。对于角接触向心轴承和径向接触轴承,当量静负荷取由下面两式求得的较大值

$$\begin{cases} P_0 = X_0 F_r + Y_0 F_A \\ P_0 = F_r \end{cases} \tag{11-11}$$

式中, $X_0$、$Y_0$ 分别为静径向系数和静轴向系数,查表 11-14。

表 11-14 当量静负荷的 $X_0$、$Y_0$ 系数

| 轴承类型 | | 单列轴承 | | 双列轴承 | |
|---|---|---|---|---|---|
| | | $X_0$ | $Y_0$ | $X_0$ | $Y_0$ |
| 深沟球轴承 | | 0.5 | 0.5 | 0.6 | 0.5 |
| 角接触球轴承 | $\alpha = 15°$ | 0.5 | 0.46 | 1 | 0.92 |
| | $\alpha = 25°$ | 0.5 | 0.38 | 1 | 0.76 |
| | $\alpha = 40°$ | 0.5 | 0.26 | 1 | 0.52 |
| 调心球轴承 | | 0.5 | 0.5 | $0.22\cot\alpha$[①] | 1 | 0.44\cot\alpha$ |
| 圆锥滚子轴承 | | 0.5 | 0.5 | $0.22\cot\alpha$ | 1 | $0.44\cot\alpha$ |

注：由接触角 $\alpha$ 确定的 $Y_0$ 值，也可从《机械设计手册》中直接查得。

# 11.5 滚动轴承的组合设计

为保证轴承正常工作，除了正确选择轴承的类型和尺寸，还应正确地解决轴承的定位、装拆、配合、调整、润滑与密封等问题，即正确设计轴承的组合结构。

## 11.5.1 滚动轴承的固定

轴承的固定是指轴承的内圈与轴颈、外圈与座孔间的轴向定位与紧固。轴承轴向定位与紧固的方法很多，应根据轴承所受载荷的大小、方向、性质，转速的高低，轴承的类型及轴承在轴上的位置等因素，选择合适的轴向定位与紧固方法。单个支点处的轴承，其内圈在轴上和轴承外圈在轴承座孔内轴向定位与紧固的方法分别见表 11-15、表 11-16。

表 11-15 常用的轴承内圈轴向定位与紧固的方法

| 序号 | 1 | 2 | 3 | 4 | 5 |
|---|---|---|---|---|---|
| 简图 | | | | | |
| 固定方式 | 轴肩定位 | 弹簧挡圈与轴肩紧固 | 轴端挡圈与轴肩紧固 | 锁紧螺母与轴肩紧固 | 紧定锥套紧固 |
| 特点 | 轴承内圈由轴肩实现轴向定位，是最常见的形式 | 轴承内圈由轴用弹簧挡圈与轴肩实现轴向紧固，可承受不大的轴向载荷，结构尺寸小，主要用于深沟球轴承 | 轴承内圈由轴端挡圈与轴肩实现轴向紧固，可在高转速下承受较大的轴向力，多用于轴端切制螺纹有困难的场合 | 轴承内圈由锁紧螺母与轴肩实现轴向紧固，止动垫圈具有防松的作用，安全可靠，适用于高速、重载 | 依靠紧定锥套的径向收缩夹紧实现轴承内圈的轴向紧固，用于轴向力不大、转速不高、内圈为圆锥孔的轴承在光轴上的紧固 |

表 11-16 常用的轴承外圈轴向定位与紧固的方法

| 序号 | 1 | 2 | 3 | 4 |
|---|---|---|---|---|
| 简图 | | | | |
| 固定方式 | 弹簧挡圈与凸肩紧固 | 止动卡环紧固 | 轴承端盖定位与紧固 | 螺纹环定位与紧固 |
| 特点 | 轴承外圈由弹性挡圈与座孔内凸肩实现轴向紧固，结构简单、装拆方便、轴向尺寸小，适用于转速不高、轴向力不大的场合 | 轴承外圈由止动卡环实现轴向紧固，用于带有止动槽的深沟球轴承，适用于轴承座孔内不便设置凸肩且轴承座为剖分式结构的场合 | 轴承外圈由轴承端盖实现轴向定位与紧固，用于高速及很大轴向力时的各类角接触向心轴承和角接触推力轴承 | 轴承外圈由螺纹环实现轴向定位与紧固，用于转速高、轴向载荷大且不便使用轴承端盖紧固的场合 |

## 11.5.2 滚动轴承轴系支点固定的结构形式

通常一根轴需要两个支点，每个支点由一个或两个轴承组成。滚动轴承的支承结构应考虑轴在机器中的正确位置，防止轴向窜动及轴受热伸长后不致将轴卡死等因素。径向接触轴承和角接触轴承的支承结构有三种基本形式。

### 1. 两端支承固定

常温下工作的短轴（支承跨距小于 400mm），常采用深沟球轴承或反向安装的角接触球轴承、圆锥滚子轴承作为两端支承，每一端轴承单向固定，各承受一个方向的轴向力，如图 11.11 所示。两端单向固定也是工程中轴承最常用的轴向固定形式。

图 11.11(a)为深沟球轴承两端单向固定支承，适用于受纯径向载荷或径向载荷与较小轴向载荷联合作用下的轴。为允许轴工作时有少量热膨胀，轴承安装时应留有 0.25～0.4mm 的轴向间隙（间隙很小，结构图上不必画出），通过调整端盖端面与支承座之间的垫片厚度或调整螺钉来调节间隙的大小。由于轴向间隙的存在，这种支承不能作精确轴向的定位。

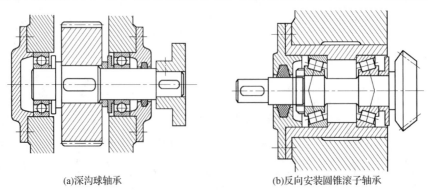

(a)深沟球轴承　　　　　　　　(b)反向安装圆锥滚子轴承

图 11.11 轴承两端单向固定

### 2. 一端双向固定、一端游动支承

当轴较长或工作温度较高时，轴的热膨胀收缩量较大，宜采用一端双向固定、一端游动的支点结构。固定端由单个轴承或轴承组承受双向轴向力，而游动端则保证轴伸缩时能自由

游动。作为双向固定支承的轴承,因要承受双向轴向力,故内外圈在轴向都要固定。如图 11.12（a）所示,轴的两端各用一个深沟球轴承支承,左端轴承的内、外圈都为双向固定,而右端轴承的外圈在座孔内没有轴向固定,内圈用弹性挡圈限定其在轴上的位置。工作时轴上的双向轴向载荷由左端轴承承受,轴受热伸长时,右端轴承可以在座孔内自由游动。支承跨距较大（$L>350mm$）或工作温度较高（$t>70℃$）的轴,游动端轴承采用圆柱滚子轴承更为合适,如图 11.12（b）所示,内、外圈均作双向固定,但相互间可作相对轴向移动。当轴向载荷较大时,固定端可用深沟球轴承或径向接触轴承与推力轴承的组合结构 ［图 11.12（c）］。固定端也可以用两个角接触球轴承（或圆锥滚子轴承）"背对背"或"面对面"组合在一起的结构,如图 11.12（d）所示。

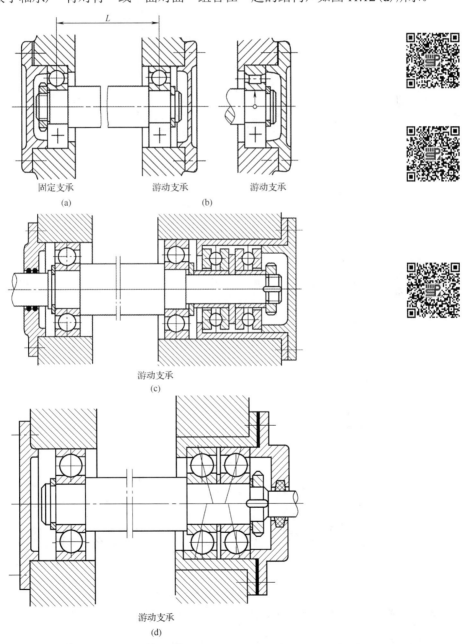

图 11.12 一端固定、一端游动支承组合结构

### 3. 两端游动支承

要求能左右双向游动的轴,可采用两端游动的轴系结构。对于人字齿轮传动的轴,为了使轮齿受力均匀或防止齿轮卡死,采用允许轴系左右少量轴向游动的结构,故两端都选用圆柱滚子轴承。如图 11.13 所示人字齿轮传动中,大齿轮所在轴采用两端固定支承结构,小齿轮轴采用两端游动支承结构,靠人字齿传动的啮合作用,控制小齿轮轴的轴向位置,使传动顺利进行。

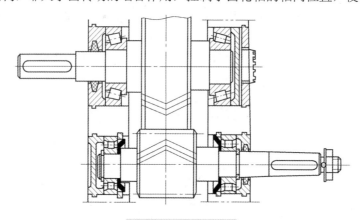

图 11.13　两端双游动

## 11.5.3　轴承游隙和轴承组合位置的调整

轴承游隙的大小对轴承的寿命、效率、旋转精度、温升及噪声等都有很大的影响。需要调整游隙的主要有角接触球轴承组合结构、圆锥滚子轴承组合结构和平面推力球轴承组合结构。图 11.14(a)所示结构中,轴承的游隙和预紧是靠轴承端盖与套杯间的垫片来调整的,简单方便;而图 11.14(b)的结构中,轴承的游隙是靠轴上圆螺母来调整的,操作不方便,且螺纹为应力集中源,削弱了轴的强度。为使圆锥齿轮传动中的分度圆锥锥顶重合或使蜗轮蜗杆传动能在中间平面位置正确啮合,必须对其支承轴系进行轴向位置调整,即进行轴承组合位置调整。如图 11.15 所示,整个支承轴系放在一个套杯中,套杯的轴向位置(即整个轴系的轴向位置)通过改变套杯与机座端面间垫片的厚度来调节,从而使传动件处于最佳的啮合位置。

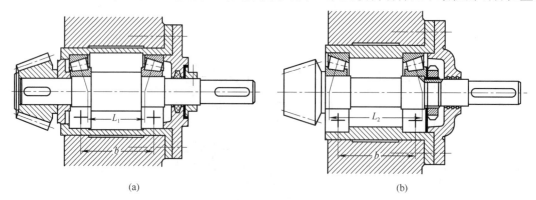

(a)　　　　　　　　　　　　　　　　(b)

图 11.14　齿轮轴支撑结构

## 11.5.4　提高轴系刚度的措施

提高轴系的刚度对提高轴的旋转精度、减小振动噪声和保证轴承寿命都是十分有利的,可采取以下措施。

**1. 提高支承部分的刚度和同心度**

　　轴和安装轴承的机壳或轴承座，以及其他受力零件，必须具有足够的刚度，因为它们的变形都要阻滞滚动体的滚动而使轴承提前损坏。因此，机壳或轴承座应有足够的壁厚，必要时应设计有加强肋，以增加支承部位的刚度(图11.15)。为保证轴颈和座孔的同心度，应尽可能采用整体结构的机壳，并使两座孔一次镗出。如果一根轴上装有不同尺寸的轴承，可利用套杯安装尺寸较小的轴承，使座孔能一次镗出。

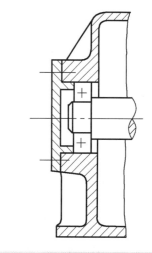

图 11.15　用加强筋增强轴承座孔刚度

　　轴承是轴系组成中的一个重要零件，其刚度直接影响轴系的刚度。对刚度要求较大的轴承，宜选用双列球轴承(如双列深沟球轴承、双列角接触球轴承等)、滚子轴承(圆柱滚子轴承、圆锥滚子轴承等)。载荷特大或有较大冲击时可在同一支点上采用双列或多列滚子轴承。

**2. 合理安排轴承的组合方式**

　　同样的轴承作不同排列，支承的刚度也不同。一对并列的向心角接触轴承，当其反装时，两轴承载荷作用中心间的距离较大，支承刚度较大。这种方案常见于机床主轴的前支承中。一般机器多采用正装，因为正装时的安装和调整都比较方便(轴承游隙靠外圈调节)。

　　对于分别处于两支点的一对角接触轴承，其安装形式对轴系刚度的影响可见表 11-17。

表 11-17　角接触轴承不同安装形式对轴系刚度的影响

| 安装形式 | 工作零件(作用力)位置 | |
|---|---|---|
| | 悬伸端 | 两轴承间 |
| 面对面安装 | $L_1$　$L_{01}$　A | B　$L_1$ |
| 背对背安装 | $L_1$　$L_{02}$　A | B　$L_2$ |
| 比较 | $L_2 > L_1$，$L_{02} < L_{01}$，轴的最大弯矩 $M_{A2} < M_{A1}$，悬伸工作端 A 点挠度 $\delta_{A2} < \delta_{A1}$，背对背安装刚性好 | $L_1 < L_2$，轴的最大弯矩 $M_{B2} > M_{B1}$，工作件处挠度 $\delta_{B2} < \delta_{B1}$，面对面安装刚性好 |

**3. 轴承的预紧**

　　轴承预紧就是，在安装时，在轴承中产生并保持一个轴向力，以消除游隙并在滚动体和内外圈接触处产生预变形，使内外圈之间处于压紧状态，以达到提高轴承的刚度和旋转精度、降低轴的振动和噪声、延长轴承寿命的目的。例如，机床的主轴轴承刚度很重要，就须采用预紧。

常用的预紧装置：①两个相同型号的角接触轴承成对安装，通过套圈间加金属垫片或磨窄套圈来预紧［图 11.16（a）、（b）］。预紧力的大小由垫片的厚度或轴承内、外圈的磨削量来控制；②两轴承中间装入长度不等的套筒而预紧，调整两套筒的长度以控制预紧力［图 11.16（c）］；③用弹簧预紧［图 11.16（d）］，可得到稳定的预紧力，在高速运转时采用，但对轴承刚度提高不大。

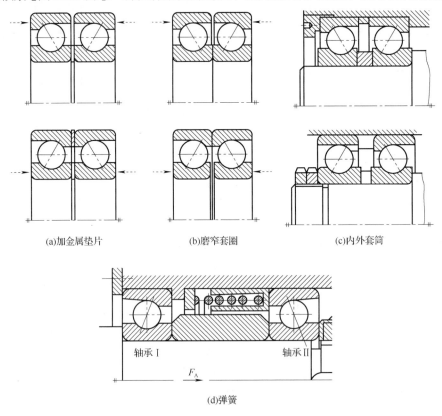

(a)加金属垫片　　　　(b)磨窄套圈　　　　(c)内外套筒

(d)弹簧

图 11.16　轴承预紧方法

## 11.5.5　滚动轴承的配合和装拆

### 1. 滚动轴承的配合

轴承的配合是指内圈与轴颈及外圈与座孔的配合，轴承的周向固定及径向游隙的大小是通过其配合实现的，这不仅关系轴承的运转精度，也影响轴承的寿命。当过盈量太大时，装配后因内圈的弹性膨胀和外圈的收缩，使轴承游隙减少甚至完全消除，以致影响正常运转。如配合过松，不仅影响旋转精度，而且内、外圈会在配合面上滑动，使配合面擦伤，为保证轴承正常工作必须选择适当的配合。

滚动轴承是标准件，选择配合时就把它作为基准件。因此轴承内圈与轴颈的配合采用基孔制，轴承座孔与轴承外圈的配合则采用基轴制，并且轴承内、外径的上偏差均为零，故比圆柱公差标准中的同类配合要紧。

轴承配合种类的选择与轴承类型和尺寸、精度、载荷大小、方向及载荷的性质有关。一般来说，当外载荷方向不变时，转动套圈承受旋转的载荷，不动圈承受局部的载荷，故转动圈应比不动圈有更紧一些的配合。如载荷方向随转动件一起转动，转动圈应比不动圈有较松的配合。载荷平稳时轴承配合可偏松一些，而变动的载荷或高速、重载、高温、有冲击时应偏紧一些。轴承旋转精度要求高时，应采用较紧的配合，而经常拆卸或游动套圈则采用较松的配合。

一般情况下，内圈随轴一起转动，外圈不动，故内圈常用有过盈量的过渡配合。当轴承作游动支承时，外圈应取保证有间隙的配合。各类轴承配合选择具体可查相关手册。

**2. 滚动轴承的装拆**

为了不损伤轴承及轴颈部位，中小型轴承可用手锤敲击装配套筒(一般用铜套)安装轴承，如图 11.17 所示；大型轴承或较紧的轴承可用专用的压力机装配或将轴承放在矿物油中加热到 $80\sim100℃$ 后再进行装配。拆卸轴承一般也要用专门的拆卸工具——顶拔器(图 11.18)。为便于安装顶拔器，应使轴承内圈比轴肩、外圈比凸肩露出足够的高度 $h$(图 11.20)。对于盲孔，可在端部开设专用拆卸螺纹孔(图 11.19)。

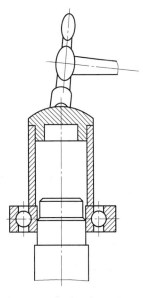

图 11.17 用锤安装轴承

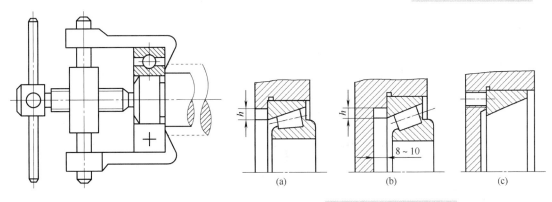

图 11.18 用顶拔器拆承

图 11.19 轴承外圈的拆卸

(a)　　　(b)　　　(c)

## 11.5.6 滚动轴承的润滑

润滑轴承的目的主要是降低摩擦阻力和减轻磨损，同时也有冷却、吸振、降低噪声、防锈和密封的作用。选择正确的润滑剂和润滑方式对提高轴承性能、延长轴承寿命有重要意义。滚动轴承一般采用油润滑和脂润滑。在一些特殊条件下，如在高温、真空等环境中，可采用固体润滑，常用的固体润滑剂有二硫化钼、石墨和聚四氟乙烯等。

润滑方式的选择主要与轴承的速度有关，一般根据速度因数 $dn$ 值($d$ 为滚动轴承内径，单位为 mm，$n$ 为轴承转速，单位为 r/min)，参考表 11-18 选择。

表 11-18　适用于脂润滑和油润滑的 $dn$ 值界限($10^4$mm·r/min)

| 轴承类型 | 脂润滑 | 油润滑 | | | |
| --- | --- | --- | --- | --- | --- |
| | | 油浴 | 滴油 | 循环油(喷油) | 油雾 |
| 深沟球轴承 | 16 | 25 | 40 | 60 | >60 |
| 调心球轴承 | 16 | 25 | 40 | — | — |
| 角接触球轴承 | 16 | 25 | 40 | 60 | >60 |

| 轴承类型 | 脂润滑 | 油润滑 | | | |
|---|---|---|---|---|---|
| | | 油浴 | 滴油 | 循环油(喷油) | 油雾 |
| 圆柱滚子轴承 | 12 | 25 | 40 | 60 | >60 |
| 圆锥滚子轴承 | 10 | 16 | 23 | 30 | — |
| 调心滚子轴承 | 8 | 12 | — | 25 | — |
| 推力球轴承 | 4 | 6 | 12 | 15 | — |

**1)脂润滑**

脂润滑一般用于 $dn$ 值较小的轴承中。由于润滑脂是一种黏稠的胶凝状材料,故油膜强度高、承载能力大、不易流失、便于密封,一次加脂可以维持较长时间。润滑脂的填充量一般不超过轴承内部空间容积的 $1/3\sim1/2$,润滑脂过多会引起轴承发热,影响正常工作。

选择润滑脂时主要考虑的因素是速度、载荷、温度、环境等。表 11-19 列出了滚动轴承常用的一些润滑脂的牌号。

表 11-19　滚动轴承常用的一些润滑脂

| 名称 | 代号 | 针入度(25℃时)(1/10mm) | 适用温度/℃ | 适用速度 | 适用载荷 | 用途 |
|---|---|---|---|---|---|---|
| 钙基润滑脂 | 2 号 | 265～295 | −10～+55 | 中—低 | 中—低 | 轻载、中载、中速、低速的中小型滚动轴承,可遇水及处于潮湿环境 |
| | 3 号 | 220～250 | −10～+60 | | | |
| 复合钙基润滑脂 | ZFG-2 | 265～295 | −10～+160 | 中—低 | 高—低 | 可用于高温及潮湿条件下 |
| | ZFG-3 | 220～250 | −10～180 | | | |
| 钠基润滑脂 | ZN-3 | 220～250 | −10～+110 | 高—低 | 高—低 | 高、中、低速轴承、避免水和湿气以防乳化 |
| | ZN-4 | 175～205 | −10～+120 | | | |
| 锂基润滑脂 | 2 号 | 265～295 | −20～+120 | 高—低 | 高—低 | 中、小型,高—低温轴承 |
| | 3 号 | 220～250 | −20～+120 | | | |
| 滚动轴承润滑脂 | | 250～290 | +80 | — | — | 适用于机车、货车导杆的球轴承,汽车电机等其他机械滚动轴承 |
| 膨胀土润滑脂 | 2 号 | 265-295 | +150 | — | — | 适用于汽车底盘、水泵等轴承 |
| | 3 号 | 220～250 | | | | |

**2)油润滑**

轴承的 $dn$ 值超过一定界限,应采用油润滑。油润滑的优点是摩擦阻力小,润滑充分,且具有散热、冷却和清洗滚道的作用,缺点是对密封和供油的要求高。润滑油的主要性能指标是黏度。转速越高,宜选用黏度较低的润滑油;载荷越大,宜选用黏度较高的润滑油。具体选用润滑油时,可根据工作温度和 $dn$ 值,由图 11.20 先确定油的黏度,然后根据黏度值从润滑油产品目录中选出相应的润滑油牌号,常用的油润滑方法见表 11-20。

表 11-20　滚动轴承常用的一些润滑油

| 名称 | 牌号 | 运动黏度(40℃条件下) | 应用举例 |
|---|---|---|---|
| 机械油(GB 443—1989) | N22 | 19.8～24.2 | 100kW 以下电机轴承,中小型机床齿轮箱中轴承 |
| | N32 | 28.8～35.2 | |
| | N46 | 41.4～50.6 | 100kW 以上电机轴承,一般机床齿轮箱中轴承 |
| 主轴油(SH 0017—1990) | N10 | 9.0～11.0 | 普通轴承用油 |
| | N15 | 13.5～16.5 | 精密机械中轴承用油 |
| | N22 | 19.8～24 .2 | |

续表

| 名称 | 牌号 | 运动黏度(40℃条件下) | 应用举例 |
|---|---|---|---|
| 特 3、4、5、14、16号精密仪表油 | 3 | 14～20 | 各种精密仪表轴承温度范围为-60～+120℃ |
| | 4 | 14～20 | |
| | 5 | 29～34 | |
| | 14 | 34～41 | |
| | 16 | 30～37 | |
| 仪表油 | HY-8 | 8.5～12 | 用于仪表轴承 |

(1)油浴润滑(图 11.21)。把轴承局部浸入润滑油中，轴承静止时，油面不高于最低滚动体的中心。这个方法不宜用于高速轴承，因为高速时搅油剧烈会造成很大能量损失，引起油液和轴承的严重过热。

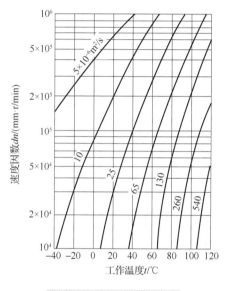

图 11.20　润滑油黏度选择

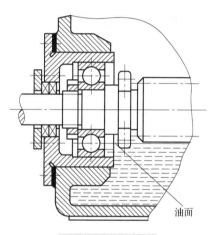

图 11.21　油浴润滑

(2)飞溅润滑。这是闭式齿轮传动中轴承润滑常用的方法。它利用转动齿轮把润滑油飞溅到齿轮箱的内壁上，然后通过适当的沟槽把油引入轴承中。

(3)喷油润滑适用于转速高、载荷大、要求润滑可靠的轴承。它是用油泵对润滑油加压，通过油管或机座中特制油路，经油嘴把油喷到轴承内圈与保持架的间隙中。

除了上述方法外，还有滴油润滑、油雾润滑等。

## 11.5.7　滚动轴承的密封

为了充分发挥轴承工作时的性能，润滑剂不允许很快流失，且外界灰尘、水分及其他杂物也不允许进入轴承，故应对轴承设置可靠的密封装置。密封装置可分为接触式和非接触式两类。常用密封装置及其特性见表 11-21。

表 11-21 常用密封装置及其特性

| 密封形式 | | 结构简图 | 特性 |
|---|---|---|---|
| 接触式密封 | 毡圈密封<br>($v<5m/s$) | | 结构简单。压紧力不能调。用于脂润滑 |
| | 密封圈密封<br>($v<4\sim12m/s$) | | 使用方便，密封可靠。耐油橡胶和塑料密封圈有 Q、J、U 等形式，有弹簧箍的密封性能更好 |
| 非接触式密封 | 迷宫式密封<br>($v<30m/s$) | 轴向曲路(只用于剖分结构) | 油润滑、脂润滑都有效，缝隙中填脂 |
| | | 径向曲路 | |
| | | 油沟密封<br>($v<5\sim6m/s$) | 结构简单，沟内填脂，用于脂滑或低速油润滑。盖与轴的间隙为 0.1～0.3mm，沟槽宽 3～4mm，深 4～5mm |
| | | 挡圈密封 | 挡圈随轴旋转，可利用离心力甩去油和杂物，最好与其他密封联合使用 |
| | 立轴综合密封 | | 为防止立轴漏油，一般要采取两种以上的综合密封形式 |
| | 甩油密封 | | 甩油环靠离心力将油甩掉，再通过导油槽将油导回油箱 |

## 1. 非接触式密封

接触式密封必然在接触处产生摩擦，非接触式密封则可以避免此类缺点，故非接触式密封常用于速度较高的场合。

(1)间隙式［图 11.22(a)］。在轴与端盖间设置很小的径向间隙(0.1~0.3mm)而获得密封。间隙越小，密封效果越好。若同时在端盖上制出几个环形槽［图 11.22(b)］，并填充润滑脂，可提高密封效果。这种密封结构适用于干燥清洁环境、脂润滑轴承。

图 11.22(c)为利用挡油环和轴承之间的间隙实现密封的装置。工作时挡油环随油一起转动，利用离心力甩去油和杂质。挡油环应凸出轴承座端面 $\Delta=1\sim2mm$。该结构常用于机箱内密封，如齿轮减速器内齿轮用油润滑、而轴承用脂润滑的场合。

(2)迷宫式密封(图 11.23)。利用端盖和轴套间形成的曲折间隙获得密封。有径向迷宫式［图 11.22(a)］和轴向迷宫式［图 11.22(b)］两种。径向间隙取 0.1~0.2mm，轴向间隙取 1.5~2mm。应在间隙中填充润滑脂以提高密封效果。这种结构密封可靠，适用于比较脏的环境。

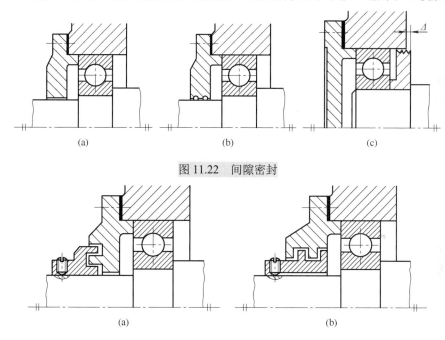

(a)　　　　　　　(b)　　　　　　　(c)

图 11.22 间隙密封

(a)　　　　　　　　　　(b)

图 11.23 迷宫式密封

## 2. 接触式密封

通过轴承盖内部放置的密封件与转动轴表面的直接接触而起密封作用。密封件主要用毛毡、橡胶圈、皮碗等软性材料，也有用减摩性好的硬质材料如石墨、青铜、耐磨铸铁等。轴与密封件接触部位需磨光，以增强防泄漏能力和延长密封件的寿命。

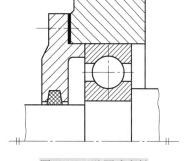

图 11.24 毡圈式密封

(1)毡圈式密封(图 11.24)。将矩形截面的毡圈安装在端盖的梯形槽内，利用轴与毡圈的接触压力形成密封，压力不能调整。一般适用于接触处的圆周速度 $v\leqslant5m/s$ 的脂润滑轴承。

(2)唇形密封(图 11.25)。唇形密封圈用耐油橡胶制成，用弹簧圈紧箍在轴上，以保持一定的压力。图 11.25(a)、(b)是两种不同的安装方式，前者密封圈唇口面向轴承，防止油的泄漏效果好，后者唇口背向轴承，防尘效果好。若同时用两个密封圈反向安装，则可达到双重效果。该密封可用于接触处轴的圆周速度 $v\leqslant7m/s$、脂润滑或油润滑的轴承。

轴承的密封装置还有许多其他方法和密封形式，在工程中往往综合运用几种不同的密封形式，以期达到更好的密封效果，如毡圈密封与间隙式密封组合、毡圈密封与迷宫式密封组合等。具体可参考《机械设计手册》选用。

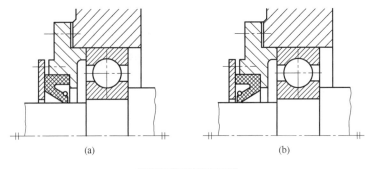

(a)                    (b)

图 11.25  唇形密封

# 11.6  新型结构滚动轴承简介

随着机械产品向高速、高效、自动化及高精度方向发展，一批能够满足特殊要求的新型滚动轴承出现了，如机器人、数控机床、加工中心及现代医疗机械等设备中广泛应用的交叉滚动轴承、直线滚动轴承、微型滚动轴承等。它们的共同优点是具有极高的精度、极小的摩擦阻力矩、极高的耐磨性及起动十分灵活、结构十分紧凑等，共同的缺点则是加工精度要求高、制造难度大等。下面对直线滚动轴承和交叉滚动轴承作简单介绍。

## 11.6.1  直线滚动轴承

根据滚动体形状的不同，直线滚动轴承可分为直线运动球轴承、直线运动滚子轴承和直线运动滚针轴承三类。工作中滚动体在若干条封闭的滚道内循环运动，保证零部件实现规定的直线运动。具有摩擦系数小、消耗功率少、传动精度高、运动平稳、轻便灵活、无爬行或振动，以及直线运动驱动力极小等优点，主要应用于数控机床和自动化程度较高的精密机械装置中。

图 11.26 所示为直线运动球轴承的一种结构，由外套、钢球、保持架及挡圈等构成，外套内壁有数条(不少于 3 条)纵向滚道，钢球在外套与导轴之间沿保持架的沟槽循环滚动。这种轴承为一整体套筒，只能承受径向负荷，作直线往复运动，径向间隙不可调整。

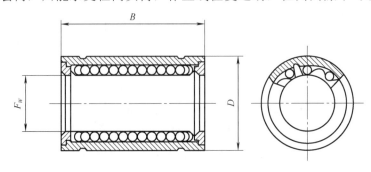

图 11.26  直线运动球轴承

## 11.6.2 交叉滚动轴承

交叉滚动轴承的典型结构如图 11.27 所示。图中滚动体为圆柱滚子(还可以是圆锥滚子或滚珠)。滚动体在内外圈滚道内交叉排列,接触角为 45°,能同时承受轴向载荷、径向载荷和倾覆力矩。为便于轴承的装配,其外圈或内圈可分成两部分制造。内、外圈可带轮齿,以满足特定的啮合传动要求。轴承常用橡胶密封圈密封,以防止污物的侵入。它相当于一对角接触向心轴承组合的功效,但结构紧凑,轴向尺寸小,有利于缩小机器尺寸。

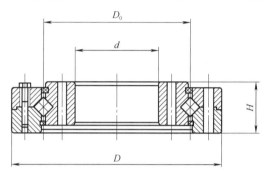

图 11.27 滚动轴承的典型结构

【应用实例 11.2】 图 11.28 所示为用两个型号为 30208 的圆锥滚子轴承支撑一个齿轮轴的计算简图,轴承 1、2 所受的径向载荷分别为 $F_{r1}$ =4250N,$F_{r2}$ =1500N,作用于轴心线上的轴向载荷 $F_{Ae}$ =1200N(方向如图 11.28 所示),转速 $n$=1380r/min,取载荷系数 $f_p$,温度系数 $f_t$ =1。试计算轴承寿命。

**解** 设计计算步骤如下。

| 设计项目 | | 设计内容及依据 | 主要结果 |
|---|---|---|---|
| 1. 确定 30208 轴承的主要性能参数 | | 由相关设计或轴承手册中查得 30208 轴承 $C_r$ = 59630N,$C_{0r}$ = 42950N,$\alpha$ = 14°02′10″,查表 11-11 得 $e$=1.5tan$\alpha$=0.375 | $\alpha$ = 14°02′10″、$C_r$ = 59630N、$C_{0r}$ = 42950N、$e$=0.375 |
| 2. 计算轴承内部轴向力 $F_{s1}$、$F_{s2}$ | | 由表 11-12,对于圆锥滚子轴承,$F_s = F_r / 2Y$,故 $$F_{s1} = \frac{F_{r1}}{2Y} = \frac{4250}{2 \times 1.6} = 1328(\text{N})$$ $$F_{s2} = \frac{F_{r2}}{2Y} = \frac{1500}{2 \times 1.6} = 469(\text{N})$$ 在图 11.28 中两支点载荷作用中心处画出 $F_{s1}$、$F_{s2}$ 的指向 | $F_{s1}$ =1328N $F_{s2}$ =469N |
| 3. 计算轴承的轴向载荷 $F_{A1}$、$F_{A2}$ | | 因为: $$F_{Ae} + F_{s2} = 1200 + 469 = 1669(\text{N}) > S_1$$ 故轴承 1 被压紧,轴承 2 被放松 $$F_{A1} = F_{Ae} + F_{s2} = 1200 + 469 = 1669(\text{N})$$ $$F_{A2} = F_{s2} = 469\text{N}$$ | $F_{A1}$ =1669N $F_{A2}$ =469N |
| 4. 计算轴承的径向当量载荷 | (1) 轴承 1 的径向当量载荷 $P_1$ | 因 $\frac{F_{A1}}{F_{r1}} = \frac{1669}{4250} = 0.393 > e = 0.375$,由表 11-11 查得 $$X = 0.4, Y = 0.4\cot14°02′10″ = 1.6$$ 则 $P_1 = XF_{r1} + YF_{A1} = 0.4 \times 4250 + 1.6 \times 1669 = 4371(\text{N})$ | $P_1$ =4371N |
| | (2) 轴承 2 的径向当量载荷 $P_2$ | 因 $\frac{F_{A2}}{F_{r2}} = \frac{469}{1500} = 0.31 < e = 0.375$,由表 11-11 查得 $X = 1, Y = 0$ $$P_2 = XF_{r2} + YF_{A2} = 1 \times 1500 + 0 \times 469 = 1500(\text{N})$$ | $P_1$ =1500N |

续表

| 设计项目 | 设计内容及依据 | 主要结果 |
|---|---|---|
| 5．计算轴承寿命 $L_h$ | 两轴承型号相同，且 $P_1 > P_2$，所以应按 $P_1$ 计算轴承寿命。取 $\varepsilon = 10/3$，得 $$L_h = \frac{16667}{n}\left(\frac{f_t C}{f_p P}\right)^{\varepsilon} = \frac{16667}{1380}\times\left(\frac{1\times59630}{1.2\times4371}\right)^{10/3} = 39906(\text{h})$$ | $L_h = 39906\text{h}$ |

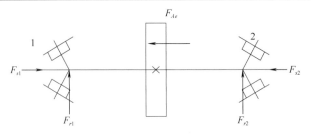

图 11.28　轴向载荷方向示意

# 本 章 小 结

为了使读者能够通过本章的学习，达到选择应用滚动轴承、并能对轴承的组合结构进行设计的目的，首先必须了解滚动轴承的类型、尺寸、结构形式、精度等级等基本知识及其代号的意义。在此基础上，还应适当掌握滚动轴承设计的基本理论和计算方法，以便对所选轴承作出评价，能否满足预期寿命、静强度和转速等要求。

除计算外，为保证轴承的正常工作，还要进行合理的轴承组合结构设计，解决轴系零件的固定、轴承与相关零件配合、轴承安装、调整和预紧，以及轴的润滑与密封等问题。

# 习 题

## 一、选择题

1. 代号为 N1034 的轴承，其轴承内径是_____。

　　A．170mm　　　　　B．10mm　　　　　C．40mm　　　　　D．34mm

2. _____轴承能同时承受径向载荷和轴向载荷的联合作用。

　　A．51110　　　　　B．1210　　　　　C．30210　　　　　D．N210

3. 转轴的转速高、受较大的径向载荷时，选用_____。

　　A．深沟球轴承　　　　　　　　　B．推力球轴承

　　C．推力圆柱滚子轴承　　　　　　D．圆锥滚子轴承

4. 滚动轴承采用轴向预紧措施的主要目的是_____。

　　A．提高轴承的承载能力　　　　　B．防止轴的窜动

　　C．降低轴承的运转噪声　　　　　D．提高轴的旋转精度和刚度

5. 滚动轴承基本额定寿命的可靠度是_____。

　　A．99%　　　　　B．90%　　　　　C．95%　　　　　D．10%

6. 滚动轴承基本代号左起第一位是＿＿＿＿。

　　A. 类型代号　　　　　　　　　　　B. 宽度系列代号

　　C. 直径系列代号　　　　　　　　　D. 内径代号

7. 滚动轴承的类型代号由＿＿＿＿表示。

　　A. 数字加字母　　　B. 数字或字母　　　C. 字母　　　　　D. 数字

## 二、简答题

1. 试比较深沟球轴承和圆柱滚子轴承的异同。

2. 试比较圆锥滚子轴承和角接触球轴承的异同。

3. 轴承的组合设计要解决的主要问题有哪些？

4. 滚动轴承润滑的目的是什么？如何选择润滑剂？

5. 在轴承的组合设计中，如何考虑轴承的装卸？

## 三、作图、分析和设计计算题

1. 已知一圆柱滚子轴承 N1207 的工作转速 $n$ =200r/min 载荷平稳，室温下工作，预期寿命 $L_h$ =10000h，试求：

　　(1) 该轴承允许的最大径向载荷；

　　(2) 在 $F_R$ =4kN 作用下，轴承的寿命是多少小时？

　　(径向基本额定动载荷 $C_r$ = 27.8kN。)

2. 图 11.29 所示为一正装 30212 圆锥滚子轴承，轴向外载荷 $F_{Ae}$ =500N，径向载荷 $F_{R1}$ = 6000N，$F_{R2}$ =1000N，试分别求两轴承的轴向力 $F_{A1}$，$F_{A2}$。(派生的轴向力 $S$=0.28 $F_r$。)

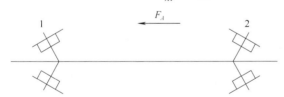

**图 11.29　正装 30212 圆锥滚子轴承**

3. 根据工作条件，某机械传动装置中轴的两端各采用一个深沟球轴承支承，轴颈 $d$= 40mm，转速 $n$ = 2000r/min，每个轴承承受径向载荷 $F_R$ =2000N，常温下工作，载荷平稳，预期寿命 $L_h$ = 8000h，试选择轴承。

4. 根据工作要求，选用内径 $d$ = 50mm 的圆柱滚子轴承。轴的径向载荷 $F_R$ =39200N，轴的转速 $n$=85r/min，运转条件正常，预期寿命 $L_h$ =1300h，试选择轴承型号。

5. 一矿山机械的转轴，两端用 6313 深沟球轴承支承，每个轴承承受的径向载荷 $F_R$ =6400N，轴的轴向载荷 $F_A$ =2700N，轴的转速 $n$=1250r/min，运转中有轻微冲击，预期寿命 $L_h$ = 5000h，问是否合适？

# 第 12 章　联轴器和离合器

引入案例

如图 12.1 所示的汽车前部发动机的动力如何传递给后轮？调节前进速度时如何进行换挡操作？车辆的制动动作是怎样实现的？

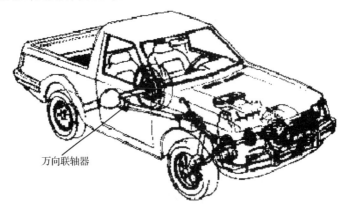

万向联轴器

图 12.1　小型运输车

## 12.1　概　　述

联轴器、离合器和制动器是机械中常用的部件，在机器中使用联轴器和离合器的目的就是实现两轴的连接并传递动力及运动；有时也可用作安全装置。其中，用联轴器连接的两轴，须在机器停止运转后才能接合或分离；而离合器连接的两轴，则在机器运转过程中可使两轴随时接合或分离，从而达到操纵机器传动系统的断续，以便进行变速和换向等。制动器是用来降低机械速度或迫使机械停止运动的装置，在起重机械中，制动器还起着保护重物不自行降落的作用。

机器的工况各异，因而对联轴器、离合器和制动器提出了各种不同的性能要求，如传递转矩的大小、转速的高低、体积大小和缓冲吸振能力等。为适应不同的应用要求，联轴器、离合器和制动器出现了很多类型，其中联轴器和离合器大都已标准化，因此设计时可根据工作要求，查阅有关手册、样本，选择合适的类型及型号。同时新型产品还在不断涌现，设计者也可根据具体需要自行设计。

本章仅介绍少数典型结构及其相关知识，以便为选用标准件和自行设计提供必要的基础。

# 12.2　联　轴　器

## 12.2.1　联轴器的种类及特性

联轴器所连接的两轴，由于制造及安装误差、承载后的变形以及温度变化等的影响，往往不能保证严格的对中，而是存在着某种程度的相对位移或偏斜，如图 12.2 所示。这就要求设计联轴器时，从结构上采取各种不同的措施，使之具有一定的补偿两轴相对位移及偏斜的能力，以消除或降低被连两轴相对位移而引起的附加动载荷，改善传动性能，延长机器使用寿命。同时为减少机械振动、降低冲击载荷，联轴器还应具有一定的缓冲减振性能。

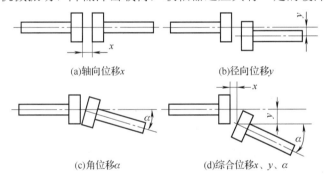

(a)轴向位移$x$　　　　　　　(b)径向位移$y$

(c)角位移$\alpha$　　　　　　　(d)综合位移$x$、$y$、$\alpha$

图 12.2　连接两轴的相对位移

根据联轴器对各种相对位移有无补偿能力以及是否有过载安全保护作用，联轴器可分为刚性联轴器(无位移补偿能力)、挠性联轴器(有位移补偿能力)和安全联轴器(过载保护作用)三大类。挠性联轴器又可按是否具有弹性元件分为无弹性元件的挠性联轴器和有弹性元件的挠性联轴器两个类别。挠性联轴器因具有挠性，故可在不同程度上补偿两轴间某种相对位移。

**1. 刚性联轴器**

刚性固定式联轴器具有结构简单、成本低的优点。但对被连接的两轴间的相对位移缺乏补偿能力，故对两轴对中性要求很高。如果两轴线发生相对位移，就会在轴、联轴器和轴承上引起附加的载荷，使工作情况恶化。所以常用于无冲击、轴的对中性好的场合。应用较多的刚性联轴器有以下几种。

**1) 凸缘联轴器**

在刚性联轴器中，凸缘联轴器是应用最广的一种。这种联轴器是把两个带有凸缘的半联轴器用键分别与两轴连接，然后用螺栓把两个半联轴器联成一体，以传递运动和转矩。如图 12.3 所示。按对中方法不同，凸缘联轴器有两种主要的结构形式：图 12.3(a)所示的凸缘联轴器，是靠铰制孔用螺栓来实现两轴对中的，此时螺栓杆与钉孔为过渡配合，靠螺栓杆的剪切和螺栓杆与孔壁间的挤压来传递转矩。图 12.3(b)是有对中榫的凸缘联轴器,靠一个半联轴器上的凸肩与另一个半联轴器上的凹槽相配合而对中,此时螺栓杆与钉孔壁间存在间隙,装配时须拧紧普通螺栓,靠两个半联轴器接合面间产生的摩擦力来传递转矩。当要求两轴分离时,前者只要卸下螺栓即可,轴不需作轴向移动,因此拆卸比后者简便。

凸缘联轴器结构简单,制造成本低,工作可靠,维护简便,常用于载荷平稳、两轴间对中性良好的场合。

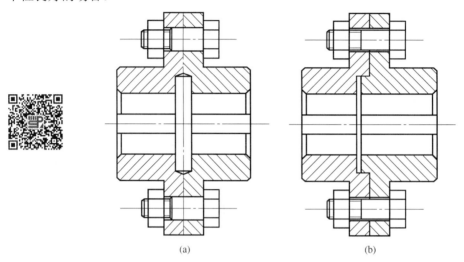

(a)                                    (b)

图 12.3 凸缘联轴器

### 2) 套筒式联轴器

这是一类最简单的联轴器,如图 12.4 所示。套筒联轴器由一个用钢或铸铁制造的套筒和连接零件(键或销钉)组成。在采用键连接时,应采用紧定螺钉作轴向固定,见图 12.4(a)。在采用销连接时,销既起传递转矩的作用,又起轴向固定的作用,选择适当的直径后,还可起过载保护作用,见图 12.4(b)。

套筒联轴器的优点是构造简单,制造容易,径向尺寸小,成本较低。其缺点是传递转矩的能力较小,装拆时轴需作轴向移动。套筒联轴器通常适用于两轴间对中性良好、工作平稳、传递转矩不大、转速低、径向尺寸受限制的场合。此种联轴器没有标准,可根据需要自行设计,如机床上就经常采用这种联轴器。

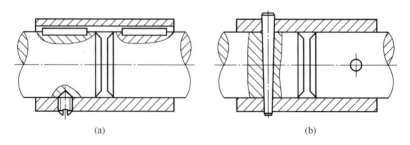

(a)                                    (b)

图 12.4 套筒式联轴器

### 3) 夹壳联轴器

夹壳联轴器由纵向剖分的两半筒形夹壳和连接它们的螺栓组成,如图 12.5 所示。这种联轴器在装拆时不用移动轴，所以使用起来很方便。夹壳材料一般为铸铁，少数用钢。

中小尺寸的夹壳联轴器主要依靠夹壳与轴之间的摩擦力来传递转矩，大尺寸的夹壳联轴器主要用键传递转矩。为了改善平衡状况，螺栓应正、倒相间安装。

夹壳联轴器主要用于低速，外缘速度 $v \leqslant 5\text{m/s}$；超过 5m/s 时需进行平衡检验。

采用联轴器传动的机器，联轴器两轴的对中偏差及联轴器的端面间隙，应符合机器的技术文件要求。若无要求，安装时应保证两半联轴器端面紧密接触，其两轴的对中偏差：径向位移应不大于 0.03mm，轴向倾斜应不大于 0.05/1000。

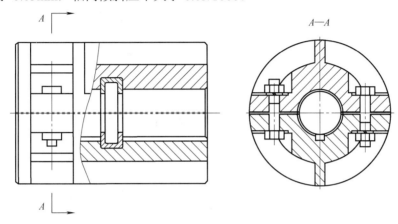

图 12.5　夹壳联轴器

## 2. 挠性联轴器

### 1) 无弹性元件的挠性联轴器

这类联轴器是利用自身具有相对可动的元件或间隙，允许相连两轴间存在一定的相对位移，所以具有一定的位移补偿能力，但不能缓冲减振。

(1) 十字滑块联轴器。

十字滑块联轴器由两个端面带槽的套筒 1、3 和两侧面各具有凸块的浮动盘 2 组成，如图 12.6 所示。浮动盘两侧的凸块相互垂直，分别嵌装在两个套筒的凹槽中。浮动盘的凸块可在套筒的凹槽中滑动，以实现两半轴的连接，并获得补偿两相联轴相对位移的能力。其主要特点是允许两轴有较大的径向位移，并允许有不大的角位移（$\alpha \leqslant 0.5°$）和轴向位移（$y \leqslant 0.04d$）。由于滑块偏心运动会产生很大的离心力，从而增大动载荷及磨损，因此不适于高速下运转。

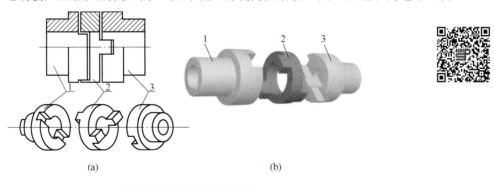

(a)　　　　　　　　　　　　　　(b)

图 12.6　十字滑块联轴器

1、3-套筒；2-浮动盘

这种联轴器零件的材料可用 45 钢，工作表面须经热处理以提高其硬度；要求较低时也可以用 Q275，不进行热处理。为了减少摩擦及磨损，使用时应对中间盘的油孔注油进行润滑。

十字滑块联轴器结构简单，径向尺寸小，主要用于两轴径向位移较大，轴的刚度较大，低速且无剧烈冲击的场合。

(2)滑块联轴器。

滑块联轴器与十字滑块联轴器相似，如图 12.7 所示。只是两边半联轴器上的沟槽很宽，并把原来的中间盘改为两面不带凸牙的方形滑块，且通常用夹布胶木制成。由于中间滑块的质量减小，又有弹性，故具有较高的极限转速。中间滑块也可以用尼龙制成，装配时加入少量的石墨或二硫化钼以自行润滑。

这种联轴器结构简单、尺寸紧凑，适用于小功率、中等转速且无剧烈冲击的场合。

(3)万向联轴器。

万向联轴器又称万向铰链机构，如图 12.8 所示用以在夹角可变的两相交轴之间传递运动。这种机构广泛应用于汽车、机床、轧钢机等机械设备中。

图 12.7　滑块联轴器　　　　　　　　　　　图 12.8　万向联轴器

轴 I、II 的末端各有一叉，分别用转动副 $A$—$A$ 及 $B$—$B$ 与一个"十"字形构件相连。所有转动副的回转中心(轴线)交于一点 $O$，两轴间的夹角为 $\alpha$。

当轴 I 旋转一周时，轴 II 也将随之转一周，即两轴的平均传动比为 1。但由于 $\alpha$ 角的存在，当主动轴以等角速度 $\omega_I$ 回转时，从动轴角速度 $\omega_{II}$ 将在 $\omega_I \cos\alpha \leqslant \omega_{II} \leqslant \omega / \cos\alpha$ 的范围内周期性变化，从而在传动中引起附加动载荷。

为了完全消除上述从动轴变速传动的缺点，常将两个万向联轴器成对串联使用，如图 12.9(a)所示，构成双万向联轴器，此时必须使中间轴上的两个叉形零件位于同一平面内，且使它与主、从动轴的夹角 $\alpha$ 相等，这样才能保证主、从动轴的角速度相等。

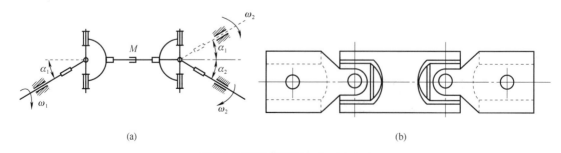

(a)　　　　　　　　　　　　　　　　(b)

图 12.9　WS 型十字轴万向联轴器

图 12.9(b)所示为 WS 型十字轴万向联轴器的典型结构，已标准化。

(4)齿式联轴器。

齿式联轴器如图 12.10 所示，是由两个带外齿环的套筒 1、5 和两个带内齿环的套筒 2、4 所组成的。

齿式联轴器内外齿环的轮齿数、模数相同，齿廓都是压力角为 20° 的渐开线。套筒 1、5 分别装在被连接的两轴端，由螺栓连成一体的套筒 2、4 通过齿环与套筒 1、5 啮合。为补偿两轴的相对位移，将外齿环的轮齿做成鼓形齿，齿顶做成中心线在轴线上的球面，齿顶和齿侧留有较大的间隙 [图 12.10(b)]。故在传动时，套筒 1 可有轴向和径向位移以及角位移。齿式联轴器允许两轴有较大的综合位移 [图 12.10(c)]。当两轴有位移时，联轴器齿面间因相对滑动产生磨损。为减少磨损，联轴器内注有润滑剂。内外套筒间装有密封圈用以防止润滑剂外泄及外界污物侵入内腔啮合部位。

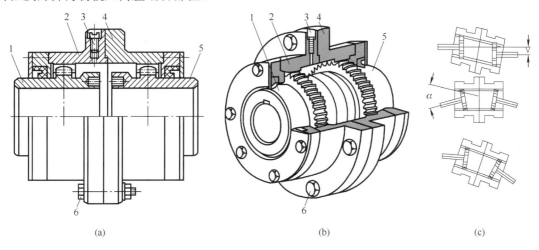

(a)　　　　　　　　　　　　　　　(b)　　　　　　　　　(c)

图 12.10　齿式联轴器

齿式联轴器同时啮合的齿数多，承载能力大，外廓尺寸较紧凑，适应速度范围广，可靠性高，但结构复杂，制造成本高，在重型机器和起重设备中应用较广。

(5)滚子链联轴器。

滚子链联轴器是由两个带有相同齿数链轮的半联轴器，用一条双排滚子链连接组成的，如图 12.11 所示。滚子链联轴器具有结构简单(四个构件组成)、装拆方便、拆卸时不用移动被连接的两轴、尺寸紧凑、质量轻、有一定补偿能力、对安装精度要求不高、工作可靠、寿命较长、成本较低等优点。可用于纺织、农机、起重运输、工程、矿山、轻工、化工等机械的轴系传动。

滚子链联轴器的缺点是：离心力过大会加速各元件间的磨损和发热，不宜用于高速传动；吸振、缓冲能力不大，不宜在起动频繁、强烈冲击下工作；不能传递轴向力。

为改善润滑条件并防止污染，滚子链联轴器应在良好的润滑并有防护罩的条件下工作。

不同结构形式的链条联轴器主要区别是采用不同的链条，常见的有双排滚子链联轴器、单排滚子链联轴器、齿形链联轴器、尼龙链联轴器等。双排滚子链联轴器性能优于其他结构形式的联轴器。

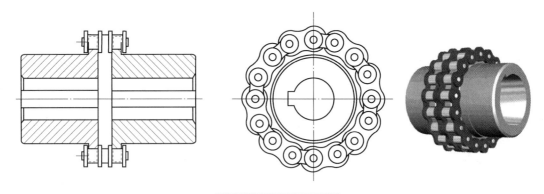

图 12.11　滚子链联轴器

**2) 有弹性元件的挠性联轴器**

这类联轴器除了能补偿相连两轴的相对位移，降低对联轴器安装的对中要求，更重要的是其弹性元件可以用来缓和冲击，避免发生严重的危险性振动，因此适用于频繁启动、经常正反转、受变载荷及高速运转的场合。

制造弹性元件的材料有金属和非金属两种。金属材料制造的弹性元件，主要是各种弹簧，其强度高、尺寸小、寿命长，主要用于大功率。常用的非金属材料有橡胶、尼龙和塑料等，其特点为重量轻、价格便宜，有良好的弹性滞后性能，因而减振能力强，但橡胶寿命较短。有弹性元件挠性联轴器的类型很多，下面仅介绍常用的几种。

(1) 弹性套柱销联轴器。

如图 12.12 所示，弹性套柱销联轴器的结构与凸缘式联轴器近似，不同的是用装有弹性套的柱销代替了连接螺栓。弹性套的变形可以补偿两轴线的径向位移和角位移，并且有缓冲和吸振作用。半联轴器的材料可用 HT200，有时也用 35 钢或 ZG270-500；柱销材料多用 35 钢；弹性套的材料常用耐油橡胶，并作成截面形状如图 12.12 中网纹部分所示，以提高其弹性。

安装这种联轴器时，应注意留出间隙 $S$，以便两轴工作时能做少量的相对轴向位移。应用时按标准选用，必要时校核柱销的弯曲强度和弹性套的挤压强度。

弹性套柱销联轴器结构比较简单，制造容易，不用润滑，弹性套容易磨损、寿命较短但更换方便，具有一定的补偿两轴线相对偏移和减振、缓冲性能。它是弹性可移式联轴器中应用最广泛的一种，多用于经常正、反转，启动频繁，转速较高的场合。

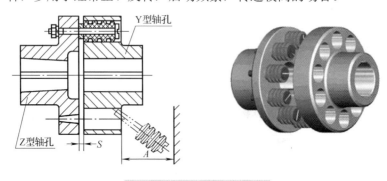

图 12.12　弹性套柱销联轴器

（2）弹性柱销联轴器。

如图 12.13 所示，弹性柱销联轴器是用若干个弹性柱销 1 将两个半联轴器连接而成的。为了防止柱销滑出，两侧用挡环 2 封闭。弹性柱销一般用尼龙制造。为了增加补偿量，常将柱销的一端制成鼓形。工作时转矩通过两半联轴器及中间的柱销传给从动轴。

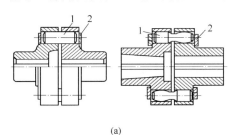

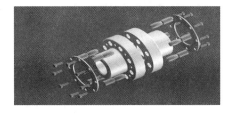

（a）                                （b）

图 12.13　弹性柱销联轴器

这种联轴器结构简单，两半联轴器可以互换，加工容易，维修方便，尼龙柱销的弹性不如橡胶，但强度高、耐磨性好。当两轴相对位移不大时，这种联轴器的性能比弹性套柱销联轴器还要好些，特别是寿命长，结构尺寸紧凑。

这种联轴器适用于轴向窜动量较大，经常正、反转，启动频繁，转速较高的场合。不宜用于可靠性要求高（如起重机提升机构）、重载和具有强烈冲击与振动的场合。

由于尼龙柱销对温度比较敏感，故使用温度限制在-20～70℃。

（3）梅花弹性联轴器。

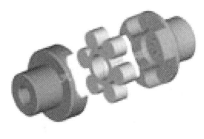

图 12.14　梅花弹性联轴器

如图 12.14 所示，梅花弹性联轴器主要由两个带凸齿密切啮合并承受径向挤压以传递扭矩，当两轴线有相对偏移时，弹性元件发生相应的弹性变形，起到自动补偿作用。梅花弹性联轴器具有以下特点：联轴器无须润滑，维护方便，工作量少，可连续长期运行；高强度聚氨酯弹性元件耐磨耐油，承载能力大，使用寿命长，安全可靠；工作稳定可靠，具有良好的减振、缓冲和电绝缘性能；具有较大的轴向、径向和角向补偿能力；结构简单，径向尺寸小，重量轻，转动惯量小；主要适用于起动频繁、正反转、中高速、中等扭矩和要求高可靠性的工作场合，如冶金、矿山、石油、化工、起重、运输、轻工、纺织、水泵、风机等。

（4）轮胎式联轴器。

轮胎式联轴器如图 12.15 所示。用橡胶或橡胶织物制成轮胎状的弹性元件用螺栓与两半联轴器连接而成。轮胎环中的橡胶织物元件与低碳钢制成的骨架硫化黏结在一起，骨架上焊有螺母，装配时用螺栓与两半联轴器的凸缘连接，依靠拧紧螺栓在轮胎环与凸缘端面之间产生的摩擦力来传递转矩。

它是一种高弹性联轴器，具有良好的减振缓冲和优越的轴间偏移补偿性能，工作温度-20～80℃，适于潮湿、多尘、有冲击、振动、正反转多变和起动频繁的工作条件，并且拆装方便，不需润滑、耐久可靠。其缺点是承载能力小，外形尺寸较大，当转矩较大时会因为过大的扭转变形而产生附加轴向载荷。

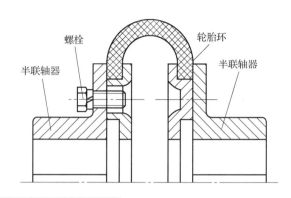

图 12.15 　轮胎式联轴器

(5)膜片式联轴器。

膜片式联轴器的典型结构如图 12.16 所示，其弹性元件为一定数量的很薄的多边形(或椭圆形)金属膜片叠合而成的膜片组，膜片上有沿圆周方向均布的若干个螺栓孔，用铰制孔用螺栓交错间隔与半联轴器相连接。这样弹性元件上的弧段分别为交错受压缩和受拉伸的两部分。拉伸部分传递转矩，压缩部分趋于皱褶。当所连接的两轴存在轴向、径向和角位移时，金属膜片便产生波状变形。

膜片式联轴器结构比较简单，弹性元件的连接没有间隙，不需润滑，维护方便，质量小，对环境适应性强，应用前景广阔，但扭转弹性较低，缓冲减振性能差，主要用于载荷比较平稳的高速传动。

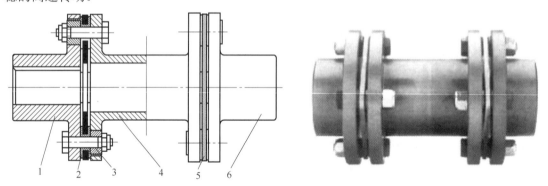

图 12.16 　膜片式联轴器

1、6-半联轴器；2-衬套；3-垫圈；4-中间轴；5-膜片组

### 3. 安全联轴器

安全联轴器在结构上存在一个保险环节，当实际载荷超过之前限定的载荷时，保险环节就发生变化，截断运动和动力的传递，从而保护机器的其余部分不致损坏，起到安全保护作用。

剪切销安全联轴器有单剪式［图 12.17(a)］和双剪式［图 12.17(b)］两种。单剪式剪切销安全联轴器的结构类似凸缘联轴器，但不用螺栓，而用特定的销钉代替连接螺栓，销钉装入经过淬火的两段钢制套管中。当载荷超过限定值时，销钉被剪断，扭矩的传递被截止。

销钉材料常用 45 钢淬火或高碳工具钢，准备剪断处应预先切槽，使剪断处的残余变形最小，以免毛刺过大，有碍于更换报废的销钉。

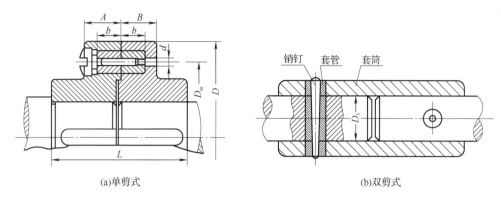

(a)单剪式 (b)双剪式

图 12.17 剪切销安全联轴器

为了使销钉剪断时不损坏机器的其他部分，常在每个销钉外套上两个硬质的剪切钢套。这种安全联轴器结构简单。但在更换销钉时必须停机操作，也不能补偿两轴的相对偏移。所以，这种安全联轴器不宜用在经常发生过载而需频繁更换销钉的场合，也不宜用在被联两轴对中不易保证的场合。

### 12.2.2 联轴器的选择

已标准化的联轴器的类型和型号，可根据计算扭矩以及转速、轴径、轴头结构、两轴最大偏移量、工作状况及环境温度等条件来选择。

**1. 类型选择**

选择联轴器类型时应考虑的因素主要有：被连接两轴的对中性；扭矩的大小和性质；轴的工作转速；工作环境、使用寿命和润滑密封条件等。选择原则如下。

(1)转矩 $T$：$T$ 大时，应选刚性联轴器、无弹性元件或有金属弹性元件的挠性联轴器；$T$ 有冲击振动，选有弹性元件的挠性联轴器。

(2)转速 $n$：转速高时，优先选用非金属弹性元件的挠性联轴器。

(3)对中性：对中性好选刚性联轴器，需补偿时选挠性联轴器。

(4)装拆：考虑装拆方便，选可直接径向移动的联轴器。

(5)环境：若在高温下工作，不可选有非金属元件的联轴器。

(6)成本：同等条件下，尽量选择价格低、维护简单的联轴器。

**2. 选择联轴器的型号**

根据轴端直径 $d$、转速 $n$、计算扭矩 $T_{ca}$ 等参数查有关设计手册，选择适当的型号。必须满足

$$\begin{cases} T_{ca} \leqslant [T] \\ n \leqslant [n] \end{cases} \tag{12-1}$$

式中，$[T]$ 为联轴器的许用最大扭矩，$N \cdot m$；$[n]$ 为联轴器的许用最高转速，$r/min$。

**1)联轴器计算扭矩**

$$T_{ca} = KT = 9550K\frac{P_w}{n} \tag{12-2}$$

式中，$T_{ca}$ 为计算扭矩，$N \cdot m$；$T$ 为理论(名义)扭矩，$N \cdot m$；$K$ 为工作情况系数，见表 12-1；$P_w$ 为理论(名义)工作功率，$kW$；$n$ 为工作转速，$r/min$。

**2)确定联轴器型号**

$$T_{ca} \leqslant [T]$$

式中，$[T]$ 为联轴器的公称扭矩、许用扭矩，$N \cdot m$，见《机械设计手册》。

**3)校核最大转速**

$$n \leqslant [n]$$

式中，$[n]$ 为联轴器的最大转速，r/min，见《机械设计手册》。

**4)协调轴孔结构及直径**

《机械设计手册》中查出的联轴器一般有一轴径范围，必须满足。轴头结构一般有锥孔、圆柱孔和短圆柱孔三种，可根据工作要求选择。

表 12-1　工作情况系数 K

| 工作机 | | 原动机 | | | |
|---|---|---|---|---|---|
| 工作情况 | 实例 | 电动机 汽轮机 | 四缸和四缸 以上内燃机 | 双缸 内燃机 | 单缸 内燃机 |
| 转矩变化很小 | 发电机、小型通风机、小型离心泵 | 1.3 | 1.5 | 1.8 | 2.2 |
| 转矩变化小 | 透平压缩机、木工机床、运输机 | 1.5 | 1.7 | 2.0 | 2.4 |
| 转矩变化中等 | 搅拌机、增压泵、有飞轮的压缩机、冲床 | 1.7 | 1.9 | 2.2 | 2.6 |
| 转矩变化中等，冲击载荷中等 | 织布机、水泥搅拌机、拖拉机 | 1.9 | 2.1 | 2.4 | 2.8 |
| 转矩变化较大，有较大冲击载荷 | 造纸机、挖掘机、起重机、碎石机 | 2.3 | 2.5 | 2.8 | 3.2 |
| 转矩变化大，有极强烈冲击载荷 | 压延机、轧钢机、无飞轮的活塞泵 | 3.1 | 3.3 | 3.6 | 4.0 |

**【应用实例 12.1】**　某增压油泵根据工作要求选用一电动机，其功率 $P = 7.5kW$，转速 $n=960r/min$，电动机外伸端轴的直径 $d = 38mm$，油泵轴的直径 $d = 42mm$，试选择电动机和增压油泵间用的联轴器型号。

**解**　计算选择步骤如下。

(1)选择联轴器的类型

考虑轴的转速较高，启动频繁，载荷有变化，宜选用缓冲性能较好，同时具有可移性的弹性套柱销联轴器。

(2)计算名义转矩

$$T = 9550 \frac{P_w}{n} = 9550 \frac{7.5}{960} = 74.61(N \cdot m)$$

(3)确定计算转矩

$$T_{ca} = KT$$

查表 12-1 得 $K = 1.7$。所以计算转矩

$$T_{ca} = 1.7 \times 74.61 = 126.84(N \cdot m)$$

(4)型号选择

按《弹性套柱销联轴器》(GB/T 4323—2017)，选联轴器型号为 TL6，该联轴器的许用转矩为 $250N \cdot m$，许用最大转速为 3800r/min，轴径为 $32 \sim 42mm$，故选择合适。联轴器的标记为

$$TL6联轴器\frac{Y38\times82}{Y42\times112}GB/T\ 4323 - 2017$$

联轴器的标记方法及意义详见《机械设计手册》。

# 12.3　离　合　器

## 12.3.1　离合器的种类及特性

离合器按接合元件传动的工作原理可分为嵌合式和摩擦式两类。嵌合式利用牙齿嵌合传递扭矩，可保证两轴同步运转，但只能在低速或停车时进行离合。摩擦式利用工作表面的摩擦传递扭矩，能在任何转速下离合，有过载保护作用，但不能保证两轴同步运转。按离合控制方法不同，可分为操纵式和自动式两类。操纵式有机械操纵式、电磁操纵式、液压操纵式和气压操纵式等。自动式有超越离合器、离心离合器和安全离合器等，它们能在特定条件下，自动接合或分离。

离合器设计的基本要求是：分离、接合迅速，平稳无冲击，分离彻底，动作准确可靠；结构简单，质量轻，惯性小，外形尺寸小，工作安全，效率高；接合元件耐磨性好，使用寿命长，散热条件好；操纵方便省力，易于制造，调整维修方便。

**1. 牙嵌离合器**

牙嵌离合器由两个端面上有牙齿的半离合器组成，如图 12.18 所示。其中半离合器 1 固定在主动轴上；另一个半离合器 2 用导向平键（或花键）与从动轴连接，并可用操纵杆（图中未画出）移动滑环 4 使其作轴向移动，以实现离合器的分离与接合。牙嵌离合器是借牙齿的相互嵌合来传递运动和转矩的。为使两半离合器能够对中，在主动轴端的半离合器上固定一个对中环，从动轴可在对中环内自由转动。

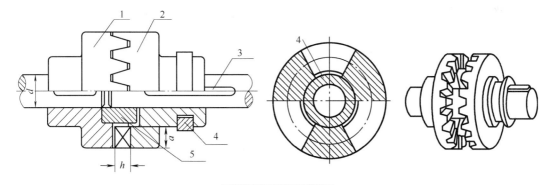

图 12.18　牙嵌离合器

1、2-半离合器；3-导向平键；4-移动滑环；5-对中环

牙嵌离合器常用的牙型有三角形、矩形、梯形、锯齿形等，其径向剖面如图 12.19 所示。三角形牙多用于轻载，易于接合、分离，但牙齿强度较低。矩形牙不便于接合，分离也困难，仅用于静止时手动接合。梯形牙的侧面制成 $\beta_1=2°\sim8°$ 的斜角，牙根强度较高，能传递较大的扭矩，并可补偿磨损而产生的齿侧间隙，接合与分离比较容易，因此梯形牙应用较广。三角形、矩形、梯形牙都可以作双向工作，而锯齿形牙只能单向工作，但它的牙根强度很高，传递扭矩能力最大，多在重载情况下使用。

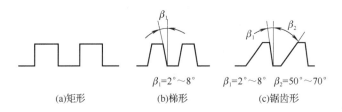

图 12.19　牙嵌离合器的牙型

牙嵌离合器的牙数一般为 3～60。材料常用低碳钢表面渗碳或采用中碳钢表面淬火，不重要的和静止状态接合的离合器，也允许用 HT200 制造。

牙嵌离合器结构简单，外廓尺寸小，接合后所连接的两轴不会发生相对转动，常用于主、从动轴要求完全同步的轴系。

**2. 摩擦式离合器**

圆盘摩擦离合器是摩擦式离合器中应用最广的一种。它是靠两半离合器接合面间的摩擦力，使主、从动轴接合和传递转矩。圆盘摩擦离合器又分为单圆盘式和多圆盘式两种。它是能在高速下离合的机械式离合器。

图 12.20 所示为只有一对接合面的单盘摩擦离合器，主动盘 1 固定在主动轴上，从动盘 2 通过导向平键与从动轴连接，可以沿轴向滑动。工作时利用操纵机构 3，在可移动的从动盘上施加轴向压力(可由弹簧、液压缸或电磁吸力等产生)，使两盘压紧，产生摩擦力来传递扭矩。为增加摩擦系数，常在一个盘的表面上装有摩擦片。

在传递大扭矩的情况下，因受摩擦盘尺寸的限制不宜应用单盘摩擦离合器，这时要采用多盘摩擦离合器，通过增加结合面对数的方法来增大传动能力。图 12.21(a)所示为多盘摩擦离合器。主动轴 1 与外壳 2 相连接，从动轴 8 与套筒 9 相连接。外壳 2 又通过花键与一组外摩擦片 3［图 12.21(b)］连接在一起；套筒也通过花键与另一组内摩擦片 4［图 12.21(c)］连接在一起。工作时，向左移动滑环 7，通过杠杆 5、压板 6 使两组摩擦片压紧，离合器处于接合状态。当向右移动滑环时，摩擦片被松开，离合器实现分离。这种离合器常用于车床主轴箱内。

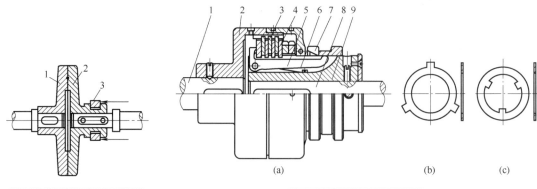

图 12.20　单盘摩擦离合器

1-主动盘；2-从动盘；3-操纵机构

图 12.21　多盘摩擦离合器

1-主动轴；2-外壳；3-外摩擦片；4-内摩擦片；5-杠杆；6-压板；
7-滑环；8-从动轴；9-套筒

摩擦离合器应用较广，与牙嵌离合器比较，其优点是两轴能在不同速度下接合；接合和分离过程比较平稳、冲击振动小；从动轴的加速时间和所传递的最大扭矩可以调节；过载时将发生打滑，避免使其他零件损坏。缺点是结构复杂、成本高；当产生滑动时不能保证被连接两轴间的精确同步转动；摩擦发热，当温度过高时会引起摩擦系数的改变，严重的可能导致摩擦盘胶合和塑性变形。所以，一般对钢制摩擦盘应限制其表面最高温度不超过 300～400℃，整个离合器的平均温度不超过 100～120℃。

### 3. 超越离合器

超越离合器是一种随速度的变化或回转方向的变换而能自动接合或分离的离合器，它只能单向传递扭矩。如锯齿型牙嵌离合器，只能单向传递扭矩，反向时自动分离。棘轮机构也可以作为超越离合器。

图 12.22 所示为滚柱式超越离合器，由星轮 1、外环 2、滚柱 3 和弹簧顶杆 4 等组成。弹簧顶杆的推力使滚柱与星轮和外环经常接触。如果星轮为主动件并按图示方向顺时针回转，滚柱受摩擦力的作用被楔紧在槽内，从而带动外环回转，离合器处于接合状态。星轮反向回转时，滚柱则被推到槽中宽敞部分，离合器处于分离状态。这种离合器工作时没有噪声，故适用于高速传动，但制造精度要求较高。

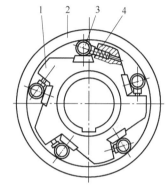

图 12.22　滚柱式超越离合器

1-星轮；2-外环；3-滚柱；4-弹簧顶杆

当外环与星轮作顺时针方向的同向回转时，根据相对运动原理，若外环的速度大于星轮转速，离合器处于分离状态，反之，则离合器处于接合状态，即实现超越离合。

超越离合器常用于汽车、拖拉机和机床等的传动装置中，以及自行车后轴上。

### 4. 安全离合器

工作时，当传递的转矩超过一定数值时自动分离的离合器，因为有防止系统过载的安全保护作用，称为安全离合器。安全离合器具有过载保护作用，用来精确限定相连两轴间所传递的扭矩，当扭矩超过某一限定值(即过载)时，离合器即自动脱开，切断动力源，以避免机械的重要部件因过载而损坏，从而起到保护的作用。常用的安全离合器有牙嵌式、钢球式等。

图 12.23 所示为牙嵌式安全离合器。它的基本构造与牙嵌离合器相同，只是牙的倾斜角 $\alpha$ 较大，工作时啮合牙面间能产生较大的轴向力。牙嵌式安全离合器没有操纵机构，是利用一弹簧压紧机构使两个半离合器接合，当转矩超过一定数值时，接合牙上的轴向力将克服弹簧推力和摩擦阻力而使离合器分离；当转矩减小时，离合器又自动接合。

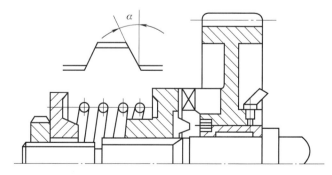

图 12.23　牙嵌式安全离合器

图 12.24 所示为滚柱安全离合器。该离合器由主动齿轮 1、从动盘 2、外套筒 3、弹簧 4、调节螺母 5 组成。主动齿轮 1 活套在轴上，外套筒 3 用花键与从动盘 2 连接，同时又用键和

轴相连。在主动齿轮 1 和从动盘 2 的端面内，各沿直径为 $D_m$ 的圆周上制有数量相等的滚柱承窝(一般为 4~8 个)，承窝中装入滚柱大半后进行敛口，以免滚柱脱出。正常工作时，弹簧 4 的推力使两盘的滚柱互相交错压紧，如图 12.24(b)所示，主动齿轮传来的转矩通过滚柱、从动盘、外套筒而传给从动轴。当转矩超过许用值时，弹簧被过大的轴向分力压紧，使从动盘向右移动，原来交错压紧的滚珠因被防松而互相滑过，此时主动齿轮空转，从动轴停止转动；当载荷恢复正常时，又可重新传递转矩。弹簧压紧力的大小可用螺母 5 调节。

这种离合器由于滚柱表面会受到较严重的冲击与磨损，故一般只用于传递较小转矩的装置。

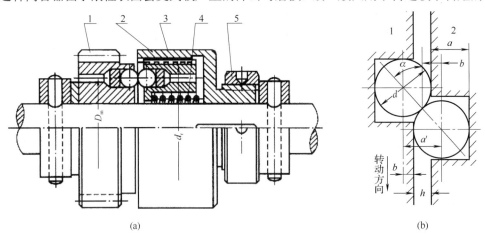

(a) (b)

图 12.24 滚柱安全离合器

1-主动齿轮；2-从动盘；3-外套筒；4-弹簧；5-调节螺母

### 12.3.2 离合器的选择

离合器的形式很多，大部分已标准化，可从有关样本或《机械设计手册》中选择。选择离合器时，根据机器的工作特点和使用条件，按各种离合器的性能特点，确定离合器的类型。类型确定后，可根据两轴的直径计算转矩和转速，从《机械设计手册》中查出适当型号，必要时，可对其薄弱环节进行承载能力校核。

# 本 章 小 结

本章主要介绍了常用联轴器、离合器的类型、工作原理、结构特点和应用。并同时阐述联轴器和离合器的计算方法及选用原则。

# 习 题

**一、选择题**

1. 下列联轴器中_____具有良好的补偿综合位移的能力。

　　A. 凸缘联轴器　　　　　　　　　　B. 夹壳联轴器

　　C. 齿轮联轴器　　　　　　　　　　D. 十字滑块联轴器

2. 齿轮联轴器属于_____联轴器。

    A. 刚性　　　　　　　　　　　　　　　B. 无弹性元件挠性

    C. 金属弹性元件挠性　　　　　　　　　D. 非金属弹性元件挠性

3. 在载荷不平稳且有较大冲击和振动的情况下一般宜选用_____联轴器。

    A. 刚性　　　　　　　　　　　　　　　B. 无弹性元件挠性

    C. 有弹性元件挠性　　　　　　　　　　D. 安全

4. 十字滑块联轴器主要用于补偿两轴的_____。

    A. 综合误差　　　B. 角度误差　　　C. 轴向误差　　　D. 径向误差

5. _____联轴器必须成对使用才能保证主动轴与从动轴角速度随时相等。

    A. 凸缘联轴器　　　B. 齿轮联轴器　　　C. 万向联轴器　　　D. 十字滑块联轴器

6. 用绞制孔螺栓来连接的凸缘联轴器在传递转矩时_____。

    A. 螺栓的横截面受剪切　　　　　　　B. 螺栓与螺栓孔接触面受挤压

    C. 螺栓同时受剪切与挤压　　　　　　D. 螺栓受拉伸与扭转

7. 一般情况下为了连接电动机轴和减速器轴，如果要求有弹性而且尺寸较小，则最适宜采用_____。

    A. 凸缘联轴器　　　B. 夹壳联轴器　　　C. 轮胎联轴器　　　D. 弹性柱销联轴器

8. 使用时只能在低速或停车后离合否则会产生严重冲击甚至损坏的是_____。

    A. 摩擦离合器　　　B. 牙嵌离合器　　　C. 安全离合器　　　D. 超越(定向)离合器

9. 在不增大径向尺寸的情况下提高圆盘摩擦离合器承载能力的最有效措施是_____。

    A. 更换摩擦盘材料　　　　　　　　　B. 增大轴的转速

    C. 增加摩擦盘数目　　　　　　　　　D. 使离合器在油中工作

二、简答题

1. 联轴器和离合器的功用是什么？联轴器和离合器的共同点和区别是什么？

2. 比较刚性联轴器、无弹性元件的挠性联轴器和有弹性元件的挠性联轴器各有何优缺点？各适用于什么场合？

3. 万向联轴器适用于什么场合？为何常成对使用？在成对使用时如何布置才能使主、从动轴的角速度随时相等？

4. 选用联轴器时，应考虑哪些主要因素？选择的原则是什么？

5. 牙嵌式离合器和摩擦式离合器各有何缺点？各适用于场合？

6. 在带式运输机的驱动装置中，电动机与减速器之间、齿轮减速器与带式运输机之间分别用联轴器连接，有两种方案：(1)高速级选用弹性联轴器，低速级选用刚性联轴器；(2)高速级选用刚性联轴器，低速级选用弹性联轴器。试问上述两种方案哪个好，为什么？

三、设计计算题

(1)在带式输送机中，已知电动机轴端直径 $d_1 = 48mm$ ，轴端长度 $L_1 = 110mm$ ，电动机功率 $P = 17kW$ ，转速为 970r/min；减速器轴端直径 $d_2 = 45mm$ ，轴端长度 $L_2 = 70mm$ 。为了连接电动机和减速器的轴，选择一弹性套柱销轴器，试确定其型号。

(2)试选择电动机和减速器之间的联轴器及其型号。已知电动机轴直径 $d_1 = 55mm$ ，轴头长度 $L_1 = 110mm$ ，额定功率 $P = 18.5kW$ ，转速 $n_1 = 970r/min$ ；减速器输入轴直径 $d_2 = 42mm$ ，输入轴长度 $L_2 = 80mm$ 。载荷变化并有中等冲击，空载启动。

# 第13章 弹 簧

## 引入案例

溢流阀由阀体、阀芯、弹簧和调节螺钉组成(图 13.1),有球形阀 [图 13.1(a)] 和锥形阀 [图 13.1(b)]。球形阀用在低压、小流量液压系统中;锥形阀用在较高压小流量液压系统中。锥形阀的阀芯密封效果好于球形阀。

溢流阀工作时,是利用弹簧的压力来调节、控制液压油的压力大小。当液压油的压力小于工作需要压力时,阀芯被弹簧压在液压油的流入口 $P$,当液压油的压力超过其工作允许压力即大于弹簧压力时,阀芯被液压油顶起,液压油流入,从右侧口 $O$ 流回油箱。液压油的压力越大,阀芯被液压油顶得越高,液压油经溢流阀流回油箱的流量越大。

由于油泵输出的液压油压力固定,而工作油缸用液压油的压力总要比油泵输出液压油压力小,所以正常工作时总会有一些液压油从溢流阀处流回油箱,以保持液压油缸的工作压力平衡、正常工作。由此可见,溢流阀的作用是能够防止液压系统中的液压油压力超出额定负荷,起安全保护作用。另外,溢流阀与节流阀配合,节流阀调节液压油的流量大小,可控制活塞的移动速度。

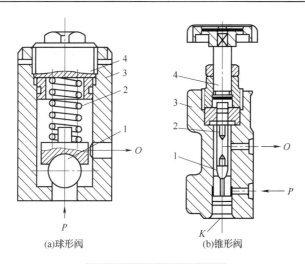

(a)球形阀  (b)锥形阀

图 13.1 溢流阀的结构组成

1-阀芯；2-弹簧；3-阀体；4-螺钉

# 13.1 概 述

## 1. 弹簧的功用

弹簧是通过其自身产生较大弹性变形进行工作的一种弹性元件。在各类机器中的应用十分广泛，其主要功用如下。

(1)控制机构的运动，如内燃机中控制气缸阀门启闭的弹簧、离合器中的控制弹簧。

(2)吸收振动和冲击，如各种车辆中的减振弹簧及各种缓冲器的弹簧等。

(3)存储和释放能量，如钟表弹簧、枪栓弹簧等。

(4)测量力的大小，如弹簧秤和测力器中的弹簧等。

## 2. 弹簧的分类

按照所承受载荷的性质，弹簧可以分为拉伸弹簧、压缩弹簧、扭转弹簧和弯曲弹簧等；而按照弹簧的形状不同，又可分为螺旋弹簧、环形弹簧、碟形弹簧、盘簧和板簧等。表 13-1 中列出了弹簧的基本类型。弹簧种类很多，而圆柱螺旋弹簧制造简便、成本低，在机械制造中使用得最为普遍。

表 13-1 弹簧的基本类型

| 形状 | 载荷 | | | |
|---|---|---|---|---|
| | 拉伸 | 压缩 | 扭转 | 弯曲 |
| 螺旋形 | 圆柱螺旋拉伸弹簧 | 圆柱螺旋压缩弹簧　圆锥螺旋压缩弹簧 | 圆柱螺旋扭转弹簧 | |

续表

| 形状 | 载荷 | | | |
|---|---|---|---|---|
| | 拉伸 | 压缩 | 扭转 | 弯曲 |
| 其他形 | | 环形弹簧 碟形弹簧<br> | 蜗卷形盘簧<br> | 板簧<br> |

# 13.2  弹簧的材料、许用应力和制造

## 13.2.1  弹簧的材料及选择

弹簧在受到冲击载荷或变载荷作用时，自身要产生较大弹性变形。为了确保弹簧安全可靠工作，弹簧材料必须具有较高的弹性极限和疲劳极限，同时还应具有良好的韧性及热处理性能。

常用的弹簧材料有弹簧钢、弹簧用不锈钢及铜合金等，实践中应用最广泛的就是弹簧钢，其品种又有碳素弹簧钢、低锰弹簧钢、硅锰弹簧钢和铬钒钢等。碳素弹簧钢价格便宜，原材料来源方便，缺点是弹性极限低，一般情况下应优先选用；合金弹簧钢，由于加入了合金元素，提高了钢的淬透性，改善了钢的力学性能；不锈钢或铜合金宜用于防腐、防磁等条件下工作的弹簧。此外，还有用非金属材料制作的弹簧，如橡胶、塑料、软木及空气等。主要弹簧材料的使用性能见表 13-2。

表 13-2  主要弹簧材料及其许用应力

| 类别 | 材料及代号 | 许用扭切应力[$\tau$]/MPa | | | 弹性模量 $E$/GPa | 切变模量 $G$/GPa | 推荐硬度/HRC | 推荐使用温度/℃ | 特性及用途 |
|---|---|---|---|---|---|---|---|---|---|
| | | I类弹簧 | II类弹簧 | III类弹簧 | | | | | |
| 钢丝 | 碳素弹簧钢丝 B、C、D级 | $0.3\sigma_b$ | $0.4\sigma_b$ | $0.5\sigma_b$ | 205~207.5 | 80~83 | | -40~130 | 强度高，性能好，适于小弹簧 |
| | 65Mn | | | | | | | | 用于重要弹簧 |
| | 60Si2Mn | 480 | 640 | 800 | 200 | 80 | 45~50 | -40~200 | 弹性好，回火稳定，易脱碳，适于受大载荷的弹簧 |
| | 60Si2MnA | | | | | | | | |
| | 50CrVA | 450 | 600 | 750 | | | | -40~210 | 高疲劳强度，淬透性、回火稳定性好 |
| 不锈钢 | 1Cr18Ni9 | 330 | 440 | 550 | 197 | 73 | | -200~300 | 耐腐蚀，耐高温，适于小弹簧 |
| | 1Cr18Ni9Ti | | | | | | | | |
| | 4Cr13 | 442 | 588 | 735 | 215 | 75.5 | 48~53 | -40~300 | 耐腐蚀，耐高温，适于大弹簧 |
| | Co40CrNiTiMo | 500 | 666 | 834 | 197 | 76.5 | | -40~500 | 耐腐蚀，高强度，无磁，高弹性 |

续表

| 类别 | 材料及代号 | 许用扭切应力 [τ]/MPa | | | 弹性模量 E/GPa | 切变模量 G/GPa | 推荐硬度 /HRC | 推荐使用温度/℃ | 特性及用途 |
|---|---|---|---|---|---|---|---|---|---|
| | | I类弹簧 | II类弹簧 | III类弹簧 | | | | | |
| 青铜丝 | Q_{Si}-3 | 265 | 353 | 442 | 93 | 40.2 | 90～120HB | -40～120 | 耐腐蚀，防磁好 |
| | Q_{Sn}4-3 | | | | | 39.2 | | | |
| | Q_{Be}2 | 353 | 442 | 550 | 129.5 | 42.2 | 37～40 | | 耐腐蚀，防磁、导电性及弹性好 |

注：① 碳素弹簧钢丝和 65Mn 的拉伸强度极限 $\sigma_b$ 见表 13-3。

② 表中许用扭切应力为压缩弹簧的许用值，拉伸弹簧的许用扭切应力为压缩弹簧的 80%。

③ 碳素钢丝的弹性模量和切变模量对直径为 0.5～4mm 有效，直径大于 4mm 时分别取 200GPa、80GPa。

④ 经强压处理的弹簧许用应力可提高 25%。

弹簧材料选择必须充分考虑到弹簧的用途、重要程度与所受的载荷性质、大小、循环特性、工作温度、周围介质等使用条件，以及加工、热处理和经济性等因素，以便使选择结果与实际要求相吻合。

### 13.2.2 弹簧的许用应力

影响弹簧许用应力的因素很多，除材料品种外，还有材料质量、热处理方法、载荷性质、工作条件和弹簧钢丝直径等，在确定许用应力时都应予以考虑。

通常，根据变载荷的作用次数以及弹簧的重要程度将弹簧分为三类：I 类为受变载荷的作用次数在 $10^6$ 次以上或很重要的弹簧，如内燃机气阀弹簧等；II 类为受变载荷作用次数在 $10^3 \sim 10^5$ 次及承受冲击载荷的弹簧，如调速器弹簧、一般车辆弹簧等；III 类为受变载荷作用次数在 $10^3$ 次以下的弹簧及受静载荷的一般弹簧，如一般安全阀弹簧、摩擦式安全离合器弹簧等。

设计弹簧时，根据弹簧的种类及所选定的材料，可由表 13-2 确定其许用应力，应当指出，碳素弹簧钢丝的许用应力是根据其抗拉强度极限 $\sigma_b$ 而定的，而 $\sigma_b$ 与钢丝直径有关，如表 13-3 所示，碳素弹簧钢丝按用途分为三级：B 级用于低应力弹簧；C 级用于中等应力弹簧；D 级用于高应力弹簧。因此，设计时需先假定碳素弹簧钢丝的直径并进行试算。

**表 13-3 弹簧钢丝的拉伸强度极限 $\sigma_b$**

| 钢丝直径 d/mm | 碳素弹簧钢丝 级别 | | | 65Mn 弹簧钢丝 | |
|---|---|---|---|---|---|
| | I 组 | II 组 | III 组 | 钢丝直径 d/mm | $\sigma_b$ |
| 0.90 | 2350～2750 | 2010～2350 | 1710～2060 | 1～1.2 | 1800 |
| 1.00 | 2300～2690 | 1960～2360 | 1660～2010 | 1.4～1.6 | 1750 |
| 1.20 | 2250～2550 | 1910～2250 | 1620～1960 | 1.8～2 | 1700 |
| 1.40 | 2150～2450 | 1860～2210 | 1620～1910 | 2.2～2.5 | 1650 |
| 1.60 | 2110～2400 | 1810～2160 | 1570～1860 | 2.8～3.4 | 1600 |
| 1.80 | 2010～2300 | 1760～2110 | 1520～1810 | 3.5 | 1471 |
| 2.00 | 1910～2200 | 1710～2010 | 1470～1760 | 3.8～4.2 | 1422 |
| 2.20 | 1810～2110 | 1660～1960 | 1420～1710 | 4.5 | 1373 |
| 2.50 | 1760～2060 | 1660～1960 | 1420～1710 | 4.8～5.3 | 1324 |
| 2.80 | 1710～2010 | 1620～1910 | 1370～1670 | 5.5～6 | 1275 |
| 3.00 | 1710～1960 | 1570～1860 | 1370～1670 | | |
| 3.20 | 1660～1910 | 1570～1810 | 1320～1620 | | |

| 钢丝直径 d/mm | 碳素弹簧钢丝 | | | 65Mn 弹簧钢丝 | |
|---|---|---|---|---|---|
| | 级别 | | | 钢丝直径 d/mm | $\sigma_b$ |
| | Ⅰ组 | Ⅱ组 | Ⅲ组 | | |
| 3.50 | 1660～1910 | 1570～1810 | 1320～1620 | | |
| 4.00 | 1620～1860 | 1520～1760 | 1320～1620 | | |
| 4.50 | 1620～1860 | 1520～1760 | 1320～1570 | | |
| 5.00 | 1570～1810 | 1470～1710 | 1320～1570 | | |
| 5.50 | 1570～1810 | 1470～1710 | 1270～1520 | | |
| 6.00 | 1520～1760 | 1420～1660 | 1220～1470 | | |

### 13.2.3　弹簧的制造

螺旋弹簧的制造工艺过程：绕制；钩环制造(对于拉伸和扭转弹簧)；端部的制作与精加工(对于压缩弹簧)；热处理；工艺试验等，对于重要的弹簧还要进行强压处理。

弹簧的绕制方法分冷卷法与热卷法两种。

(1)冷卷法：弹簧丝直径小于 8mm 的采用冷卷法绕制。冷态下卷绕的弹簧常用冷拉并经预先热处理的优质碳素弹簧钢丝，卷绕后一般不再进行淬火处理，只须低温回火以消除卷绕时的内应力。

(2)热卷法：弹簧丝直径较大的弹簧则用热卷法绕制。在热态下卷绕的弹簧，卷成后必须进行淬火、中温回火等处理。

对于重要的弹簧，还要进行工艺检验和冲击疲劳等试验。为提高弹簧的承载能力，可将弹簧在超过工作极限载荷下进行强压处理，以便在簧丝内产生塑性变形和有益的残余应力，由于残余应力与工作应力反向，因而弹簧在工作时的最大应力比未经强压处理的弹簧小。

# 13.3　圆柱螺旋压缩和拉伸弹簧的结构与设计

## 13.3.1　圆柱螺旋弹簧的结构

### 1. 圆柱螺旋压缩弹簧的结构

圆柱螺旋压缩弹簧的两端有 0.75～1.75 圈弹簧并紧以作为支撑圈，工作时不参与变形，所以称为死圈。弹簧端部的结构有：两个端面圈均与邻圈并紧且磨平的 YⅠ 型、并紧不磨平的 YⅢ型，见图 13.2。重要场合下使用的弹簧都要磨平，以使弹簧端面与弹簧的轴心线相垂直。磨平长度一般不小于 0.75 圈。

### 2. 圆柱螺旋拉伸弹簧的结构

圆柱螺旋拉伸弹簧在空载时，各圈应相互并拢。弹簧在绕制过程中使弹簧丝绕其自身轴线扭转，这样制成的弹簧在各圈之间具有一定的压紧力，故称为有预紧力的拉伸弹簧。弹簧端部制有钩环，以便安装和加载。钩环的形式如图 13.3 所示。

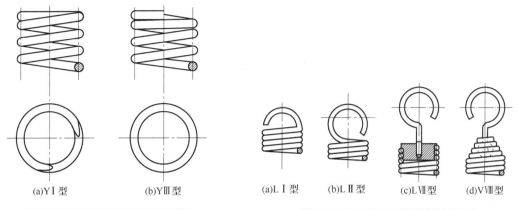

| (a)YⅠ型 | (b)YⅢ型 |
| --- | --- |

图 13.2 螺旋压缩弹簧端部形式

| (a)LⅠ型 | (b)LⅡ型 | (c)LⅦ型 | (d)VⅧ型 |
| --- | --- | --- | --- |

图 13.3 螺旋拉伸弹簧的钩环形式

## 13.3.2 圆柱螺旋弹簧的几何参数计算

圆柱螺旋弹簧的主要几何参数有：弹簧外径 $D$、内径 $D_1$、中径 $D_2$、节距 $p$、螺旋升角 $\alpha$、自由高度(压缩弹簧)或长度(拉伸弹簧)$H_0$、工作圈数 $n$、总圈 $n_1$、弹簧丝直径 $d$ 及展开长度 $L$ 等(图 13.4)。圆柱螺旋弹簧的几何尺寸计算见表 13-4。算出的弹簧丝直径 $d$ 和弹簧中径 $D_2$ 按表 13-5 圆整。

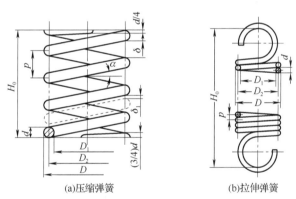

| (a)压缩弹簧 | (b)拉伸弹簧 |
| --- | --- |

图 13.4 圆柱螺旋弹簧的几何参数

表 13-4 圆柱形螺旋压缩、拉伸弹簧的几何参数计算公式

| 参数名称与代号 | 几何参数计算公式 | | 备注 |
| --- | --- | --- | --- |
| | 螺旋压缩弹簧 | 螺旋拉伸弹簧 | |
| 弹簧丝直径 $d$ | 由强度计算公式确定 | | 取标准值 |
| 弹簧中径 $D_2$ | $D_2 = Cd$ | | 取标准值 |
| 弹簧内径 $D_1$ | $D_1 = D_2 - d$ | | |
| 弹簧外径 $D$ | $D = D_2 + d$ | | |
| 旋绕比 $C$ | $C = D_2 / d$ | | 一般 $4 \leqslant C \leqslant 16$，常用 $5\sim8$ |
| 压缩弹簧长细比 $b$ | $b = \dfrac{H_0}{D}$ | | 在 $1\sim5.3$ 中选取 |
| 节距 $p$ | $p = (0.28\sim0.5)D_2$ | $p = d$ | |
| 螺旋升角 $\alpha$ | $\alpha = \arctan \dfrac{p}{\pi D_2}$ | | 对压缩弹簧，推荐 $\alpha=5°\sim9°$ |

续表

| 参数名称与代号 | 几何参数计算公式 | | 备注 |
|---|---|---|---|
| | 螺旋压缩弹簧 | 螺旋拉伸弹簧 | |
| 有效圈数 $n$ | 由变形条件计算确定 | | 一般 $n>2$ |
| 总圈数 $n_1$ | $n_1 = n + (1.5 \sim 2.5)$ | $n_1 = n$ | 拉伸弹簧 $n_1$ 的尾数为 $1/4$、$1/2$、$3/4$ 或整圈，推荐用 $1/2$ 圈 |
| 自由高度或长度 $H_0$ | 两端圈磨平：<br>$n_1 = n + 1.5$ 时，$H_0 = np + d$<br>$n_1 = n + 2$ 时，$H_0 = np + 1.5d$<br>$n_1 = n + 2.5$ 时，$H_0 = np + 2d$<br>两端圈不磨平：<br>$n_1 = n + 2$ 时，$H_0 = np + 2d$<br>$n_1 = n + 2.5$ 时，$H_0 = np + 3.5d$ | L I 型 $H_0 = (n+1)d + D_1$<br>L II 型 $H_0 = (n+1)d + 2D_1$<br>L VII 型 $H_0 = (n+1.5)d + 2D_1$ | |
| 工作高度或长度 $H_n$ | $H_n = H_0 - \lambda_n$ | $H_n = H_0 + \lambda_n$ | $\lambda_n$ 为变形量 |
| 轴线间距 $\delta$ | $\delta = p - d$ | $\delta = 0$ | 压缩弹簧工作时最小轴向间距 $\delta_1 = 0.1d \geqslant 0.2mm$ |
| 簧丝展开长度 | $L = \dfrac{\pi D_2 n_1}{\cos \alpha}$ | $L \approx \pi D_2 n + $ 钩环展开长度 | |

表 13-5　普通圆柱形螺旋弹簧尺寸系列(摘自 GB/T 1358—2009)

| 弹簧丝直径 $d$/mm | 第一系列 | 0.3 | 0.35 | 0.4 | 0.45 | 0.5 | 0.6 | 0.7 | 0.8 | 0.9 | 1 | 1.2 | 1.6 |
|---|---|---|---|---|---|---|---|---|---|---|---|---|---|
| | | 2 | 2.5 | 3 | 3.5 | 4 | 4.5 | 5 | 6 | 8 | 10 | 12 | 16 |
| | | 20 | 25 | 30 | 35 | 40 | 45 | 50 | 60 | 70 | 80 | | |
| | 第二系列 | 0.32 | 0.55 | 0.65 | 1.4 | 1.8 | 2.2 | 2.8 | 3.2 | 5.5 | 6.5 | 7 | 9 |
| | | 11 | 14 | 18 | 22 | 28 | 32 | 38 | 42 | 55 | 65 | | |
| 弹簧中径 $D_2$/mm | 2 | 2.2 | 2.5 | 2.8 | 3 | 3.2 | 3.5 | 3.8 | 4 | 4.2 | 4.5 | 4.8 | 5 | 5.5 |
| | 6 | 6.5 | 7 | 7.5 | 8 | 8.5 | 9 | 10 | 12 | 14 | 16 | 18 | 20 | 22 |
| | 25 | 28 | 30 | 32 | 35 | 38 | 40 | 42 | 45 | 48 | 50 | 52 | 55 | 58 |
| | 60 | 65 | 70 | 75 | 80 | 85 | 90 | 95 | 100 | 105 | 110 | 115 | 120 | 125 |
| | 130 | 135 | 140 | 145 | 150 | 160 | 170 | 180 | 190 | 200 | | | | |

| 有效圈数 $n$/圈 | 压缩弹簧 | 2 | 2.25 | 2.5 | 2.75 | 3 | 3.25 | 3.5 | 3.75 | 4 | 4.25 | 4.5 | 4.75 |
|---|---|---|---|---|---|---|---|---|---|---|---|---|---|
| | | 5 | 5.5 | 6 | 6.5 | 7 | 7.5 | 8 | 8.5 | 9 | 9.5 | 10 | 10.5 |
| | | 11.5 | 12.5 | 13.5 | 14.5 | 15 | 16 | 18 | 20 | 22 | 25 | 28 | 30 |
| | 拉伸弹簧 | 2 | 3 | 4 | 5 | 6 | 7 | 8 | 9 | 10 | 11 | 12 | 13 |
| | | 14 | 15 | 16 | 17 | 18 | 19 | 20 | 22 | 25 | 28 | 30 | 35 |
| | | 40 | 45 | 50 | 55 | 60 | 65 | 70 | 80 | 90 | 100 | | |

| 自由高度 $H_0$/mm | 压缩弹簧 | 4 | 5 | 6 | 7 | 8 | 9 | 10 | 11 | 12 | 13 | 14 | 15 |
|---|---|---|---|---|---|---|---|---|---|---|---|---|---|
| | | 16 | 17 | 18 | 19 | 20 | 22 | 24 | 26 | 28 | 30 | 32 | 35 |
| | | 38 | 40 | 42 | 45 | 48 | 50 | 52 | 55 | 58 | 60 | 65 | 70 |
| | | 75 | 80 | 85 | 90 | 95 | 100 | 105 | 110 | 115 | 120 | 130 | 140 |
| | | 150 | 160 | 170 | 180 | 190 | 200 | 220 | 240 | 260 | 280 | 300 | 320 |
| | | 340 | 360 | 380 | 400 | 420 | 450 | 480 | 500 | 520 | 550 | 580 | 600 |

## 13.3.3　圆柱螺旋弹簧的特性曲线

　　在弹性极限范围内工作的弹簧，当受到轴向载荷时，弹簧将伸长或缩短，表示弹簧载荷与变形之间关系的曲线称为弹簧的特性曲线。

图 13.5 所示为圆柱螺旋压缩弹簧的特性曲线，$H_0$ 表示不受外力时弹簧的自由高度。弹簧工作前，通常受一预压力 $F_{min}$，以保证弹簧稳定在安装位置上。$F_{min}$ 称为弹簧的最小工作载荷，在它的作用下，弹簧的长度由 $H_0$ 压缩至 $H_1$，相应的弹簧压缩量为 $\lambda_{min}$。当弹簧受到最大工作载荷 $F_{max}$ 时，弹簧长度压缩至 $H_2$，相应的弹簧压缩量为 $\lambda_{max}$。$h = \lambda_2 - \lambda_1 = H_1 - H_2$，$h$ 称为弹簧的工作行程。$F_{lim}$ 为弹簧的极限载荷，在它的作用下，弹簧丝应力将达到材料的弹性极限，这时，弹簧的长度压缩至 $H_{lim}$，相应的变形为 $\lambda_{lim}$。

拉伸弹簧的特性曲线分为无初应力 [图 13.6(b)] 和有初应力 [图 13.6(c)] 两种情况。无初应力的弹簧特性线与压缩弹簧完全相同。有初应力的弹簧特性线则不同，$F_0$ 为使具有初应力的拉伸弹簧开始变形时所需的初拉力。对于有初应力的拉伸弹簧应使 $F_{min} > F_0$。

对于等节距的圆柱螺旋弹簧(压缩或拉伸)，由于载荷与变形成正比，故特性曲线为直线，即设计弹簧时，最大工作载荷 $F_{max}$ 由机构的工作要求决定，但应保证 $F_{max} \leqslant 0.8 F_{lim}$；最小工作载荷 $F_{min}$ 通常取 $(0.1 \sim 0.5) F_{max}$。

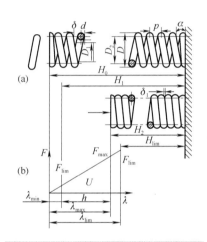

图 13.5　圆柱螺旋压缩弹簧的特性曲线

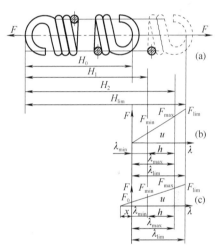

图 13.6　圆柱螺旋拉伸弹簧的特性曲线

## 13.3.4　圆柱螺旋弹簧受载时的应力和变形

### 1. 弹簧的应力

圆柱形螺旋弹簧受压及受拉时，弹簧丝的受力情况相同。现以圆柱螺旋压缩弹簧为例进行应力分析。

图 13.7(a) 为一圆柱螺旋压缩弹簧，弹簧中径 $D_2$，弹簧丝直径为 $d$，轴向力 $F$ 作用在弹簧的轴线上，在通过弹簧轴线的截面上，弹簧丝的剖面 $A$—$A$ 呈椭圆形，该截面上作用着力 $F$ 和扭矩 $T = F\dfrac{D_2}{2}$，但由于弹簧螺旋升角一般为 $5° \sim 9°$，螺旋升角不大，可将剖面 $A$—$A$ 的椭圆形状近似为与弹簧丝轴线垂直的圆形。所以在弹簧法向截面 $B$—$B$ 上可近似认为仍作用着力 $F$ 及扭矩 $T = F\dfrac{D_2}{2}$，如图 13.7(b) 所示。

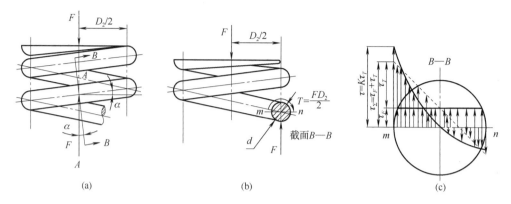

图 13.7 圆柱螺旋压缩弹簧的受力及应力分析

截面 $B—B$ 上的应力可取为

$$\tau_\Sigma = \tau_F + \tau_T = \frac{F}{\dfrac{\pi d^2}{4}} + \frac{F\dfrac{D_2}{2}}{\dfrac{\pi d^3}{16}} = \frac{4F}{\pi d^2}\left(1 + \frac{2D_2}{d}\right) = \frac{4F}{\pi d^2}(1 + 2C) \tag{13-1}$$

式中，$C = \dfrac{D_2}{d}$ 称为旋绕比，为了使弹簧本身稳定又不致使弹簧丝在绕制时受到强烈弯曲，$C$ 值不能过大也不能过小，$C$ 值的取值范围为 $4 \sim 16$（表 13-6），常用值 $5 \sim 8$。由于弹簧丝的升角和曲率对弹簧丝中应力的影响，$B—B$ 截面中的应力分布如图 13.7(c) 所示，由图可知最大应力产生在弹簧丝截面内侧的 $m$ 点。

表 13-6 旋绕比 $C$ 常用值

| $d/\text{mm}$ | 0.2~0.4 | 0.45~1 | 1.1~2.2 | 2.5~6 | 7~16 | 18~42 |
|---|---|---|---|---|---|---|
| $C = \dfrac{D_2}{d}$ | 7~14 | 5~12 | 5~10 | 4~9 | 4~8 | 4~6 |

为使计算简化，取 $1 + 2C \approx 2C$，并考虑弹簧丝的升角和曲率对弹簧丝中应力的影响，现引入一个曲度系数 $K$，则弹簧丝内侧的最大应力及强度条件可表示为

$$\tau = K\tau_T = K\frac{8CF}{\pi d^2} \leqslant [\tau] \tag{13-2}$$

式中，曲度系数 $K$ 对于圆截面弹簧丝可取

$$K \approx \frac{4C - 1}{4C - 4} + \frac{0.615}{C} \tag{13-3}$$

### 2. 弹簧的变形

由材料力学关于圆柱螺旋弹簧变形量公式可知，圆柱螺旋压缩(拉伸)弹簧受载后的轴向变形量 $\lambda$ 为

$$\lambda = \frac{8FD_2^3 n}{Gd^4} = \frac{8FC^3 n}{Gd} \tag{13-4}$$

式中，$n$ 为弹簧的有效工作圈数；$G$ 为弹簧的切变模量，见表 13-2。

使弹簧产生单位变形量所需要的载荷称为弹簧刚度 $k$，即

$$k = \frac{F}{\lambda} = \frac{Gd}{8C^3 n} = \frac{Gd^4}{8D_2^3 n} \tag{13-5}$$

弹簧的刚度是表征弹簧性能的主要参数之一。它表示使弹簧产生单位变形量时所需的力, 刚度越大, 弹簧变形所需要的力就越大。影响弹簧刚度的因素很多, 从式(13-5)可以看出, $C$ 值对 $k$ 的影响很大, $k$ 与 $C$ 的三次方成反比。当其他条件相同时, 弹簧指数 $C$ 越小, 刚度越大, 即弹簧越硬, $C$ 越大, 刚度越小, 即弹簧越软。所以合理地选择 $C$ 值能控制弹簧的弹力。另外, $k$ 还与 $G$、$d$、$n$ 有关, 在调整弹簧刚度时, 应综合考虑这些因素的影响。

### 13.3.5 圆柱螺旋压缩和拉伸弹簧的设计计算

在设计弹簧时, 通常已知条件为: 弹簧的最大载荷、最大变形、弹簧安装空间尺寸要求等。而设计内容则包括: 弹簧丝直径、弹簧中径、有效工作圈数、弹簧螺旋升角和长度等。使得能满足强度条件、刚度条件及稳定性条件, 进一步地还应使相应的设计指标(如体积、重量、振动稳定性等)达到最好。

具体设计步骤如下:

(1)根据工作条件和载荷情况选定弹簧材料并查其相关力学性能数据, 如许用切应力。

(2)选择旋绕比 $C$、计算曲度系数 $K$。

(3)根据强度条件初算弹簧丝直径 $d$, 可得

$$d \geqslant 1.6\sqrt{\frac{FKC}{[\tau]}} \tag{13-6}$$

当弹簧材料选用碳素弹簧钢丝或 65Mn 弹簧钢丝时, 因式(13-6)中许用应力 $[\tau]$ 和旋绕比 $C$ 都与 $d$ 有关, 所以应先根据弹簧安装空间尺寸要求等条件假设一个 $d$ 值, 然后进行试算。

(4)根据弹簧刚度条件(即变形条件)计算弹簧工作圈数, 可得

$$n = \frac{Gd\lambda}{8FC^3} \tag{13-7}$$

(5)求出弹簧其他尺寸, 如 $D_2$、$D_1$、$H_0$, 并检查其是否符合安装要求等。如不符合, 则应改选有关参数。

(6)验算稳定性。当压缩弹簧的圈数较多, 如其高径比 $b = H_0 / D_2$ 较大时, 受力可能产生侧向弯曲而失去稳定性, 无法正常工作。为便于制造及避免失稳, 对一般压缩弹簧建议按下列情况选取高径比: 当两端固定时, 取 $b<5.3$; 一端固定, 另一端铰支, 取 $b<3.7$; 两端铰支, 取 $b<2.6$。若 $b$ 超过许用值, 又不能修改有关参数, 可外加导向套或内加导向杆来增加弹簧的稳定性。

(7)对于应力循环次数较多或加载频率很高的情况下, 还应进行疲劳强度验算及振动验算。

(8)结构设计。按表 13-4 算出全部有关尺寸。

(9)绘制弹簧特性曲线和零件工作图。

# 13.4 其他弹簧简介

## 13.4.1 圆柱螺旋扭转弹簧

在机器中, 扭转弹簧经常用来压紧、储能或传递扭矩。扭转弹簧的两端带有杆臂或钩环, 以便固定和加载。扭转弹簧的端部结构如图 13.8 所示。

在自由状态下, 扭转弹簧的弹簧圈之间应留少量间隙, 以免弹簧工作时各圈彼此接触并产生摩擦和磨损。

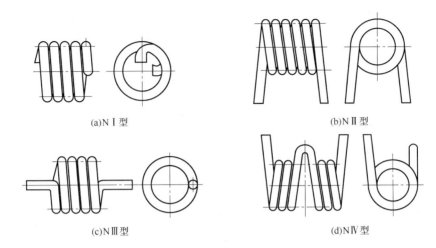

(a)N Ⅰ 型　　　　　　　　　　　　　　(b)N Ⅱ 型

(c)N Ⅲ 型　　　　　　　　　　　　　　(d)N Ⅳ 型

图 13.8　扭转弹簧的端部结构

### 13.4.2　碟形弹簧

碟形弹簧呈无底碟状，一般用薄钢板冲压而成。实用中将很多碟形弹簧组合起来(图 13.9)，并装在导杆上或套筒中工作。碟形弹簧只能承受轴向载荷，是一种刚度很大的压缩弹簧。

在轴向力 $F$ 作用下，弹簧片的 $\alpha$ 角将减少，从而产生轴向变形。由于随着 $\alpha$ 角的变化弹簧的刚度也变化，因此，载荷与变形不再是线性关系，但工程应用中常近似采用线性关系。这种弹簧在工作过程中有能量消耗，加载时与卸载时的弹簧特性曲线不重合，因此蝶形弹簧的缓冲减振性能好，常用在空间尺寸小、外载荷较大的缓冲减振装置中。

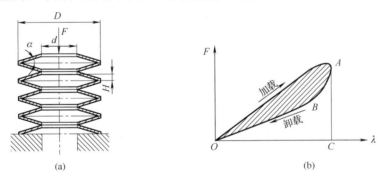

(a)　　　　　　　　　　　　　　　(b)

图 13.9　组合碟形弹簧

【应用实例 13.1】　　设计一圆柱形螺旋压缩弹簧，弹簧丝剖面为圆形。已知最小载荷 $F_{min} = 200\text{N}$，最大载荷 $F_{max} = 500\text{N}$，工作行程 $h = 10\text{mm}$，属于 Ⅱ 类弹簧工作，要求弹簧外径不超过 28mm，端部并紧磨平。

**解**　设计计算步骤如下。

| 计算与说明 | 主要计算结果 |
| --- | --- |
| 试算(一)：<br>(1)选择弹簧材料和许用应力。<br>　　选用 C 级碳素弹簧钢丝。根据外径要求，初选 $C = 7$，由 $C = D_2 / d = (D - d) / d$，并查表 13-5<br>得 $d = 3.5\text{mm}$，由表 13-3 查得 $\sigma_b = 1570\text{MPa}$，由表 13-2 查得 $[\tau] = 0.4\sigma_b = 628\text{MPa}$ | 试算(一)：<br><br>$C = 7$<br>$d = 3.5\text{mm}$ |

| 计算与说明 | 主要计算结果 |
|---|---|
| (2)计算弹簧丝直径 $d$ 。<br><br>由 $K \approx \dfrac{4C-1}{4C-4} + \dfrac{0.615}{C}$ 得 $K=1.21$ ；由 $d \geqslant 1.6\sqrt{\dfrac{FKC}{[\tau]}}$ 得 $d \geqslant 4.15\text{mm}$ 。<br><br>由此可知， $d=3.5\text{mm}$ 的初算值不满足强度约束条件，应重新计算 | $K=1.21$<br>$d \geqslant 4.15\text{mm}$<br>不满足强度约束条件 |
| 试算(二)：<br>(1)选择弹簧材料同上。为取得较大的 $d$ 值，选 $C=5.2$ 。<br>仍由 $C = D_2/d = (D-d)/d$ ，并查表 13-5 得 $d=4.5\text{mm}$ ，<br>查表 13-3 得 $\sigma_b = 1520\text{MPa}$ ，由表 13-2 得 $[\tau] = 0.4\sigma_b = 608\text{MPa}$ 。<br><br>(2)计算弹簧丝直径 $d$ 。<br><br>由 $K \approx \dfrac{4C-1}{4C-4} + \dfrac{0.615}{C}$ 得 $K=1.3$ 。<br><br>由 $d \geqslant 1.6\sqrt{\dfrac{FKC}{[\tau]}}$ 得 $d \geqslant 3.77\text{mm}$ 。<br><br>可知： $d=4.5\text{mm}$ 满足强度约束条件。<br>(3)计算有效工作圈数 $n$ 。<br>由图 13.5 确定变形量 $\lambda_{max}$ ：<br><br>$$\lambda_{max} = \frac{h}{F_{max} - F_{min}} F_{max} = \frac{10 \times 500}{500 - 200} = 16.67(\text{mm})$$<br><br>查表 13-2 得 $G=80\text{GPa}$ ，由式 $n = \dfrac{Gd\lambda}{8FC^3}$ 得 $n=10.67$ ，查表 13-5 取 $n=11.5$ ，考虑两端各并紧一圈，则总圈数 $n_1 = n+2 = 13.5$ 。<br><br>至此，得到了一个满足强度和刚度约束条件的可行方案，但考虑进一步减少弹簧外形尺寸与重量，再次进行试算 | 试算(二)：<br>$C=5.2$<br>$d=4.5\text{mm}$<br><br>$K=1.3$<br><br>$d \geqslant 3.77\text{mm}$<br>满足强度约束条件<br><br>$n=11.5$<br>$n_1 = 13.5$<br>满足强度与刚度约束条件，但弹簧外形尺寸与重量较大 |
| 试算(三)：<br>(1)仍选以上弹簧材料，取 $C=6$ ，求得 $d=4\text{mm}$ ， $K=1.25$ ，查得 $\sigma_b = 1520\text{MPa}$ ， $[\tau] = 0.4\sigma_b = 608\text{MPa}$ 。<br>(2)计算弹簧丝直径得 $d \geqslant 3.97\text{mm}$ 。知 $d=4\text{mm}$ 满足强度条件。<br>(3)计算有效工作圈数 $n$ 。<br>由试算(二)知， $\lambda_{max} = 16.67\text{mm}$ ，得 $n=6.17$ 。取 $n=6.5$ 圈，仍参考两端各并紧一圈， $n_1 = n+2 = 8.5$ 。<br><br>这一计算结果满足强度与刚度约束条件，从外形尺寸和质量来看，又是一个较优的解，可将这个解初步确定下来，以下再计算其他尺寸并作稳定性校核。<br>(4)确定变形量 $\lambda_{max}$ 、 $\lambda_{min}$ 、 $\lambda_{lim}$ 和实际最小载荷 $F_{min}$ 。<br>弹簧的极限载荷为<br><br>$$F_{lim} = \frac{F_{max}}{0.8} = \frac{500}{0.8} = 625(\text{N})$$<br><br>因为工作圈数由 6.17 改为 6.5，故弹簧的变形量和最小载荷也相应有所变化。<br>由式 $\lambda = \dfrac{8FC^3 n}{Gd}$ 得<br><br>$$\lambda_{lim} = \frac{8F_{lim}C^3 n}{Gd} = 21.94\text{mm}$$<br><br>$$\lambda_{max} = \frac{8F_{max}C^3 n}{Gd} = 17.55\text{mm}$$<br><br>$$\lambda_{min} = \lambda_{max} - h = 17.55 - 10 = 7.55(\text{mm})$$<br><br>$$F_{min} = \frac{\lambda_{min}Gd}{8C^3 n} = 215.1\text{N}$$<br><br>(5)求弹簧的节距 $p$ 、自由高度 $H_0$ 、螺旋升角 $\alpha$ 和弹簧丝展开长度 $L$ 。<br>在 $F_{max}$ 作用下相邻两圈的间距 $\delta_1 \geqslant 0.1d = 0.4\text{mm}$ ，取 $\delta = 0.5\text{mm}$ ，则无载荷作用下弹簧的节距为<br><br>$$p = d + \lambda_{max}/n + \delta_1 = 4 + 17.55/6.5 + 0.5 = 7.2(\text{mm})$$ | 试算(三)：<br>$C=6$<br>$d=4\text{mm}$<br>$d \geqslant 3.97\text{mm}$<br>满足强度条件<br><br>$n=6.5$<br>$n_1 = 8.5$<br><br>满足强度与刚度约束条件，且弹簧外形尺寸和质量最小。较优的解<br><br><br><br><br><br><br><br><br>$p=7.2\text{mm}$ |

续表

| 计算与说明 | 主要计算结果 |
|---|---|
| $p$ 符合在 $(0.28\sim0.5)D_2$ 的规定范围。 | |
| 端面并紧磨平的弹簧自由高度为 | |
| $$H_0 = np + 1.5d = 6.5 \times 7.2 + 1.5 \times 4 = 52.8(\text{mm})$$ | $H_0 = 52.8\text{mm}$ |
| 取标准值 $H_0 = 52\text{mm}$ 。 | |
| 无载荷作用下弹簧的螺旋升角为 | |
| $$\alpha = \arctan\frac{p}{\pi D_2} = \arctan\frac{7.2}{\pi \times 24} = 5.45°$$ | $\alpha = 5.45°$ |
| 满足 $\alpha = 5°\sim9°$ 的范围。 | |
| 弹簧簧丝的展开长度 | |
| $$L = \frac{\pi D_2 n_1}{\cos\alpha} = \frac{\pi \times 24 \times 8.5}{\cos 5.45°} = 643.8(\text{mm})$$ | $L = 643.8\text{mm}$ |
| (6)稳定性计算 | |
| $$b = H_0 / D_2 = 52 / 24 = 2.17$$ | $b = 2.17$ |
| 采用两端固定支座，$b = 2.17 < 5.3$ ，故不会失稳。 | 不会失稳 |
| (7)绘制弹簧特性曲线和零件工作图(图 13.10) | |

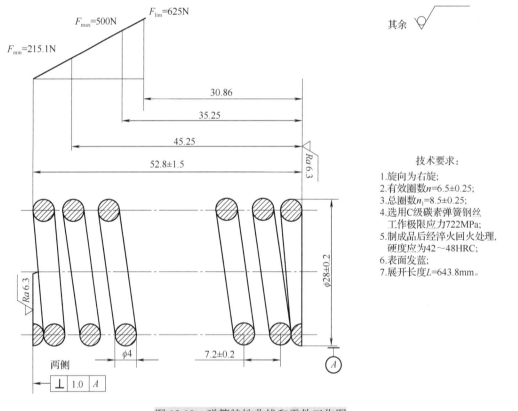

其余 ▽

技术要求:
1.旋向为右旋;
2.有效圈数$n$=6.5±0.25;
3.总圈数$n_1$=8.5±0.25;
4.选用C级碳素弹簧钢丝
工作极限应力722MPa;
5.制成品后经淬火回火处理,
硬度应为42~48HRC;
6.表面发蓝;
7.展开长度$L$=643.8mm。

图 13.10  弹簧特性曲线和零件工作图

# 本 章 小 结

本章从弹簧的功用、类型出发，介绍了弹簧的材料、许用应力及弹簧的制造。弹簧材料很多，弹簧材料选择必须充分考虑弹簧的用途、重要程度与所受的载荷性质、大小、循环特性、工作温度、周围介质等使用条件，以及加工、热处理和经济性等因素，以便使选择结果与实际要求相吻合。圆柱形螺旋压缩(拉伸)弹簧在实际中应用最多，应熟悉圆柱形螺旋弹簧的结构和几何尺寸计算。弹簧的设计主要应解决强度、刚度问题。强度计算可求得弹簧丝直径 $d \geqslant 1.6\sqrt{\dfrac{FKC}{[\tau]}}$，$d$ 的大小主要与弹簧所受的最大载荷及弹簧材料有关。刚度计算可求得弹簧的圈数 $n = \dfrac{Gd\lambda}{8FC^3}$，刚度越大所需的圈数越少，同时还要满足不失稳条件等。最后介绍其他类型弹簧。

# 习 题

## 一、简答题

(1)弹簧有哪些功用？常用弹簧的类型有哪些？各用在什么场合？

(2)制造弹簧的材料应符合哪些主要要求？常用材料有哪些？

(3)圆柱弹簧的主要参数有哪些？它们对弹簧的强度和变形有什么影响？

(4)圆柱螺旋弹簧在工作时受到哪些载荷作用？在轴向载荷作用下，弹簧圈截面上主要产生什么应力？应力如何分布？

(5)弹簧刚度 $K$ 的物理意义是什么？它与哪些因素有关？

(6)设计时，若发现弹簧太软，欲获得较硬的弹簧，应改变哪些设计参数？

## 二、计算题

(1)某圆柱螺旋压缩弹簧的参数如下：$D = 34\text{mm}$，$d = 6\text{mm}$，$n = 10$，弹簧材料为碳素弹簧钢丝，当最大工作载荷 $F_{\max} = 100\text{N}$，弹簧的变形量及应力分别是多少？

(2)设计一个在变载荷作用下工作的阀门圆柱螺旋压缩弹簧(要求绘制弹簧零件工作图)。已知最小工作载荷 $F_{\min} = 256\text{N}$，最大工作载荷 $F_{\max} = 1280\text{N}$，工作最小压缩变形量 $\lambda_{\min} = 4\text{mm}$，最大压缩变形量 $\lambda_{\max} = 20\text{mm}$，弹簧外径 $D \leqslant 38\text{mm}$，载荷作用次数 $N \leqslant 10^5$，一端固定，一端铰支支承。

(3)一个拉伸螺旋弹簧用于高压开关中，已知最大工作载荷 $F_2 = 2070\text{N}$，最小工作载荷 $F_1 = 615\text{N}$，弹簧丝直径 $d = 10\text{mm}$，外径 $D = 90\text{mm}$，有效圈数 $n = 20$，弹簧材料为 60Si2Mn，载荷性质属于Ⅱ类。求：①在 $F_2$ 作用时弹簧是否会断？该弹簧能承受的极限载荷 $F_{\lim}$；②弹簧的工作行程。

# 第五篇　机械创新设计

## 第14章　机械的发展和创新设计

图 14.1　个人飞行器的展望

**引入案例**

　　创新思维是指以新颖独创的方法解决问题的思维过程，以超常规甚至反常规的方法、视角去思考问题，提出与众不同的解决方案，从而产生新颖的、独到的、有社会意义的思维成果。

　　思维是一种复杂的心理现象，是人的大脑的一种能力。思维定势不利于创新思考，不利于创造。思维惯性和思维定势合起来称为思维障碍。世界上所有事物都有可能成为人们创新的对象，因此我们都面临着无穷多的思维对象。

　　图 14.1 为个人飞行器的展望。

## 14.1　机械发展与创新概述

　　机械发展的历史从远古到今天是由人类的智慧与创造谱写而成的，其中我国的先祖和人民在机械发展史上有着极其辉煌的创造发明篇章。

　　机械始于工具。远古时期，人类为了生存使用天然石块和木棒，随后也用蚌壳和兽骨经过敲砸和初步修整作为简单的工具，从源流上讲，任何简单的工具都是机械。现已发现大约 170 万年以前中国云南元谋人已使用石器；28000 年以前中国已有弓箭，揭开了人类最早使用工具和储存能量的原始机械的序幕。经过漫长的岁月，工具种类增多，并发展了专用工具，如原始的梨、刀、锄等，到公元 4000 多年前，出现了一批比原始机械复杂的古代机械，原来的简单工具多变成古代机械上执行工作的一部分。

我国是最早（夏商时代）制车的国家，古车出现并得到广泛应用可看作进入古代机械的标志，古代机械的出现是机械发展的一次飞跃。

材料及其工艺的发明和创新可制作高效工具，又可制作机械的一些重要零件。铜器取代使用达 200 万年之久的石器是人类冶金史上也是机械材料发展史上的第一块里程碑。精美绝伦的商周青铜礼器展示举世闻名的商周青铜文化；春秋战国的《考工记》记载的"六齐"是当今世界上最早一份青铜合金配方表。中国是世界上最早发明生铁冶炼技术、生铁柔化技术、炒钢法、灌钢法以及叠铸技术的国家，铁的冶炼和大量使用是冶金史上同样也是机械材料发展史上的第二块里程碑。

从公元前 5 世纪春秋战国之交到 16 世纪中叶长达 1000 多年的时间里，我国在多种机械的发明和创造方面，在世界上都居于遥遥领先的地位。英国著名学者李约瑟博士在《中国科学技术史》一书中指出，从中国向西方传播的机械有 20 种以上，其中包括龙骨车、石碾、风扇车、簸扬机、水排与活塞风箱、磨车、提花机、缫丝机、独轮车、加帆手推车、弓弩、竹蜻蜓（用线拉）、走马灯（由上升的热空气流驱动）、河渠闸门、造船和船尾的方向舵、罗盘与罗盘指针等。事实上，我国古代在机械方面的发明还有很多，如水运仪象台、地动仪、指南车、记里鼓车、游标卡尺、耧车、纺纱机、水力纺纱机、弹、雷式兵器、火枪、火箭和火炮等，都是中国首先发明和创造出来的，对人类文明作出了不可估量的贡献。在这一阶段还出现了一批杰出的发明家，如张衡、马钧、祖冲之、诸葛亮、燕肃、吴德仁、苏颂和郭守敬等，对机械的发展作出了重要的贡献。

17 世纪中国的封建制度还在延续，而这时西方国家却冲破中世纪封建束缚进入资本主义新时代，并在 18 世纪和 19 世纪掀起了工业革命，西方的机械科学技术水平已明显超过了中国。蒸汽机的发明和广泛使用使动力机械代替了人力和畜力，其提供的巨大动力促使能源、冶金、交通发生了翻天覆地的变化，成为第一次工业革命的主要标志。电动机、发电机、电气设备等的重大发明和应用标志着第二次工业革命，带来机床、制造技术、测试技术、新材料等领域的重大发明和创新，生产过程向着机械化、自动化方向发展，涌现了大量的近代机械。与此相应，机械设计和制造也由过去凭机械匠师经验和手艺逐步进展到建立及发展机械基础理论与机械科学技术。

进入 20 世纪以后，特别是电子计算机的发明、应用和普及给机械设计、机械制造带来了生机，微电子技术和信息技术突飞猛进的发展，机电一体化技术已成为实现机械工业的高效自动化、柔性化发展的焦点。目前开始大量涌现的机电一体化产品，使机械产品发生了质的飞跃，具有自动检测、自动显示、自动调节、控制、诊断和自动保护等功能，使人机关系发生了根本的变化，现代的机械开始向智能化方向发展，机械的发展和创新与机械科学的发展密不可分，当今科学技术突飞猛进，新兴学科和学科间的交叉渗透使机械工程学及其工业进入崭新的发展时期，极大地促进了产品功能原理、材料、能源、动力、制造技术和检测技术的发展与创新。特别是 20 世纪中叶以来，传统的机械设计理论和方法发生了重大变化，其特征是从经验走向理论、宏观走向微观、静态走向动态、单目标走向多目标、粗略走向精密、长周期走向快节奏，实现了现代机械设计理论和方法过渡。中华人民共和国成立以来，特别是十一届三中全会以来，我国机械工业和机械科学技术取得了巨大的成就，与工业发达国家的差距正在迅速缩小，在不少方面已经达到或超过世界先进水平，当前更是加大自主创新的力度、满怀信心重新走向世界。

机械的产生、发展和创新适应人类各个阶段生产与生活需要；机械的发展和创新推动人类文明的进程，为人类造福；机械的发展和创新与多种自然科学、社会科学相互渗透、相互交叉、互济攀登；机械发展的过程，是由简到繁、由粗到精不断创新的过程，这个过程永无止境，创新驱动机械的发展，机械的发展必须坚持不断创新；要辩证地看待辉煌与落后，在改革开放、建设创新型国家的新形势下，奋力拼搏，实现我国机械发展与创新的再辉煌。

# 14.2　机械创新设计综述

创新设计是一门自然科学与社会科学交融的新的设计学科，随着科技创新知识经济时代的到来，越来越受到工程设计界的广泛重视。本节就创新设计的含义、创新设计的基本类型与特点、创新设计的定位与决策进行简要的介绍，作为认识机械创新设计的引导。

### 1. 机械创新设计的含义

纵观人类从使用石刀、石斧、弓箭、指南车、记里鼓车到蒸汽机、内燃机、电动机等的历史，乃至今天的人造地球卫星、宇航飞机，无一不是发明创新的成果。发明创新为人类造福。人类历史的长河也都表明创新是振兴发达的一个十分重要的原因。

机械发展的过程是不断创新的过程，从功能原理、原动力、机构、结构、材料、制造工艺、检测试验以及设计理念和方法均不断涌现创新与发明，推动机械向更完美的境界发展。

所谓创新设计，就是充分发挥创造才能，利用技术原理进行创新构思的设计实践活动，其目的是为人类社会提供富有新颖性和先进性的产品或技术系统。创新设计的基本特征是新颖性和先进性。

机械设计是一个创造过程，是一切新产品的育床。创新是设计的一个极为重要的原则，无论是完全创新的开发性设计、对产品作局部变更改进的适应性设计或变更现有产品的结构配置使之适应于更多量和质的功能要求的变形设计，着眼点都应该放在"创新"上，机械工业发展的水平是衡量一个国家整个工业乃至整个国民经济发展水平的重要标志。当前科学技术发展非常迅猛，机械创新的内容和途径更加广阔，创新设计更具重大意义。创新是一个民族进步的灵魂，是国家兴旺发达的不竭动力。工科大学生学习机械设计基础，不仅是为了掌握已有的知识，更重要的是运用这些知识积极参与机械创新活动，这既是高质量进行工业设计、实现经济腾飞的需要，也是培养创新意识与才能、提高人才素质建设创新型国家的需要。本章将汇集和引用一些文献及资料简介机械功能原理设计与创新、机构和结构的创新、设计方法的发展与创新以及发明创新的一般技法等基础知识，希望能在机械创新设计的领域给读者一些启迪和帮助。

### 2. 创新设计的基本类型及其活动特点

创新设计的基本类型可归纳为：原理开拓创新、组合创新、转用创新和克服偏见创新。

原理开拓创新是应用新技术原理进行产品开发和更新换代设计，如 20 世纪 60 年代初发展起来的激光新技术用于直径不到 1mm 的精密小孔加工、激光全息照相、激光排版等。

组合创新是将已有的零部件或技术，通过有机组合而成为价值更高的新产品、新技术，如世界上出现第一辆汽车就是组合了转向装置、制动装置、弹簧悬架等创新而成的。

转用创新是将已知解决方案创新转用于另一技术领域，如将拉链结构转用于自行车外胎上，设计出可方便维修内胎的车轮，甚至将拉链结构用于医疗手术上。

克服偏见创新是指反常规的创新设计，如 19 世纪莱特兄弟，不为当时科技名流"要创造出比空气重的装置去进行飞行是不可能的"技术偏见而却步，在人类文明史上第一次把比空气重的飞机送上蓝天飞行。

创新设计活动常具有辩证处理目的与约束、继承与创新、模糊与精确等关系的特点。

创新设计是一种有目的的创造活动，但同时要满足产品设计的基本要求，才能提供具有竞争力强的创新产品。

创新设计的灵魂是创新，但创新离不开继承，任何一项标新立异的新设计总是在前人基础上再创造或再革新，只有把继承和创新很好地结合起来，才能卓有成效地达到开拓创新的目的。

创新设计不同于一般的再现性设计，创新设计是处理模糊问题的过程；在设计初始阶段，要广开思路，大胆设想，尽可能多地捕获多种可供选择的设计方案，在发散思考的基础上逐步收敛，向精确的目标迈进。

**3. 创新设计的定位与决策**

设计定位是创新设计把模糊的社会需求转化为明确设计任务的首要的、具有战略意义的阶段。设计定位包括需求鉴别、功能分析、技术规格与技术性能以及设计约束的确定。这里着重指出需求鉴别主要指解决产品在需求层次上的定位、产品的时代特征判断以及设计目标的辨识。

创新设计的过程是一个发散到收敛、搜索到筛选的多次反复过程。如何通过科学的收敛决策，筛选出符合设计要求的优化方案，是最终决定设计成效的关键。设计决策的基本活动主要有技术可行性决策、经济可行性决策及综合评价与决策。

# 14.3　机械功能原理设计及创新

## 14.3.1　机械系统及功能

任何机械都可视为由若干装置、部件和零件组成的并能完成特定功能的一个特定的系统。机械系统可看作技术系统，其处理的对象是能量、物料及信号。技术系统的功能就是将输入的能量、物料和信号通过机械转换或变化达到预期目的后加以输出。在输入、输出过程中，随时间变化的能量、物料和信号称为能量流、物料流和信号流。能量包括机械能、热能、电能、光能、化学能、核能等，物料可为材料、毛坯、半成品、成品、气体、液体等，而信号体现为数据、控制脉冲、显示等。技术系统及其处理对象可用图 14.2 示意表示。内燃机和冲床的技术系统图分别如图 14.3(a)和图 14.3(b)所示。

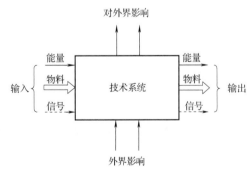

图 14.2　技术系统

从古代机械、近代机构发展到现代机械，人们对机械形成了新的概念。现代观点认为：机械是由两个或两个以上相互联系结合的构件组成的联合体，通过其中某些构件的限定的相对运动，能实现某种原动力和运动转变，以执行人们预期的工作，或在人或其他智能体的操作和控制下，实现为之设计的某一种或某几种功能。

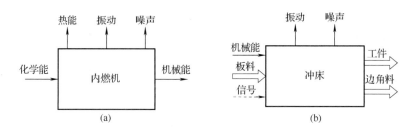

图 14.3 技术系统示例

与传统观点相比,有两个突出的特性:其一是强调机械是实现某种"功能"的装置;其二是强调"控制"的概念,而且可以由某种智能体来实时控制。

所谓功能,是指产品所具有的能够满足用户某种需要的特性的能力。从某种意义上说,人们购置产品,实质是购买所需的功能。

机械系统的功能也就是系统的目标。现代机械种类很多,结构也越来越复杂,但从实现系统功能的角度来看,主要包括以下子系统:动力系统、传动系统、执行系统、操纵及控制系统等,如图 14.4 所示。

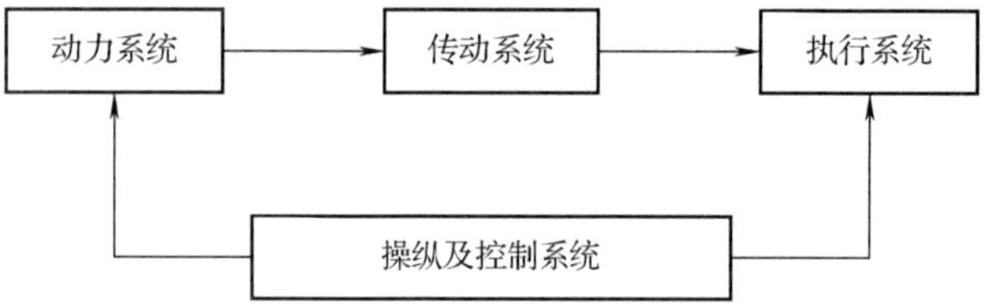

动力系统包括原动机(如内燃机、汽轮机、水轮机、蒸汽机、电动机、液动机、气动机等)及其配套装置,是机械系统工作的动力来源。

执行系统包括机械的执行机构和执行构件,是利用机械能来改变作业对象的性质、状态、开关或位置,或对作用进行检测、度量等,以进行生产或达到其他预定要求的装置。根据不同的功能要求,各种机械的执行系统也不相同,执行系统通常处于机械系统的末端,直接与作业对象接触,其输出也是机械系统的主要输出。

图 14.4 机械系统组成

传动系统是将原动机的运动和动力通过减速(或增速)、变速、换向或变换运动形式传递和分配给执行系统的中间装置,使执行系统获得所需要的运动形式和工作能力。

操纵及控制系统都是为了使动力系统、传动系统、执行系统彼此协调运行,并准确可靠地完成整机功能的装置,两者的主要区别是:操纵系统多指通过人工操作来实现上述要求的装置,通常包括启动、离合、制动、变速、换向等装置;控制系统是指通过人工操作或测量元件获得的控制信号,经同控制器使控制对象改变其工作参数或运行状态而实现上述要求的装置,如伺服机构、自动控制等装置。现代机械的控制系统广泛地、及时地整合运用高科技的理论和实践成果。

此外,根据机械系统的功能要求,还可有润滑、冷却、计数、照明等辅助系统。

## 14.3.2 功能原理设计的意义

设计机械,先要针对实现其基本功能和主要约束条件进行原理方案的构思与拟定,这便是机械的功能原理设计。

功能原理设计的重点在于提出创新构思,力求提出较多的解法供比较优选;在功能原理设计阶段,对构件的具体结构、材料和制造工艺等则不一定要有成熟的考虑。但它是对机械产品的成败起决定作用的工作,一个好的功能原理设计应该既有创新构思,又同时考虑适应市场需求，具有市场竞争潜力。

### 14.3.3　功能结构分析

　　功能是系统的属性，它表明系统的效能及可能实现的能量、物料、信号的传递和转换。系统工程学用"黑箱（black box）"来描述技术系统的功能（图 14.5）。图 14.6 所示为谷物联合收获机的黑箱示意图。黑箱只是抽象简练地描述了系统的主要"功能目标"，突出了设计中的主要矛盾，至于黑箱内部的技术系统则是需要进一步具体构思设计求解的内容。

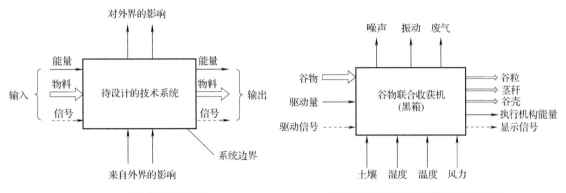

图 14.5　待设计的技术系统　　　　　　　　图 14.6　谷物联合收获机技术系统

　　对于比较复杂的技术系统，难以直接求得满足总功能的系统解，而需在总功能确定之后进行功能分解，将总功能分解为分功能、二级分功能……直至功能元。功能元是可以直接从物理效应、逻辑关系等方面找到解法的基本功能单元。例如，材料拉伸试验机的总功能是：试件拉伸、测量力和相应的变形值，可将其分级分解为图 14.7 所示的树状功能关系图（工程上称为功能树）。功能树中前级功能是后级功能的目的功能，而后级功能则是前级功能的手段功能。

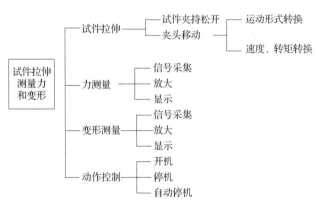

图 14.7　试件拉伸测量力和变形功能树

### 14.3.4　功能元求解及求系统原理解

　　功能元求解是方案设计中的重要步骤。机械中一般把功能元分为物理功能元和逻辑功能元。常用的物理功能元有针对能量、物料、信号的变化、放大缩小、连接、分离、传导、储存等功能，可用基本的物理效应求解。机械仪器中常用的物理效应有：力学效应（重力、弹性力、摩擦力、惯性力、离心力等）、流体效应（毛细管效应、虹吸效应、负压效应、流体动压效应等）、电力效应（静电、电感、电容、压电等）、磁效应、光学效应（反射、折射、衍射、干涉、偏振、激光等）、热力学效应（膨胀、热储存、热传导等）、核效应（辐射、同位素）等。逻辑功能元为与、或、非三种基本关系，主要用于控制功能。

　　将系统的各个功能元作为"列"而把它们的各种解答作为"行"，构成系统解的形态学矩

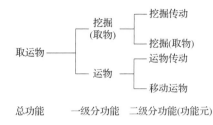

图 14.8 行走式挖掘机功能树

阵，就可从中组合成很多系统原理解（不同的设计总方案）。例如，行走式挖掘机的总功能是取运物料，其功能树如图 14.8 所示，其系统解形态学矩阵见表 14-1，其可能组合的方案数为 $N=5×5×4×4×3=1200$。如取 A4+B5+C3+D2+E1 就组合成履带式挖掘机；如取 A4+B5+C2+D4+E2 就组合成液压轮胎式挖掘机。在设计人员剔除了某些不切实际的方案后，再由粗到细、由定性到定量优选最佳原理方案。

表 14-1 系统解形态学矩阵

| 功能元 | 局部解 | | | | |
|---|---|---|---|---|---|
| | 1 | 2 | 3 | 4 | 5 |
| A.动力源 | 电动机 | 汽油机 | 柴油机 | 液动机 | 气动马达 |
| B.运物传动 | 齿轮传动 | 蜗杆传动 | 带传动 | 链传动 | 液力耦合器 |
| C.移位运物 | 轨道及车轮 | 轮胎 | 履带 | 气垫 | |
| D.挖掘传动 | 拉杆 | 绳传动 | 气缸传动 | 液压缸传动 | |
| E.挖掘取物 | 挖斗 | 抓斗 | 钳式斗 | | |

## 14.3.5 功能原理的创新

任何一种机械的创新开发都存在三种途径：①改革工作原理；②改进材料、结构和工艺性以提高技术性能；③增强辅助功能，使其适应使用者的不同需求。这三种途径对产品的市场竞争能力的影响均具有重要意义。当然，改革工作原理在实现时的难度通常比后两种要大得多，但其意义重大，不可畏难却步。实际上，采用新工作原理的新机械不断涌现，而且新工艺、新材料的出现也在很大程度上促进新工作原理的产生，如注晶材料的实用化促使钟表的工作原理发生了本质的变化。强调和重视工作原理的创新开发非常重要。现以剖析洗衣机的演变为例，阐述其功能原理的创新开发。早期卧式滚筒洗衣机借滚筒回转时置于其中的卵石反复压挤衣物以代替人的手搓、棒击、水冲等动作达到去污目的，这是类比移植创新法构思的方案。抓住本质探寻各种加速水流以带走污垢的方法可形成不同原理的洗衣机。机械式的泵水、喷水、转盘甩水等方案中，转盘甩水原理简单且较经济，属转盘甩水原理的有叶片搅拌式洗衣机和波轮回转式洗衣机，后者洗净效果较佳。随着科学技术的发展，又创新开发出许多不用去污剂、节水省电、洗净度高的新型洗衣机，如真空洗衣机(用真空泵将洗衣机筒内抽成真空，衣物和水在筒内转动时水在衣物表面产生气泡，当气泡破裂时产生的爆破力将衣物上污垢微粒弹开并抛向水面)、超声波洗衣机(衣物上污垢在超声波作用下分解，由气泵产生的气泡带出)、电磁洗衣机(在电磁力作用下产生高频振荡使污垢与衣物分离)。机电一体化技术的发展创新开发出由微型计算机与多种传感器控制的洗涤、漂洗、脱水全部自动化的全自动洗衣机。

功能原理的创新：一方面源于科技的进步，如超导的成功将会使磁悬浮列车产生一个质的飞跃；另一方面源于设计者的创新思维，如回转式压缩机和无风叶电扇分别是压缩方式与引起空气分子运动方式上的创新。

# 本 章 小 结

本章主要介绍了机械的发展、机械创新设计综述和机械功能原理设计及创新等。

附表 1　圆角、环槽的有效应力集中系数 $k_\sigma$ 和 $k_\tau$ 值

**圆角 $k_\sigma$、$k_\tau$（左表）**

| $\dfrac{D}{d}$ | $\dfrac{r}{d}$ | $k_\sigma$ $\sigma_B$/MPa ≤500 | 600 | 700 | 800 | 900 | >1000 | $k_\tau$ $\sigma_B$/MPa ≤700 | 800 | 900 | ≥1000 |
|---|---|---|---|---|---|---|---|---|---|---|---|
| $\dfrac{D}{d} \leqslant 1.1$ | 0.02 | 1.84 | 1.96 | 2.08 | 2.20 | 2.35 | 2.50 | 1.36 | 1.41 | 1.45 | 1.50 |
| | 0.04 | 1.60 | 1.66 | 1.69 | 1.75 | 1.81 | 1.87 | 1.24 | 1.27 | 1.29 | 1.32 |
| | 0.06 | 1.51 | 1.51 | 1.54 | 1.54 | 1.60 | 1.60 | 1.18 | 1.20 | 1.23 | 1.24 |
| | 0.08 | 1.40 | 1.40 | 1.42 | 1.42 | 1.46 | 1.46 | 1.14 | 1.16 | 1.18 | 1.19 |
| | 0.10 | 1.34 | 1.34 | 1.37 | 1.37 | 1.39 | 1.39 | 1.11 | 1.13 | 1.15 | 1.16 |
| | 0.15 | 1.25 | 1.25 | 1.27 | 1.27 | 1.30 | 1.30 | 1.07 | 1.08 | 1.09 | 1.11 |
| $1.1< \dfrac{D}{d} \leqslant 1.2$ | 0.02 | 2.18 | 2.34 | 2.51 | 2.68 | 2.89 | 3.10 | 1.59 | 1.67 | 1.74 | 1.81 |
| | 0.04 | 1.84 | 1.92 | 1.97 | 2.05 | 2.13 | 2.22 | 1.39 | 1.45 | 1.48 | 1.52 |
| | 0.06 | 1.71 | 1.71 | 1.76 | 1.76 | 1.84 | 1.84 | 1.30 | 1.33 | 1.37 | 1.39 |
| | 0.08 | 1.56 | 1.56 | 1.59 | 1.59 | 1.64 | 1.64 | 1.22 | 1.26 | 1.30 | 1.31 |
| | 0.10 | 1.48 | 1.48 | 1.51 | 1.51 | 1.54 | 1.54 | 1.19 | 1.21 | 1.24 | 1.26 |
| | 0.15 | 1.35 | 1.35 | 1.38 | 1.38 | 1.41 | 1.41 | 1.11 | 1.14 | 1.15 | 1.16 |
| $1.2< \dfrac{D}{d}$ | 0.02 | 2.40 | 2.60 | 2.80 | 3.00 | 3.25 | 3.50 | 1.80 | 1.90 | 2.00 | 2.10 |
| | 0.04 | 2.00 | 2.10 | 2.15 | 2.25 | 2.35 | 2.45 | 1.53 | 1.60 | 1.65 | 1.70 |
| | 0.06 | 1.85 | 1.85 | 1.90 | 1.90 | 2.00 | 2.00 | 1.40 | 1.45 | 1.50 | 1.53 |
| | 0.08 | 1.66 | 1.66 | 1.70 | 1.70 | 1.76 | 1.76 | 1.30 | 1.35 | 1.40 | 1.42 |
| | 0.10 | 1.57 | 1.57 | 1.61 | 1.61 | 16.4 | 16.4 | 1.25 | 1.28 | 1.32 | 1.35 |
| | 0.15 | 1.41 | 1.41 | 1.45 | 1.45 | 1.49 | 1.49 | 1.15 | 1.18 | 1.20 | 1.24 |

**环槽 $k_\sigma$（右表）**

| $\dfrac{l}{r}$ | $\dfrac{r}{d}$ | $k_\sigma$ $\sigma_B$/MPa ≤650 | 700 | 800 | 900 | ≥1000 |
|---|---|---|---|---|---|---|
| $0.4< \dfrac{l}{r} \leqslant 0.6$ | 0.02 | 1.82 | 1.92 | 2.06 | 2.21 | 2.30 |
| | 0.04 | 1.77 | 1.82 | 1.96 | 2.06 | 2.16 |
| | 0.06 | 1.72 | 1.77 | 1.87 | 1.92 | 1.96 |
| | 0.08 | 1.68 | 1.72 | 1.77 | 1.87 | 1.92 |
| | 0.10 | 1.63 | 1.68 | 1.72 | 1.77 | 1.82 |
| | 0.15 | 1.53 | 1.55 | 1.58 | 1.63 | 1.68 |
| $0.6< \dfrac{l}{r} \leqslant 1$ | 0.02 | 1.85 | 1.95 | 2.10 | 2.25 | 2.35 |
| | 0.04 | 1.80 | 1.85 | 2.00 | 2.10 | 2.20 |
| | 0.06 | 1.72 | 1.75 | 1.80 | 1.90 | 2.00 |
| | 0.08 | 1.70 | 1.75 | 1.80 | 1.90 | 1.95 |
| | 0.10 | 1.65 | 1.70 | 1.75 | 1.80 | 1.85 |
| | 0.15 | 1.55 | 1.57 | 1.60 | 1.65 | 1.70 |
| $1< \dfrac{l}{r} \leqslant 1.5$ | 0.02 | 1.89 | 1.99 | 2.15 | 2.31 | 2.41 |
| | 0.04 | 1.84 | 1.89 | 2.05 | 2.15 | 2.26 |
| | 0.06 | 1.78 | 1.87 | 1.94 | 1.99 | 2.05 |
| | 0.08 | 1.73 | 1.78 | 1.84 | 1.94 | 1.99 |
| | 0.10 | 1.68 | 1.73 | 1.78 | 1.84 | 1.89 |
| | 0.15 | 1.58 | 1.60 | 1.63 | 1.68 | 1.73 |

**环槽 $k_\tau$（右表）**

| $\dfrac{D}{d}$ | $\dfrac{r}{d}$ | $k_\tau$ $\sigma_B$/MPa ≤650 | 700 | 800 | 900 | ≥1000 |
|---|---|---|---|---|---|---|
| $1.02< \dfrac{D}{d} \leqslant 1.1$ | 0.02 | 1.29 | 1.32 | 1.39 | 1.46 | 1.50 |
| | 0.04 | 1.27 | 1.30 | 1.37 | 1.43 | 1.48 |
| | 0.06 | 1.25 | 1.29 | 1.36 | 1.41 | 1.46 |
| | 0.08 | 1.21 | 1.25 | 1.32 | 1.39 | 1.43 |
| | 0.10 | 1.18 | 1.21 | 1.29 | 1.32 | 1.37 |
| | 0.15 | 1.14 | 1.18 | 1.21 | 1.25 | 1.29 |
| $1.1< \dfrac{D}{d} \leqslant 1.2$ | 0.02 | 1.37 | 1.41 | 1.50 | 1.59 | 1.64 |
| | 0.04 | 1.35 | 1.38 | 1.47 | 1.55 | 1.62 |
| $1.2< \dfrac{D}{d} \leqslant 1.4$ | 0.06 | 1.32 | 1.37 | 1.46 | 1.52 | 1.59 |
| | 0.08 | 1.27 | 1.32 | 1.41 | 1.50 | 1.55 |
| | 0.10 | 1.23 | 1.27 | 1.37 | 1.41 | 1.47 |
| | 0.15 | 1.18 | 1.23 | 1.27 | 1.32 | 1.40 |

## 附表2 螺纹、键槽、花键及横孔的有效应力集中系数 $k_\sigma$ 和 $k_\tau$ 值

| $\sigma_B$/MPa | 螺纹 $k_\sigma=1$ $k_\tau=1$ | 键槽 $k_\sigma$ A型 | 键槽 $k_\sigma$ B型 | 键槽 $k_\tau$ A、B型 | 花键 $k_\sigma=1$ 矩形 | 花键 $k_\sigma=1$ 渐开线(齿轮轴) | 花键 $k_\tau$ (齿轮轴 $k_\sigma=1$) | 横孔 $k_\sigma$ $\frac{d_0}{d}$ 0.05~0.1 | 横孔 $k_\sigma$ $\frac{d_0}{d}$ 0.15~0.25 | 横孔 $k_\tau$ $\frac{d_0}{d}$ 0.05~0.25 | 蜗杆 $k_\sigma$ | 蜗杆 $k_\tau$ |
|---|---|---|---|---|---|---|---|---|---|---|---|---|
| 400 | 1.45 | 1.51 | 1.30 | 1.20 | 2.10 | 1.40 | 1.35 | 1.90 | 1.70 | 1.70 | 2.3~2.5 | 1.7~1.9 |
| 500 | 1.78 | 1.64 | 1.38 | 1.37 | 2.25 | 1.43 | 1.45 | 1.95 | 1.75 | 1.75 | | |
| 600 | 1.96 | 1.76 | 1.46 | 1.54 | 2.35 | 1.46 | 1.55 | 2.00 | 1.80 | 1.80 | | |
| 700 | 2.20 | 1.89 | 1.54 | 1.71 | 2.45 | 1.49 | 1.60 | 2.05 | 1.85 | 1.80 | $\sigma_B \leq 700$MPa 最小值 | |
| 800 | 2.32 | 2.01 | 1.62 | 1.88 | 2.55 | 1.52 | 1.63 | 2.10 | 1.90 | 1.85 | $\sigma_B \geq 700$MPa 最大值 | |
| 900 | 2.47 | 2.14 | 1.69 | 2.05 | 2.65 | 1.55 | 1.70 | 2.15 | 1.95 | 1.90 | | |
| 1000 | 2.61 | 2.26 | 1.77 | 2.22 | 2.70 | 1.58 | 1.72 | 2.20 | 2.00 | 1.90 | | |
| 1100 | 2.90 | 2.50 | 1.92 | 2.39 | 2.80 | 1.60 | 1.75 | 2.30 | 2.10 | 2.00 | | |

注：表中数值为标号1处的有效应力集中系数，标号2处 $k_\sigma=1$，$k_\tau=$表中值。

## 附表3 配合零件的综合影响系数 $(k_\sigma)_D$ 和 $(k_\tau)_D$ 值

| 直径/mm | ≤30 | | | 50 | | | ≥100 | | |
|---|---|---|---|---|---|---|---|---|---|
| | $(k_\sigma)_D$－弯曲 | | | | | | | | |
| 配合 | K6 | r6 | h6 | K6 | r6 | h6 | K6 | r6 | h6 |
| 材料强度 $\sigma_B$/MPa 400 | 1.69 | 2.25 | 1.46 | 2.06 | 2.75 | 1.80 | 2.22 | 2.95 | 1.92 |
| 500 | 1.88 | 2.5 | 1.63 | 2.28 | 3.05 | 1.98 | 2.46 | 3.29 | 2.13 |
| 600 | 2.06 | 2.75 | 1.79 | 2.52 | 3.36 | 2.18 | 2.70 | 3.60 | 2.34 |
| 700 | 2.25 | 3.0 | 1.95 | 2.75 | 3.66 | 2.38 | 2.96 | 3.94 | 2.56 |
| 800 | 2.44 | 3.25 | 2.11 | 2.97 | 3.96 | 2.57 | 3.20 | 4.25 | 2.76 |
| 900 | 2.63 | 3.5 | 2.28 | 3.20 | 4.28 | 2.78 | 3.46 | 4.60 | 3.00 |
| 1000 | 2.82 | 3.75 | 2.44 | 3.45 | 4.60 | 3.00 | 3.98 | 4.90 | 3.18 |
| 1200 | 3.19 | 4.25 | 2.76 | 3.90 | 5.20 | 3.40 | 4.20 | 5.60 | 3.64 |

注：① 滚动轴承内圈配合为过盈配合r6。
② 中间尺寸直径的综合影响系数可用插入法求得。
③ 扭转 $(k_\tau)_D = 0.4+0.6(k_\sigma)_D$。

附表 4　强化表面的表面状态系数 β 的值

| 表面强化方法 | 心部材料的强度 $\sigma_B$/MPa | 表面系数 β | | |
| --- | --- | --- | --- | --- |
| | | 光轴 | 有应力集中的轴 | |
| | | | $k_\sigma \leq 1.5$ | $k_\sigma \geq 1.8\sim2$ |
| 高频淬火① | 600~800 | 1.5~1.7 | 1.6~1.7 | 2.4~2.8 |
| | 800~1100 | 1.3~1.5 | 1.3~1.5 | — |
| 渗氮② | 900~1200 | 1.1~1.25 | 1.5~1.7 | 1.7~2.1 |
| 渗碳淬火 | 400~600 | 1.8~2.0 | 3 | — |
| | 700~800 | 1.4~1.5 | — | — |
| | 1000~1200 | 1.2~1.3 | — | — |
| 喷丸处理③ | 600~1500 | 1.1~1.25 | 1.5~1.6 | 1.7~2.1 |
| 滚子碾压④ | 600~1500 | 1.1~1.3 | 1.3~1.5 | 1.6~2.0 |

注：① 数据是在实验室中用 $d=10\sim20$mm 的试件求得，淬透深度（0.05～0.20）$d$；对于大尺寸的试件，表面状态系数低些。
　　② 氮化层深度为 0.01$d$ 时，宜取低限值；深度为（0.03～0.04）$d$ 时，宜取高限值。
　　③ 数据是用 $d=8\sim40$mm 的试件求得；喷射速度较小的宜取最低值，较大时宜取高值。
　　④ 数据是用 $d=17\sim130$mm 的试件求得。

附表 5　加工表面的表面状态系数β的值

| 加工方法 | 材料强度 $\sigma_B$/MPa | | |
| --- | --- | --- | --- |
| | 400 | 800 | 1200 |
| 磨光（$Ra0.4\sim0.2$μm） | 1 | 1 | 1 |
| 车光（$Ra3.2\sim0.8$μm） | 0.95 | 0.90 | 0.80 |
| 粗加工（$Ra25\sim6.3$μm） | 0.85 | 0.80 | 0.65 |
| 未加工表面 | 0.75 | 0.65 | 0.45 |

附表 6　尺寸系数 $\varepsilon_\sigma$ 和 $\varepsilon_\tau$

| 毛坯直径/mm | 碳钢 | | 合金钢 | |
| --- | --- | --- | --- | --- |
| | $\varepsilon_\sigma$ | $\varepsilon_\tau$ | $\varepsilon_\sigma$ | $\varepsilon_\tau$ |
| >20~30 | 0.91 | 0.89 | 0.83 | 0.89 |
| >30~40 | 0.88 | 0.81 | 0.77 | 0.81 |
| >40~50 | 0.84 | 0.78 | 0.73 | 0.78 |
| >50~60 | 0.81 | 0.76 | 0.70 | 0.76 |
| >60~70 | 0.78 | 0.74 | 0.68 | 0.74 |
| >70~80 | 0.75 | 0.73 | 0.66 | 0.73 |
| >80~100 | 0.73 | 0.72 | 0.64 | 0.72 |
| >100~120 | 0.70 | 0.70 | 0.62 | 0.70 |
| >120~140 | 0.68 | 0.68 | 0.60 | 0.68 |

附表 7　抗弯截面系数 W 和抗扭截面系数 $W_T$ 的计算公式

| 截面图 | 截面系数 | 截面图 | 截面系数 |
|---|---|---|---|
| | $W = \dfrac{\pi d^3}{32} \approx 0.1 d^3$ <br><br> $W_T = \dfrac{\pi d^3}{16} \approx 0.2 d^3$ | 矩形花键 | $W = \dfrac{\pi d^4 + bz(D-d)(D+d)^2}{32D}$ <br><br> $W_T = \dfrac{\pi d^4 + bz(D-d)(D+d)^2}{16D}$ |
| | $W = \dfrac{\pi d^3}{32}\left(1 - 1.54\dfrac{d_0}{d}\right)$ <br><br> $W_T = \dfrac{\pi d^3}{16}(1 - r^4)$ <br> $r = \dfrac{d_0}{d}$ | Z-花键齿数 | $W = \dfrac{\pi d^3}{16}\left(1 - \dfrac{d_0}{d}\right)$ <br><br> $W_T = \dfrac{\pi d^3}{16}\left(1 - \dfrac{d_0}{d}\right)$ |
| | $W = \dfrac{\pi d^3}{32} - \dfrac{bt(d-t)^2}{2d}$ <br><br> $W_T = \dfrac{\pi d^3}{16} - \dfrac{bt(d-t)^2}{2d}$ | 渐开线花键轴 | $W = \dfrac{\pi d^3}{32}$ <br><br> $W_T = \dfrac{\pi d^3}{16}$ |
| | $W = \dfrac{\pi d^3}{32} - \dfrac{bt(d-t)^2}{d}$ <br><br> $W_T = \dfrac{\pi d^3}{16} - \dfrac{bt(d-t)^2}{d}$ | | |

附表 8　钢、灰铸铁和轻金属的极限应力经验计算式[①]

| 材料 | 拉伸[②] | | 弯曲[③] | | | 扭剪[④] | | |
|---|---|---|---|---|---|---|---|---|
| | $\sigma_{-1}$ | $\sigma_0$ | $\sigma_{-1b}$ | $\sigma_{0b}$ | $\sigma_{sb}$ | $\tau_{-1}$ | $\tau_0$ | $\tau_s$ |
| 结构钢 | $0.45\,\sigma_B$ | $1.3\,\sigma_{-1}$ | $0.49\,\sigma_B$ | $1.5\,\sigma_{-1b}$ | $1.5\,\sigma_s$ | $0.35\,\sigma_B$ | $1.1\,\tau_{-1}$ | $0.70\,\sigma_s$ |
| 调质钢 | $0.41\,\sigma_B$ | $1.7\,\sigma_{-1}$ | $0.44\,\sigma_B$ | $1.7\,\sigma_{-1b}$ | $1.4\,\sigma_s$ | $0.30\,\sigma_B$ | $1.6\,\tau_{-1}$ | $0.70\,\sigma_s$ |
| 渗碳钢 | $0.40\,\sigma_B$ | $1.6\,\sigma_{-1}$ | $0.41\,\sigma_B$ | $1.7\,\sigma_{-1b}$ | $1.4\,\sigma_s$ | $0.30\,\sigma_B$ | $1.4\,\tau_{-1}$ | $0.70\,\sigma_s$ |
| 灰铸铁 | $0.25\,\sigma_B$ | $1.6\,\sigma_{-1}$ | $0.37\,\sigma_B$ | $1.8\,\sigma_{-1b}$ | — | $0.36\,\sigma_B$ | $1.6\,\tau_{-1}$ | — |
| 轻金属 | $0.30\,\sigma_B$ | — | $0.40\,\sigma_B$ | — | — | $0.25\,\sigma_B$ | — | — |

注：① 本表摘自文献（中国机械工程学会，2002）。
　　② 受压缩时，$\sigma_0$ 要大一些。例如，对于弹簧钢，$\sigma_{0c} \approx 1.3\,\sigma_0$；对于灰铸铁，$\sigma_{0c} \approx 3\,\sigma_0$。
　　③ 试件直径为 10mm 左右，表面抛光。
　　④ 由于直径 30mm 左右，表面渗碳硬化试件得出，$\sigma_B$ 和 $\sigma_s$ 均为芯部材料的硬度。

# 参 考 文 献

陈铁鸣，2006．机械设计．4 版．哈尔滨：哈尔滨工业大学出版社．

程志红，2006．机械设计．南京：东南大学出版社．

金清肃，2008．机械设计基础．武汉：华中科技大学出版社．

孔庆华，2004．机械设计基础．上海：同济大学出版社．

李光煜，罗凤利，孙桂兰，2006．机械设计基础．哈尔滨：哈尔滨地图出版社．

李继庆，李育锡，1999．机械设计基础．北京：高等教育出版社．

卢玉明，1998．机械设计基础．北京：高等教育出版社．

吕宏，王慧，2009．机械设计．北京：北京大学出版社．

门艳忠，2010．机械设计．北京．北京大学出版社．

濮良贵，陈国定，吴立言，2013．机械设计．9 版．北京：高等教育出版社．

邱宣怀，1997．机械设计．4 版．北京：高等教育出版社．

宋宝玉，2004．机械设计基础．哈尔滨：哈尔滨工业大学出版社．

孙桓，陈作模，葛文杰，2006．机械原理．7 版．北京：高等教育出版社．

王大康，1999．机械设计课程设计．北京：北京工业大学出版社．

王凤礼，1999．机械设计习题集．北京：机械工业出版社．

王为，汪建晓，2006．机械设计．武汉：华中科技大学出版社．

王中发，1998．实用机械设计．北京：北京理工大学出版社．

吴宗泽，1991．高等机械设计．北京：清华大学出版社．

吴宗泽，2002a．机械设计 500 例．北京：机械工业出版社．

吴宗泽，2002b．机械设计师手册．北京：机械工业出版社．

徐锦康，2004．机械设计．北京：高等教育出版社．

许镇宇，1981．机械设计．北京：高等教育出版社．

杨可桢，程光蕴，李仲生，1999．机械设计基础．6 版．北京：高等教育出版社．

于惠力，向敬忠，张春宜，2007．机械设计．北京：科学出版社．

张美麟，2005．机械创新设计．北京：化学工业出版社．